최신

유체역학

공학박사 노 병 준
공학박사 조 원 일 공저
공학박사 김 장 권

東明社

머리말

유체역학은 기계시스템공학의 공정설계 및 시험평가에 적용되고 있는 기초역학이다.

유체역학의 기본이론이과 방정식들을 유도하여 정립한 것은 14세기경부터였으며, 실제 산업에 적용한 것은 17세기경에 시작되었다. 이러한 관심과 연구는 대부분이 유럽에서 물리학이나 수학을 전공하는 학자들에 의해 수행되었다. 그리하여 이론과 실제 적용에서의 오차가 많아 산업에 직접 적용하는 데에는 문제가 많았다. 그리하여 이론을 실제에 적용하기 위하여 실험적 검증과 비교분석을 통하여 이론식들을 교정 보완하는 연구가 이루어지기 시작하였다.

본 최신 유체역학교재는 다년간 대학에서 강의를 수행해 온 본인의 강의 자료를 엮어서 출간되었으며, 내용의 서술이나 이론식들의 유도를 보다 이해하기 쉽게 기술하는 데에 중점을 두었다. 그리하여 유체역학을 공부하는 학생들이 보다 쉽게 이해하고 접할 수 있도록 하였다.

학습효과를 증대하기 위하여 예제나 연습문제의 내용을 보다 실용적이고 응용성이 높은 방향으로 선별 수록하였다. 또한, 본서에서 활용한 단위들(Units)은 산업현장에서의 활용에도 비중을 두어 예제나 문제풀이에서 공학단위(Engineering Unit)를 많이 겸용하였다. 아울러 국제적인 학문추세에 맞추어 국제단위계(SI)의 응용에도 큰 비중을 두어 양 단위계의 적응능력이 배양될 수 있도록 하였다. 그리고 마지막 장에서는 유체계측 부분을 수록하여 앞장에서 배운 유체역학 이론식들을 적용하여 설계하고 계측 분석할 수 있는 자율능력 배양에도 중점을 두었다. 마지막으로 부록에서는 유체역학에서 필요로 하는 기본 자료들을 충분히 수록하였으며, 각 장의 연습문제의 해답을 제시해 줌으로써 학생들의 문제풀이 점검에도 도움이 되도록 하였다.

끝으로 본서의 발행에 협조해 주신 동명사 여러분들과 그 동안 격려와 지도를 해주신 선배제현 여러분에게 깊은 사의를 표하는 바이다.

저자 씀

목 차

제1장 서론

제2장 유체의 성질

제3장 유체정역학

목차

제5장 운동량이론

목 차

제6장 층류유동

제7장 난류유동

제8장 경계층이론

목 차

제9장 차원해석과 상사율

제10장 관로유동

제11장 수로유동

제12장 유체계측

목 차

부록

제 1 장

서론
Introduction

1.1 유체

일반적으로 물질(materials)은 고체(solids), 액체(liquids), 기체(gases)로 구분된다. 이는 물질을 구성하고 있는 분자 상호간의 거리에 따라 구분하기도 한다. 세 물질 중 분자간의 거리가 가장 조밀한 상태의 물질이 고체이고, 이에 비하여 분자간의 거리가 좀더 멀리 떨어져 있는 물질이 액체이며, 분자간의 거리가 가장 멀리 떨어져 운동이 가장 자유스러운 상태의 물질이 기체이다.

그러나 이 세 물질을 구성하고 있는 분자들에 열을 가하면 분자들의 운동이 활발해지고, 어느 한계온도 이상이 되면 본래의 물질 상태에서 다른 물질의 상태로 변화하는 상태변화를 가져오게 된다.

단단한 쇠(鐵)에 열을 가하면 녹아서 액체상태로 되는 것이나, 물(水)에 열을 가하면 증발하여 수증기, 즉 기체상태로 되는 것들은 모두 그러한 예라고 볼 수 있다. 그리하여 외부에서 열이나 압력을 가하지 않은 본래 상태에서의 액체와 기체를 통틀어 유체(fluids)라고 한다.

액체라 함은 물 · 기름 등을 들 수 있고, 기체라 함은 공기라고 단순히 생각할 수도 있으나, 좀 더 구체적으로 말하면 암모니아가스(ammonia gas) · 탄산가스 · 산소 등의 가스들을 총괄하는 말이다.

보다 더 역학적인 견지에서 유체를 정의해 보면, 유체는 정지상태에 있을 때에는 접선력(tangential force) 또는 전단력(shear force)을 받지 않는다. 그러나 유체는 아무리 작은 전단력 등과 같은 외력이 유체입자에 작용하여도 이를 계속적으로 저항할 수 있는 힘을 가지고 있지 않는 물질이라고 말할 수 있다. 그리하여 전단력, 접선력 또는 수직력(normal force)에 의해서 발생하는 응력(stress)에 대한 성질로서 고체와 유체를 구분하기도 한다.

1.2 유체의 분류

유체는 상태, 물리적 성질, 외력에 대한 변화 등에 따라 분류하고 있다.

유체가 정지상태에 있지 않고 운동하고 있을 때에 발생하는 전단응력들은 실제적으로 점성(viscosity) 때문이다. 그리하여 유체를 점성에 의하여 구분하면 **점성유체**(viscous fluids)와 **비점성유체**(inviscid fluids)로 나눌 수 있다.

점성유체에 대해서는 뒷장에서 자세히 언급하겠지만, 우리가 물리적인 성질로 엄격히 논하면 모든 유체는 점성을 가지고 있다. 다만 그 점도에 다라서 유동상태가 달라지고, 어느 일정한 유동의 법칙, 즉 점성의 법칙 또는 뉴턴의 **점성법칙**(Newtons's law of viscosity)에 준하여 유동되느냐, 않느냐에 따라 점성유체와 비점성유체로 나뉘게 되는 것이다. 나아가서 점성에 의한 유체의 구분에서, 일정한 온도와 압력하에서의 점성계수는 일정하므로 유체유동이 뉴턴의 점성법칙에 준하는 유체를 **뉴턴 유체**(Newtonian fluids), 잉크나 우유처럼 이에 준하지 않는 점성유체를 **비뉴턴 유체**(non-Newtonian fluids)라고 한다.

유체 중에는 압력을 가하거나 유동속도가 음속 이상이 되면 체적(volume)이 감소하는 경우가 있다. 일반적으로 공기가 유동할 때 좁은 목(throat) 부분을 통과하는 경우에는, 속도가 초음속(340m/s 이상)이 될 때 체적의 가소를 가져오게 되며, 어느 밀폐된 용기에 기체를 넣고 압축하게 되면 역시 압축력(압력)의 정도에 따라 그것에 상당하는 체적의 감소를 가져오게 된다.

이와 같이 체적이 변화하는 기체와 같은 유체를 **압축성유체**(compressible fluids), 물이나 기름처럼 압력이나 유속에 따라 체적이 감소하지 않는 유체를 **비압축성유체**(incompressible fluids)라고 한다. 그러나 대부분의 경우, 공학적인 계산이나 응용에서는 모든 유체를 비압축성 유체로 취급하는 경우가 많다.

모든 유체에서 점성의 영향을 완전히 무시하는 경우를 **완전유체**(prefect fluids)라

하고, 이에 준하여 이상유체(ideal fluids)라 하기도 한다.

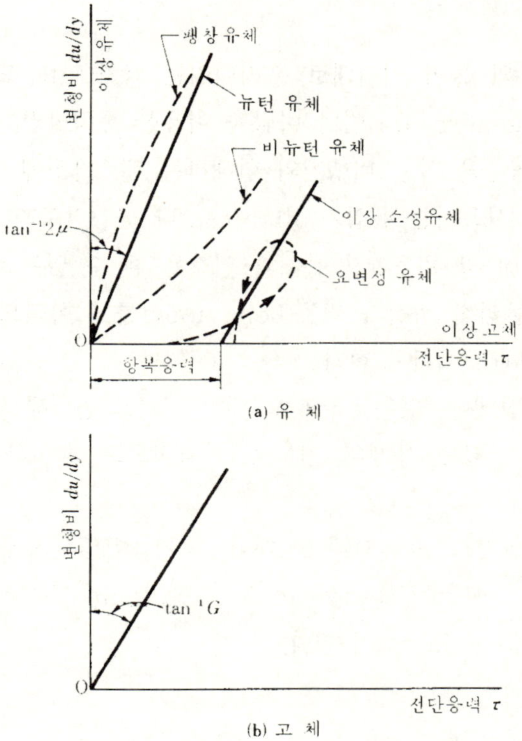

그림 1.1 레올로지 선도

1.3 유체역학

우리가 일상생활에서 가장 밀접하게 접하고 이용하면서 생활하는 것이 유체이다. 즉 공기, 물, 식용유, 공업용 기름이나 가스 등은 우리에게 직접 또는 간접으로 필수적인 물질이며, 이들 중에는 조금만 모자라도 인간에게 치명적인 영향을 주는 것도

[주] 레올로지 : 물질의 변형과 유동에 관한 학문, 특히 액체의 비뉴턴 운동과 고체의 소성유동이 이에 속한다.

있고, 만물의 소생의 원천이 되는 것도 있다. 이러한 유체들은 정지상태로 존재하면서 어떠한 역할을 하는 반면, 운동상태에서 에너지를 발생하여 우리 생활에 일익을 주는 것들도 있다.

고지대에 있는 호수의 물이 저지대로 흘러내리는 낙차(fall 또는 head)를 이용한 수력발전(hydraulic generation)이나 바람을 이용한 풍력발전, 그리고 유체의 상대적 유동을 이용하여 공중을 나는 비행기와 항해하는 배, 가정에 공급되는 수돗물, 진공청소기, 산업체에서 사용하는 유압기(oil press)나 공기압축기(air press) 등과 우리 체내에 흐르는 피(血)의 유동까지 유체와 인간은 뗄 수 없는 관계를 이루고 있다. 이러한 유체의 제반 물리적 성질과 거동(behaviour)를 역학적으로 해석하는 학문을 **유체역학**(fluid mechanics)이라고 한다.

유체역학에서 정지상태에 있는 유체에 대한 역학적인 해석이 **유체정역학**(fluid statics)이며, 유동하고 있는 유체의 거동을 역학적으로 해석하는 것이 **유체동역학**(fluid dynamics)이다.

이 밖에도 공기나 가스 등 기체에 대한 공기역학(aerodynamics 또는 gas dynamics)이 있으며, 관개수로(irrigation), 제방(dam), 수문(sluice) 등 물(水)의 처리에 관련한 **수력학**(hydraulics)이 있다.

1.4 유체역학의 발달과정

유체유동에서 과학적으로 해석이 필요하고, 역학적인 계산이나 설계가 필요하기 시작한 것은 이집트, 메소포타미아, 인도 등 고대국가들이 관개수로에 대한 공사를 시작하면서부터였다. 그리하여 이때부터 수로의 특성을 이해하기 시작하였으나, 실제적으로 공사를 설계하여 시공할 수 있는 정도에까지 지식이 발달하지 못하였다.

유체에 대한 관심은 크게 증가되어, B.C. 220년경에는 Archimedes가 Hiero 2세의 왕관의 금량을 계산하기 위해 물을 사용한 것이 부력(buoyancy)에 대한 연구의 시초가 되었다.

같은 무렵에 유체기계(fluid machinery), 항해하는 배(vessel), 수로의 개선 등을 위하여 경험에 기초를 두고 수력학에 대한 연구를 많이 하였으나, 17~18세기에 이르기까지는 큰 성과를 거두지 못하였다.

결국 Isaac Newton(1642~1727), Daniel Bernoulli(1700~1782), Leonard Euler(1707~1783) 등이 유체역학의 이론의 정립에 크게 기여하였다. 당시 수학자나 물리학자들에 의하여 정립된 이론식들은 점성(viscosity)을 전혀 고려하지 않았기 때문에 실제와는 큰 차이가 있다. 그리하여 실무 종사자들은 실제 점성유체에 사용할 수 있는 경험식(empirical equation)을 만들어 사용하기는 하였으나 그 범위는 극히 한정되었다. 이러한 문제들은 20세기에 와서야 수학 및 물리학자들의 문제해결을 위한 노력과 엔지니어들의 실험에 의한 해결의 노력이 상호 접근하기 시작하여 풀려나가기 시작하였으며, 유동(flow)에 대한 이해가 크게 진전되었다.

이 무렵까지는 모든 유동을 층류(laminar flow)로만 간주하여왔으나 1883년에 Osborne Reynolds는 실험을 통하여 유동을 층류와 난류로 구분하였다. 그 후 그는 난류운동방정식을 유도하였고 뒤이어 많은 학자들에 의해 난류에 관한 연구가 시작되었다. 이후 약 1세기 후에 Ludwig Prand시(1875~1953)은 경계층(boundary layer)의 개념을 제시하였다. 이 이론은 비행기의 개발을 위한 고도의 분석과 해석에 크게 기여하였을 뿐만 아니라 점성이 적은 유체유동의 해석에도 큰 도움을 주었다.

기체역학은 비교적 새로운 분야로서 19세기경까지는 크게 대두되지 아니하였다.

Bernhard Riemann(1826~1866)은 1860년에 충격파(shock wave)에 대한 논문을 발표하였으며, 20년 후에는 Ernst Mach(1838~1916)에 의해 초음속유동(supersonic flow)에서 충격파에 대한 연구가 이루어졌다.

기체역학에 대한 체계적인 정리가 약 1세기를 지나면서 다시 Prandtl에 의하여 재정립되었으며, 이에 대한 관심은 제1차 세계대전 이후 더욱 커졌다. 그리하여 제2차 세계대전이 발발할 무렵에는 이미 초음속풍동(supersonic wind tunnel)의 설계제작에 성공하였고, 이어서 초음속비행기가 개발되었다.

최근의 유체역학의 연구는 아주 복잡한 난류에 집중되어 있으며, 정밀계측과 분석에 의한 정밀산업에의 응용에 큰 관련을 맺고 있다. 그리하여 유체역학을 순수한 기초과학의 의미보다는 이론과 응용의 동반과학으로서 **유체공학(fluid engineering)**이라고도 한다.

최근 첨단과학으로 일컫는 전자공학의 발달로 예전에는 불가능했던 난류성분의 계측과 분석이 정밀하고 신속하게 이루어지고 있으며, 특히 LDV(Laser Doppler Velocimeter)의 개발은 유체공학의 계측연구에 획기적인 전환을 가져왔다. 그리하여 지금은 점성유체의 연구에 박차를 가하고 있으며, 계측분석장치도 컴퓨터와 온라인(on-line)화 하여 자동계측, 자동신호 처리 등으로 일정한 유동형태를 이루지 않는 난류의 연구에도 관심이 크게 집중되어 있다.

공학의 발달이 첨단화되어 가면서 유체공학의 계측과 분석도 급진적으로 발전되어 가고 있다. 유체유동의 제반분석을 실험적으로 계측하지 않고 이론식을 적용하여 수치적인 방법으로 순전히 컴퓨터에 의해 해석하는 전산유체역학(CFD: Computational Fluid Dynamics)이 최근에 큰 비중을 치지하고 있다. 또한 유체의 유동장을 영상(image)으로 컴퓨터에 입력하여 유동의 특성을 분석하는 영상분석장치(image analyzing system)와 유체입자들의 크기와 속도 등을 계측할 수 있는 입자분석장치(PDA: Particle Dynamic Analyzer)가 개발되었다. 이러한 계측장치들은 광섬유와 레이저광을 이용한 21세기의 최첨단계측기들이다.

1.5 단위

일반적으로 단위계는 미터법(meter system)과 푸트 파운드법(foot-pound system)으로 되어 있으나, 우리나라와 프랑스 등은 미터법을 미국과 영국 등은 푸트 파운법을 사용하고 있다. 그러나 각국마다 사용하고 있는 단위들이 같지 않아 국제적인 학문의 교류와 연구에 많은 불편이 있어, 이를 시정하기 위하여 1960년에 프랑스 파리에 있는 국제도량형협회의 주관으로 40개국의 과학자들이 모여 이른바 국제단위계(Systèrme International d'Unitès)인 SI 단위를 채택하였다. 그러나 각국에서는 과거 오랫동안 사용해 온 관습으로 완전히 이 제도를 실용화하지 못하고 있는 실정이다.

이후 미국 기계학회(ASME: American Society of Mechanical Engineers)에서는 1974년 7월 1일부터 모든 단위를 SI 단위로 통일하여 논문을 제출하도록 규정화하였고, 우리나라에서도 점진적으로 SI단위의 사용을 권장하고 있다.

예를 들어 밀도의 단위를 볼 때, 이제까지 우리나라에서 사용해 온 공학단위계에서는 $kg{\cdot}s^2/m^4$로 표시하나 SI 단위계에서는 kg/m^3로 우리가 사용해 온 비중량의 단위와 동일하여 큰 혼동을 갖게 된다. 그러므로 이후 독자들은 동일한 단위가 표기되는 단위계에 따라 다르다는 것을 인지해야 한다.

또 다른 단위의 하나는 USCS계 단위로서 미국의 공학계에서 많이 사용되고 있는 푸트 파운드계 단위이다. 그러나 요즈음은 SI계 단위의 점진적인 사용의 증가로 사용빈도가 크게 줄어들고 있으며, 극히 제한된 기술논문에서만 사용되고 있다.

표 1-1 SI기본단위의 명칭과 기호

양	SI계의 명칭	기호
길이	미터(meter)	m
질량	킬로그램(kilogram)	kg
시간	초(second)	s
전류	암페어(ampere)	A

또한, 영국에서는 자기 나라에서 오랫동안 사용하여 온 BG 단위(British Gravitational Units)를 지금도 많이 사용하고 있다.

1Newton(N)은 중력가속도(g)가 작용하지 않는 문질의 순수한 질량 1kg*에 가속도 $1m/s^2$이 작용하는 힘을 말한다.

$$1N = 1kg^* \times 1m/s^2$$

그러므로 공학단위계에서 1kg의 중량은 **중력가속도**(acceleration of gravity 또는 gravitational acceleration) $g = 9.8m/s^2$이므로

$$1kg = 1kg^* \times 9.8m/s^2 = 9.8N$$

이 된다.

[주]* : 중력가속도가 작용하지 않는 물질의 순수한 질량(mass)을 의미한다. 그러나 실제 사용할 때에는 *를 붙이지 않고 사용한다.

에너지, 일, 열량의 단위로서

$$1(J)\text{Joule} = 1N \cdot m$$

$$1\text{dyne} = 1g^* \times 1cm/s^2$$

공업상의 일(work): kg · m

$$1J = 10\text{megadyne} \cdot cm = 0.1\text{megadyne} \cdot m$$

$$1kg \cdot m = 9.8J = 0.98\text{megadyne} \cdot m$$

$$1kW = \frac{1000}{9.8} kg \cdot m/s = 102kg \cdot m/s$$

$$\text{열량}(Q) = \text{열당량}(A) \times \text{일}(W)$$

이 외에 많이 사용되지는 않으나 최초에 사용한 사람의 이름을 인용한 다음과 같은 단위들도 있다.

$$1\text{poise} = 1g^*/cm \cdot s$$

$$1\text{stokes} = 1cm^2/s$$

$$1\text{centistokes} = \frac{1}{100}\text{stokes}$$

표1-2 물리량의 공학단위와 SI단위

양(quantity)	공학단위	SI단위
길이(length)	m	m
질량(mass)	$kg \cdot s^2/m$	kg*
시간(time)	s	s
속도(velocity)	m/s	m/s
가속도(acceleration)	m/s^2	m/s^2
각속도(angular velocity)	rad/s	rad/s

poise : 프랑스의 물리학자 Jean Poiseuille(1799~1869)가 처음 그의 이름을 인용하여 사용한 단위이다.

stokes : 영국의 수학자이며 물리학자인 George Stokes(1819~1903)가 처음 그의이름을 인용하여 사용한 단위이다.

비중량(specific weight)	kg/m^3	$kg^*/m^2 \cdot s^2$
밀도(density)	$kg \cdot s^2/m^4$	kg^*/m^3
운동량(momentum)	$kg \cdot s$	$kg^* \cdot m/s$
힘(force)	kg	N
무게(weight)	kg	$kg^* \cdot m/s^2$
토크(torque)	$kg \cdot m$	$kg^* \cdot m^2/s^2$
압력(pressure)	kg/cm^2	M/m^2(Pa)
응력(stress)	kg/cm^2	N/m^2
에너지(energy), 일(work)	$kg \cdot m$	J, $N \cdot m$, $kg \cdot m^2/s^2$
동력(power)	$kg \cdot m/s$	W, $kg^* \cdot m^2/s^3$
점성계수(viscosity)	$kg \cdot s/m^2$	$N \cdot s/m^2$
동점성계수(kinematic viscosity)	m^2/s	m^2/s
온도(temperature)	℃	℃
절대온도(absolute temperature)	K	K

1.6 차원

차원은 질량(M), 시간(T), 길이(L)를 MLT로 나타내어 MLT계(MLT system)라 하고, 공학에서는 주로 질량 대신 힘(F)으로 나타내어 FLT계(FLT system)라고 한다. 그러므로 힘과 질량이 개입되지 않은 단위에서는 양계 모두 동일한 차원을 갖는다.

표 1-3 여러 가지 물리량의 차원

양	기호	MLT	FLT
길이(length)	l	L	L
시간(time)	t	T	T
질량(mass)	m	M	$FL^{-}T^2$

힘(force)	F	MLT^{-2}	F
속도(velocity)	V	LT^{-1}	LT^{-1}
가속도(acceleration)	a	LT^{-2}	LT^{-2}
면적(area)	A	L^2	L^2
체적(volume)	V	L^3	L^3
압력(pressure)	p	$ML^{-1}T^{-2}$	FL^{-2}
밀도(density)	ρ	ML^{-3}	$FL^{-4}T^2$
점성계수(dynamic viscosity or viscosity)	μ	$ML^{-1}T^{-1}$	$FL^{-2}T$
동점성계수(kinematic viscosity)	ν	L^2T^{-1}	L^2T^{-1}
표면장력(surface tension)	σ	MT^{-2}	FL^{-1}
각(angle [radians])	θ	무차원	무차원
각속도(angular velocity)	ω	T^{-1}	T^{-1}
각가속도(angylar acceleration)	α	T^{-2}	T^{-2}
토크(torque), 모멘트(moment)	T_o	ML^2T^{-2}	FL
일(work), 에너지(energy)	W	ML^2T^{-2}	FL
운동량(momentum)	mV	MLT^{-1}	FT
체적유량(volume flow rate)	Q	L^3T^{-1}	L^3T^{-1}
질량유량(mass flow rate)	$\dot{m}$	MT^{-1}	$FL^{-1}T$
동력(power)	P	ML^2T^{-3}	FLT^{-1}
관성모멘트(moment of inertia)	I	ML^2	FLT^2
각운동량(angular momentum)	I_w	ML^2T^{-1}	FLT

제 2 장

유체의 성질
Fluid Properties

2.1 물리량의 정의

2.1.1 질량(Mass), M

질량(M)은 물질의 양(quantity)을 나타내며 창조하거나 파괴할 수 없으나 형태를 바꿀 수는 있다. 그러므로 질량보존의 법칙(law of conservation of mass)은 압력과 온도가 일정한 경우에 시간과 위치에 따라 질량은 불변하므로 수학적으로 다음과 같이 표기할 수 있다.

$$\frac{dM}{dt} = \frac{dM}{ds} = 0 \qquad (2-1)$$

여기서 t는 시간, s는 변위를 나타낸다.

질량의 단위는 SI계에서는 kg^*이며 무게를 중력가속도로 나눈 값이므로

$$M = \frac{W}{g} kg \cdot s^2/m \qquad (2-2)$$

와 같이 표기된다.

2.1.2 밀도(Density), ρ

밀도는 단위체적당 질량으로 정의되어 있다.

$$\rho = \frac{M}{V} kg^* / m^3 (\text{SI 단위}) \tag{2-3}$$

$$\rho = \frac{W/g}{V} kg \cdot s^2 / m^4 (\text{공학단위}) \tag{2-3a}$$

SI단위로 나타냈을 때 밀도의 역수는 **비체적(specific volume)**으로 다음과 같다.

$$v = \frac{1}{\rho} = \frac{V}{M} m^3 / kg^* \tag{2-4}$$

밀도는 점성과 마찬가지로 압력과 온도의 함수이다. 표 2-1은 압력이 25bar에서 200bar까지, 온도가 20℃에서 300℃까지 변화할 때 물의 밀도를 나타낸 값들이다.

표 2-1 압력과 온도에 따른 물의 밀도

온도 (℃)	압력					
	25bar (224℃)	50bar (264℃)	75bar (290.6℃)	100bar (311.1℃)	150bar (342.24℃)	200bar (365.8℃)
20	994.0	1000.5	1001.6	1002.8	1005.0	1007.3
40	993.3	994.4	995.5	996.6	998.7	1000.8
80	972.8	973.9	975.0	976.1	978.3	980.5
120	944.3	945.5	946.8	948.0	950.4	952.7
160	908.6	910.1	911.6	913.0	915.9	918.7
200	865.4	867.3	869.2	871.1	874.7	878.1
220	840.5	842.7	845.0	847.1	851.2	855.2
260	–	784.4	787.6	790.8	796.8	802.4
300	–	–	–	715.7	726.2	735.5
Sat	835.2	777.7	731.1	688.5	603.1	491.2

예제 2-1 5℃에서 물의 밀도가 SI 단위로 $\rho = 999.96kg/m^3$이다. (a) slugft 단위와 (b) lbm의 단위로 나타내라.

풀이 (a) $\rho = 999.96kg/cm^3 \times \frac{1}{14.594} slug/kg \times (0.3048m/ft)^3$

$= 1.94023 slug/ft^3$

(b) $\rho = 1.94023 slug/ft^3 = 1.94023 \frac{1bf \times s^2 \times lbm}{ft^4 \times 1bf} \times 32.174 ft/s^2$

$= 62.425 lbm/ft^3$

2.1.3 비중량(Specific Weight), γ

비중량은 단위체적당의 무게이다.

$$\gamma = \frac{W}{V} kg/m^3 \text{(공학단위)} \tag{2-5}$$

비중량, 밀도, 중력가속도의 관계식은

$$\gamma = \rho g \tag{2-6}$$

순수한 물의 비중량은 바다 표면의 높이에서 60°F일 때 $62.4 lbf/ft^3$이며, 또는 15℃에서 $9.388 KN/m^3$로 나타내기도 한다. 그러나 공학적인 계산에서는 $1000 kg/m^3$를 많이 사용하고 있다.

2.1.4 비중(Specific Gravity), S

비중이란 상온(15℃)에서 순수한 물의 밀도에 대한 대상물질의 밀도의 비(ratio)이다. 즉, 물의 비중량에 대한 대상물질의 비중량의 비로 정의되고, 또는 물의 무게(weight)에 대한 물의 부피와 동일한 대상물질의 무게의 비로 정의하고 있다.

$$S=\frac{\rho_m}{\rho_w}=\frac{\gamma_m}{\gamma_w}=\frac{W_m}{W_w}=\frac{M_m}{M_w} \tag{2-7}$$

여기서 첨자 w와 m은 물과 대상물질을 나타낸다.

예제 2-2 대기압(1atm)하에서 4℃인 물의 비중량과 밀도를 공학단위로 계산하라.

풀이 물의 부피는 1atm, 4℃에서 가장 부피가 작으며 온도가 이보다 증가하거나 감소하면 부피는 커진다. 물의 부피 $1m^3$는 1atm, 4℃에서 1000kg이므로

비중량 : $\gamma=\frac{W}{V}=\frac{1000kg}{1m^3}=1000kg/m^3$

밀도 : $\rho=\frac{\gamma}{g}=\frac{1000}{9.8}=102kg\cdot s^2/m^4$

예제 2-3 체적이 $14m^3$이고, 무게가 11.760kg인 디젤유의 비중량, 밀도, 비체적 및 비중을 공학단위로 계산하라.

풀이 비중량 : $\gamma=\frac{W}{V}=\frac{11,760}{14}=840kg/m^3$

밀도 : $\rho=\frac{\gamma}{g}=\frac{840}{9.8}=85.71kg\cdot s^2/m^4$

비체적 : $v=\frac{1}{\gamma}=1.19\times10^{-3}m^3/kg$

비중 : $S=\frac{\gamma}{\gamma_w}=\frac{840}{1000}=0.84$

예제 2-4 온도 20℃, 압력 $4kg/cm^2$의 대기압하에서 공기의 비중량, 비체적 및 밀도를 공학단위로 계산하라.

풀이 공기의 기체상수는 $R=29.27$이고, Boyle-Charles의 공식 $pv=RT$에서 $p=\gamma RT$이므로

비중량 : $\gamma=\dfrac{p}{RT}=\dfrac{4\times10^4}{29.27\times293}=4.66kg/m^3$

비체적 : $v=\dfrac{1}{\gamma}=\dfrac{1}{4.66}=0.214m^3/kg$

밀도 : $\rho=\dfrac{\gamma}{g}=\dfrac{4.66}{9.8}=0.476kg\cdot s^2/m^4$

2.2 압력과 응력, p, $\sigma(\tau)$

정지유체에서 압력이라 함은 유체에 수직으로 작용하는 단위면적당의 힘(force)을 말한다. 따라서, 압력은 단위면적에 작용하는 힘으로서 이에 대응하는 힘을 **응력**(stress)이라고 한다.

응력은 작용하는 힘의 방향에 따라 수직응력과 전단응력으로 구분된다. 즉, 작용면적에 수직으로 힘이 작용할 때 발생하는 응력을 **수직응력**(normal stress)이라하고, 유체의 유동층과 층 사이에서 **전단력**(shear force)에 의하여 발생하는 응력을 **전단응력**(shear stress)이라고 한다. 결국 응력들과 압력은 단위 면적에 작용하는 힘으로서 동일한 단위를 갖게 된다. 면적 $A\,cm^2$에 힘 $F\,kg$이 작용하였다면 압력과 응력은 다음과 같이 표기된다.

$$p=\frac{F}{A}kg/cm^2 \tag{2-8}$$

$$\sigma=\tau=\frac{F}{A}kg/cm^2 \tag{2-9}$$

SI 단위에서 압력은 Pa(pascal)로 많이 사용하고 있으며, 경우에 따라서는 문자로서 압력의 단위를 나타내기도 한다.

$1Pa = 1N/m^3$

psf : pounds per square feet

psi 또는 lb/in^2 : pounds per square inch

psia : 절대압력(absolute pressure)

absolute pressure per square inch

psig : 계기압력(gauge pressure)

gauge pressure per square inch

절대압력=계기압력+대기압(1atm)

표집대기압 $1atm = 14.696lb/in^2 = 29.92in \cdot Hg$(0℃에서)

$= 1.013bar \times 10^5 N/m^2 = 1.0332kg/cm^2$

2.3 점성

모든 유체는 앞에서 말한 바와 같이 점성이 있다. 유체가 유동할 때에 경우에 따라서 유속이 다른 층을 이루며 층류유동(laminar flow)을 하게 된다. 그리하여 **그림 2-1**에서와 같이 유체의 층과 층 사이에는 서로 다른 유속이 형성된다.

점 1과 점 2사이의 거리가 dy이고, 점 1에서의 속도를 u, 점2에서의 속도를 $u+du$라고 하며, 점 1을 통과한 유체입자가 dt시간 동안에 움직인 거리는 $d_1 = udt$, 점 2에서는 $d_2 = (u+du)dt$가 된다. 그러므로 1층과 2층 사이에서 발생하는 **상대적 변위**(relative displacement)는 $(d_2 - d_1)/dy = dudt/dy = (du/dy)dt$로 나타낼 수 있다. 여기서 du/dy를 **속도 기울기**(gradient of velocity) 또는 **변형률**(rate of strain)이라고 한다.

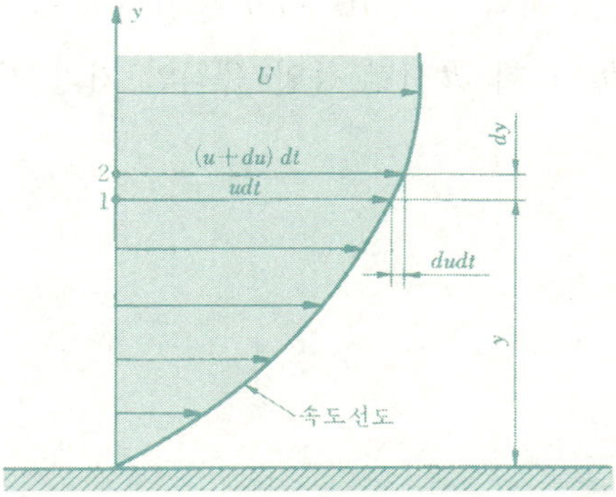

그림 2-1

유동하고 있는 유체의 층 사이에는 분명히 마찰력이나 전단력(frictional or shearing force)이 존재한다. 이 전단력에 의하여 단위면적에 발생하는 응력을 **전단응력**(shear stress)이라 하여 τ로 표기하고, 뉴턴은 이 전단응력을 상대적 변형(relative strain), 즉 du/dy에 비례한다고 생각하여 다음과 같이 가정하였다.

$$\tau \propto \frac{du}{dy} \tag{2-10}$$

여기서 비례상수를 도입하여

$$\tau = \mu \frac{du}{dy} \tag{2-11}$$

로 표기하고, 비례상수 μ를 그 유체의 **점성계수**(coefficient of viscosity or viscosity or dynamic viscosity)로 정의하였다.

이는 벽면으로부터 어느 한계유동층 내에서는 식 (2-11)에 표시된 대로, 전단응력의 변화는 점성계수를 비례상수로 하여 직선적으로 변화하게 된다.

이 식은 1968년에 뉴턴이 처음으로 정립한 점성유체의 층류유동에 대한 식이며, 이를 **점성법칙** 또는 **뉴턴의 점성법칙**(Newton's law of viscosity)이라 한다.

이 식의 성립여부는 후에 많은 학자들의 실험을 통하여 증명이 되었으며, 현재는 경계층(boundary layer)의 계산에 많이 이용되고 있는 매우 중요한 식이다.

그림 2-2에서 볼 수 있는 바와 같이 $dx \cdot dy$ 평면에서 dy만큼 떨어진 위층과 아래층 사이에 속도 차이가 du일 때 dt시간 동안 움직인 거리 차이 $dudt$에 대한 각변형을 $d\theta$라 하면

$$dudt = d\theta dy \tag{2-12}$$

로 쓸 수 있으므로

$$\tau = \mu\frac{du}{dy} = \mu\frac{d\theta}{dt} \tag{2-13}$$

의 관계가 성립하여 전단응력은 속도기울기와 각변형율에 비례함을 할 수 있다.

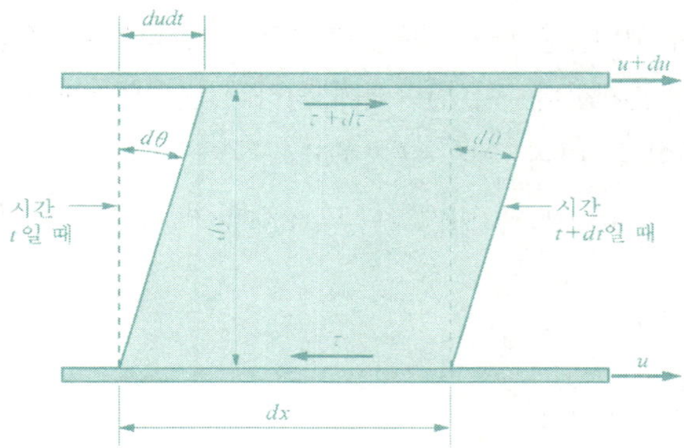

그림 2-2

때때로 유체유동의 운동방정식이나 계산에서 점성계수 μ를 밀도 ρ로 나누어 사용하는 경우가 많다. 그리하여 그 몫을 ν로 표시하여

$$\nu = \frac{\mu}{\rho} \tag{2-14}$$

로 나타내고, ν를 **동점성계수**(coefficient of kinematic viscosity) 또는 **동점도**(kinematic viscosity)라고 한다.

Helmholtz는 Poiseuille 실험식으로부터 대기압하에서 물의 점성계수와 동점성계수를 다음과 같이 계산하였다.

$$\mu = \frac{0.01779}{1+0.03368T+0.00022099T^2} poise \tag{2-15}$$

$$\nu = \frac{0.01779}{1+0.03368T+0.00022099T^2} stokes \tag{2-16}$$

여기서 T는 온도 ℃이다.

Bingham도 역시 대기압하에서 순수한 물의 점성계수의 실험식을 다음과 같이 구하였다.

$$\mu = \left\{0.021482[T-8.435+(T^2-16.87T+8149.5492)^{0.5}]-1.20\right\}^{-1} \tag{2-17}$$

여기서 T는 온도 ℃이다.

Gindly와 Gibson은 공기의 점성계수식을

$$\mu = 0.0001702(1+0.00329T+0.000007T^2) poise \tag{2-18}$$

로 나타내었고, 또 Sutherland는 기체의 점성에 대한 관계식으로부터 다음과 같은 실험식을 구하였다.

$$\mu = \mu_0 \frac{273+C}{T+C}\left(\frac{T}{273}\right)^{\frac{3}{2}} \tag{2-19}$$

여기서 μ_0는 절대온도 $T=273$℃에 있어서의 점성계수, C는 기체에 따라 정해지는 상수이다.

나아가서 가스의 운동이론으로부터 유도된 다음 식 (2-20)을 사용하여 가스의 점성계수를 계산하기도 한다.

$$\mu = \frac{1}{\pi d_0}\frac{MV}{3\sqrt{2}} \tag{2-20}$$

여기서 M은 분자량, d_0는 분자의 지름, V는 분자운동의 평균속도를 나타낸다. 그러나 실제로 사용되고 있는 가스의 점성계수의 가정식은 다음과 같다.

$$\mu = \mu_0 \left(\frac{T}{T_0} \right)^n \tag{2-21}$$

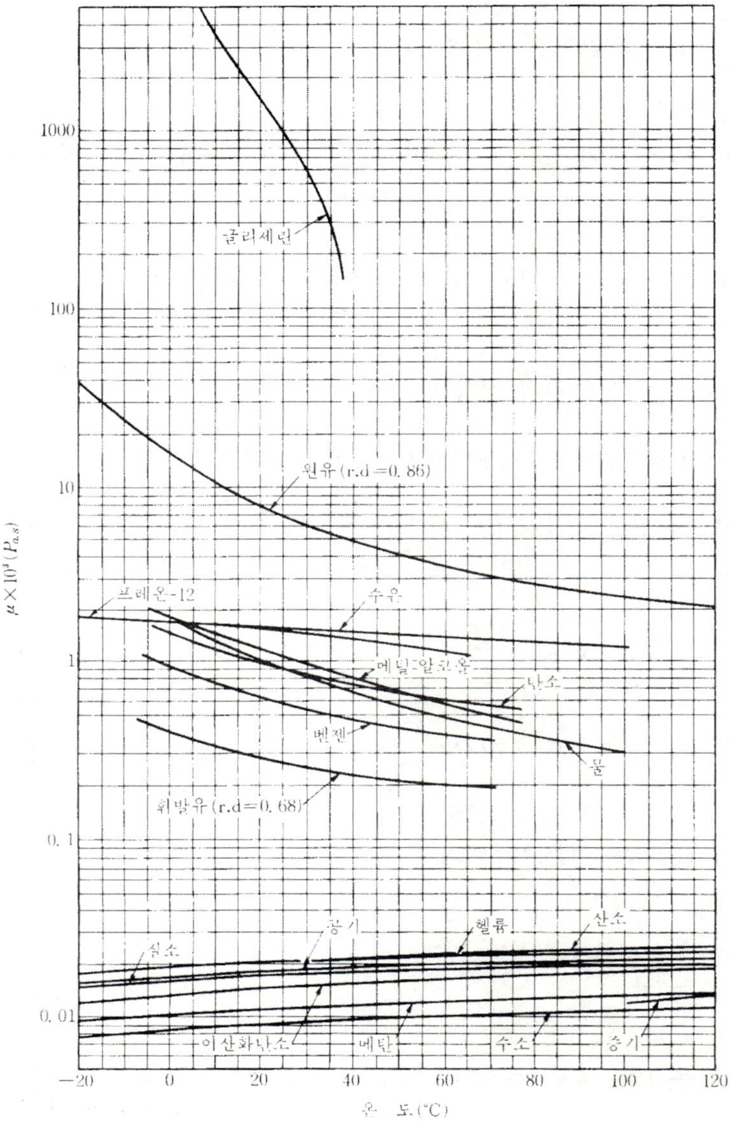

그림 2-3 일반 유체의 점성

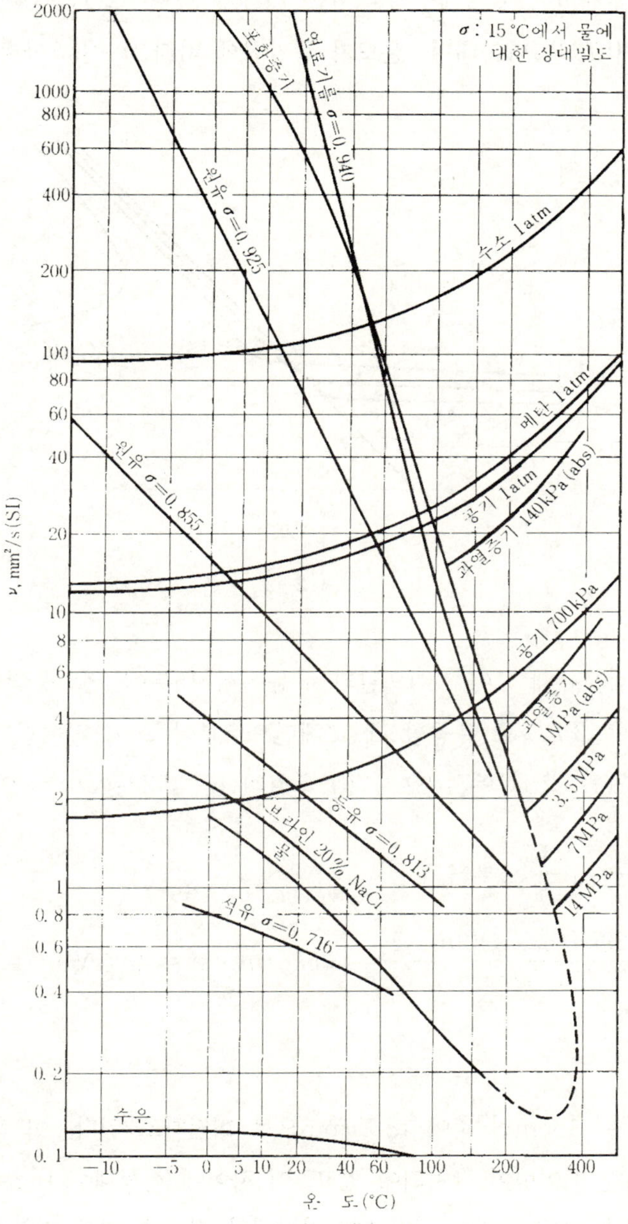
σ : 15 °C에서 물에 대한 상대밀도
포화증기
연료기름 σ=0.940
원유 σ=0.925
수소 1atm
메탄 1atm
원유 σ=0.855
공기 1atm
공기 140kPa (abs)
과열증기
공기 700kPa
과열증기 1MPa (abs)
3.5MPa
7MPa
14MPa
등유 σ=0.813
브라인 20% NaCl
물
석유 σ=0.716
수은
ν, mm²/s (SI)
온 도 (°C)

그림 2-4

여기서 μ_0는 T_0에서의 점성계수이고 n은 기체에 따라 변하는 지수로서, 상온에서 공기의 경우 $n=0.76$을 나타내며, 온도가 증가함에 따라 $n=0.5$까지 감소한다.

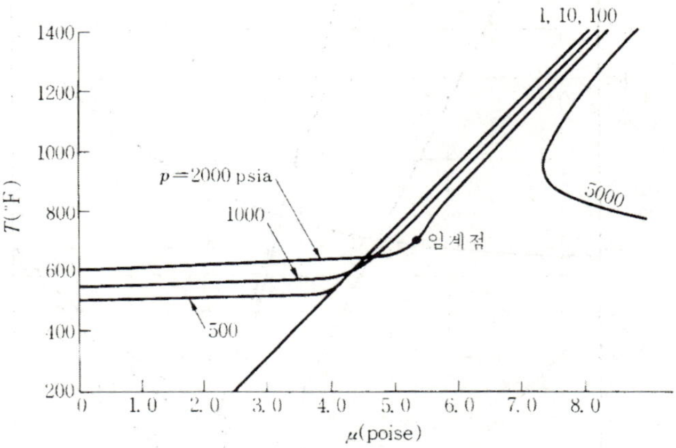

그림 2-5

예제 2-5 점성유체 SAE 30오일의 유동에서 내부에 전단응력이 발생하였다면 20℃에서 $V=3m/s$로 유동할 때 고체면으로부터 $2cm$ 떨어진 곳에서 절단응력은 얼마인가?(단, 20℃에서 SAE 30 오일의 $\mu=0.29kg/m \cdot s$이다.)

풀이 $\tau=\mu\dfrac{du}{dy}=\mu\dfrac{V}{h}$ 로부터

$$\tau=\frac{(0.29kg/m \cdot s)(3m/s)}{0.02m}=43.5kg/m \cdot s^2=43.5N/m^2=43.5Pa$$

예제 2-6 지름이 15cm인 축이 1800rpm으로 회전하고 있다. 이 축 주위에는 지름이 15.05cm인 베어링이 장치되어 있고, 이 사이에 점성계수가 $\mu=0.018kg/m \cdot s$인 기름이 가득 채워져 있다. 이 때베어링에서 점성에 의한 저항력을 이기기 위한 동력은 얼마인가?

풀이 동력=전절단력×축의 원주속도이므로

$P = \tau A V,\ \ V = \omega r = 60\pi r = 4.5\pi m/s$

그러므로

$$P = \mu\left(\frac{V}{\Delta r}\right)(\pi DL)(V)$$

$$= (0.018)\left(\frac{4.5\pi}{0.00025}\right)(\pi)(0.150)(0.300)(4.5\pi)$$

$$= 2031\,W = 2.031kW$$

예제 2-7 두 벽 사이에 유동되는 등유의 속도분포식은 100°F에서 $u = 100y \times (0.1 - y) ft/s$이다. 벽 사이의 간격은 $0.1ft$이고 석유의 점성계수는 $\mu = 3 \times 10^{-10} lb \cdot s/ft^2$이다. 절단응력과 속도분포값을 구하라.(단, y는 벽면으로부터의 거리이다)

풀이 $u = 100y(0.1 - y) = 10y - 100y^2$

$$\frac{du}{dy} = 10 - 200y,\ \left(\frac{du}{dy}\right)_{y=0} = 10s^{-1},\ \left(\frac{du}{dy}\right)_{y=0.1} = -10s^{-1}$$

$$\tau_0 = \mu\frac{du}{dy} = (3 \times 10^{-5}) \times 10 = 3 \times 10^{-4} lb/ft^2$$

$$\tau_{0.1} = -3 \times 10^{-2} lb/ft^2$$

y	0	0.02	0.04	0.06	0.08	0.10
u	0	0.16	0.24	0.24	0.16	0

예제 2-8 그림 2-6과 같이 원추를 각속도 ω로 회전시키기 위한 토크는 T이고, 원추와 이를 둘러싼 벽 사이 h에는 유체가 채워져 있다. 이 유체의 점성계수 μ는 얼마인가?

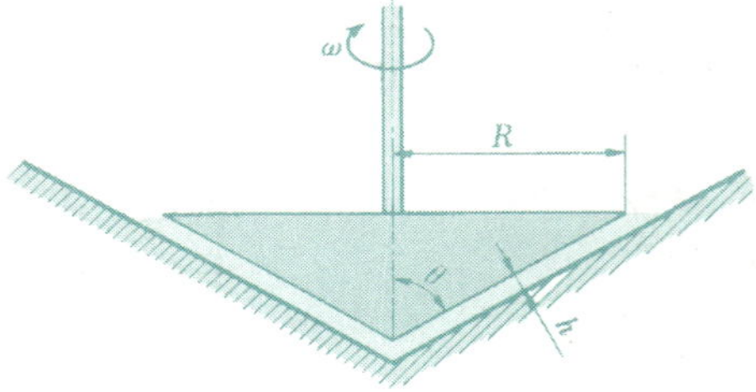

그림 2-6

풀이 $T = \int_0^R r dF = \int_0^R \mu\left(\frac{\omega r}{h}\right)\left(2\pi r \frac{dr}{\sin\theta}\right)(r) = \frac{\pi\mu\omega R^4}{2h\sin\theta}$

$$\mu = \frac{2Th\sin\theta}{\pi\omega R^4}$$

예제 2-9 그림 2-7에서와 같이 안쪽의 원통을 40rpm으로 회전시키기 위해 $0.015kg \cdot m$의 회전력이 필요할 때 기름의 점성계수를 구하라.(단, 원통의 길이는 $50cm$이다)

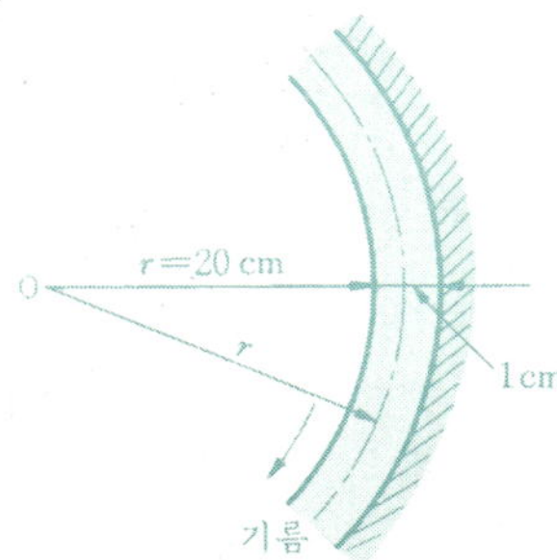

그림 2-7

풀이 $T = F \cdot r = \tau A r$에서

$$0.015kg \cdot m = \tau(2\pi r \times 0.50)r$$

$$\tau kg/m^2 = \frac{0.015}{2\pi \times 0.50 \times r^2}$$

$$= \frac{0.0048}{r^2} = \mu\frac{du}{dy}$$

여기서 속도기울기 $\frac{du}{dy}$와 $\frac{du}{dr}$의 관계는 $\frac{du}{dy} = -\frac{du}{dr}$로 쓸 수 있다.

따라서 $-\frac{du}{dr} = \frac{0.0048}{\mu r^2}$

이를 적분하면

$$u=\frac{0.0048}{\mu r}+C$$

외측의 원통은 정지하고 있으므로, 그 표면 $r=0.21\text{m}$에서 속도 $u=0$이므로

$$0=\frac{0.0048}{\mu\times 0.21}+C$$

$$C=-\frac{0.0229}{\mu}$$

$$u=\frac{1}{\mu}\left(\frac{0.0048}{r}-0.0229\right)$$

내측원통의 표면은 회전하고 있으므로 $r=0.20\text{m}$에서

$$u=2\pi\times 0.20\times\frac{40}{60}=0.8373\text{m/s}$$

따라서 윗식에 대입하면

$$0.8373=\frac{1}{\mu}\left(\frac{0.0048}{0.20}-0.0229\right)$$

즉 $\mu=0.0013\text{kg}\cdot\text{s/m}^2$

예제 2-10 그림 2-8에 표시한 베어링에서 지름 40cm의 축이 매분 400회전하고 있을 때, 마찰손실마력은 얼마인가?

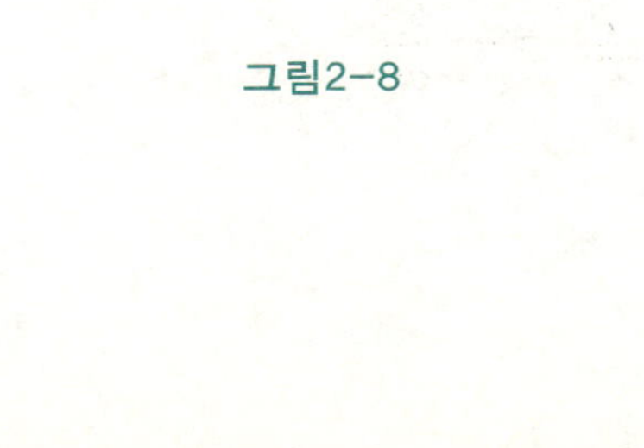

그림2-8

풀이 축의 원주속도는

$$u = 2\pi \times 0.20 \times \frac{400}{60} = 8.37\text{m/s}$$

베어링의 표면은 고정되어 있으므로 표면속도는 0이다. 따라서 속도기울기는

$$-\frac{du}{dr} = \frac{8.37}{0.00025}(\text{s}^{-1})$$

마찰력 $F = \tau A = \mu(-du/dr)A$, $A = 2\pi \times 0.20 \times 1$이므로 마찰력에 의한 모멘트는 Fr이며, 마찰손실마력 L은

$$L = Fr\omega = 0.005 \times \frac{8.37}{0.00025} \times 2\pi \times 0.20^2 \times 1 \times 2\pi \times \frac{400}{60}$$

$$= 1760.53 kg \cdot m/s = 23.47\text{HP}$$

2.4 압축성

압축성물질에서 어느 압력이 p에서 dp만큼 증가함에 따라 체적이 V에서 dV만큼 감소하여 $(V - dV)$로 되었다면 단위체적당 감소율은 $-\dfrac{dV}{V}$로 계산할 수 있고, 이 물질을 탄성체로 가정할 때 감소율은 압력의 증가에 비례한고 볼 수 있으므로

$$-\frac{dV}{V} = \beta dp \text{ 또는 } \beta = -\frac{1}{V}\frac{dV}{dp} \qquad (2\text{-}22)$$

로 쓸 수 있다. 이때의 비열상수 β를 **압축률**(compressibility)이라 하고, 이 압축률의 역수를 **체적탄성계수**(bulk modulus of elasticity)라고 한다.

즉

$$K = \frac{1}{\beta} = -V\frac{dp}{dV} = -v\frac{dp}{dv} \qquad (2\text{-}23)$$

$v=\frac{1}{\gamma}=\frac{1}{\rho g}$의 관계에서 비중량 γ와 밀도 ρ의 상대적 증가는 비체적 v의 상대적 감소를 의미하므로, 결국 체적의 상대적 감소와 같다. 그러므로 식 (2-23)을

$$K=\gamma\frac{dp}{d\gamma}=\rho\frac{dp}{d\rho} \tag{2-24}$$

로 나타낼 수 있다.

물의 체적탄성계수는 약 2.3GN/m^2이며 압력이 1MIN/m^2의 변화에 대하여 0.05%의 체적변화를 가져온다.

또, 20℃에서 Pa로 나타낸 물의 체적탄성계수는 대기압하에서 약 2.18×109Pa이며, 1000atm에서 약 2.86×109Pa이 될 때까지는 선형적인 증가를 나타낸다.

표 2-2 물의 압축률 $\beta(cm^2/kg)$

($\beta\times10^5$)

압력범위(cm^2/kg) \ 온도(℃)	0	10	20	50
1~25	5.08	4.84	4.75	-
25~50	4.99	4.76	4.61	-
50~75	4.93	4.58	4.41	-
75~100	4.86	4.55	4.38	-
100~500	4.60	4.33	4.20	4.03
500~1000	4.03	3.82	3.68	3.54
1000~1500	3.46	3.37	3.27	3.15

표 2-3 물의 체적탄성계수 $K(kg/cm^2)$

압력(kg/cm^2) \ 온도(℃)	0	10	20
1~25	1.97×10^4	2.07×10^4	2.11×10^4
25~50	2.00	2.10	2.17
50~70	2.03	2.18	2.27
100~500	2.17	2.31	2.38
500~1000	2.48	2.61	2.72

표 2-4 **액체의 체적탄성계수**

액체	$K\times 10^6$, $(bar)^{-1}$	
	1atm	1000atm
아세톤	125	55
아닐린	45	30
벤젠	95	50
이황화탄소	95	50
클로로포름	106	52
에탄올	114	50
글리세롤	25	20
수은	4	4
메탄올	120	50
n-옥탄	120	56
석유	70	-
야채기름	50	-
물	46	35

예제 2-11 어떤 기체가 0.01m^3의 체적을 갖는 강제의 용기내에서 10kg/cm^2의 압력을 받고 있다가 압력이 20kg/cm^2로 증가되었을 때, 기체의 체적이 0.0085m^3로 되었다. 이 기체의 체적탄성계수를 구하라.

풀이 $K=-V\dfrac{dp}{dV}=-0.01\dfrac{20-10}{(0.0085-0.01)}=66.67kg/cm^2$

2.5 기체의 변화

2.5.1 등온변화(Isothermal Change)

열역학에서 일반적으로 이상기체는 Boyle-Charles의 법칙에 의하여 다음과 같이 표시된다.

$$pv = RT \tag{2-25}$$

$$\gamma = \frac{p}{RT} \tag{2-26}$$

여기서 p는 기체의 절대압력, v는 비체적(m^3/kg), R는 기체상수(m/K), T는 절대온도(K)를 나타내며, 식 (2-25)를 기체의 **상태방정식(equation of state)**이라고 한다.

부피가 $\mathcal{V}$m3, 중량이 Gkg인 기체의 비체적은 $v = \mathcal{V}/G$(m3/kg)이므로, 식 (2-25)는

$$p\mathcal{V} = GRT \tag{2-27}$$

가 된다.

대기압(1atm=760mmHg)하에서 산소(O2)의 비중량은 $\gamma = 1.429kg/m^3$이고, 분자량은 $M = 32$이므로, 1kmol의 산소의 중량은 $G = 32kg$이 된다. 그러므로 체적은 $\mathcal{V} = 32/1.429 = 22.4m^3$가 되며, 식(2-27)은 다음과 같이 쓸 수 있다.

$$p\mathcal{V} = MRT \tag{2-28}$$

여기서 다시 $T = 273\text{K}$, $p = 10{,}332kg/m^2$, $\mathcal{V} = 22.4m^3$를 대입하면

$$MR = 848\text{kg} \cdot \text{m/kmol} \cdot \text{K}$$

가 되며, 이것을 **일반기체상수(universal gas constant)**라고 한다.

음속(sonic velocity)은 정의에 의하여 $\alpha_s = \sqrt{dp/d\rho}$ 이므로 식 (2-24)와 함께

$$\alpha_s = \sqrt{\frac{K}{\rho}} \tag{2-29}$$

가 된다. 물 속에서의 음속은 약 1440m/s이고 대기 중에서는 335m/s이나, 음속은 온도에 따라 변하므로 대기 중에서는 다음과 같은 식으로 계산된다.

$$\alpha_s = 331 + 0.6t \tag{2-30}$$

식 (2-25)를 미분하여 정리하면

$$\frac{dp}{dv} = -\frac{p}{v} \tag{2-31}$$

이 결과를 식 (2-23)에 대입하면 체적탄성계수 K는

$$K = p \tag{2-32}$$

가 된다 따라서 등온변화의 경우, 음속은 식 (2-29)와 식(2-32)로부터

$$\alpha_s = \sqrt{\frac{p}{\rho}} \tag{2-33}$$

로 간단히 계산할 수 있다.

또, 완전가스의 경우 $p = \rho gRT$이므로 다음과 같이 된다.

$$\alpha_s = \sqrt{gRT} \tag{2-34}$$

SI 단위계에서는

$$\alpha_s = \sqrt{RT} \tag{2-35}$$

예제 2-12 대기압 20℃에서 물속에서의 음속느 얼마인가?(단, $K = 2.18 \times 10^9$Pa 이다)

풀이 $\alpha_s = \sqrt{\frac{k}{\rho}} = \sqrt{\frac{2.18 \times 10^9}{1000}} = 1476\text{m/s}$

2.5.2 단열변화(Adiabatic Change)

단열변화에서 압력 p와 비체적 v와의 관계식은

$$pv^k = C \tag{2-36}$$

여기서 k는 비열비(ratio of specific heats)를 나타내고, 1 atm하에서 공기의 경우 $k = 1.4$이다.

$$k = C_p / C_v \ (C_p : \text{정압비열} \ \ C_v : \text{정적비열})$$

식 (2-36)을 미분하여 정리하면

$$\frac{dp}{dv} = -\frac{kp}{v} \tag{2-37}$$

이 식을 식 (2-23)에 대입하며, 단열변화의 경우 체적탄성계수 K는

$$K = kp \tag{2-38}$$

이 식을 식 (2-29)에 대입하면 단열변화에서의 음속은

$$\alpha_s = \sqrt{\frac{kp}{\rho}} \tag{2-39}$$

가 된다. 따라서, 완전가스의 식 $p = \rho gRT$를 윗식에 대입하면

$$\alpha_s = \sqrt{kgRT} \tag{2-40}$$

로 되고, SI 단위계에서는 다음과 같이 된다.

$$\alpha_s = \sqrt{kRT} \tag{2-41}$$

참고

① 등온변화(isothermal change)

$$pv = C$$

표 2-5 기체의 M, R, k의 값

기체	분자량 M	기체상수 R(m/K)	1atm, 20℃에서 정압비열 C_p	1atm, 20℃에서 정적비열 C_v	비열비 $k=C_p/C_v$
공기	28.96	29.27	0.241	0.172	1.40
산소(O_2)	32.00	26.50	0.218	0.156	1.40
질소(N_2)	28.00	30.26	0.250	0.178	1.40
일산화탄소(CO)	28.01	30.29	0.250	0.180	1.40
이산화탄소(CO_2)	44.01	19.27	0.202	0.156	1.30
헬륨(He)	4.00	211.9	1.251	0.775	1.66
수소(H_2)	2.02	420.6	3.408	2.420	1.41
아황산가스(SO_4)	64.00	13.24	0.151	0.120	1.25
암모니아(NH_3)	17.00	49.79	0.530	0.410	1.29

표 2-6 공기의 특성

기호	구분 \ 온도(℃)	0	10	20	40	60	80	100
ρ	공학단위 (kg·s^2/m^4)	0.132	0.127	0.123	0.115	0.108	0.102	0.096
	SI단위 (kg*/m^3)	1.252	1.206	1.164	1.092	1.025	0.942	0.916
γ	공학단위 (kg/m^3)	1.293	1.247	1.205	1.128	1.060	1.000	0.946
$\mu \times 10^{-6}$	공학단위 (kg·s/m^2)	1.78	1.82	1.86	1.95	2.03	2.12	2.21
	SI단위 (N·s/m^2)	17.456	17.848	18.240	19.123	19.907	20.790	21.673
$\nu \times 10^{-6}$	공학 및 SI 단위(m^2/s)	13.9	14.66	15.7	17.6	19.4	21.5	23.6

② **단열변화**(adiabatic change) : 열량 $dQ=0$인 변화

$$pv^k = \frac{p}{\gamma^k} = C$$

여기서 k는 **단열비**(adiabatic ratio)이며, 비열비(ratio of specific heats)라고도 한다.

$$k = C_p / C_v$$

③ **등엔트로피 변화**(isentropic change) : 엔트로피 $dS=0$인 변화

$$dS = \frac{dQ}{T} \, (T : \text{절대온도})$$

에서 $dS=0$이므로 $dQ=0$이 되어, 이 경우는 단열변화와 동일하다.

④ **폴리트로픽 변화**(polytropic change) : 이 폴리트로픽 지수 n의 값에 따라 여러 형태의변화를 한다.

$pv^n = C(n$: 폴리트로픽 지수)
$n=0$일 때 $p = C$……등압변화
$n=1$일 때 $pv = C$……등온변화
$n=k$일 때 $pv^k = C$……단열변화
$n=\infty$일 때 $v^n = C$……등적변화

표 2-7 물의 물리적 특성

기호	구분 \ 온도(℃)	0	10	20	40	60	80	100
ρ	공학단위 ($kg \cdot s^2/m^4$)	102.03	102.01	101.86	100.33	99.16	99.16	97.80
	SI단위 (kg^*/m^3)	999.9	999.7	998.2	992.2	983.2	971.8	958.4

γ	공학단위 (kg/m^3)	999.9	999.7	998.2	992.2	983.2	971.8	958.4
$\mu\times10^{-6}$	공학단위 $(kg{\cdot}s/m^2)$	182.9	132.2	101.3	80.8	48.1	35.9	28.3
	SI단위 $(N{\cdot}s/m^2)$	1793.636	1296.439	993.414	792.377	471.670	352.059	277.528
$\nu\times10^{-6}$	공학 및 SI 단위 (m^2/s)	1.789	1.300	1.006	0.658	0.478	0.364	0.294

예제 2-13 20℃ 대기 중에서 음속을 구하라.

풀이 $\alpha_s = \sqrt{kgRT} = \sqrt{1.4\times9.81\times29.27\times293} = 343.2\text{m/s}$

또는 SI 단위에서 $R = 287.1\text{m}\cdot\text{N/kg}\cdot\text{K}$이므로

$$\alpha_s = \sqrt{kRT} = \sqrt{1.4\times287.1\times293} = 343.2\text{m/s}$$

또는

$$\alpha_s = 331 + 0.6t = 331 + 0.6\times20 = 343\text{m/s}$$

예제 2-14 질소 10m^3를 압축하여 압력 20kg/cm^2에서 4m^3가 되었다. 등온 및 단열변화의 경우, 압축 전후에 있어서의 체적탄성계수를 구하라.

풀이 등온변화 : Boyle-Charles 법칙에 의하여 $pV = C$, $p_2 = 20\text{kg/cm}^2$, $V_1 = 10\text{m}^3$, $V_2 = 4m^3$이고, $p_1V_1 = p_2V_2$에서 $p_1 = \dfrac{V_2}{V_1}p_2 = \dfrac{4}{10}\cdot20\times(100^2) = 80{,}000\text{kg/m}^2 = 8\text{kg/cm}^2$이다. 그러므로 체적탄성계수는 식 (2-32)에 의하여

$$\text{압축 전 : } K = p = 8\text{kg/cm}^2$$

$$\text{압축 후 : } K = p = 20\text{kg/cm}^2$$

단열변화 : $pV^k = C$에서 $p_1V_1^{\,k} = p_2V_2^{\,k}$이고, 또 대기압과 상온에서는 $k = 1.4$

이므로, $p_1 = p_2\left(\dfrac{V_2}{V_1}\right)^k = 20\times(100)^2\times\left(\dfrac{4}{10}\right)^{1.4} \doteqdot 55,452\,\text{kg/m}^2$ 이다. 그러므로

체적탄성계수는 식 (2-38에 의하여

$$\text{압축 전 : } K = kp_1 = 1.4\times 5.5452 \doteqdot 7.7633\text{kg/cm}^2$$

$$\text{압축 후 : } K = kp_2 = 1.4\times 20 = 28\text{kg/cm}^2$$

예제 2-15 20℃, 2.5atm에서 질소(N_2)의 비중량과 밀도를 구하라.

풀이 표2-5에서 질소의 기체상수는 $R = 30.26\text{m/K}$ 이므로

비중량 : $\gamma = \dfrac{p}{RT} = \dfrac{2.5\times 10,332}{30.26\times 293} = 2.91\text{kg/m}^3$

밀도 : $\rho = \dfrac{\gamma}{g} = \dfrac{2.91}{9.8} = 0.297\text{kg}\cdot\text{s}^2/\text{m}^4$

2.6 표면장력과 모세관현상

정지해 있는 액체의 평형상태는 액체 내부의 이웃하는 분자들끼리의 인력에 의하여 유지되고 있으나, 자유표면에서의 액체는 이웃분자와의 접촉이 없어 인력을 받지 않으므로 자체의 표면적을 최소한 작게 하려고 하는 **장력**(tension)이 작용한다. 이것을 **표면장력**(surface tension)이라고 한다. 자유표면적을 최소화하는데 필요한 힘을 **자유표면에너지**(free surface energy) 또는 퍼텐셜에너지(potential energy)라 하고, 감소된 단위면적당의 자유표면에너지를 **표면장력**이라고 한다. 원래의 표면적을 A, 감소된 후의 표면적을 B, 자유표면에너지를 E_s라 하면, 표면장력 σ는

$$\sigma = \frac{E_s}{A-B} = \frac{\text{힘}\times\text{거리}}{\text{거리}\times\text{거리}} = \text{kg/m}$$

가 되어 단위길이에 수직으로 작용하는 힘으로 표시된다. 물방울이 풀잎 위에 동그랗게 맺혀 있는 현상이나, 빗방울이 구형이 되어 떨어지는 것은 모두 표면장력의 한 예이다.

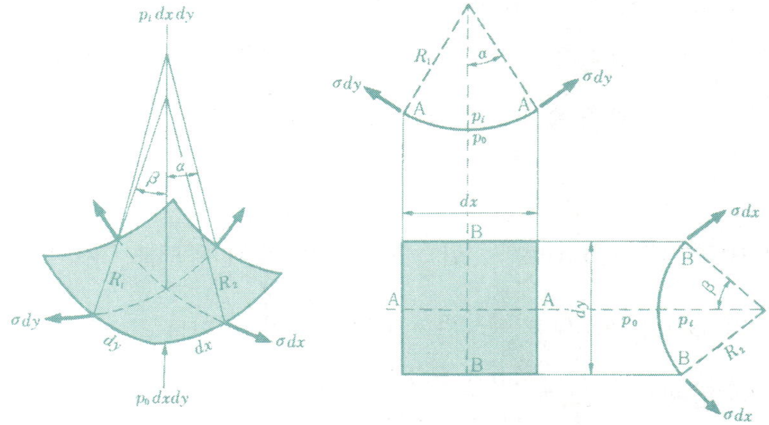

그림 2-9

그림 2-9와 같이 만곡면의 반지름을 R_1, R_2라 하고 각 방향으로 작용하는 장력을 σ라고 하면, 미소면적 $dxdy$에 작용하는 힘의 평형방정식은 다음과 같이 압력차 $(p_i - p_0)$와 표면장력 σ로 쓸 수 있다.

$$(p_i - p_0)dxdy = 2\sigma dy \sin\alpha + 2\sigma dx \sin\beta \qquad (2-42)$$

그런데 각 α와 β는 아주 작은 값이기 때문에 $\sin\alpha = \dfrac{dx}{2R_1}$, $\sin\beta = \dfrac{dy}{2R_2}$로 놓을 수 있으므로, 식 (2-24)는

$$p_i - p_0 = \sigma\left(\frac{1}{R_1} + \frac{1}{R_2}\right) \qquad (2-43)$$

이 된다.

그림 2-10(a)의 경우는 원통형 액체 내부의 압력증가가 표면장력에 의하여 균형을 이루고 있는 상태이다.

따라서

$$2RL\Delta p = 2\sigma L$$

$$\Delta p = \frac{\sigma}{R} \tag{2-44}$$

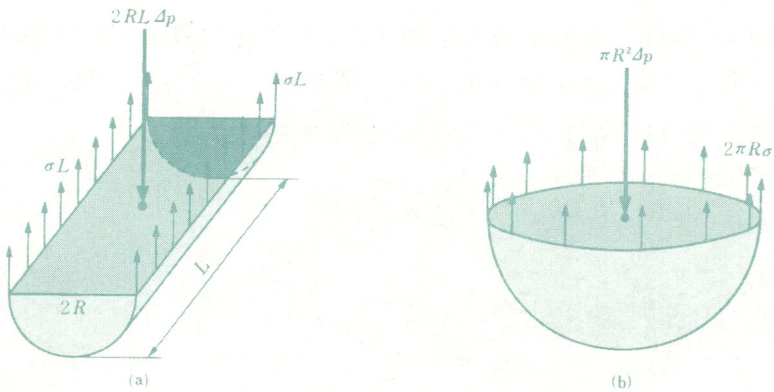

그림 2-10

또, 그림 2-10(b)에서는 물방울 내부의 압력증가가 표면장력과 균형을 이루고 있는 경우이다.

$$\pi R^2 \Delta p = 2\pi R\sigma$$

$$\Delta p = \frac{2\sigma}{R} \tag{2-45}$$

이 결과를 내외부에서 공기와 접하고 있는 비눗방울의 경우 내부의 압력증가를 고려하면, 내외부의 반지름이 거의 같으므로 Δp_b를 비눗방울의 압력증가, Δp_d를 물방울의 압력증가라 하면

$$\Delta p_b \approx 2\Delta p_d = \frac{4\sigma}{R} \tag{2-46}$$

가 된다.

안지름이 작은 모세관을 액체의 표면에 수직하게 넣었을 때, 액체 자유표면의 응집력과 고체면에 대한 부착력의 차이에 의하여 관 내의 액체표면과 자유표면 사이에 높

이 차이를 나타내는데, 이 현상을 **모세관현상**(capillarity)이라고 한다.

그림 2-11에서 보는 바와 같이 응집력이 부착력보다 크면 관 내의 면은 자유표면보다 하강하고 위로 볼록해지며(수은), 응집력이 부착력보다 작으면 그 반대의 현상이 된다.(물)

이와 같이 관 내외의 높이의 차이를 계산하기 위하여 압력의 차이와 표면장력에 의한 식 (2-43)으로부터 관의 단면이 원형인 경우에는, 관 내의 액체의 표면은 구면이 되므로 그림 2-9에서 R_1과 R_2는 같은 값을 갖게 된다.

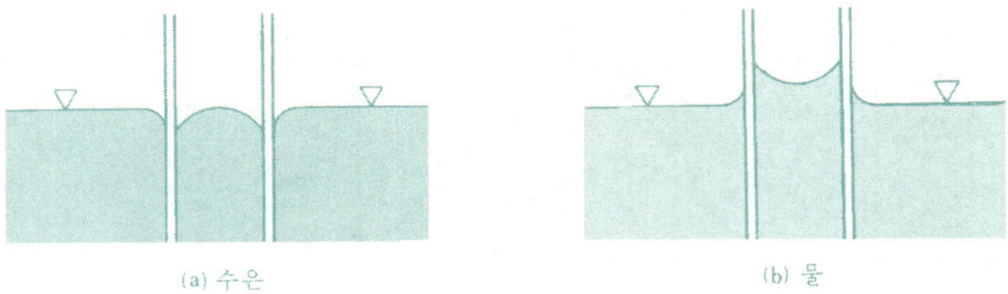

그림 2-11 모세관 현상

그림 2-12에서 $p_0 = -\gamma h$, $p_i = 0$이므로 $p_i - p_0 = \gamma h$이고, $R_1 = R_2 = R$이다.

또, $r/R = \cos\theta$이므로 식 (2-43)은

$$h = \frac{2\sigma\cos\theta}{\gamma r} \qquad (2-47)$$

그러므로 $2\pi r\sigma\cos\theta = \pi r^2 h\gamma$의 관계식으로부터 $h = 2\sigma\cos\theta/\gamma r$를 구할 수 있다.

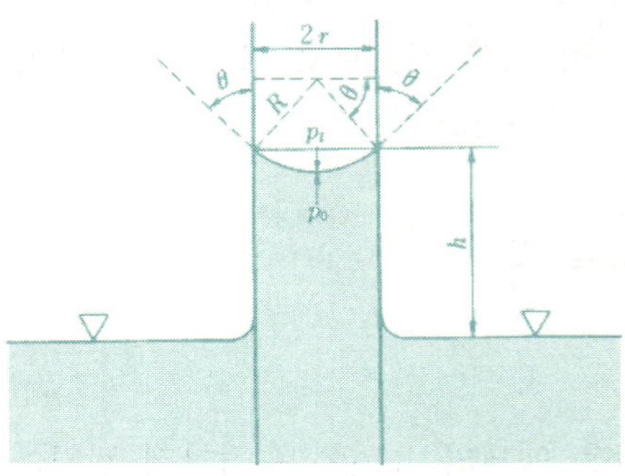

그림 2-12 모세관 현상에 의한 높이

표 2-8 액체의 표면장력(1atm, 20℃) (공학단위)

액체	표면장력(kg/m)	액체	표면장력(kg/m)
물	0.0074	알코올	0.0023
수은	0.0485	글리세린	0.0064
에테르	0.0017	올리브유	0.0033
벤졸	0.0030	원유	0.0024~0.0039

예제 2-16 1atm, 20℃에서 물방울의 내부압력이 외부압력보다 0.005kg/cm^2만큼 더 크다면 물방울의 지름은 얼마나 되겠는가?

풀이 표 2-8에서 20℃에서의 물의 표면장력은 $\sigma = 0.0074\text{kg/m}$이므로, 식 (2-43)에서

$$p_i - p_0 = 0.005 \times 100^2 = 0.0074\left(\frac{2}{R}\right)$$

$$R = 0.000296\text{m} = 0.296\text{mm}$$

$$d = 0.296 \times 2 = 0.592\text{mm}$$

표 2-9 온도의 변화에 따른 물의 표면장력(1atm)

온도		표면장력
(℃)	(°F)	σ(N/m)
-8	17.6	0.077
0	32	0.0756
10	50	0.0742
20	68	0.0728
30	86	0.0712
40	104	0.0696
50	122	0.0679
60	140	0.0662
70	158	0.0644
80	176	0.0626
100	212	0.0589

예제 2-17 반지름이 5mm인 중공의 비눗방울의 내외에 작용하는 압력차는 얼마인가?(단, 표면장력은 $\sigma = 0.0065\text{kg/m}$이다)

풀이 비눗방울 외부에 작용하는 압력을 p_0, 내부에 작용하는 압력을 p_i라고 하면, 내외부의 압력차에 의하여 비눗방울에 작용하는 힘과 표면장력에 의한 힘은 평형을 이루고 있다.

그러므로 압력차에 의한 힘 : $(p_i - p_0)\pi R^2$

표면장력에 의한 힘 : $2\pi R\sigma \times 2$(내외부)

그러므로 $(p_i - p_0)\pi R^2 = 2\pi R\sigma \times 2$

$$\text{압력차} : p_i - p_0 = \frac{4\sigma}{R} = \frac{4 \times 0.0065}{0.005} = 5.2\text{kg/m}^2$$

$$= 5.2 \times 10^{-4}\text{kg/cm}^2$$

예제 2-18 그림 2-12와 같이 (a) 모세유리관을 물에 세우는 경우와, (b) 모세유리관을 수은에 세우는 경우, 자유표면과 모세관 내의 액체의 높이 차이는 각각 얼마인가?(단, 모세관의 안지름은 1mm이다)

풀이 이 문제는 유리와 물, 유리와 수은과의 표면장력을 먼저 알아야 풀 수 있다. 따라서, 반지름이 1mm인 모세관에서 물과 유리의 접촉각은 $\theta \approx 0°$ 이고, 표면장력은 $\sigma = 0.073\text{N/m}$이다. 또, 수은에 대한 값들은 $\theta = 130°$, $\sigma = 0.48\text{N/m}$이다. 따라서

$$\text{(a)}\ h = \frac{2(0.073\text{N/m})(\cos 0°)}{(1000\text{kg/m}^3)(9.81\text{m/s}^2)(0.001\text{m})} = 1.5\text{cm}$$

$$\text{(b)}\ h = \frac{2(0.048\text{N/m})(\cos 130°)}{(13{,}600\text{kg/m}^3)(9.81\text{m/s}^2)(0.001\text{m})} = -0.46\text{cm}$$

제 2 장 연습문제

FLUID MECHANICS

01_ 수은의 비중을 13.6으로 할 때, 수은주 760mm에 상당하는 압력을 구하라.

02_ 단열변화에서 공기의 압력이 2배로 되면 비체적은 몇 배로 되는가?

03_ 완전기체에서 압력이 $3kg/cm^2$, 온도 30℃에서의 비체적이 0.5m3/kg일 때, 그 기체의 기체상수 및 분자량을 구하라.

04_ 절대압력 $2kg/cm^2$, 25℃의 수소가 일정한 온도로 절대압력이 $4kg/cm^2$로 되었다면 이 수소의 비체적은 얼마인가?

05_ 등엔트로피 변화에서 밀도가 $0.123kg{\cdot}s^2/m^4$인 공기가 압력이 4배로 증가하면 비체적은 어떻게 되는가?

06_ 표준상태에서 기체상수가 $R=29.3m/K$인 공기의 비체적과 밀도를 구하라.

07_ 1atm, 30℃에서 어떤 기체의 동점성계수가 $1.58\times10^{-5}m^2/s$이고 점성계수는 $3.02\times10^{-6}kg\cdot s/m^2$일 때, 이기체의 분자량은 얼마나 되는가?

08_ 해저 6km에서의 압력은 61×10^6Pa이다. 표면에서의 비중량이 $10.0kN/m^3$이고, 체적탄성계수가 2.4×10^9Pa이라면 그 깊이에서의 바닷물의 비중량은 얼마인가?

09_ 온도가 20℃일 때 (a) 바다 표면의 높이에서, (b) 압력이 8.1×10^7Pa이고, 밀도가 $1057kg/m^3$인 해저 8000m에서 음속을 각각 구하라.(단, 바닷물의 체적탄성계수는 $K=2.18\times10^9$Pa이다)

10_ 표준대기압, 20℃에서 공기와 물의 점성계수의 비와 동점성계수의 비를 구하라.

11_ $1000cm^3$의 물에 $3\times10^6N/m^3$의 압력이 작용하면 물의 체적은 얼마나 되겠는가?

12_ 상온대기압 상태에서 안지름이 4mm인 모세유리관을 물에 세우면 물은 유리관 내에서 얼마나 올라가겠는가?(단, 물의 유리에 대한 표면장력은 $\sigma=0.073N/m$, 접촉각 $\theta\approx0^\circ$ 이다)

13_ 10℃에서 0.5mm 간격을 두고 두 유리평판이 수직으로 세워져 있다. 모세관현상에 의한 물의 최대 상승높이를 구하라.

14_ 단면이 2mm×4mm의 유리관에 물이 들어 있을 때, 수주상단의 내외부에 생기는 압력 차이를 구하라.(단, $\sigma=0.0074$kg/m)

15_ 비중이 1.25인 벤졸에 지름이 4mm인 유리관을 세웠다면 모세관현상으로 생기는 접촉각은 몇 도나 되는가?(표 2-8 참조, 높이 차 $h=2$mm)

16_ 표면장력이 7.02×10^{-3}kg/m인 액체가 지름이 2mm되게 방울을 형성하였다면 그 내부 압력은 얼마나 되는가?

17_ $\rho VL/\mu$의 차원(dimension)을 구하라.(L은 길이, V는 속도)

18_ 국제규격(SI)에서 압력의단위는 파스칼이다. 1Pa에 해당하는 psi 및 kg/cm^2 단위로 고쳐라.

19_ 점성계수 $\mu=2.0\times10^{-4}$slug/ft・s를 foot-pound-second 단위와 kg·m·s 단위로 고쳐라.

20_ 기름의 동점성계수가 $\nu=1.5$stokes이고, 비중량이 $\gamma=0.00085$kg/cm^{3}이다. 점성계수는 몇 poise인가?

21_ 점성계수 $\mu = 0.6\text{poise}$이고, 비중이 $S = 0.6$인 유체의 동점성계수를 구하라.

22_ 지름 10cm인 축이 0.2mm의 간격으로 베어링에 지지되어서 300rpm으로 회전하고 있는데, 축과 베어링 사이에는 기름이 차 있다. 베어링 폭 1cm당 토크를 구하라. ($\mu = 1.0\text{poise}$)

23_ 바깥 원통의 지름이 20cm, 안쪽 원통의 지름이 18cm이고, 길이가 30cm인 2개의 원통이 동축상에 장치되어 있다. 바깥 원통은 고정하고 안쪽 원통을 2rev/s로 회전시키는 데 필요한 토크를 구하라.(단, 두 원통 사이에는 점성계수가 $0.08\text{kg} \cdot /\text{m}^2$인 기름으로 채워져 있다)

24_ 지름이 7.5cm인 축 주위에 지름이 7.55cm이고 길이가 30cm인 베어링이 끼워져 그 사이에 기름이 채워져 회전하고 있다. 이 축이 18rev/s로 회전하는데 1.10N·m의 토크가 필요하다면 기름의 점성계수는 얼마인가?

25_ 점성계수가 0.12kg/m·s인 기름이 지름이 260mm인 두 원판 사이에 기름막이 균일한 두께 0.12mm로 형성되어 있다. 회전원판은 동축상에서 다른 쪽 원판에 상대적으로 10rev/s로서 회전하고 있다. 원판 모서리의 영향을 무시한다면 회전운동을 계속하기 위한 필요한 토크는 얼마인가?

26_ 그림 2-13은 축에 의해서 회전하고 있는 디스크로 구성된 장치이다. 디스크는 고체면 경계 가까이 위치하고 있으며, 그 사이에는 오일이 채워져 있다.

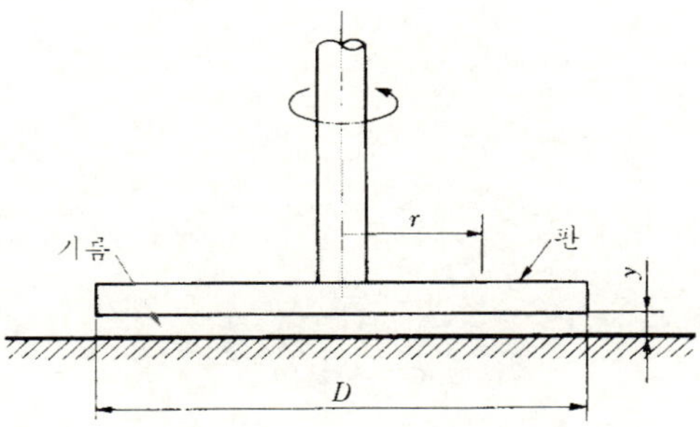

그림 2-13

(a) 디스크 1rad/s로 회전하고 있다. 이 때 $r = 2$cm와 $r = 4$cm인 곳에서의 전단응력비를 구하라.

(b) 만약, 회전속도가 2rad/s라면 $r = 2$cm에서 디스크에 접하고 있는 기름의 속도는 얼마인가?

(c) 기름의 점성계수가 0.01N·s/m^{2}이고, 고체면과 디스크 사이의 거리가 2mm라면 (b)의 조건에서 전단응력은 얼마인가?

27_ 그림 2-13에서 $D = 6$cm이고, $y = 2$mm이며 회전속도가 2rad/s일 때 디스크를 회전시키기 위한 토크를 구하라.(단, 점성계수는 0.01N·s/m^2)

FLUID MECHANICS

제 3 장

유체정역학
Fluid Statics

3.1 개론

유체역학(fluid mechanics)은 유체정역학(fluid statics)과 유체동역학(fluid dynamics)으로 나눌 수 있다. 유체정역학은 유체요소들 사이의 상대적 운동이 없는 정지상태에 있는 유체에 대하여 역학적인 해석을 다루는 학문이다.

유체에 작용하고 있는 힘은 표면력(surface force)과 질량력(body force)등이 있다. 표면력은 외력으로서 유체요소의 표면에 작용하는 수직력(normal force)과 접선력(tangential force)이 있다. 그러나 질량력은 유체의 질량이나 체적에 따라 발생하는 힘이다.

정지유체는 이웃하고 있는 유체층 사이에 상대적인 운동이 없다. 그러므로 유체정역학에서 다루는 유체의 힘은 압력과 중력 두 가지이다.

이와 같은 유체정역학의 해석은 댐에 들어 있는 물이 가지고 있는 힘의 계산이나 대기 중의 압력변화 계산, 유체제동장치의 해석 및 물에 일부가 잠겨 있거나 떠 있는 부체의 안정도 계산 등에 적용된다.

3.2 정지유체 내의 압력

압력(pressure)은 단위면적에 수직으로 작용하는 힘으로서 공학단위에서는 kg/cm^2를, SI단위에서는 N/m^2를 단위로 사용한다.

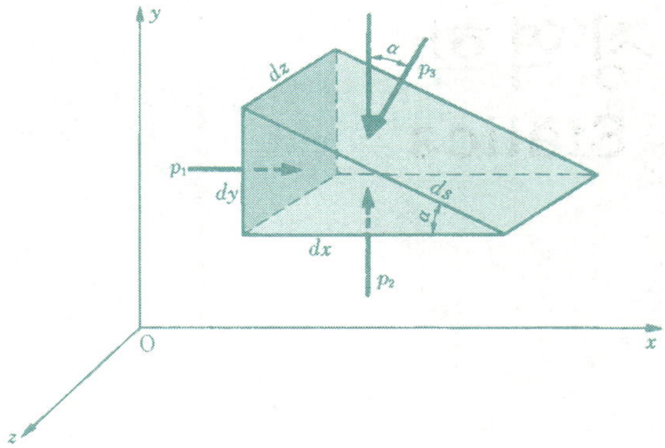

그림 3-1

Pascal(프랑스, 1623~1662)은 "정지상태의 유체내부에 작용하는 압력은 작용하는 방향에 관계없이 일정하다"고 정의하였으며, 이를 **Pascal의 정리**(Theorem of Pascal)라 한다. 이를 증명하기 위하여 **그림 3-1**과 같이 x, y, z방향에 대한 유체의 미소입방체의 각 변의 크기를 각각 dx, dy, dz, 그 사변의 크기를 ds라 하고, x방향으로 작용하는 압력을 p_2, 사면에 수직하게 작용하는 압력을 p_3라 하면, 다음과 같은 평형방정식으로 쓸 수 있다.

x방향 : $\sum F_x = 0$이어야 하므로

$$p_1 dydz - p_3 dsdz \sin\alpha = 0 \tag{3-1}$$

그런데 $dydz = dsdz \sin\alpha$이므로 식 (3-1)에 대입하면

$$p_1 = p_3 \tag{3-2}$$

y방향 : $\sum F_y = 0$이어야 하므로

$$p_2 dxdz - p_3 dsdz \cos\alpha - \gamma \frac{dxdydz}{2} = 0 \tag{3-3}$$

여기 $dxdz = dsdz \cos\alpha$이므로 식(3-3)은

$$p_2 - p_3 - \frac{\gamma\, dy}{2} = 0$$

매우 작은 미소입방체이므로 $dy/2$는 무시하여도 된다.

$$p_2 = p_3 \tag{3-4}$$

따라서, 식 (3-2)와 식 (3-4)로부터

$$p_1 = p_2 = p_3 \tag{3-5}$$

의 결과를 얻을 수 있다.

이와 같은 Pascal의 이론을 응용하여 Braham은 수압기(hydraulic ram)를 고안하였다.

그림 3-2에서 단위면적당 받는 압력은 같아야 하므로

$$\frac{F_1}{A_1} = \frac{F_2}{A_2} \tag{3-6}$$

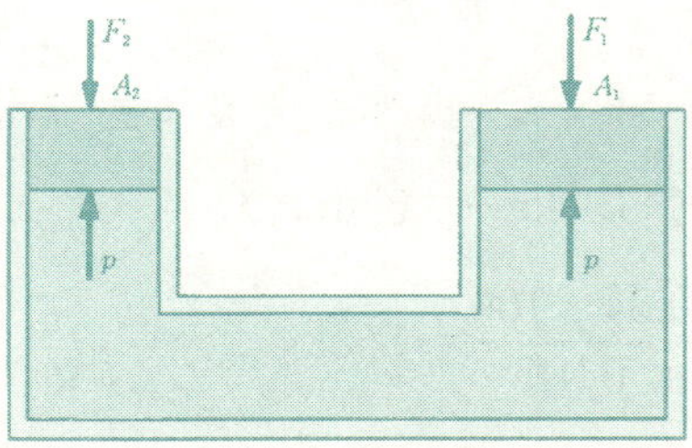

그림 3-2 **수압기**

예제 3-1 대소 두 실린더가 물로 연통되어 있는데, 작은 피스톤의 지름이 15mm이고 큰 피스톤의 지름이 150mm일 때, 큰 피스톤 위에 있는 1ton의 중량을 올리기 위하여 작은 피스톤에 얼마의 힘을 가해야 하는가? 또, 큰 피스톤 위의 중량을 10mm만큼 올리려면 작은 피스톤은 얼마나 내려가야 하는가?

풀이 $F_1 = F_2 A_1 / A_2$이므로

$$F_1 = \left(\frac{\pi}{4} \times 15^2\right) \times 1000 \bigg/ \left(\frac{\pi}{4} \times 150^2\right) = 10\text{kg}$$

$$h_1 = \frac{1000 \times 10}{10} = 1000 = 1\text{m}$$

예제 3-2 잭이 그림 3-3과 같이 되어 있다. 손잡이 F에 100kg의 힘을 가하면, $F-2$에는 얼마의 무게를 지탱시킬 수 있겠는가?

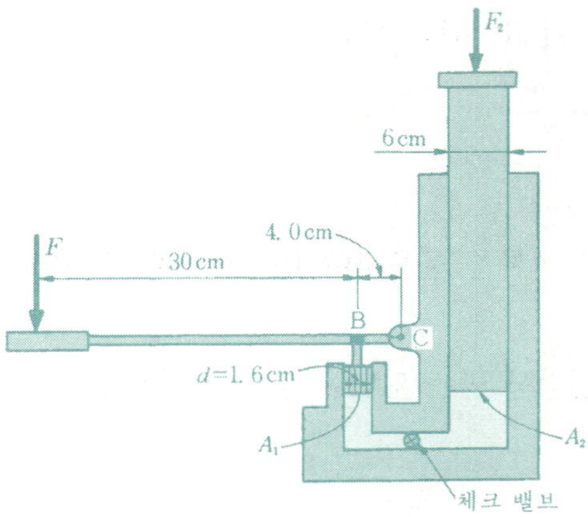

그림 3-3

풀이 A_1 피스톤이 받는 힘 F_1은 모멘트 중심 C를 기준하여

$$0.34\text{m} \times 100\text{kg} - 0.04\text{m} \times F_1 = 0$$

$$F_1 = \frac{0.34 \times 100}{0.04} = 850\text{kg}$$

A_1의 단위면적당 받는 힘을 p_1이라 하면 $F_1 = p_1 A_1 = 850\text{kg}$이므로

$$p_1 = \frac{850}{A_1} = \frac{850}{\pi d^2/4} = 4.23 \times 10^6 \text{kg/m}^2$$

따라서

$$F_2 = p_1 A_2 = 4.23 \times 10^6 \times \frac{\pi}{4} \times (0.06)^2 = 11.95\text{ton}$$

3.3 유체정역학의 기본방정식

3.3.1 비압축성유체(Incompressible Fluids)의 경우

정지상태에서의 유체의 평형조건은 $\sum F=0$이다. 그림 3-4의 (a)에서는 x방향으로, (b)에서는 z방향으로 작용하는 힘을 각각 나타내고 있다. 미소입방체의 y방향으로의 두께를 단위길이로 간주하면, Pascal 정리의 증명에서와 같이 x, y방향에 대한 평형방정식 등은 다음과 같다.

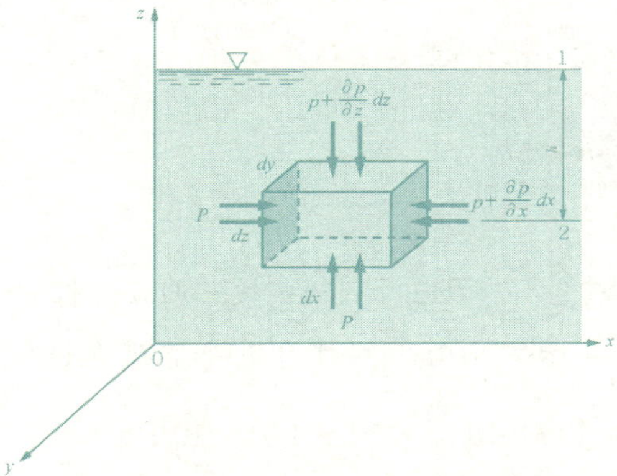

그림 3-4

x방향 : $pdz-\left(p+\frac{\partial p}{\partial x}dx\right)dz=0$

$$\frac{\partial p}{\partial x}=0 \quad (3\text{-}7)$$

y방향에 대해서도 수평방향이므로

$$\frac{\partial p}{\partial y}=0 \quad (3\text{-}8)$$

z방향 : $pdx-\left(p+\frac{\partial p}{\partial z}dz\right)dx-\rho g dx dz=0$

$$\frac{dp}{dz}=-\rho g \quad (3\text{-}9)$$

또는 $$\frac{dp}{dz} = -\gamma \tag{3-9a}$$

식 (3-9)를 **유체정역학의 기본방정식**이라고 한다.

이상의 결과에서 알 수 있듯이, 정지유체 내에서의 압력은 오직 중력의 방향에 의해서만 그 값이 변한다. 밀도 ρ가 일정한 경우에 식 (3-9)를 자유표면 점 1에서의 임의 깊이 점 2까지 적분하면

$$\int_1^2 dp = -\rho g \int_1^2 dz$$

$$p_2 - p_1 = \rho g (z_1 - z_2) \tag{3-10}$$

$z_1 - z_2 = h$라 하면, 식 (3-10)은

$$p_2 - p_1 = \rho g h = \gamma h \tag{3-11}$$

예제 3-3 사람이 잠수할 수 있는 실제 깊이는 50m이다. 이 깊이에서 (a) 민물의 경우와, (b)바닷물의 경우 압력은 각각 얼마나 받게 되는가?

풀이 (a) $p = \rho g h = 1000 \times 9.81 \times 50 = 4.91 \times 10^5 \mathrm{Pa}$

(b) $p = S\rho g h = 1.025 \times 10000 \times 9.81 \times 50 = 5.03 \times 10^5 \mathrm{Pa}$

예제 3-4 그림 3-5와 같이 비중이 0.8인 기름과 물이 층을 이루며 뚜껑이 열린 용기에 채워져 있다. 물의 맨 밑바닥에서 받는 게이지압력은 얼마인가?

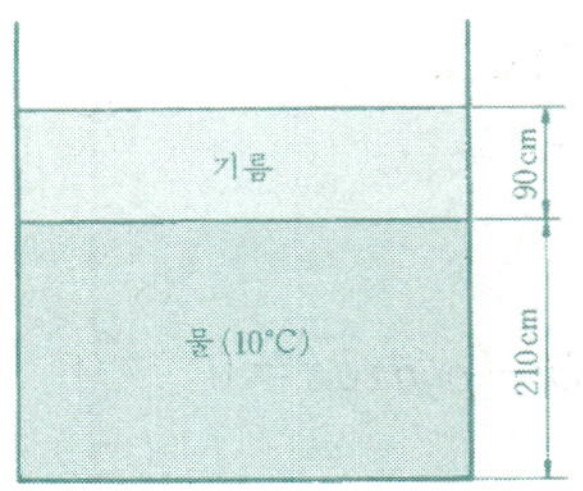

그림 3-5

풀이 물의 맨 밑바닥에서 받는 압력 P_2는

$$p_2 = p_1 + \gamma_w h_2 = p_1 + \rho_w g h_2 = 7.06 + 9.81 \times 1000 \times 2.1$$
$$= 27.66\text{kPa}$$

3.3.2 압축성 유체(Compressible Fluids)의 경우

비압축성 유체의 경우는 ρ나 γ가 일정하기 때문에 적분이 간단하였으나, 기체와 같은 압축성 유체의 경우에는 ρ와 γ가 압력 p의 함수이므로 ρ나 γ의 값을 일정하게 놓고 적분할 수가 없다.

$z=0$에서 대기압을 p_0, 임의의 높이 z에서 압력을 p라고 하면 식 (3-9)는

$$\int_{p_0}^{p} dp = -\int_{0}^{z} \rho g dz = -\rho g z \qquad (3\text{-}12)$$

가 된다.

따라서 압축성 유체의 경우, 각 변화의 조건에 따라 살펴보면

(1) 등온변화(isothermal change) : Boyle의 법칙에 의하여 $\dfrac{\rho}{p} = \dfrac{\rho_0}{p_0}$ 이므로, 식 (3-12)에 대입하면,

$$\int_{p_0}^{p} \frac{dp}{p} = -\frac{\rho_0}{p_0} g z$$

$$\text{In} p - \text{In} p_0 = -\frac{\rho_0}{p_0} g z$$

$$\text{In}\left(\frac{p}{p_0}\right) = -\frac{\rho_0}{p_0} g z$$

$$p = p_0 e^{-\left(\frac{\rho_0}{p_0}\right) g z} \qquad (3\text{-}13)$$

(2) 단열변화(adiabatic change) : 단열변화에서는 $p/\gamma^k = C$이므로, p_0/γ_0^k이고 따라서

$$\frac{\rho_0}{\rho} = \left(\frac{p_0}{p}\right)^{\frac{1}{k}} \tag{3-14}$$

윗식을 식(3-9)에 대입하면, $dz = -\dfrac{dp}{\rho g}$ 이므로

$$\int_0^z dz = -\int_{p_0}^{p} \frac{dp}{\rho g} = -\frac{p_0^{\frac{1}{k}}}{\rho_0 g}\int_{p_0}^{p} p^{-\frac{1}{k}} dp$$

$$z = -\frac{k}{k-1}\frac{p_0^{\frac{1}{k}}}{\rho_o g}\left(p^{\frac{k-1}{k}} - p_0^{\frac{k-1}{k}}\right)$$

$$= -\frac{k}{k-1}\frac{p_0}{\rho_0 g}\left\{\left(\frac{p}{p_0}\right)^{\frac{k-1}{k}} - 1\right\}$$

$$z = \frac{k}{k-1}\frac{p_0}{\rho_0 g}\left\{1 - \left(\frac{p}{p_0}\right)^{\frac{k-1}{k}}\right\} \tag{3-15}$$

공기의 기체상수 R, 절대온도를 T하 하면 Boyle-Charles의 법칙에 의하여 $p/\rho = gRT$이고, T_0일 때 압력을 p_0, 비중량을 γ_0라 하면 $p_0/\rho_0 = gRT_0$가 되므로, 식 (3-15)에 대입하면

$$z = \frac{k}{k-1}RT_0\left\{1 - \left(\frac{p}{p_0}\right)^{\frac{k-1}{k}}\right\} \tag{3-16}$$

가 되고, 이 식을 압력에 관한 식으로 변형하면

$$p = p_0\left(1 - \frac{k-1}{k}\frac{z}{RT_0}\right)^{\frac{k}{k-1}} \tag{3-17}$$

가 된다. 또 단열변화에서 $p/\rho^k = p_0/\rho_0^k$이므로 $p/p_0 = \left(\dfrac{\rho}{\rho_0}\right)^k$가 되고, 등온변화에서는

$\rho/p = \dfrac{1}{gRT}$, $\rho_0/p_0 = \dfrac{1}{gRT_0}$ 이므로

$$\left(\frac{\rho}{\rho_0}\right)^k = \left(\frac{p}{gRT}\Big/\frac{p_0}{gRT_0}\right)^k = \left(\frac{p}{p_0}\frac{T_0}{T}\right)^k = \frac{p}{p_0}$$

$$\left(\frac{T_0}{T}\right)^k = \left(\frac{p}{p_0}\right)^{1-k} \tag{3-18}$$

또는 $$\frac{T}{T_o} = \left(\frac{p}{p_0}\right)^{\frac{k-1}{k}} \tag{3-18a}$$

이 식을 (3-16)에 대입하여 정리하면

$$z = \frac{k}{k-1}R(T_o - T) \tag{3-19}$$

가 된다. 따라서 비열비는 공기의 경우 1atm 상온에서 $k=1.4$이고, 공기계수 $R \doteqdot 29.3$이므로, 이 값을 위식에 대입하여 풀면 다음과 같은 온도계산식이 된다.

$$T = T_0 - \frac{z}{103} \tag{3-20}$$

또, 밀도에 관한 식은 $(\rho/\rho_0) = (p/p_0)^{\frac{1}{k}}$ 이므로, 식(3-17)로부터

$$\rho = \rho_0\left(1 - \frac{k-1}{k}\frac{z}{RT_0}\right)^{\frac{1}{k-1}} \tag{3-21}$$

과 같이 유도된다.

(3) **폴리트로픽 변화**(polytropic change) : 폴리트로픽 변화에서는 $pv^n = C$이므로, 단열변화와 동일한 방법으로 고도, 압력, 밀도, 온도에 관한 식들이 유도되며, 폴리트

로픽 지수 n만이 변화조건에 따라 다른 값을 갖게 된다. 즉,

$$z = \frac{n}{n-1}\frac{p_0}{\rho_0 g}\left\{1-\left(\frac{p}{p_0}\right)^{\frac{n-1}{n}}\right\} \tag{3-22}$$

$$p = p_0\left(1-\frac{\rho_0 g}{p_o}\frac{n-1}{n}z\right)^{\frac{n}{n-1}} \tag{3-23}$$

$$\rho = \rho_0\left(1-\frac{\rho_0 g}{p_0}\frac{n-1}{n}z\right)^{\frac{1}{n-1}} \tag{3-24}$$

$$T = T_0 - \frac{n-1}{n}\frac{z}{R} \tag{3-25}$$

로 각각 표기되며, 고도에 따른 온도감소율을 계산하기 위하여 식(3-25)를 미분하여 정리하면,

$$\frac{dT}{dz} = -\frac{1}{29.27}\frac{n-1}{n} \tag{3-26}$$

이 됨을 알 수 있으며, 해발 7마일가지의 대류권 내에서는 온도감소율이 0.0065℃/m가 된다. 따라서, 지상의 온도가 15℃인 경우 해발 11,019m인 고도에서는 온도가 −56.6℃가 된다.

단열변화에서는 $n=k$가 되고 공기의 경우 상온에서 $k=1.4$이며, $R=286.8\text{J/kg}\cdot\text{K}$이므로 온도감소율은 $dT/dz = -0.000996$℃/m가 된다. 이를 온도의 **단열적 감소율**(adiabatic lapse rate)이라고 한다.

그림 3-6은 고도에 따른 온도의 변화를 실측하여 제시된 그림이다.

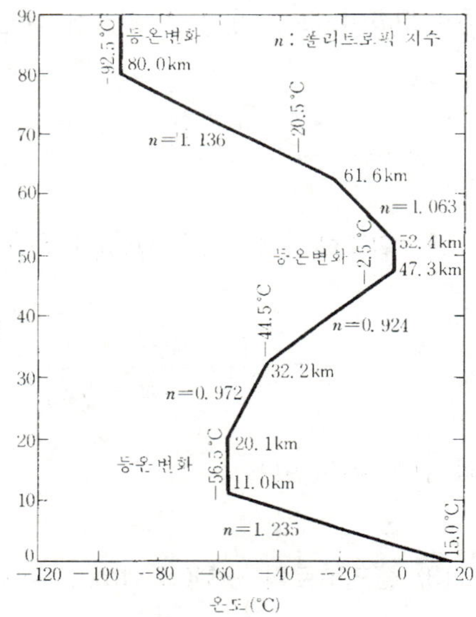

그림 3-6 고도에 따른 온도변화

예제 3-5 온도가 0.0065℃/m로 감소해 가는 대류권 내에서 폴리트로픽 지수 n의 값을 구하라.

풀이 온도감소율은 $-dT/dz = 0.0065$℃/m이므로

$$0.0065 \times 29.27n = n-1, \quad n = 1.235$$

3.4 기압계

우리는 정지유체 내의 임의의 위치에서 수직으로 받는 압력을 계산할 수 있는 식 (3-11)을 유도하였다.

그림 3-7은 수은기압계를 나타낸 것으로서, 이를 맨 처음에 고안한 사람은 1643년에 이탈리아의 토리첼리(Evengelista Torridelli, 1608~1647)이다.

관내 A부분은 수은이 주위의 압력에 따라 올라가는 것을 보여주고, 관 내는 원래 진공상태로 되어 있다. 그리하여 관내 수은주 상단부의 진공을 **토리첼리 진공**(Torricellian vacuum)이라 한다. 또, **그림 3-7**에서 점 A와 점 B의 압력은 동일한 수준에 있기 때문에 동일하다. 미소의 곡부가 옆에 존재하기는 하나, 이것의 영향은 무시할 수 있다. 그러므로

$$p_a = p_v + \rho g h \tag{3-27}$$

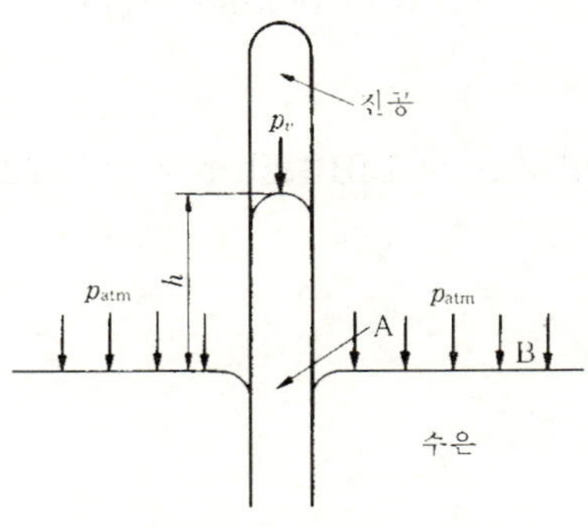

그림 3-7

여기서 p_a는 절대압력(absolute pressure), p_v는 관내 수은주 상단의 압력이며, ρ는 수은의 밀도를 나타낸다. 또한, p_v는 극히 작은 값이므로 무시하여도 된다. 그러므로 1기압인 대기압을 수은주의 높이로 계산하면

$$h = p_a/\rho g = \frac{101,325\text{N/m}^2}{(13,560\text{kg/m}^3)(9.81\text{N/kg})} \doteqdot 0.762\text{m}(\text{SI 단위})$$

$$h = \frac{p_a}{\gamma} = \frac{10,332\text{kg/m}^2}{13,560\text{kg/m}^3} \doteqdot 0.762\text{m}(\text{공학단위})$$

가 된다.

이러한 관을 사용할 때 그 지름이 15mm 보다 작은 것을 사용하면, 표면장력에 의한 모세관 현상의 영향이 크게 나타난다.

그림 3-8은 외부에서 누르는 힘에 의하여 탄성체가 변형을 일으켜 여기에 연결된 바늘이 눈금을 가리키도록 고안된 Aneroid 기압계이다.

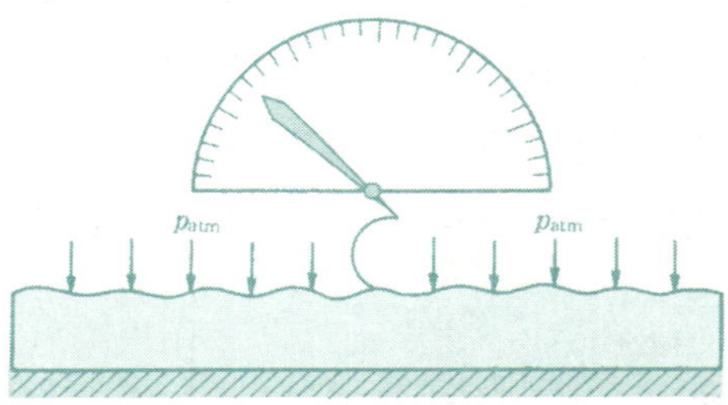

그림 3-8 Aneroid 기압계

$$1\text{atm} = 101,325\text{N/m}^2 = 1.01325\text{bar} = 1.03323\text{kg/cm}^2$$
$$= 14.696\text{lb/in}^2$$

3.5 압력계

압력계는 임의의 액체를 이용하여 대기압이나 용기 내의 압력관 내의 유동유체의 압력 등을 측정하는 기계로서, 가장 일반적으로 사용하고 있는 것은 U자형 투명관이다.

그림3-9는 관 내에 유동하고 있는 유체의 압력을 측정하기 위하여 U자관을 설치하는 것이다.

A부분의 액체와 B부분의 액체는 상호 혼합이 되지 않는 이질유체를 사용하여야 한다. 예를 들어 관 내에 흐르는 유체가 물인 경우에는 U자관 내에는 보통 수은(mercury)을 사용하는 것은 상호 혼합이 되지 않고, 또 비중이 커서 높은 압력을 잴 수 있기 때문이다. 그러나 이와 반대로 미압을 재는 경우에는 수은은 비중이 커서 수은주의 차이가 나타나지 않아 측정이 불가능하므로, 유동유체가 공기나 일반가스인 경우에는 수은 대신에 이중으로 증류한 비중이 1인 물을 사용하는 것이 보통이다. 물론 이 경우에도 고압, 즉 유동이 보통 100m/s 이상인 때에는 수주의 차이가 너무 크게 나타나 물의 사용이 불가능하게 된다.

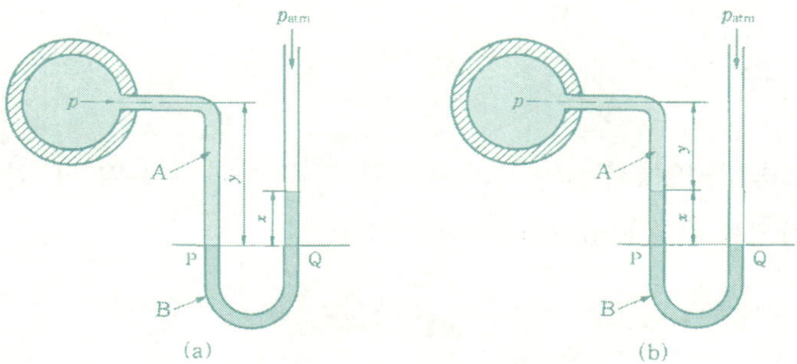

그림 3-9

그림 3-9(a)에서

$$p + \rho_A gy = \rho_B gx \tag{3-28}$$

여기서 ρ_A는 A유체의 밀도이고, ρ_B는 B유체의 밀도이다. ρ_A는 ρ_B에 비하여 매우 작아서 무시할 수 있으므로 점 Q의 압력은 $p = \rho_B gx$가 된다.

그림 3-9(b)는 용기내 유체의 압력이 대기압보다 작은 상태를 보여주고 있으며, 점 Q에서의 압력은 $p + \rho_A gy + \rho_B gx = 0$의 관계를 나타내고 있다.

또 그림 3-10에서는 뒷장에서 논하게 될 관내 두 점사이의 압력을 U자관을 이용하여 측정하는 방법이다. 그러므로 U자관 내에서 평형방정식을 세우면,

$$p_1 + (y+x)\rho_A g = P_2 + \rho_A gy + \rho_B gx$$

$$p_1 - p_2 = (\rho_B - \rho_A)gx \tag{3-29}$$

또는 $$p_1 - p_2 = (\gamma_B - \gamma_A)x \tag{3-29a}$$

여기서 γ_A, γ_B는 A 및 B 유체의 비중량이다.

또, U자관의 하부로부터 압력이 작용하는 p_1, p_2까지의 높이를 H, B 유체의 양쪽 높이를 각각 h_1, h_2라 하면

$$p_1 + (H - h_1)\rho_A g + h_1 \rho_B g = p_2 + (H - h_2)\rho_A g + h_2 \rho_B g$$

가 되고, $h_2 - h_1 = x$이므로 결과 다음과 같이 동일한 결과가 된다.

$$p_1 - p_2 = (\rho_B g - \rho_A g)x \tag{3-30}$$

또는 $$p_1 - p_2 = (\gamma_B - \gamma_A)x \tag{3-30a}$$

예제 3-6 그림 3-10에서 A와 B의 액체가 각각 물과 수은일 때 압력 차이는 얼마인가?(그림에서 $x = 30\text{mm}$ 이다)

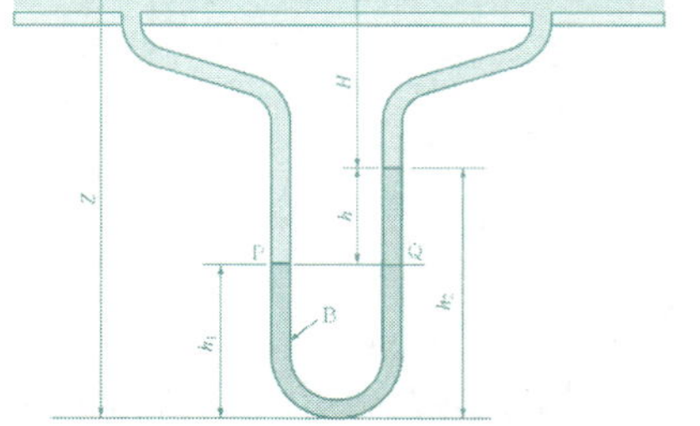

그림 3-10

풀이 우선 수은의 비중은 13.6이다. 그리고 물의 비중량은 $\gamma_A = 1000\text{kg/m}^3$이므로, 수은의 비중 $S = \dfrac{\gamma_B}{\gamma_A}$에서 $\gamma_b = \gamma_A S = 1000 \times 13.6 = 13{,}600\text{kg/m}^3$ 이다. 그러므로 식(3-30a)로부터

$$p_1 - p_2 = (13{,}600 - 1000) \times 0.03 = 378\text{kg/m}^2 = 0.0378\text{kg/cm}^2$$

예제 3-7 수은이 들어 있는 U-tube를 한 쪽을 디기에 통하도록 하고, 다른 쪽은 유통하는 관 내의 물에 연결되어 있다. 관의 중심에서 낮은 쪽 수은주까지의 높이는 3cm이고, 수은주의 높이 차이는 4cm였다. 이 때 관 내의 압력은 얼마인가?

풀이 공기와 접하고 있는 부분의 압력은 대기압이므로 0이며, γ_w, γ_m을 물 및 수은의 비중량이라 할 때 $\gamma_w = 1000\text{kg/m}^3$, $\gamma_m = 13{,}600\text{kg/m}^3$이므로

$$p + 1000 \times 6 \times 10^{-1} = 13{,}600 \times 4 \times 10^{-2}$$

$$p = 4.84 \times 10^{-2}\text{kg/cm}^2$$

예제 3-8 그림 3-11에서와 같이 원심펌프에 의한 흡입압력은 얼마인가? 관내에는 물이 흐르고 U자관에는 수은이 들어 있다.

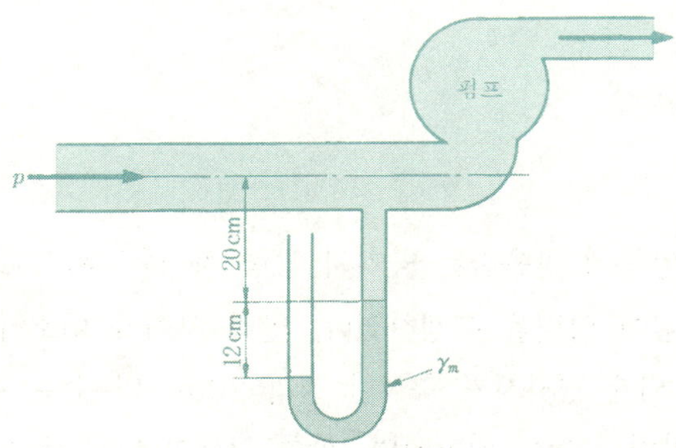

그림 3-11

풀이 $p_1 - p_2 = -\rho g(h_2 - h_1)$으로부터

$$0 - \gamma_m h_m - \gamma_y = p$$

$$p = -(13{,}560)(0.12) - (1000)(0.20) = -1827\text{kg/m}^2$$

3.5.1 경사마노미터(Inclined Manometer)

미압을 재는 경우에는 비중이 1인 증유수를 사용해도 양 수주의 차이를 판별하기가 매우 어렵다. 이러한 경우에는 **그림 3-12**와 같이 압력관(piezometer tube)을 임의 각도로 경사지게 설치하면, 여현의 법치에 의하여 매우 작은 수주의 높이 차이(그림에서 h)를 사변(그림에서 S)으로 크게 확대시켜 읽을 수 있다.

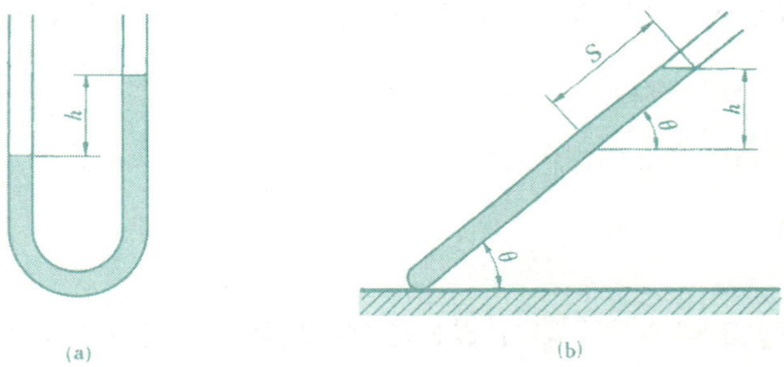

그림 3-12

$$h = S\sin\theta \tag{3-31}$$

예제 **3-9** U자관 양쪽에 작용하는 공기의 압력 차이를 재기 위하여 U자관에는 비중이 1인 물을 넣어 압력을 측정하였다. 압력 차이가 미소하기 때문에 U자관을 수평면과 10°가 되게 경사시켜 측정한 결과 20mm의 수주 차이를 읽을 수가 있었다. 이 때의 압력 차이는 얼마이며, 한쪽 압력이 다른 쪽 압력의 3배가 된다면 압력은 각각 얼마인가?

풀이 식(3-31)로부터 압력차의 수직높이는

$$h = 20 \times \sin 10^\circ = 3.473\text{mm}$$

공기와 물의 비중량은 표 2-6, 2-7에서 각각 20℃에서 $\gamma_a = 1.205\text{kg/m}^3$, $\gamma_w = 998.2\text{kg/m}^3$이다. 그러므로 식 (3-29a)로부터

$$p_1 - p_2 = 3.473 \times 10^{-3}(998.2 - 1.205) = 3.463\text{kg/m}^2$$

$$= 3.463 \times 10^{-4}\text{kg/cm}^2$$

또, $p_1 = 3p_2$이므로 $3p_2 - p_2 = 3.463 \times 10^{-4}\text{kg/cm}^2$

$$p_2 = 1.731 \times 10^{-4}\text{kg/cm}^2,\ p_1 = 5.194 \times 10^{-4}\text{kg/cm}^2$$

3.5.2 미압계(Micro-Manometer)

미압을 측정하는 경우에 경사 마노미터로서도 불가능한 경우가 많다. 그리하여 압력차의 눈금을 아주 정밀하게 읽을 수 있는 방법을 고안해 낸 것이 마이크로 마노미터이다. 그 역학적인 원리를 살펴보면, **그림 3-13**과 같이 A, B, C는 서로 다른 액체들이며, a_1의 양쪽 단면적은 동일하고, 또 a_2의 양쪽 단면적도 동일하다. 나아가서 좌우의 평형을 생각하면

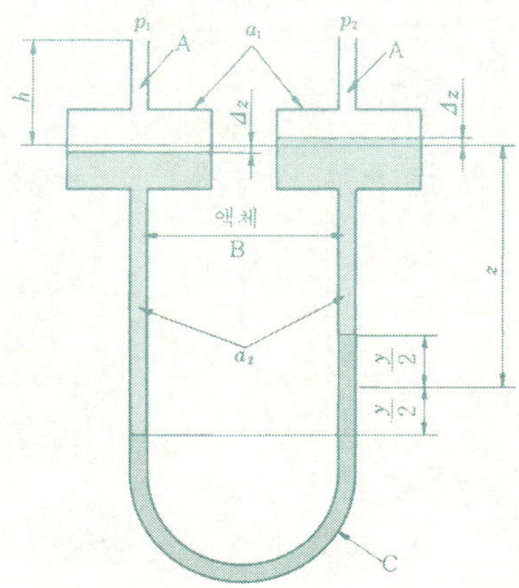

그림 3-13

$$p_1 + \rho_A g(h + \Delta z) + \rho_B g\left(z - \Delta z + \frac{y}{2}\right)$$
$$= p_2 + \rho_A g(h - \Delta z) + \rho_B g\left(z + \Delta z - \frac{y}{2}\right) + \rho_C g y \tag{3-32}$$

관 내의 유체들은 모두 정지상태에 있으므로

$$a_1 \Delta z = a_2 \frac{y}{2}$$

Δz의 값을 식(3-32)에 대입하면

$$p_1 - p_2 = gy\left\{\rho_C - \rho_B\left(1 - \frac{a_2}{a_1}\right) - \rho_A \frac{a_2}{a_1}\right\} \tag{3-33}$$

여기서 $a_2 \ll a_1$이므로

$$p_1 - p_2 \simeq (\rho_C - \rho_B) g y \tag{3-34}$$

결국 액체 C의 관 내의 높이 차 y로 압력차가 $p_1 - p_2$가 나타난다. 또 $a_2 y/2$는 압력차에 의하여 관 내의 밀려난 유양이며, 이 유양은 $a_1 \Delta z$와 같다.

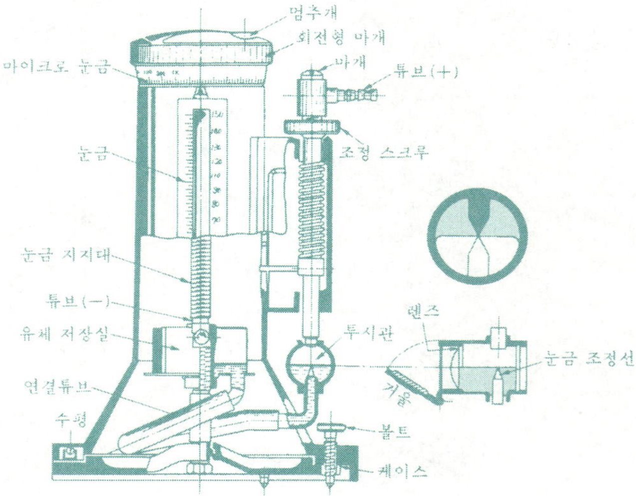

그림 3-14

그림 3-14는 실제 수동식 마이크로 마노미터의 설명도이다. 현재는 마이크로마노미터의 경우에도 수동식보다는 전기식 마이크로 마노미터(electric micromanometer)를 많이 사용하고 있어, 보통 정밀한 것으로는 수주 1μm까지 눈금을 읽을 수 있게 되어 있다.

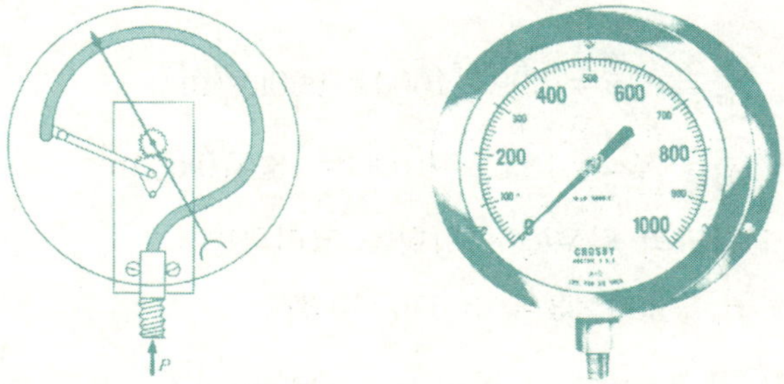

그림 3-15 **부르동 압력계**

일반적으로 정확한 미압을 측정하지는 못하나, 관 내의 유동유체의 압력이나 탱크 내의 가스압 등을 측정하기 위하여 고안해 낸 것이 부르동 압력계(Bourdon gauge)이다. 이는 탄성체의 변형의 성질을 응용한 것으로 시중에 상품화되어 많이 사용하고 있다.

예제 3-10 그림 3-16과 같이 기름이 채워져 있는 관에 압력계와 U자관이 부착되어 수직으로 설치되어 있으며, U자관 내의 액주는 수은을 사용하였다. 기름의 비중이 0.9, 수은의 비중이 13.57일 때 압력계 p_x에 나타나는 게이지 압력을 구하라.

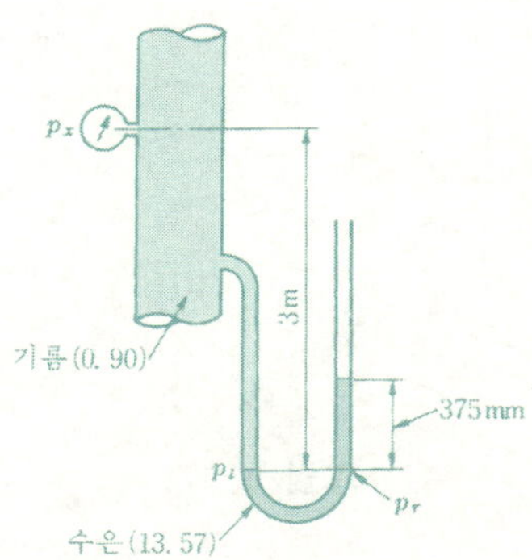

그림 3-16

풀이 게이지 상부에서 작용하는 압력은 p_x로 나타난다. 물, 기름, 수은의 비중량을 각각 γ, γ_1, γ_2라 하고 기름과 수은의 비중을 S_1, S_2라 하면

$$\gamma_1 = 1000\text{kg/m}^3,\ S_1 = 0.9,\ S_2 = 13.57$$

이므로

$$\gamma_1 = S_1\gamma = 0.09 \times 1000 = 900\text{kg/m}^3$$

$$\gamma_2 = S_2\gamma = 13.57 \times 1000 = 13,570\text{kg/m}^3$$

그러므로 U자관의 좌우에서 평형을 고려하면

$$p_x + 900 \times 3 = 13,570 \times 0.375$$

$$p_x = 2388.75\text{kg/m}^2 = 0.2389\text{kg/m}^2$$

예제 3-11 그림 3-17과 같이 미압계에는 물과 기름으로 채워져 있고, A와 B에 각각 압력 p_A, p_B가 작용하여 수주의 높이 차이가 3cm가 되었다. A와 B의 압력차를 구하라.

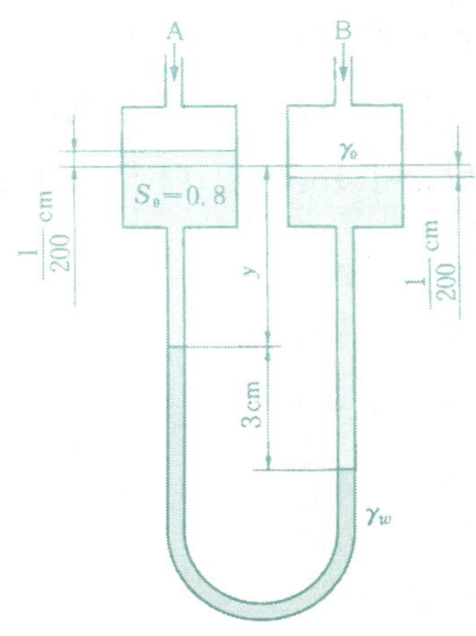

그림 3-17

풀이 $p_A + \gamma_0\left[y \times \left(\frac{1}{200}\right)(0.01)\right] + \gamma_w(0.03)$

$$= \gamma_0\left[0.03 + y - \left(\frac{1}{200}\right)(0.01)\right] + p_B$$

여기서 $S_0 = 0.8$이므로 $\gamma_0 = 800\text{kg/m}^3$이고, $\gamma_w = 1000\text{kg/m}^3$이다.

$$p_B - p_A = 800\left[y + \left(\frac{1}{200}\right)(0.01)\right] + 1000(0.03)$$

$$-800\left[0.03 + y - \frac{1}{200}(0.01)\right] = 6.08\text{kg/m}^2$$

3.6 전압력

압력은 단위면적에 작용하는 힘이며, **전압력**(total pressure)은 전면적에 작용하는 힘을 말한다. 따라서, 전압력 P_t는

$$P_t = p\text{kg/cm}^2 \times A\text{cm}^2 = pA\text{kg}$$

여기서 알 수 있는 바와 같이, 전압력의 단위는 kg으로서 힘(力)의 단위가 된다.

3.7 유체 중에 잠긴 면에 작용하는 유체의 힘

유체 중에 잠긴 면은 대개 평판을 연상하게 되며, 저수지의 댐과 수문 등의 설계는 여기에 작용하는 전압력을 정확히 알아야 가능하다. 또 압력을 받는 면이 수평인 경우, 수직인 경우, 경사진 경우, 곡면인 경우를 생각할 수가 있다.

그리하여 이들의 각각에 대하여 그 면에 작용하는 전압력을 구해보자.

3.7.1 평판이 수평으로 잠겨 있는 경우

단위면적당의 압력이 p이고 잠겨진 평판의 수평면적이 A라고 하면, $p=\gamma h$이므로 전압력은 다음과 같이 계산된다.

$$P_t = p \times A = \gamma h A \tag{3-35}$$

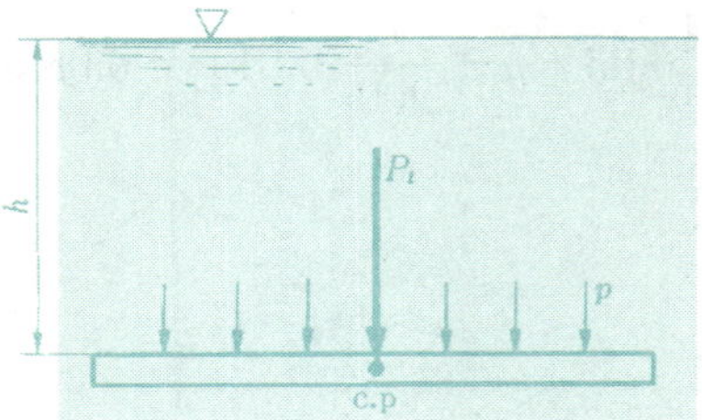

그림 3-18

이 때 P_t가 통과하는 점은 전압력의 작용점이며, 평면상에서 볼 때에는 하나의 **도심**(centroid)과 같은 점이다. 여기서 이 점을 **압력중심**(pressure center)이라고 한다.

3.7.2 평판이 수직으로 잠겨 있는 경우

액체 속에 그림 3-19와 같이 수직하게 잠겨 있는 4각평판의 경우 이 평판의 폭을 단위폭으로 간주하면, 결국 이 평판에 작용하는 전압력은 다음과 같이 계산할 수가 있다.

$$P_t = \frac{1}{2}\gamma(h_1 + h_2) \times (h_2 - h_1) = \frac{1}{2}\gamma(h_2^2 - h_1^2) \tag{3-36}$$

물론 액체 중에서의 압력은 표면으로부터의 깊이 h에 비례하여 증가하므로, 그림 3-19에 나타난 대로 압력분포는 완전히 선형적임을 알 수 있다.

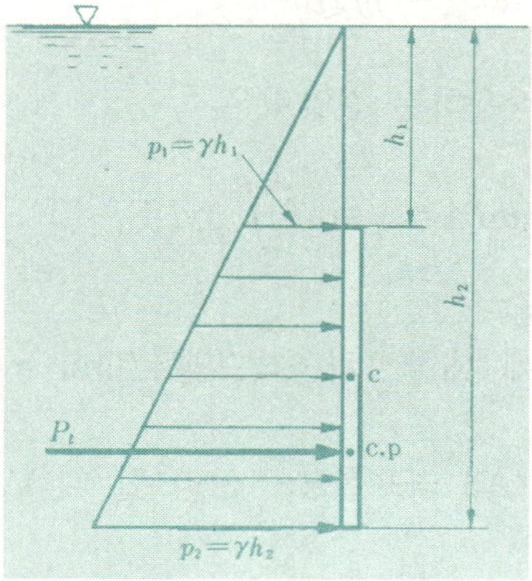

그림3-19

3.7.3 평판이 경사지게 잠겨 있는 경우

그림 3-20은 임의의 넓이를 갖는 평판이 완전히 액체 속에 경사지게 잠겨 있으며, 자유표면인 수평면과 θ의 각을 이루고 있다. 평판에 수직한 방향을 x축, 평행한 방향을 y축이라 정하고, 표면으로부터 깊이 h인 곳의 dA에 작용하는 전압력을 dP_t라 할 때 $p=\gamma h$이므로

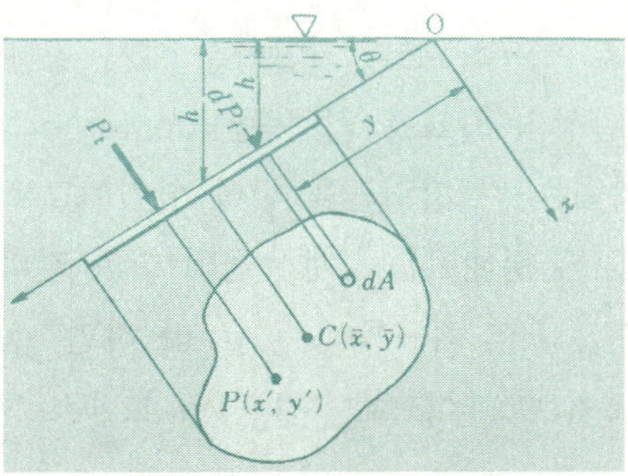

그림 3-20

$$dP_t = pdA = \gamma hdA = \gamma y\sin\theta dA \tag{3-37}$$

가 되고, 평판의 한 면에 작용하는 전압력은

$$P_t = \int_A \gamma y\sin\theta dA = \gamma\sin\theta\int_A ydA \tag{3-38}$$

그런데 $\int_A ydA$는 x축에 대한 **1차면적모멘트**(first moment of area)이므로, 전면적을 A, 도심(centroid) C의 좌표를 $(\bar{x}, \bar{y})$라 할 때 Varignon의 정리에 의하여

$$\int_A ydA = A\bar{y}$$

로 표시되므로

$$P_t = \gamma\bar{y}\sin\theta A = \gamma\bar{h}A \tag{3-39}$$

결국 $\gamma\bar{h}$는 도심에서의 압력이므로, 전압력은 도심에 작용하는 압력에 전면적의 곱으로 계산된다(부록 Ⅲ 참조).

3.7.4 유체 내에 잠긴 평판의 압력중심

압력은 평판에 수직으로 작용하므로, 전압역선 역시 평판에 수직으로 작용한다. 이 전압역선이 통과하는 평판상의 좌표를 **압력중심**(center of pressure)이라고 한다. 압력 중심에 작용하는 전압력은 각 압력들을 합한 합력이므로, 압력중심에 작용하는 모멘트 역시 각 압력들에 의해 정해지는 모멘트들의 합과 같다.

그림 3-20에서 압력중심 P의 좌표를 (x', y')라 하면, 식 (3-37)로부터, 미소면적 dA에 작용하는 힘은 $\gamma y\sin\theta dA$이므로, 점 O를 모멘트중심으로 할 때 dA에 대한 모멘트는 $\gamma y^2\sin\theta dA$이다.

그러므로 전모멘트는

$$P_t \times y' = \int_A \gamma y^2\sin\theta dA \tag{3-40}$$

그러므로 y'는

$$y' = \frac{\gamma \sin\theta \int_A y^2 dA}{\gamma \sin\theta \int_A y dA} = \frac{I_x}{A\bar{y}} \tag{3-41}$$

여기서 $\int_A y^2 dA = I_x$이며, 이는 **2차면적모멘트(second moment of area)**이다. 그러므로 $I_x = I_C + A\bar{y}^2$으로 쓸 수 있으므로 (부록 Ⅳ참조)

$$y' = \frac{I_C + A\bar{y}^2}{A\bar{y}} = \bar{y} + \frac{I_C}{A\bar{y}} \tag{3-42}$$

여기서 I_C는 도심을 중심으로 계산한 관성모멘트이며 2차모멘트 I_x는 항상 양의 값을 갖게 된다. 식(3-42)에서 보는 바와 같이 $y' > \bar{y}$로써 압력 중심은 도심보다 항상 아래에 있음을 알 수 있다. 다시 x'의 좌표를 구하기 위하여 $0y$축을 중심으로 하여 전모멘트를 계산하면

$$P_t \times x' = \int_A \gamma xy \sin\theta dA = \gamma \sin\theta \int_A xy dA \tag{3-43}$$

$$x' = \frac{\int_A xy dA}{A\bar{y}} = \frac{I_{xy}}{A\bar{y}} \tag{3-44}$$

여기서 $\int_A xy dA$의 값은 $0y$축을 면적 A를 분할하는 대칭으로 취했을 때에는 0이 된다.

예제 3-12 그림 3-21과 같이 3m×3m의 정 4각형의 수문이 수직으로 설치되어 있다. 이 수문이 열리지 않게 하기 위하여 얼마의 힘으로 받쳐 주어야 되는가?

풀이 $F = \gamma \bar{h} A$에서 $\bar{h} = 1.5 + \frac{3}{2} = 0.3\text{m}$

$F = 1000 \times 3 \times (3 \times 3) = 27{,}000\text{kg}$

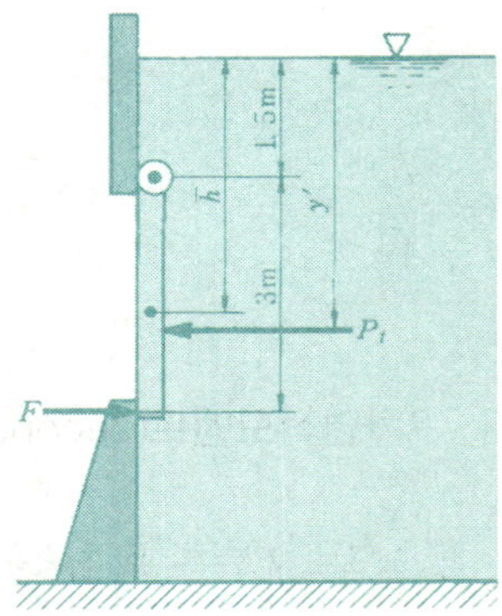

그림3-21

압력 중심의 위치는

$$y' = \bar{h} + \frac{I_C}{A\bar{h}} = 3 + \frac{(3\times 3^3)/12}{(3\times 3)\times 3} = 3.25\text{m}$$

돌 축을 모멘트 중심으로 할 때

$$F\times(y'-1.5) = P\times 3$$

$$P = \frac{27,000}{3}\times(3.25-1.5) = 15,750\text{kg}$$

예제 3-13 지름이 3m인 원형 수문이 **그림 3-22**와 같이 물 속 4m인 곳에 수직이 돌축으로 장치되어있다. (a) 이 원형 평판이 받는 전압력과, (b) 압력 중심의 위치, (c) 이 수문을 여는 데 필요한 최소한의 힘을 각각 구하라.

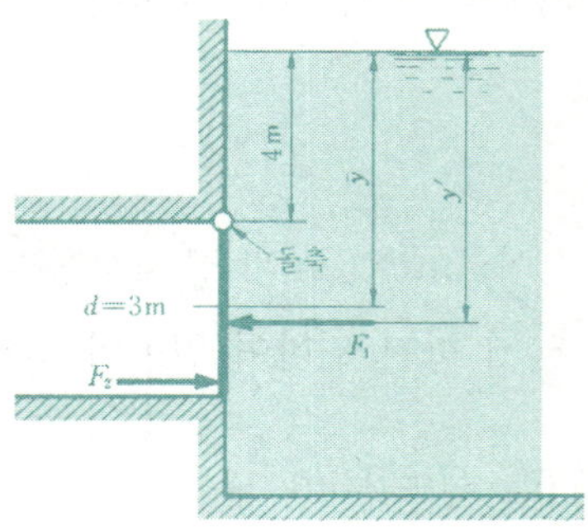

그림3-22

풀이 (a) $F_1 = \gamma \bar{y} A = (1000)(5.5)\left(\dfrac{\pi \times 3^2}{4}\right) = 38{,}857.5\text{kg}$

(b) $y' = \bar{y} + \dfrac{I_C}{A\bar{y}} = \bar{y} + \left(\dfrac{A}{16}d^2\right)/A\bar{y}$

$= 5.5 + \dfrac{9}{16}/5.5 = 5.60\text{m}$

(c) 돌축을 모멘트 중심으로 하여 모멘트를 구하면

$(5.60 - 4)F_1 = 3F_2,\ \ F_2 = 20{,}724\text{kg}$

예제 3-14 그림 3-23은 지름이 12ft인 원판수문이 원심의 축에 수평으로 설치되어 개폐될 수 있도록 장치된 것이다. 문이 열리지 않도록 하기 위하여 멈추개에 얼마의 힘이 유지되어야 하는가?

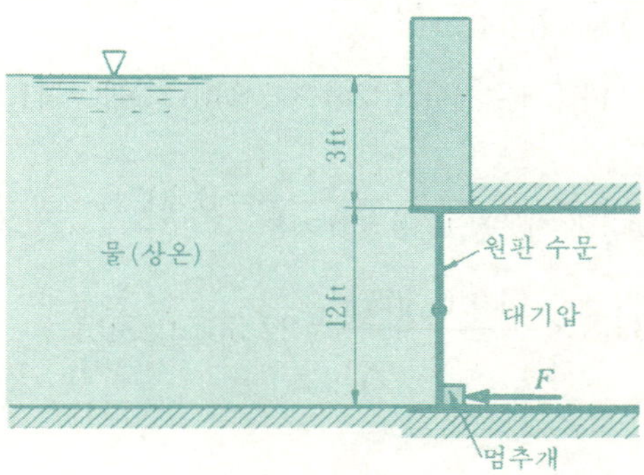

그림3-23

풀이 $P_t = pA = \gamma \bar{h} A$에서

$P_t = 9 \times 62.4 \times \pi \times 36 = 63{,}483.3\text{lb}$

$y' - \bar{y} = \dfrac{I_C}{A\bar{y}} = \left(\dfrac{\pi r^4}{4}\right)/(9 \times \pi r^2) = \dfrac{\pi \times 6^4}{4}/9 \times \pi \times 6^2 = 1\text{ft}$

돌축을 중심으로 하는 모멘트는 $\sum M_p = 0$이므로

$63{,}483.3 \times 1 - 6F = 0,\ \ F = 10{,}580.55\text{lb}$

예제 3-15 그림 3-24와 같이 액체 위의 공기는 4psig의 압력을 받고 있으며, 액체의 비중은 0.8이다. 4각수문의 폭이 6ft라면 수문이 열리지 않도록 지탱하기 위한 힘 P는 얼마인가?

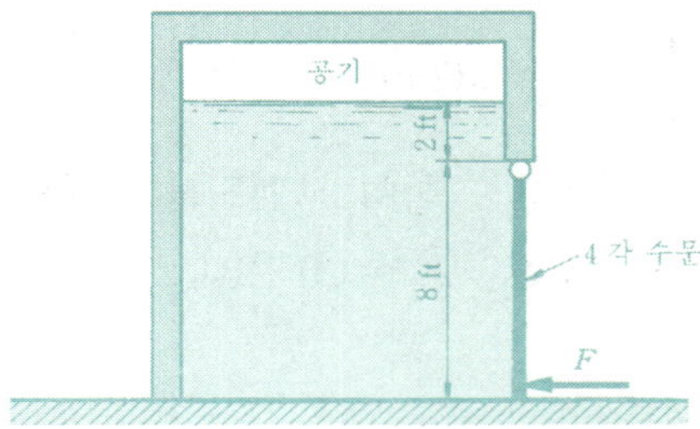

그림3-24

풀이 4psig에 해당하는 액체의 깊이 h는

$$h = \frac{p}{\gamma} = \frac{4 \times 144}{0.8 \times 62.4} = 11.5\,\text{ft}$$

$$F = pA = (11.5 + 2 + 4)(62.4 \times 0.8)(6 \times 8) = 41{,}932.8\,\text{lbf}$$

$$y' - \bar{y} = \frac{I_C}{A\bar{y}} = \frac{6 \times 8^3}{12 \times 17.5 \times 6 \times 8} = 0.305\,\text{ft}$$

$$P = 41{,}932.8 \times \frac{(4 + 0.305)}{8} = 22{,}565.088\,\text{lbf}$$

3.7.5 곡면판이 잠겨 있는 경우

잠겨있는 곡면에 작용하는 합력, 즉 전압력은 평판이 놓여 있는 경우와 같은 방법으로는 계산할 수 없으므로, 수평 및 수직분력으로 나누어 계산해야 한다.

그림 3-25에서 곡면에 작용하는 힘은 곡면 AB에 해당하는 ABC의 유체에 대하여 계산함으로써 F_H'와 F_V'를 구할 수 있다.

$$\sum F_x = F_{BC} - F_H' = 0$$

$$\sum F_Z = F_V' - W_{ABC} - F_{AC} = 0 \tag{3-45}$$

여기서 F_{BC}, F_H'는 수평으로 작용하는 분력, F_{AC}, F_V'는 수직으로 작용하는 분력이며, W_{ABC}는 유체 ABC의 무게이다.

그러므로 $F_H' = F_{BC}$, $F_V' = W_{ABC} + F_{AC}$이고, $F_H' = F_H$, $F_V' = F_V$이므로 합력 F는

$$F = \sqrt{F_{H^2} + F_{V^2}} \tag{3-46}$$

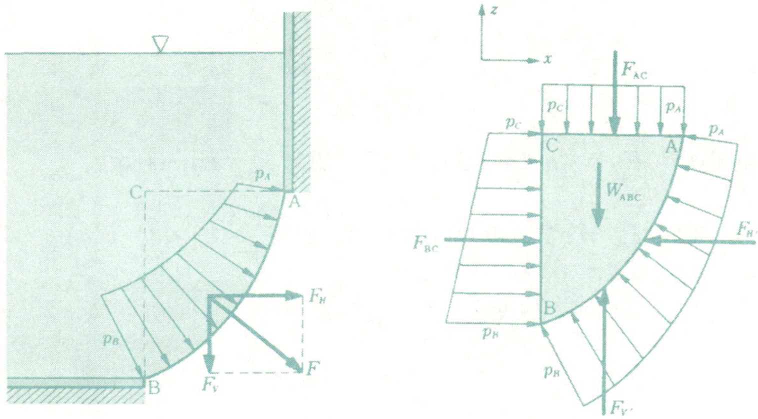

그림3-25

합력의 작용방향은

$$\theta = \tan^{-1}\frac{F_V}{F_H} \tag{3-47}$$

예제 3-16 그림 3-26과 같이 물 속에 원의 1/4되는 곡면이 잠겨져 있다. 여기에 작용하는 수평 및 수직력을 구하라.(단, 곡면의 폭은 3m이다)

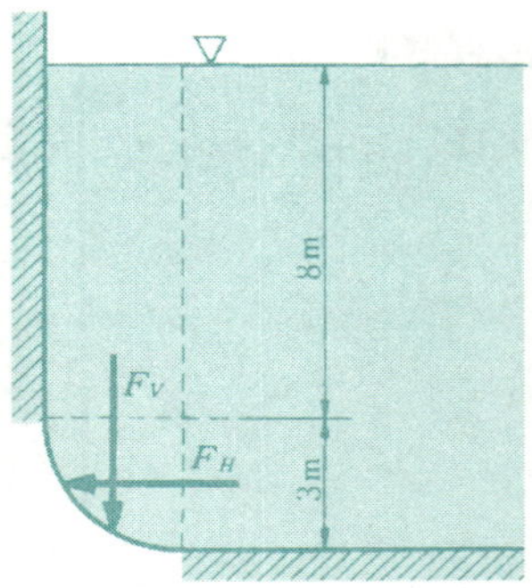

그림 3-26

풀이 수평력 : $F_H = \gamma \bar{h} A = 1000 \times 9.5 \times (3 \times 3) = 85,500\text{kg}$

수직력 : $F_V = \gamma V = 1000 \times (3 \times 3 \times 8 + \frac{1}{4} \times 3^2 \times 3)$

$= 93,195\text{kg}$

3.8 부력

유체 속에 전부 또는 일부가 잠겨 있는 물체는 유체에 의하여 밑에서 떠받치는 힘을 받게 된다. 이것을 **부력**(buoyancy or buoyant force)이라고 하며, 이 이론을 실제적으로 정립한 사람은 아르키메데스(Archimedes, B.C.220)이다.

그림 3-27과 같이, 유체 속의 정지상태에 있는 물체에서 미소체적 dV에 작용한 전압력(힘)은

$$dF_z = (p_0 + \gamma h_2)dA - (p_0 + \gamma h_1)dA = \gamma(h_2 - h_1)dA \quad (3\text{-}48)$$

$(h_2 - h_1)dA = dV$ 이므로

$$F_z = \int dF_z = \int_V \gamma d\nabla = \gamma \nabla \tag{3-49}$$

여기서 γ는 유체의 비중량이며, ∇는 잠겨 있는 물체의 체적이다. 그러므로 잠겨 있는 물체에 작용하는 전압력은 그 잠겨진 물체가 배제한 액체의 무게와 같으며, 이 물체가 유체 속에 떠 있기 위해서는, 잠겨진 물체의 무게와 동일한 힘으로 밑에서 떠받치는 힘이 필요하게 된다. 이 힘이 **부력**이며, 이것을 **아르키메데스의 원리**(principle of Archimedes)라고 한다.

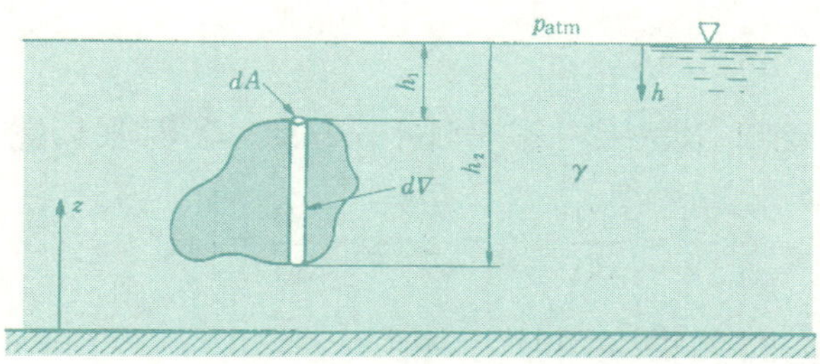

그림 3-27

예제 3-17 지름이 20cm인 구형체가 물 속에서 3.5kg의 부력을 받고 있다. 이 물체는 떠 있겠는가 가라 앉겠는가?

풀이 우선 구형체의 체적은

$$\nabla = \frac{4}{3}\pi R^3 = \frac{4}{3} \times 3.14 \times 0.1^3 = 0.0042\text{m}^3$$

부력은 $F_B = \gamma \nabla$이므로,

$$3.5 = 1000\nabla, \quad \nabla = 0.0035\text{m}^3$$

따라서, 구형체는 $\frac{5}{6}$만큼만 물 속에 잠겨 있게 되므로 떠 있다.

예제 3-18 지름이 60cm이고 길이가 4m인 통나무가 바닷물에 그림 3-28과 같이 잠겨있다. 이 통나무가 받는 부력을 구하라.

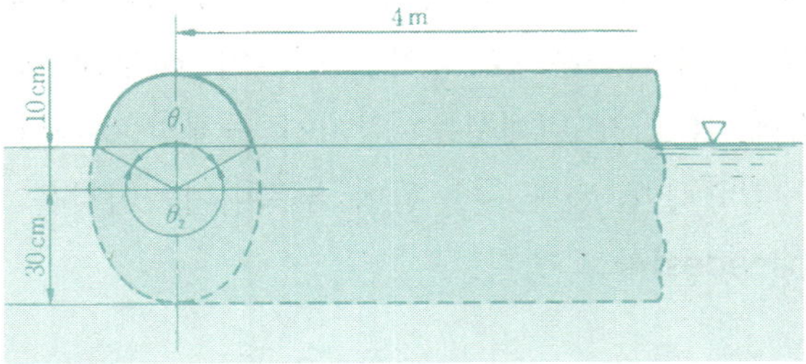

그림 3-28

풀이 바닷물에 잠겨 있는 부피를 구해야 되므로, 각 θ_1과 θ_2를 먼저 구해야 된다.

$$\cos\frac{\theta_1}{2} = \frac{10}{30},\ \theta_1 = 2\cos^{-1}\frac{10}{30} = 141°$$

$$\theta_2 = 360° - 141° = 219°$$

또, $\sin 70.5° = \dfrac{b}{30}$, $b = 30\sin 70.5 = 28.28\text{cm}$

θ_1이 차지하는 3각 부분의 넓이는

$$S_1 = 2\times\frac{1}{2}\times 0.2828\times 0.1 = 0.0283\text{m}^2$$

θ_2가 차지하는 부채꼴의 넓이는

$$S_2 = \frac{\pi}{4}d^2\times\frac{219}{360} = 0.1719\text{m}^2$$

총 넓이는

$$S = S_1 + S_2 = 0.0283 + 0.1719 = 0.2002\text{m}^2$$

잠긴 부분의 부피

$$V = 0.2002\times 4 = 0.8008\text{m}^3$$

그러므로 부력은

$$F_B = \gamma V = 1025\text{kg/m}^3\times 0.8008\text{m}^3 = 820.82\text{kg}$$

예제 3-19 잠수부가 50gal의 기름통에 공기를 가득 채워서 바다 밑바닥에 있는 앵커를 끌어 올리는 데 사용하였다. 이 앵커는 바닷물 속에서 400lb의 무게가 나간다. 빈 통이 대기 중에서 50lb의 무게가 나간다면 공기로 채워진 이 통이 앵커에 매여 있을 때 잠수부가 앵커를 끌어 올리는데 얼마의 힘이 필요하겠는가?

풀이 F_D를 잠수부가 내는 힘, W_B는 통의 무게, F_B는 통의 부력, W_A는 앵커의 무게라고 하면

$$F_D + F_B = W_A + W_B$$

$$F_B = \gamma V = \frac{50\text{gal}}{7.48\text{gal/ft}^3} \times 64\text{lb/ft}^3$$

$$= 427.8\text{lb}$$

즉,

$$F_D = W_A + W_B - F_B = 50 + 400 - 427.8$$

$$= 22.2\text{lb}$$

3.9 부력을 받는 물체의 안정도

3.9.1 잠겨진 물체의 안정도(Stability of Submerged Bodies)

유체에 잠겨진 물체는 안정, 불안정, 중립 중에서 한 상태를 유지한다. 물체가 변위되어도 원상태로 돌아가는 **안정평형**(stable equilibrium)을 이루는 경우, 변위되어서 원상태로 되돌아가지 않고 더욱더 불안정상태로 계속되어 가는 경우, 그리고 변위된 상태가 그대로 계속 유지되는 **중립평형**(neutral equilibrium)을 이루는 경우의 세가지가 있다.

그림 3-29는 **중심**(center of gravity) G가 **부심**(center of buoyancy) B보다아래에 있어 안정한 상태에 있음을 나타내고 있다. 부심 B를 지나는 부력 F_B는 수직상방

으로 착용하고, 중심 G를 지나는 중력 W는 수직하방으로 작용하고 있다. 특히 **그림 3-29(a)**는 부심과 중심이 동일한 수직선상에 존재함으로써 안정평형을 이루고 있으며, **그림 3-29(b)**는 거리 x만큼의 각변위(angular displacement)를 하였으나 W_x가 우력(couple)이 되어 원상태로 돌아가려고 하는 복원력(restoring force)이 발생하게 된다. 이와는 반대로 중심 G가 부심 B보다 위에 있을 때에는 조금이라도 각변위를 하게 되면, W_x는 복원력이 되는 것이 아니라 오히려 전복하는 힘으로 바뀌어져 버린다. 그리고 B와 G가 동일점에 있게 되면 중립평형을 이루게 된다.

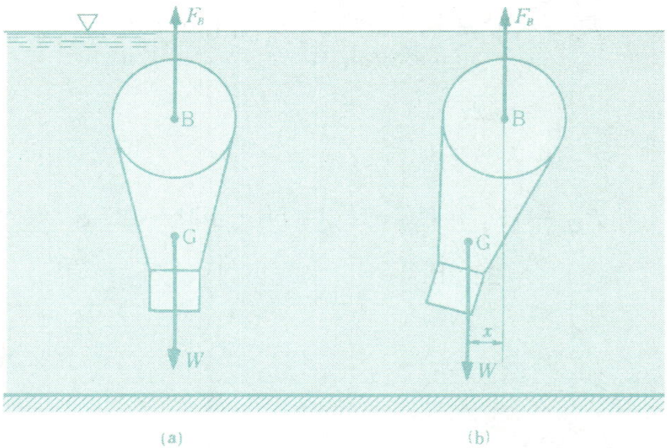

그림 3-29

3.9.2 부체의 안정도(Stability of Floating Bodies)

부체의 안정도를 살펴보기 위하여 중심과 부심의 위치를 살펴보면 **그림 3-30(a)**의 배와 같은 부체의 경우에는 대개 중심이 부심보다 위에 존재하기 마련이다. 부체가 정지상태에 있기 때문에 $\sum F = 0$이며, 부력의 크기는 부체의 무게와 같다. 특히, 이 경우는 상방으로 작용하는 부력의 중심선과 하방으로 작용하는 중력의 중심선이 동일한 선상에 있는 경우이다.

그림 3-30(b)와 같이 부체가 기울어져서 θ만큼의 각변위를 하였을 때, 중심 G는 원위치에 존재하게 되나, 부심 B는 B′로 위치가 변하게 된다. 왜냐하면 부체가 각변

위를 하는 동안에 오른쪽의 액체 중에 잠적한 부체의 부피는 증가하는 반면, 왼쪽의 부체의 부피는 감소하여 잠적한 부분의 형태가 변하기 때문이다.

부심과 중심을 통과하는 직선과 변위한 부심 B′를 지나는 수직선이 만나는 점을 **경심**(metacenter)이라 하고, 이 점은 (그림에서 점 M) θ가 크게 변하지 않기 때문에 일정한 점에 있다고 간주한다. 이와같이 경심이 중심보다 위에 있을 때는 부체에 각 변위가 생겨도 부력과 중력에 의한 복원력이 발생하여 안정한 상태가 된다. 그러나 경심이 중심보다 아래에 존재하는 경우에는 부력과 중력은 **전복우력**(overturning couple)이 되어 불안정한 상태가 된다.

중심 G와 경심 M 사이의 거리는 **경심높이**(metacentric height)이고, 중립평형을 이루는 경우는 경심높이가 0이 되는 때이다. 즉 부심, 중심, 경심 세 점이 동일점에 존재하는 경우이다. **복원우력**(restoring couple)은 $W\overline{\mathrm{GM}}\sin\theta$이므로 $\overline{\mathrm{GM}}$의 크기는 부체의 안정도의 척도가 되는 것이다.

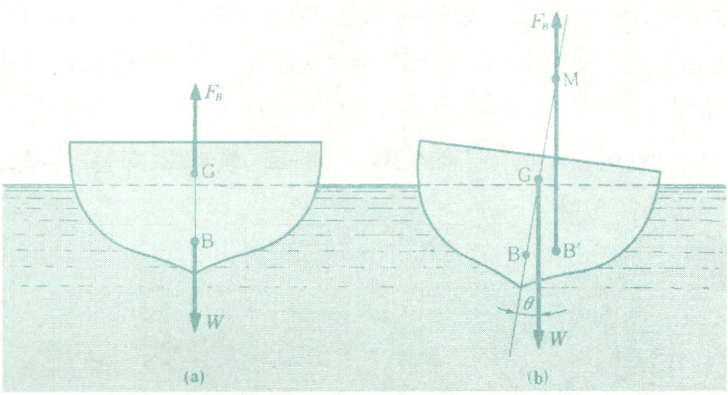

그림3-30

그림 3-31에서는 배에 원래의 무게 외에 P의 무게가 중심선의 중앙에 위치하고 있다가 배가 기울어짐에 따라 배의 중심으로부터 x만큼 옮겨간 경우이다.

중심 G를 중심으로 발생하는 W에 의한 모멘트는 $W\overline{\mathrm{GG'}} = W\overline{\mathrm{GM}}\sin\theta$이고, O를 중심으로 P에 의해 발생하는 모멘트는 $P(x\cos\theta)$이다. 결국 이 두 모멘트는 동일하여야 하므로, $W\overline{\mathrm{GM}}\sin\theta = P(x cos\theta)$로부터

$$\overline{\mathrm{GM}} = \frac{Px}{W}\cot\theta \tag{3-50}$$

배가 기울어졌을 때 생기는 경심과 부심간의 거리와 경심(점 M)의 위치에 따른 배의 안정도를 살펴보자.

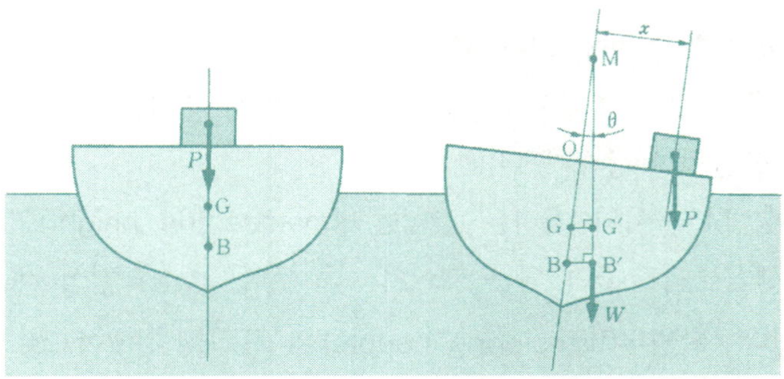

그림 3-31

그림 3-32(a)와 같이 θ만큼 기울어져 있을 때 물위에 떠오른 체적 O12와 물 속에 잠적된 체적 O34는 동일하다. 그러므로 체적 O12는 수직하방으로 중력이 작용하고 체적 O34는 수직상방으로 부력을 받고 있다. 그러므로 이 두 힘들은 O를 중심으로 하나의 우력(couple)이 되며, 결국 O를 모멘트 센터로 하는 **우력모멘트(couple moment)**를 생각할 수 있다.

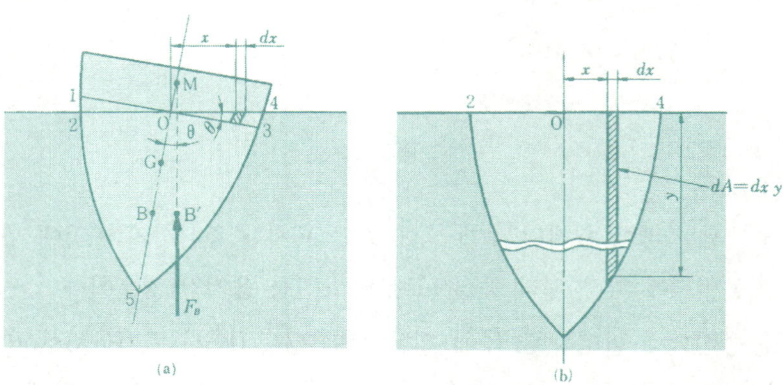

그림 3-32

O로부터 x만큼 떨어진 곳에서의 미소길이 dx를 생각하면, 물 속에 잠긴 그림 3-32(a)의 빗금친 부분의 넓이는 $dx\,x\sin\theta$이고, dx에 대한 배의 길이방향으로 그 길이를 y라고 하면, 이 미소부분의 체적은 $d\nabla = dx\,x\sin\theta y$가 된다.

그러므로 우력모멘트를 M_C라고 할 때

$$M_C = 2\times\int_{O34}\gamma x dx x\sin\theta y = \gamma\int_A x^2 dA \tag{3-51}$$

여기서 $dA = dxy$이다.

다시 부력에 의한 모멘트를 생각하여 보면, 부심 B가 B′로 옮겨감에 따라 잠적한 부분 254에 대한 부력은 B′를 통과하게 된다. 그러므로 원래의 부심 B를 모멘트 중심으로 할 때 부력에 의해 받는 모멘트 M_B는

$$M_B = F_B\overline{\mathrm{MB}}\sin\theta \tag{3-52}$$

이고, 결국 이 두 모멘트는 동일하여야 한다. 따라서 $F_B = \gamma\nabla$이므로, 식 (3-51), (3-52)로부터

$$\overline{\mathrm{MB}} = \frac{1}{\nabla}\int_A x^2 dA = \frac{I}{\nabla} \tag{3-53}$$

여기서 $I = \int_A x^2 dA$는 2차모멘트이다. 또 부력에 의해 발생하는 중심 G를 중심으로 하는 **복원모멘트**(restoring moment)를 M_R라고 하면

$$M_R = F_B\overline{\mathrm{MG}}\sin\theta \tag{3-54}$$

배[부체]가 원래의 안정상태로 복원되느냐, 아니면 전복되느냐 하는 것은 식(3-54)에서 $\overline{\mathrm{MG}} = \overline{\mathrm{MB}} - \overline{\mathrm{GB}}$의 크기, 즉 경심 M의 위치가 어디에 생기느냐에 달려있다.

M_R값이 양일 때는 안정하고 M_R값이 음일 때는 불안정을 나타내며, 이 조건은 결국 다음과 같다.

$\overline{\mathrm{MB}} - \overline{\mathrm{GB}} > 0$이면, $M_R > 0$: 안정(경심 M이 중심 G보다 위에 생기는 경우)

$\overline{\mathrm{MB}} - \overline{\mathrm{GB}} < 0$이면, $M_R < 0$: 불안정(경심 M이 중심 G보다 밑에 생기는 경우)

예제 3-20 폭이 7m, 길이가 15m, 높이가 2.6m인 화물선이 민물에 떠 있으며 총 중량 80,000kg을 받고 있다. 중심과 부심이 체적의 한 중심에 존재한다고 가정하면 경심높이는 얼마인가?

풀이 중심 G는 배의 밑면에서 1.3m인 곳에 있고, 부심은 잠긴 부분의 $\frac{1}{2}$ 되는 곳에 존재하게 된다.

$$\gamma V = 80{,}000\text{kg},\quad V = \frac{80{,}000}{1000} = 80\text{m}^3$$

잠긴 부분의 총높이는

$$h = \frac{80}{7 \times 15} = 0.762\text{m}$$

그러므로 부심은 밑면으로부터 0.381m인 곳에 존재한다. 따라서 경심높이는

$$\overline{\text{GM}} = \frac{I}{V} - \overline{\text{BG}} = \frac{A \times 7^2/12}{0.762A} - (1.3 - 0.381)$$

$$= 4.44\text{m}$$

3.10 운동유체의 상대적 평형

간혹 유체정역학적인 방법이 운동하고 있는 유체의 거동을 해석하는 데 사용되기도 한다. 예를 들면, 균일 직선운동을 하고 있는 유체는 가속도나 전단력이 유체내부에 발생하지 않으므로 적용이 가능한 것이다.

균일등가속 직선운동을 하고 있는 유체유동에서는 유동층 사이에는 상대운동이 없기 때문에 전단력이 발생하지 않으며, 이와 같이 운동하고 있는 유체에서는 유체정역학적인 해석이 가능하므로 이것을 **상대적 평형**(relative equilibrium)이라고 한다.

그림 3-33에서 α_x, α_z는 각각 x, z방향으로 작용하는 등가속도를 나타내고, 미소 입방체 $dxdydz$의 각 면에 작용하는 압력이 p일 때 x방향에 대해서는

좌측면에 작용하는 힘 = $pdy\,dz$

$$우측면에\ 작용하는\ 힘 = \left(p + \frac{\partial p}{\partial x}dx\right)dydz$$

유체가 상대적 평형을 이루고 있다면 전단력이 작용하지 않으므로, 수평방향(x방향)으로 작용하는 힘은 뉴턴의 제2운동법칙에 의하여

$$\left\{p - \left(p + \frac{\partial p}{\partial x}dx\right)\right\}dy\,dz = \rho dxdydza_x$$

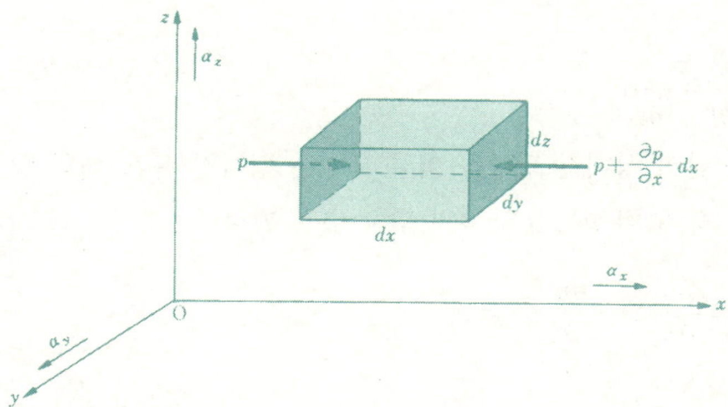

그림 3-33

그러므로

$$-\frac{\partial p}{\partial x} = \rho\alpha_x \tag{3-55}$$

또는 $$-\frac{\partial p}{\partial x} = \frac{\gamma}{g}\alpha_x \tag{3-55a}$$

동일한 방법으로 수직방향(z방향)에 대해서도 생각하면, 연직하방으로는 압력 외에 미소입방체의 무게 $\rho gdzdydz$가 작용하므로

$$\left\{p - \left(p + \frac{\partial p}{\partial z}dz\right)\right\}dxdy - \rho g\,dx\,dy\,dz = \rho dxdydz\alpha_z$$

이를 정리하면

$$-\frac{\partial p}{\partial z}=\rho(g+\alpha_z) \tag{3-56}$$

또는 $$-\frac{\partial p}{\partial z}=\gamma+\frac{\gamma}{g}\alpha_z \tag{3-56a}$$

y방향에 대해서도

$$-\frac{\partial p}{\partial y}=\rho\alpha_y \tag{3-57}$$

또는 $$-\frac{\partial p}{\partial y}=\frac{\gamma}{g}\alpha_y \tag{3-57a}$$

그림 3-34와 같이 상대적 평형을 이루고 있는 경사진 유체 내의 압력은 x, z 방향에 따라 변하므로, 압력 p는 x와 z의 함수이다. 따라서

$$dp=\frac{\partial p}{\partial x}dx+\frac{\partial p}{\partial z}dz=0$$

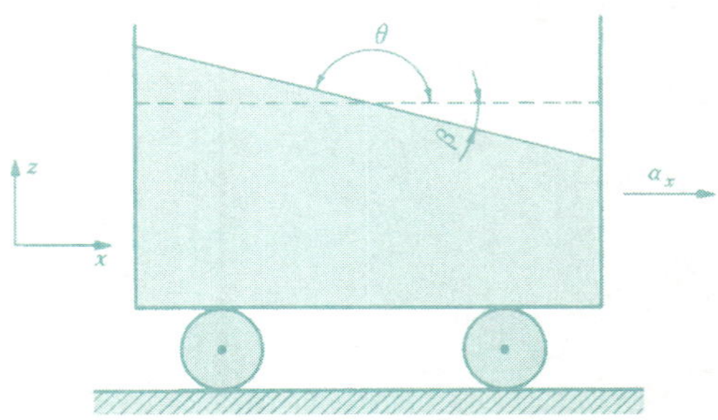

그림 3-34

이고, 이를 변형하여 식(3-55), (3-56)을 대입하면

$$\frac{dz}{dx}=-\frac{\partial p/\partial x}{\partial p/\partial z}=\frac{-\alpha_x}{g+\alpha_z} \tag{3-58}$$

가 되어 등가속도의 경우에 유체표면에 기울기 dz/dx도 역시 일정한 값을 갖게 되어 상대적 평형을 이루게 된다.

또, z방향으로의 가속도는 $\alpha_z = 0$이므로 식(3-58)로부터

$$\frac{dz}{dx} = -\frac{\alpha_x}{g} \tag{3-59}$$

즉

$$-\frac{dz}{dx} = \tan\beta = \tan(180-\theta) = \frac{\alpha_x}{g} \tag{3-59a}$$

물론 유체가 x방향으로 가속을 받아 수평표면이 기울기를 갖는 새로운 경사진 표면을 형성하여 평형을 이루기 전까지는, 유체내부에 전단력이 작용할 뿐만 아니라 유체정역학의 이론을 적용할 수가 없다.

또, z방향으로만 등가속도가 작용하면, 유체표면은 당연히 수평을 유지하게 되고, 유체가 들어 있는 용기가 자유낙하를 하게 되면, z방향으로 $-g$가 가속을 받게 되며 유체는 균일압력을 받게 된다.

그림 3-35와 같이 등가속도가 작용하여 유체표면이 기울어진 상태에 있을 때, 그 유체내부에서의 압력기울기를 살펴보자.

등압평면에 수직한 축을 η축, 평형한 축을 ξ축으로 정하여 η, ξ방향에 대한 압력기울기를 살펴보면

$$\xi\text{방향}: \frac{\partial p}{\partial \xi} = 0 \tag{3-60}$$

$$\eta\text{방향}: \frac{\partial p}{\partial \eta} = \frac{\partial p}{\partial x} \Big/ \frac{\partial \eta}{\partial x} = \frac{-\rho\alpha_x}{\sin\beta} \tag{3-61}$$

그림 3-35(b)에서 보는 바와 같이

$$\sin\beta = \frac{\alpha_x}{\sqrt{\alpha_x^2 + (\alpha_z + g)^2}} = \sin(180° - \theta) = \sin\theta \tag{3-62}$$

이므로, 식(3-61)에 대입하여 풀면

$$\frac{\partial p}{\partial \eta} = -\rho\left\{\alpha_x^2 + (\alpha_z + g)^2\right\}^{\frac{1}{2}} \tag{3-63}$$

이는 기울어진 액체표면에 수직한 방향(η축)에 대한 압력기울기를 나타내는 식이다.

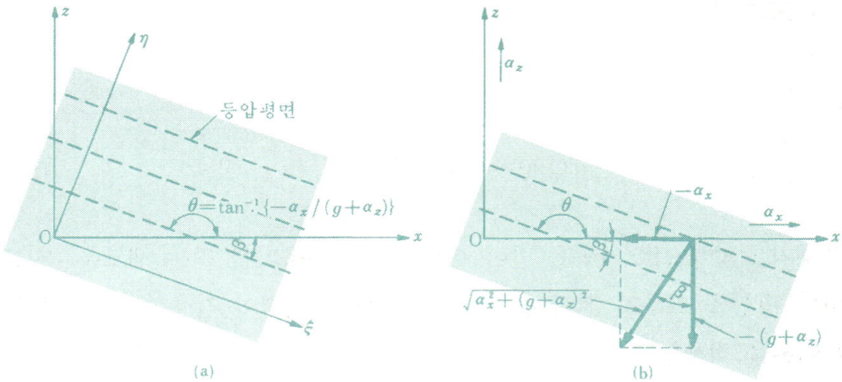

그림 3-35

예제 3-21 뚜껑이 없는 수조에서 수직상방으로 6m/s^2의 가속도가 작용하고 있다면, 깊이 2m에서 받는 압력은 얼마인가?

풀이 식(3-56a)에 의하여

$$\frac{\partial p}{\partial z}=\frac{dp}{dz}=-\left(\gamma+\frac{\gamma}{g}\alpha_z\right)=-\left(1000+\frac{1000}{9.8}\times 6\right)$$

$$=-1612.24\text{kg/m}^3$$

깊이 2m인 곳에서의 압력은

$$p=-\int_0^{-2}1612.24dz=1612.24\times 2=0.322\text{kg/cm}^2$$

예제 3-22 그림 3-36과 같이 밑면이 100cm×120cm이고, 높이가 60cm인 수조에 바퀴를 달아 물을 가득 채우고 등가속도 3m/s^2으로 수평방향으로 끌고 갔다면 흘러 넘친 물의 양은 얼마나 되는가?

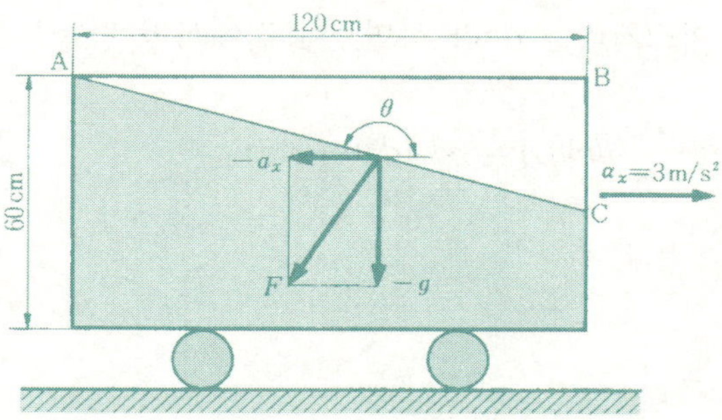

그림 3-36

풀이 우선 수면의 경사각을 구해보면

$$\theta = \tan^{-1}\left(-\frac{\alpha_x}{g}\right) = \tan^{-1}\left(-\frac{3}{9.8}\right) \div 163°$$

$$\overline{BC} = \overline{AB}\tan 17° = 120 \times \tan 17° = 36.7\text{cm}$$

그러므로 흘러넘친 물의 양 Q는

$$Q = \frac{1}{2} \times 120 \times 36.7 \times 100 = 0.22\text{m}^3$$

3.11 회전유체의 상대적 평형

한 축 주위를 고체처럼 운동하고 있는 유체의 회전을 **강제소용돌이 운동**(forced vortex motion)이라고 한다. 이 때 회전하고 있는 모든 유체입자의 각속도(angular velocity)는 같다. 이것은 중심으로부터의 거리에 반비례하여 변하는 속도로서 원형통로(circular path)를 따라 운동하는 자유소용돌이 운동(free-vortex motion)과는 다르다.

유체입자들의 동일한 각속도운동이기 때문에 유체 내부에 전단응력이 발생하지 않으며, 회전축을 향한 반지름 방향의 가속도(구심가속도)가 존재할 뿐이다.

그림 3-37에서와 같이 중심으로부터 r만큼 떨어진 곳의 압력을 p, 미소면적을

dA, 반지름 방향의 미소거리를 dr라 하면, 이 점에서의 평형방정식은

$$pdA - \left(p + \frac{\partial p}{\partial r}dr\right)dA = \rho dAdr(-\omega^2 r)$$

그러므로

$$\frac{\partial p}{\partial r} = \rho r\omega^2 \tag{3-64}$$

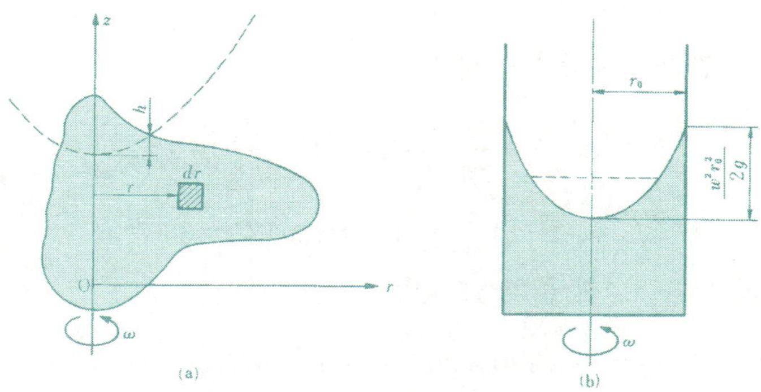

그림 3-37

여기서 ω는 각속도이고 $-\omega^2 r$는 구심력속도이며, −부호는 반지름 r가 외향이고 구심가속도 $\omega^2 r$는 내향이기 때문이다. 압력 p는 r와 z의 함수이므로, 전미분 dp는

$$dp = \frac{\partial p}{\partial z}dz + \frac{\partial p}{\partial r}dr \tag{3-65}$$

이므로, 여기서 식 (3-9)와 식 (3-64)를 대입하면

$$dp = -\rho gdz + \rho r\omega^2 dr \tag{3-66}$$

또는 $$dp = -\gamma dz + \frac{\gamma}{g}r\omega^2 dr \tag{3-66a}$$

액체의 경우 ρ와 γ는 일정하므로, 적분하면

$$p = -\rho gz + \frac{1}{2}\rho r^2\omega^2 + C \tag{3-67}$$

적분상수 C를 구하기 위하여 $r=0$, $z=0$에서 $p=p_0$(대기압)이므로, $C=p_0=0$ 이 되어

$$p=\frac{1}{2}\rho r^2\omega^2 \tag{3-68}$$

이 된다. 이를 다시 변형하면 다음과 같다.

$$h=\frac{p}{\gamma}=\frac{r^2\omega^2}{2g} \tag{3-69}$$

또는 $$h=\frac{u^2}{2g} \tag{3-69a}$$

여기서 $u=\omega r$(원주속도)이다. 그러므로 그림 3-37(b)에서 보는 바와 같이, 유체가 강제회전하여 상승하는 최대높이 $h_{\max}$은 $r=r_0$일 때

$$h_{\max}=\frac{\omega^2 r_0^2}{2g} \tag{3-70}$$

이고, 회전하여 실린더 중심부의 표면보다 상승되어 있는 유체의 체적은 대략

$$V=\frac{1}{2}\pi r_0^2\frac{\omega^2 r_0^2}{2g}=\frac{\pi}{4}\frac{\omega^2 r_0^4}{g} \tag{3-71}$$

으로 된다.

예제 3-23 지름이 40cm이고 높이가 60cm인 원통에 물이 40cm까지 채워져 있다. 원통축을 중심으로 하여 회전시켰을 때 물이 흘러 넘치려면 각속도는 얼마 이상이 되어야 하는가?

풀이 물이 원통벽을 따라 상승할 수 있는 높이는 20cm이다. 따라서

$$h_{\max}=\frac{\omega^2 r_0^2}{2g}$$ 에 의하여

$$0.2 = \frac{\omega^2(0.2)^2}{2 \times 9.8},\ \ \omega = 9.90\text{rad/s}$$

즉, 각속도가 $\omega > 9.90\text{rad/s}$가 되어야 한다.

예제 3-24 그림 3-38과 같이 길이 6ft의 곧은 관이 밑끝은 막혀 있으며, 관내에는 물이 가득 차 있다. 이 관은 중간점 B를 통과하는 수직축과 30° 기울어져 있으며, 이 축을 중심으로 각속도 8.02rad/s로 회전하고 있다. 관의 중간점 B와 하단 C에서의 압력을 구하라.

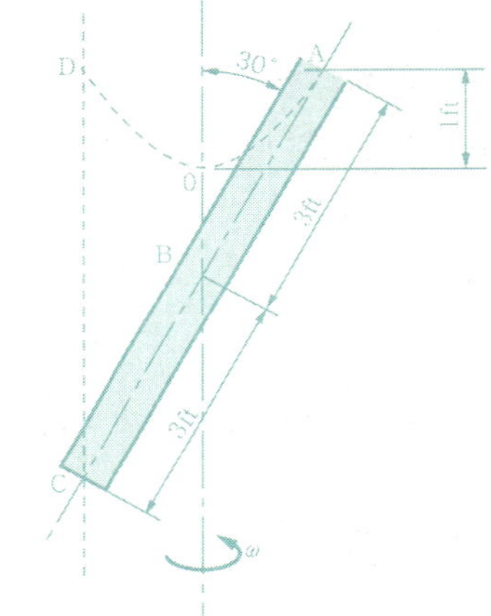

그림 3-38

풀이 우선 회전하여 생기는 유체표면의 높이 차 h는 식 (3-69)에 의하여

$$h = \frac{\omega^2 r^2}{2g} = \frac{(8.02)^2 \times (3\sin 30°)^2}{2 \times 32.2} = 2.25\,\text{ft}$$

점 B에서의 압력을 구하기 위하여 $\overline{OB}$를 구하면

$$\overline{OB} = 3\cos 30° - 1 = 1.60\,\text{ft}$$

그러므로 압력 $p_B = \gamma h = 62.4 \times 1.60 = 99.84\text{lb/ft}^2$

하단 점 C의 압력은

$$p_C = \gamma h = 62.4 \times 6\cos 30° = 324.2\text{lb/ft}^2$$

제 3 장 연습문제

FLUID MECHANICS

01_ 대기압 1atm = 101,293N/m^{2}임을 증명하라.

02_ 게이지압력 6kg/cm^{2}는 수은주로 몇 mmHg인가?

03_ 해발 1950m인 한라산 꼭대기에서의 대기압은 얼마인가?[단, 해상의 대기압은 1.02kg/cm^{2}이고 온도는 15℃이다.(등온변화로 간주한다.)]

04_ 뚜껑이 없는 수조에 물이 깊이 3.2m 채워져 있고, 그 위에 비중이 0.85인 기름이 50cm 담겨 있다면 물과 기름이 접하는 면에서의 압력 p_0는 얼마인가? 또, 바닥으로부터 0.2m 떨어진 곳에서의 압력 p_b는 얼마인가? 게이지압력으로 계산하라.

05_ 그림 3-39와 같이 U자관에 수은, 물, 기름이 들어 있고 관의 양끝은 대기에 접하고 있다. 수은주의 높이 차이가 20mm라면 이 때 수주 h는 얼마인가(단 기름의 비중은 0.88이고 유주는 40mm이다)

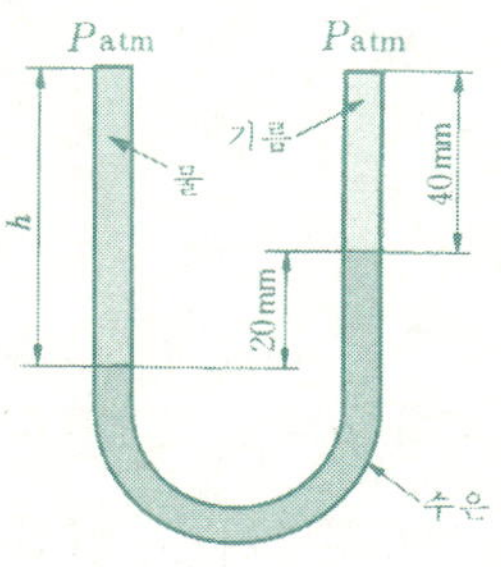

그림 3-39

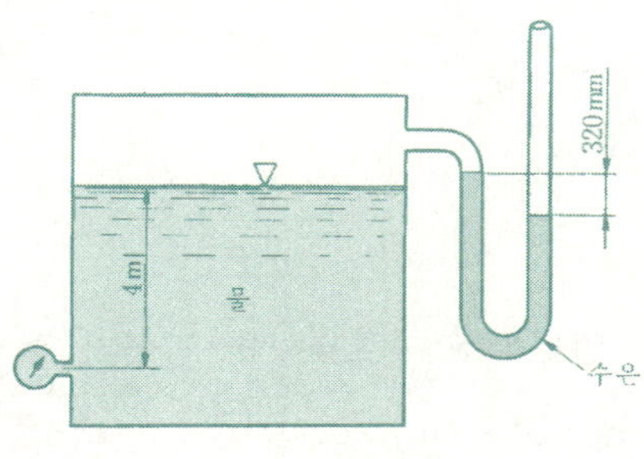

그림 3-40

06_ 그림 3-40에서 게이지압력을 구하라.(U자관 내의 액체는 수은이다)

07_ 2일간 수은주의 눈금의 변화는 각각 70°F, 95°F였다. 이 때 실제의 압력을 구하라.

08_ 경사마노미터에서 모세관을 사용하여 압력을 측정한 결과, 경사진 관에서는 0.6m의 눈금 차이가 났다. 경사각이 30°일 때 압력은 얼마인가?(단, 마노미터에는 물을 사용하였다)

09_ 대기압이 100kPa에서 게이지압력 138kPa이면 절대압력은 얼마인가?

10_ 내부의 고압을 지탱하기 위하여 지름이 2cm인 볼트 40개가 $A-A$부분에 필요하다. $B-B$부분에는 몇 개의 볼트가 필요하겠는가?(그림 3-41참조)

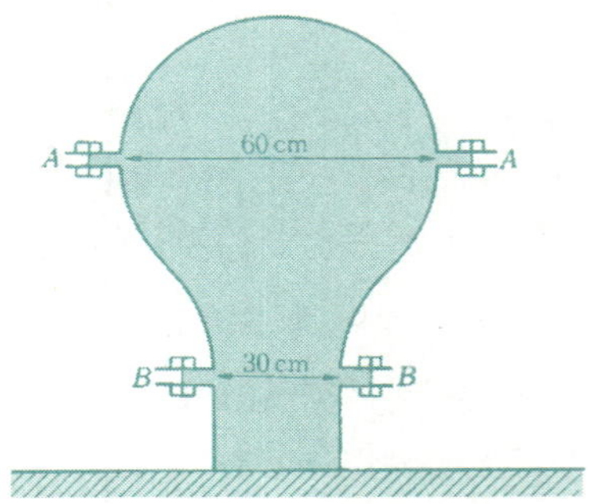

그림 3-41

11_ 액체의 밀도는 표면으로부터 깊이가 증가함에 따라 $\rho = \rho_w(1+0.01h)$의 관계로 변화한다. 여기서 ρ_w는 물의 밀도이며, h는 표면으로부터 m 단위로 나타낸 깊이이다. 10m 깊이에서 게이지압력은 얼마나 되겠는가?

12_ 밀도가 다른 두 재질로 된 원형 막대기를 문제 11과 같은 조건의 액체에 넣으면 얼마의 깊이로 잠기겠는가?

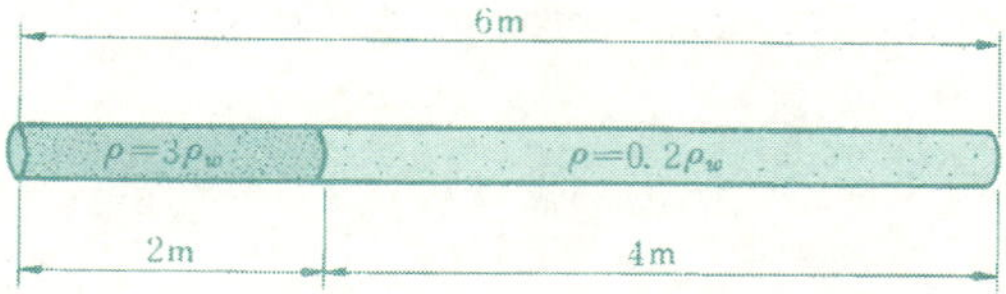

그림 3-42

13_ 그림 3-43에서 관의 중심 A에서 게이지압력을 구하라.

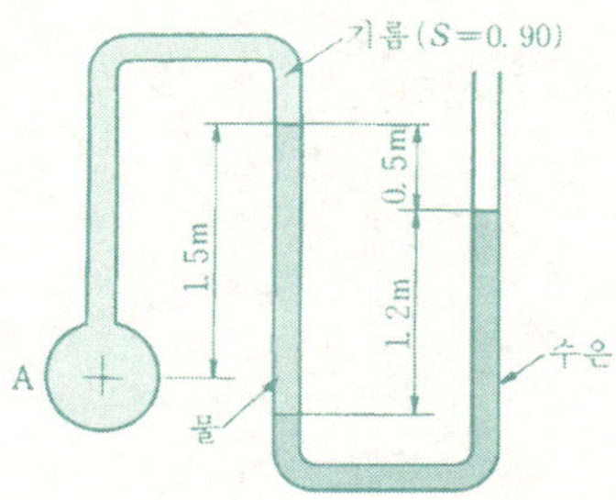

그림 3-43

14_ 그림 3-44에서 관의 중심 B에서 압력을 구하라.

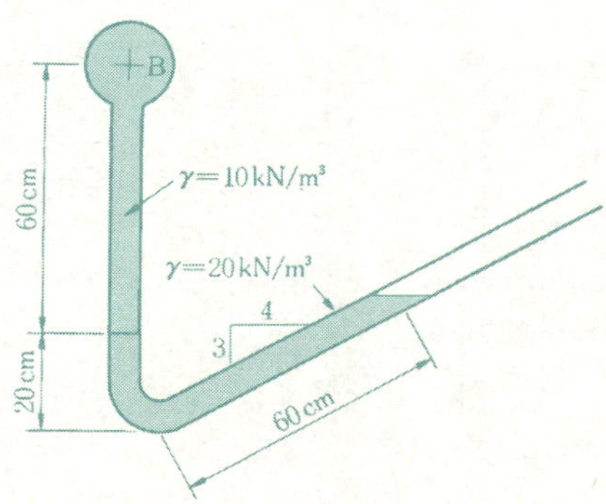

그림 3-44

15_ 그림 3-45는 비중이 0.85인 기름으로 채워진 경사압력계를 나타낸 것이다. 저수탱크의 안지름이 20cm일 때 이 탱크의 공기압력을 500Pa까지 증가시키고, 경사관의 액주를 20cm로 유지시키려면 경사각 θ는 얼마나 되겠는가?

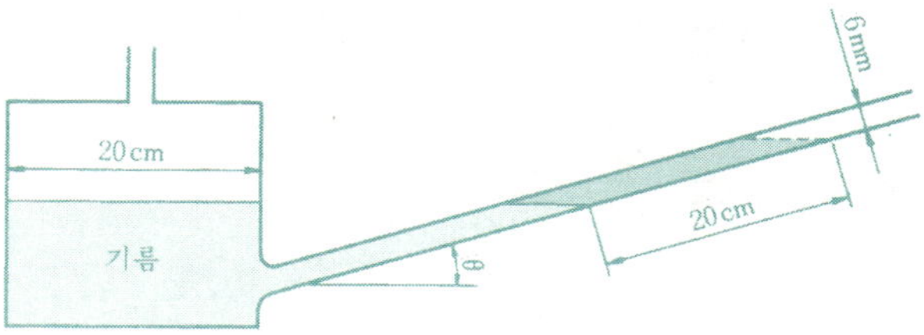

그림 3-45

16_ 그림 3-46에서 $p_A - p_B$를 구하라.

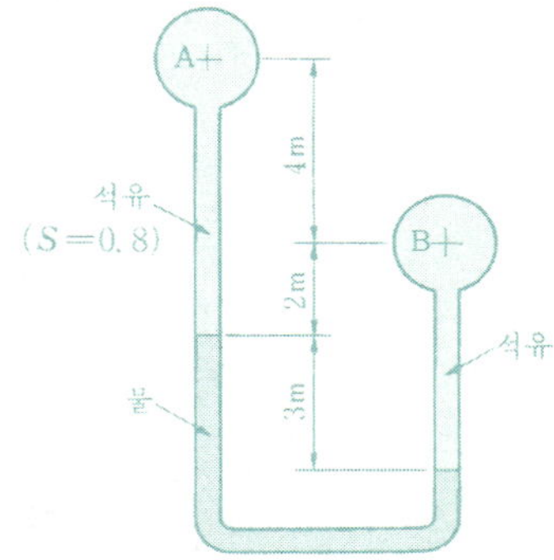

그림 3-46

17_ 그림 3-47에서 관의 중심 A에서의 압력을 구하라.

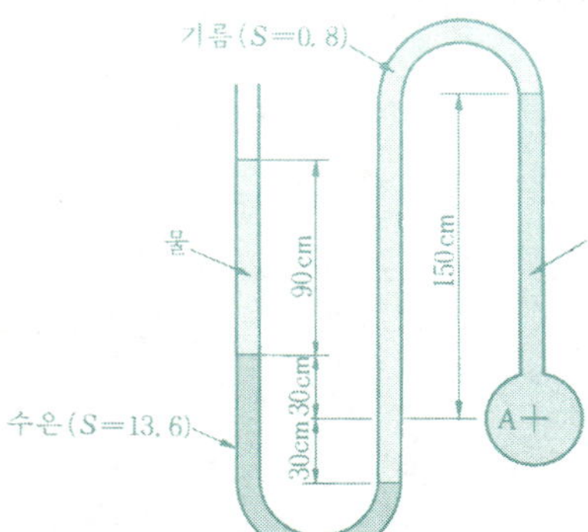

그림 3-47

18_ 그림 3-48과 같이 F_1에서 120kg의 힘이 작용하면 F_2에는 얼마의 힘을 가해야 양피스톤이 정지상태에 있겠는가?

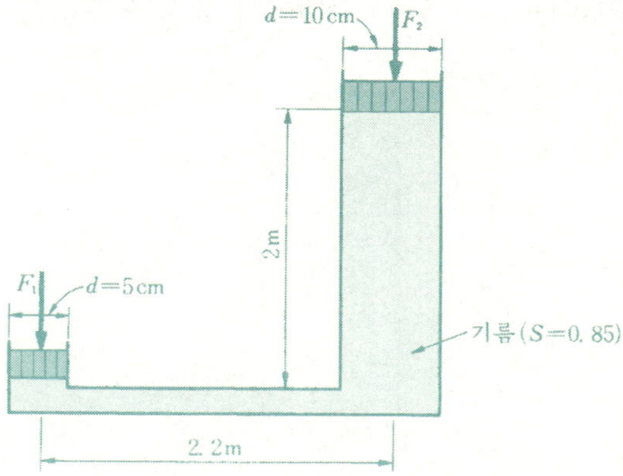

그림 3-48

19_ 단열변화에서 온도 $t=15℃$, 압력 $p=0.85\text{kg/cm}^2$인 곳의 높이를 구하라.(단, 해면에서 공기의 압력 $p=1.02\text{kg/cm}^2$, 밀도 $\rho=1.24\text{kg}\cdot\text{s}^2/\text{m}^4$)

20_ 폴리트로픽 지수 $n=1.235$인 경우에 고도 $z=20\text{km}$인 곳에서 압력, 밀도를 구하라.(단, 지상에서는 표준대기압 상태이고 기온은 $t=20℃$였다)

21_ 등온변화 $t=23℃$ 하에서 체적이 3m^3인 공기의 체적변화량을 구하라.(단, 압력이 2kg/cm^2에서 6kg/cm^2로 되었다)

22_ 그림 3-34에서 수평면과 경사진 수면이 20°를 이루기 위한 x방향에 대한 등가속도 α_x를 구하라.

23_ 그림 3-49와 같이 지름이 30cm인 통나무 한쪽에 30cm×30cm×30cm인 콘크리트 블록 70kg 무게를 매달아 물 속에 띄웠다. 이 때 평형위치 H를 구하고, 나무와 콘크리트가 떠 있는 상태에서 중심과 부심을 구하라.(통나무 무게는 무시한다)

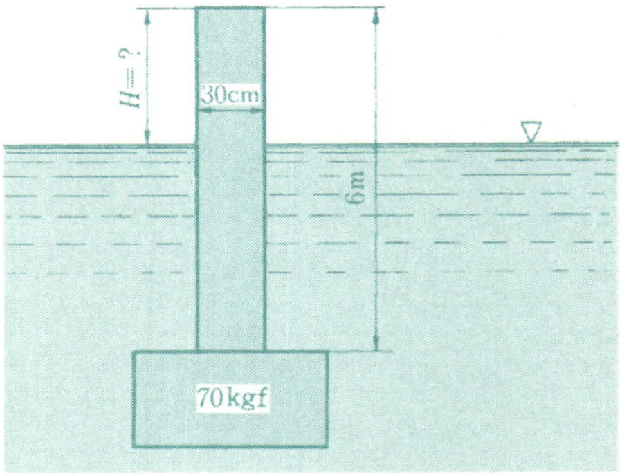

그림 3-49

24_ 나무기둥이 그림 3-50과 같이 한 쪽은 벽에 돌축으로 연결되어 있고, 다른 한쪽은 물에 잠겨 있다. 이 때 나무기둥의 무게와 부력의작용에 의하여 평형상태에 있다면 나무의 비중량은 얼마인가?

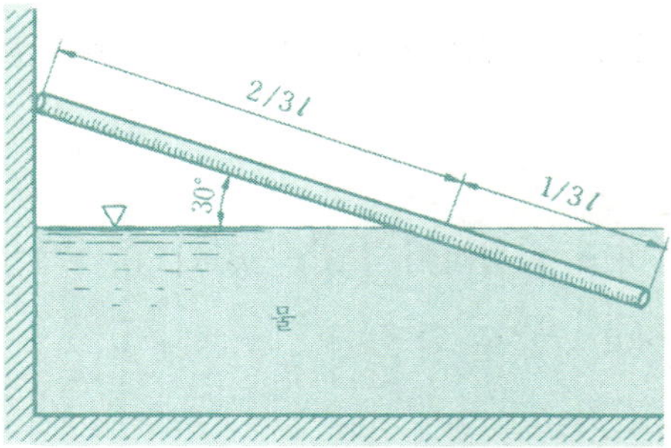

그림 3-50

25_ 지름이 1m이고 길이 1m인 통나무 비중량은 8000N/m^{3}이다. 이 통나무는 수직으로 물에 뜨겠는가?

26_ 그림 3-51과 같이 3각 평판이 유체 중에 수직으로 잠겨 있다. 평판에 작용하는 전압력과 압력 중심을 구하라.

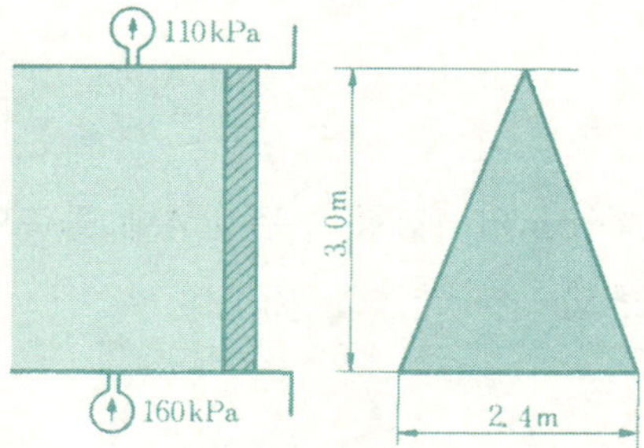

그림 3-51

27_ 그림 3-52에서 4각형 수문이 넘어지기 위한 물의 깊이를 구하라. 수문의 무게는 무시한다.

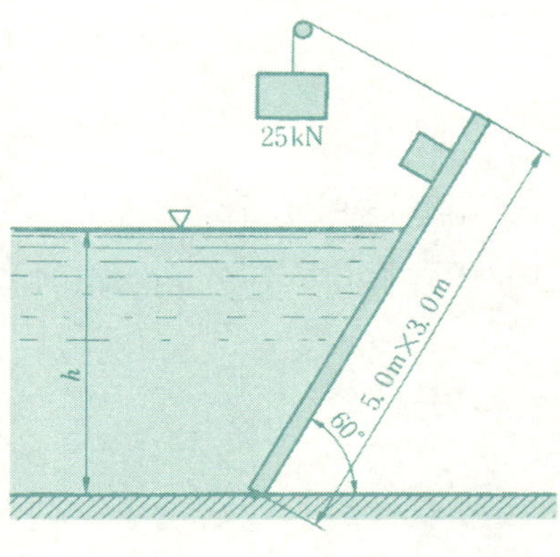

그림 3-52

28_ 폭이 2m, 길이가 4m인 4각형 수문이 수면과 수직하게 길이방향으로 상단의 깊이가 1.5m인 곳에 잠겨 있다. 이 때 수문에 작용하는 전압력과 압력중심을 구하라.

29_ 긴 지름이 8m, 짧은 지름이 6m인 타원이 수면과 긴 지름이 30°의 각도로 상단의 깊이가 1m 되는 점에 잠겨 있다. 이 타원에 작용하는 전압력과 압력 중심을 구하라.

30_ 그림 3-53과 같이 폭 5m의 4각형 수문이 A에 돌축으로 연결되어 있다. 이 수문에 작용하는 전압력을 구하라.

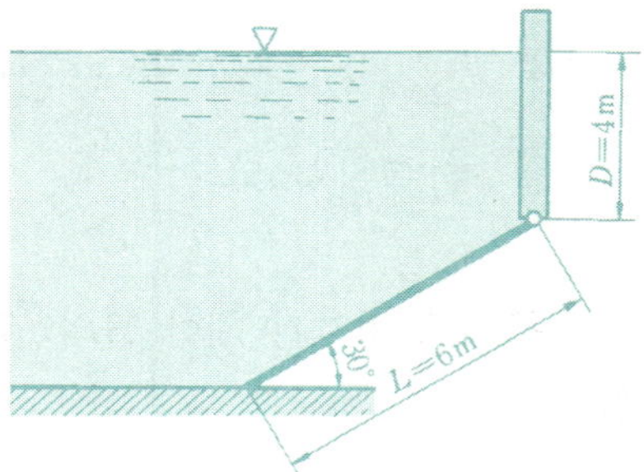

그림 3-53

31_ 그림 3-54와 같이 A액체의비중이 0.75, B액체의 비중이 1.20이다. a 주위의 액체는 물일 때 점 a에서의 게이지(gage pressure)은 얼마인가?

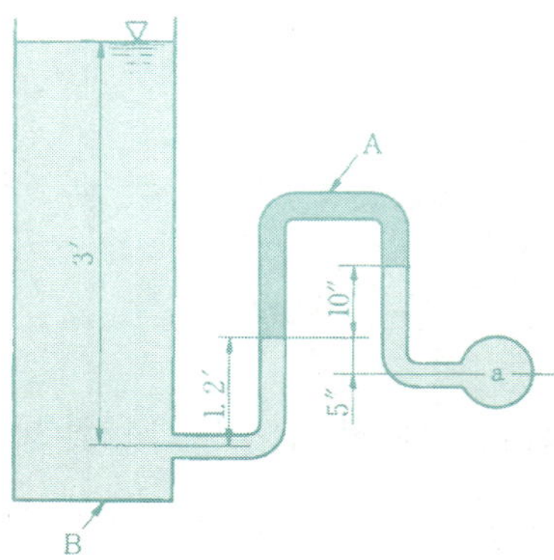

그림 3-54

32_ 그림 3-55와 같이 뚜껑이 없는 수조에 물이 12ft까지 차 있다. 수조 밑에 있는 곡부가 받는 수평 및 수직분력과 합력을 구하라.

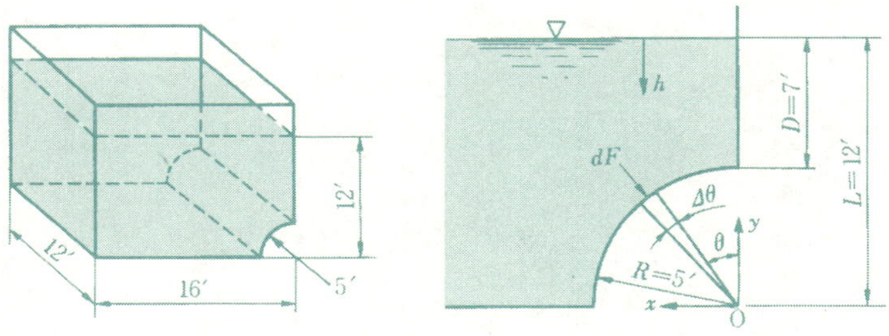

(a) (b)

그림 3-55

33_ 제트여객기가 문짝이 절대압력 120kPa로서 닫혀 있고, 여객기가 순항할 때 외부의 압력은 40kPa의 절대압력을 받는다. 문짝의 넓이가 2.2m×1.2m라면 이 문짝이 공기에 의해 받고 있는 순힘은 얼마나 되겠는가?

34_ 그림 3-56과 같이 4각 수문이 중심부에 연결된 축에 의해 지지되어 있다. 수문을 열기 위해서는 축에 얼마의 토크를 가해야 되는가?(단, 수로는 6m 4각관로이고, 수문은 4m×4m 크기로 되어 있다)

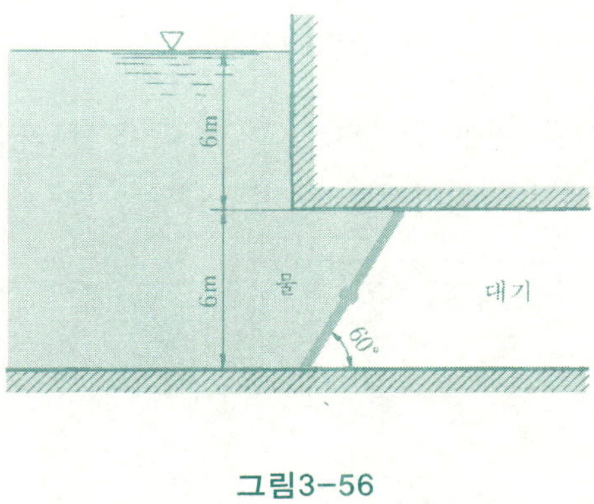

그림3-56

35_ 그림 3-57에서 수문 AB는 폭이 2m인 4각 수문이다. A에서 수문을 여는데 필요한 힘은 얼마인가?

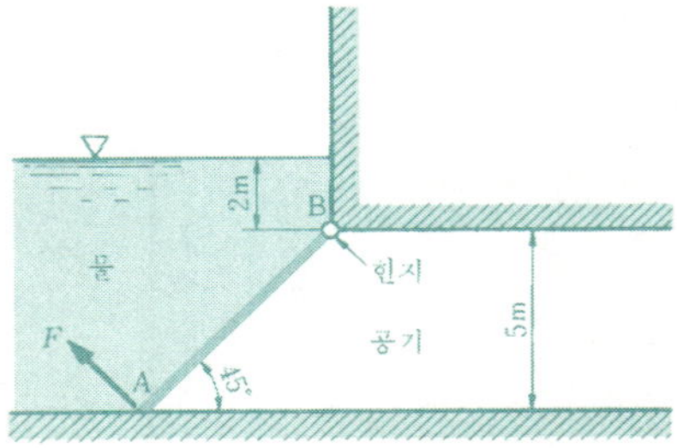

그림3-57

36_ 그림 3-58에서 보는 4각 수문은 편심피벗되어 자동으로 물의 높이 h에 따라 열리도록 되어 있다. 수문이 열릴 수 있는 물의 높이 h를 l의 값으로 나타내라.

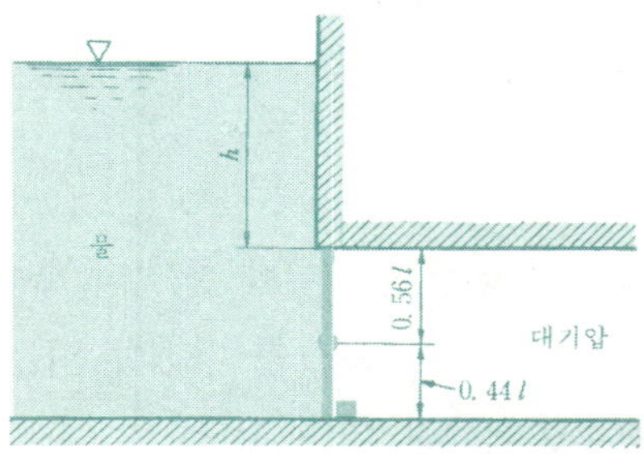

그림 3-58

37_ 그림 3-59에서 수문의 무게가 80kN이고 폭이 1m라면, 물의 압력과 중력을 받고 있는 현상태에서 넘어지겠는가, 지탱되겠는가?

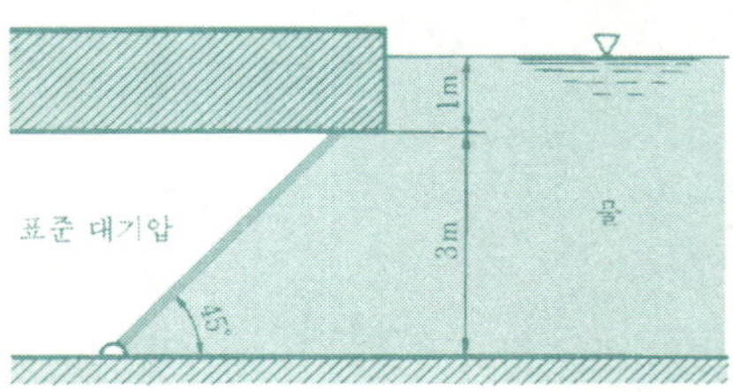

그림 3-59

38_ 그림 3-60과 같이 ABC 3각 수문이 수조에 설치되어 있으며, AC를 축으로 열고 닫을 수 있도록 장치되어 있다. 수문이 열리지 않도록 지탱하기 위하여 B에 얼마의 힘을 가해야 되겠는가?

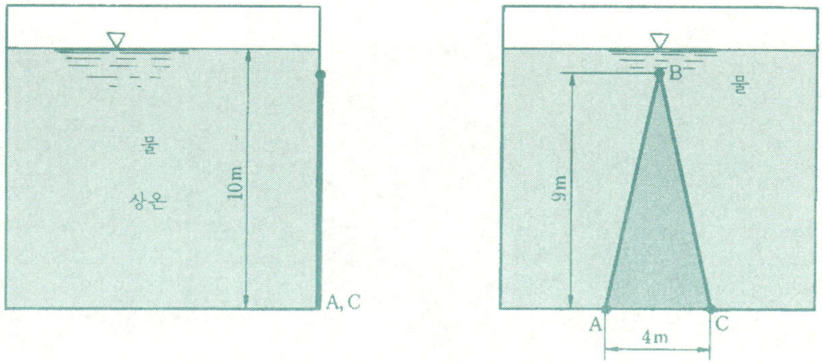

그림 3-60

39_ 그림 3-61에서 둥근 지붕(dome)이 제위치에 있기 위해서는 볼트에 얼마의 힘이 필요한가?(이 지붕은 금속으로 되어 있으며, 무게는 5kN이고 밑바닥은 없다)

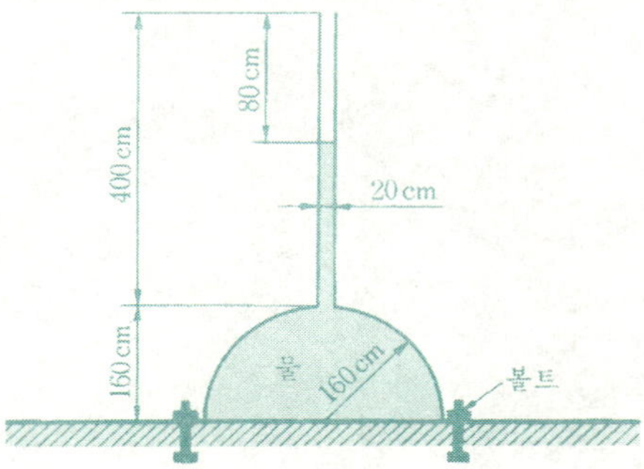

그림 3-61

FLUID MECHANICS

제 4 장

비점성유체의 유동
Invicid Flow

4.1 개론

3장에서는 유체정역학에 대하여 기술하였다. 이 장에서는 유체가 운동상태에 있을 때 이를 역학적으로, 특히 뉴턴의 운동 제2법칙(Newton's second law of motion)에 의하여 해석해 나가게 될 것이다. 우리는 이것을 유체동역학이라고 한다. 앞에서 언급한 대로 유체에는 압축성 유체와 비압축성 유체, 점성유체와 비점성유체가 있는데, 여기에서는 비압축성, 비점성유체를 다루게 될 것이다.

4.2 유체의 유동구분

4.2.1 시간과 위치에 따른 유동구분

유체의 유동은 시간과 위치, 그리고 방향에 따라 변하므로 다음과 같이 구분하고 있다.

(1) 정상균일유동(Steady Uniform Flow)

유속이나 유량이 시간의 경과에는 관계없이 일정하게 유동하고 있는 것을 말하며, 대개 단면적이 일정한 직관 내에서 가속이나 감속이 없는 유동의 경우이다. 즉, 유속 u가 시간 t와 유동위치 s의 함수라 할 때

$$u = f(t,\ s) \tag{4-1}$$

에서

$$\frac{\partial u}{\partial t} = 0,\ \ \frac{\partial u}{\partial s} = 0$$

이 되는 유동을 말한다.

즉 시간이 t일 때 s 위치에서 어느 일정방향의 유속이 u라면, 시간이 경과하여 $t+\Delta t$로 되고, 위치가 $s+ds$로 변위되어도 u로서 일정한 경우이다.

(2) 비정상균일유동(Unsteady Uniform Flow)

이는 유속이 시간에 따라 변화하는 유동으로서, 단면적이 일정한 직관에서 가속도나 감속도가 발생할 때 관 내의 유동위치에는 관계없이, 동시에 가속 및 감속이 되는 유동의 경우이다.

즉, 식(4-1)에서

$$\frac{\partial u}{\partial t} \neq 0,\ \ \frac{\partial u}{\partial s} = 0$$

인 유동이다.

(3) 정상불균일유동(Steady Non-Uniform Flow)

어느 일정한 점에서의 유속은 시간에는 관계없이 일정하나, 동일한 시간에 위치에 따라 유속이 변화하는 유동을 말하며, 이는 단면적이 일정하지 않는 관내의 유체유동에서 볼 수 있다.

즉, 식(4-1)에서

$$\frac{\partial u}{\partial t} = 0,\ \ \frac{\partial u}{\partial s} \neq 0$$

인 유동이다.

(4) 비정상불균일유동(Unsteady Non-Uniform Flow)

이는 유속이 시간의 변화에 따라 면화하고 유동위치에 따라 변화하는 유동으로서, 단면적이 일정하지 않은 관 내의 유체유동에서 가속 또는 감속이 있을 때 볼 수 있다.

즉, 식(4-1)에서

$$\frac{\partial u}{\partial t} \neq 0, \quad \frac{\partial u}{\partial s} \neq 0$$

인 유동이다.

따라서, 균일유동과 균일분포유동을 구분하지 않고 사용하는 경우가 많으나, 엄밀히 구분하면 균일유동은 일정방향으로 위치가 변하여도 유속이 동일함을 말하고, 균일분포유동이라 함은 한 위치에서 전단면에 유동하는 유체의 유속이 동일함을 뜻한다.

이상 기술한 유체의 유동은 **유선**(stream line)들의 모임이다. 이와 같이 이웃하는 유선들의 묶음을 **유관**(stream tube)이라고 한다. 또, 이 유관의 단면적이 극히 작아서 그 내부에 존재하는 유선들의 속도 차이가 무시할 수 있을 정도로 작을 때 이것을 **유사**(stream filament)라 하고, 또 유체의 한 입자가 유동해 가는 경로를 **유적선**(path line)이라고 한다.

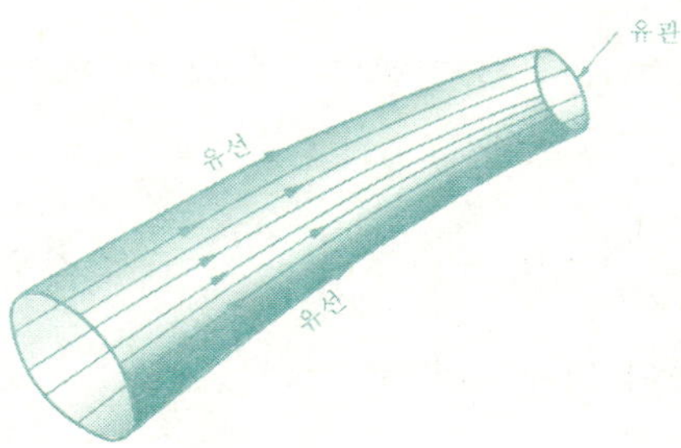

그림 4-1

4.2.2 방향에 따른 유동구분

식 (4-1)에서 논의했던 유속을 알기 쉽게 정상유동으로 간주하고, 유동위치 s를 x, y, z의 3방향으로 생각하자. 그리하면 식 (4-1)은

$$u = f(x, y, z) \tag{4-2}$$

로 쓸 수가 있다. 여기에 대해서 유동방향에 따라 분류해 보면 다음과 같다.

(1) 1차원유동(One-Dimensional Flow)

이는 유속을 한 방향과 시간의함수로만 간주하는 유동을 말하나, 앞에서 말한 바와 같이 정상유동이라고 간주하였을 경우에는 한 방향에 대해서만 유속이 존재한다. 그림 4-2와 같은 관 내의 유동에서 우리는 일반적으로 1차원유동으로 간주하여 (a)와 같이 균일분포유동으로 취급하지만, 실제적으로 관내유동은 점성의 영향으로 (b)와 같이 되며, 2차원 속도성분이 존재하여 1차원유동이라고 말할 수 없다.

그림 4-2

(2) 2차원유동(Two-Dimensional Flow)

이는 두 유동이 존재하는 경우를 말한다. 대부분의 경우에 유체유동은 2차원유동에 속한다.

식 (4-2)에서 말하면 $\frac{\partial u}{\partial x} \neq 0$, $\frac{\partial u}{\partial y} \neq 0$, $\frac{\partial u}{\partial z} = 0$인 경우이다. 그림 4-3과 같이 평판상의 경계층 내의 유동이 이에 속한다.

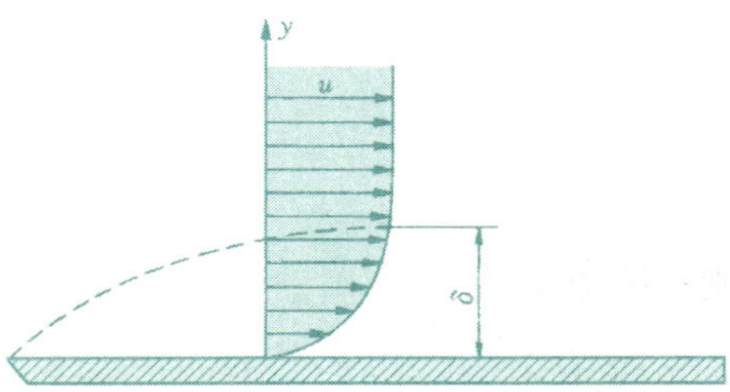

그림 4-3 평판상의 속도분포

(3) 3차원유동(Three-Dimensional Flow)

3차원유동은 일반유동의 경우에는 뚜렷하게 나타나지 않는다. 이런 경우의 예는 자유분사노즐에서 유체를 분사시킬 때 회전시켜 분사시키거나 복잡한 충돌유동에서 3차원유동을 볼 수 있다.

따라서 식 (4-2)에서 $\dfrac{\partial u}{\partial x} \neq 0$, $\dfrac{\partial v}{\partial y} \neq 0$, $\dfrac{\partial w}{\partial z} \neq 0$인 유동을 말한다.

4.3 유체입자의 가속

4.1절에서 기술한 바와 같이 유체의 속도는 시간(t)과 위치 또는 거리(s)의 함수이다. 유체의 한 입자가 시간 dt동안에 거리 ds만큼 이동해 갔다면, 발생하는 입자의 가속도는 식(4-1)을 거리와 시간에 대하여 미분함으로써 얻을 수 있다. 즉,

$$du = \frac{\partial u}{\partial s} ds + \frac{\partial u}{\partial y} dt$$

가 되고, 양변을 dt로 나누면 $\dfrac{du}{dt} = \alpha$, $\dfrac{ds}{dt} = u$이므로

$$\alpha = u\frac{\partial u}{\partial s} + \frac{\partial u}{\partial t} \tag{4-3}$$

여기서 $\dfrac{\partial u}{\partial t}$: 순간가속도(temporal acceleration)

$u\dfrac{\partial u}{\partial s}$: 대류가속도(convective acceleration)

$\dfrac{du}{dt} = \alpha$: 실질가속도 또는 전가속도(substantial or total acceleration)

정상유동에서는 순간가속도는 $\dfrac{\partial u}{\partial t} = 0$이다. 그러나 대류가속도는 $u\dfrac{\partial u}{\partial s}$는 반드시 0이 되는 것만은 아니기 때문에 전가속도 $\dfrac{du}{dt}$는 0이 아니므로 정상유동이라 하여도 실질적인 가속도는 존재하는 것이다.

이상에서 간단하게 논한 유체입자의 유동방향을 통틀어 위치 's'로 표시하였으나, 이는 1차원유동이 아닌 경우 하나의 속도장(velocity field)을 나타내는 것이다.

그러므로 유속을 $\boldsymbol{V}$, 위치를 $\boldsymbol{s}(x, y, z)$로 표시하면

$$\boldsymbol{V} = f(\boldsymbol{s}, t) = f(x, y, z, t)$$

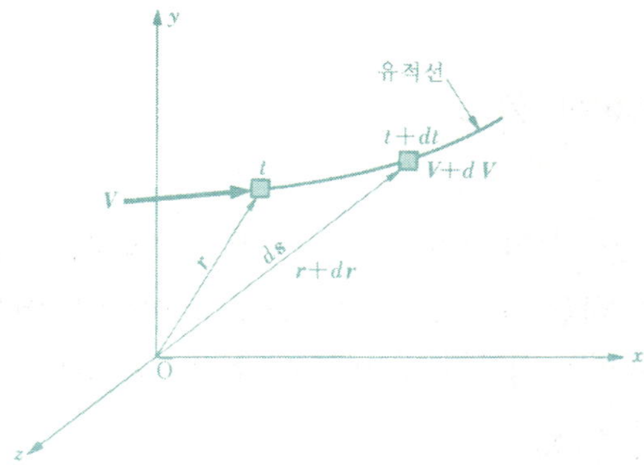

그림 4-4

$$D\boldsymbol{V} = \frac{\partial \boldsymbol{V}}{\partial x}dx + \frac{\partial \boldsymbol{V}}{\partial y}dy + \frac{\partial \boldsymbol{V}}{\partial z}dz + \frac{\partial \boldsymbol{V}}{\partial t}dt$$

그러므로

$$\frac{D\boldsymbol{V}}{Dt} = \boldsymbol{a} = u\frac{\partial \boldsymbol{V}}{\partial x} + v\frac{\partial \boldsymbol{V}}{\partial y} + w\frac{\partial \boldsymbol{V}}{\partial z} + \frac{\partial \boldsymbol{V}}{\partial t} \tag{4-4}$$

여기서

$$\frac{dx}{dt} = u, \quad \frac{dy}{dt} = v, \quad \frac{dz}{dt} = w$$

$$u\frac{\partial \boldsymbol{V}}{\partial x} + v\frac{\partial \boldsymbol{V}}{\partial y} + w\frac{\partial \boldsymbol{V}}{\partial z}$$

는 대류가속도항이 된다.

유체입자가 어느 곡로로 운동하게 될 때 가속도는 곡률 중심을 중심으로 발생하게 된다. 원주속도가 u이고, 곡률반지름이 r_p인 경우 입자의 가속도는 u^2/r_p가 될 것이다.

따라서 유선의 곡률반지름이 r_s 이고, 곡률 중심을 중심으로 입자의 원주속도가 u_n 인 경우에는 가속도는 u_n^2/r_s 이 되고, 순간가속도는 $\partial u_n/\partial t$가 되므로

$$\alpha_n = \frac{u_n^2}{r_s} + \frac{\partial u_n}{\partial t} \tag{4-5}$$

이 된다. 정상유동이 아닌 경우에는 $\partial u_n/\partial t$값이 존재한다.

예제 4-1 지름이 D인 평행으로 놓여 있는 원판이 속도 U로 그림 4-5와 같이 상호 접근하고 있다. 두 판 사이의 거리가 h일 때 원판의 끝부분 A에서 발생하는 (a) 대류가속도와 (b) 순간가속도를 U, h, D로 나타내라.(A부분에 유출되는 유속은 균일분포유동으로 가정한다)

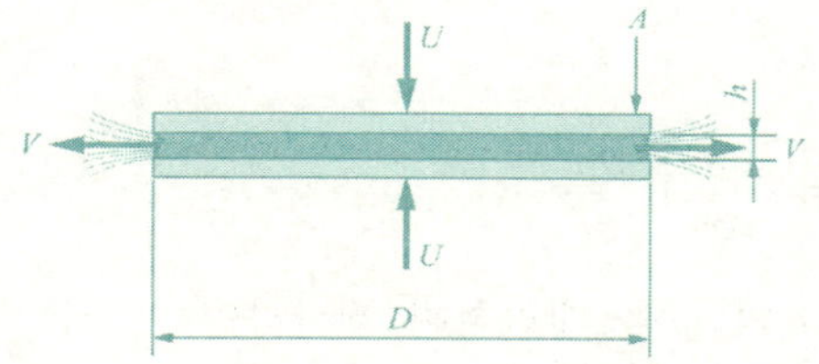

그림 4-5

풀이 A부분의 유출속도를 V라고 하고, 유량을 고려하면

$$\pi D h V = 2 \times \frac{\pi}{4} D^2 U, \quad V = \frac{Ur}{h}$$

(a) 대류가속도

$$\alpha_c = V\frac{\partial V}{\partial r} = \frac{Ur}{h}\frac{\partial}{\partial r}\left(\frac{Ur}{h}\right) = \frac{U^2 r}{h^2} = \frac{U^2 D}{2h^2}$$

(b) 순간가속도

$$\alpha_t = \frac{\partial V}{\partial t} = \frac{\partial}{\partial t}\left(\frac{Ur}{h}\right)$$

$h = h_0 - 2Ut$로 나타낼 수 있으므로

$$\alpha_t = \frac{\partial}{\partial t}\left(\frac{Ur}{h_0 - 2Ut}\right) = \frac{2U^2 r}{(h_0 - 2Ut)^2} = \frac{U^2 D}{h^2}$$

예제 4-2 그림 4-6과 같이 구를 풍동(wind tunnel)에 놓고 실험을 하였다. 풍동 내의 유동속도는 U_0이고, 기준점 A로부터 축방향의 거리 x의 증가에 따라 속도는 $u = U_0(1 - r_0^3/x^3)$으로 변하고 있다. 공기가 구의 중심위치를 지나는 순간의 가속도를 x, r_0, U_0의 항으로 나타내라.

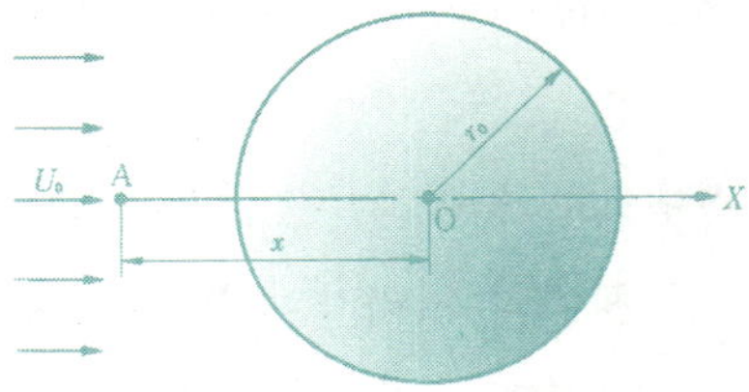

그림 4-6

풀이 가속도는

$$\alpha = u\frac{\partial u}{\partial x} + \frac{\partial u}{\partial t}$$

이므로 주어진 u의 값을 대입하여 계산하면

$$\alpha = U_0\left(1 - \frac{r_0^3}{x^3}\right)\frac{\partial}{\partial x}U_0\left(1 - \frac{r_0^3}{x^3}\right) + \frac{\partial}{\partial t}U_0\left(1 - \frac{r_0^3}{x^3}\right)$$

$$= U_0^2\left(1 - \frac{r_0^3}{x^3}\right)\left(\frac{3r_0^3}{x^4}\right) + 0 = 3U_0^2\frac{r_0^3}{x^4}\left(1 - \frac{r_0^3}{x^3}\right)$$

예제 4-3 그림 4-7에서 유량은 다음과 같이 계산된다.

$$Q = Q_0 - Q_1\frac{t}{t_0}$$

시간 $t = 0.60s$일 때 유동방으로 $A - A$ 단면에서의 속도기울기는 1m당 2m/s이다. $Q_0 = 0.98\text{m}^3/\text{s}$, $Q_1 = 0.6\text{m}^3/\text{s}$, $t_0 = 1\text{s}$이고, 1차원유동이라고 가정하면 $t = 0.60\text{s}$일 때 $A - A$단면에서의 유속, 순간가속도, 대류가속도를 구하라.

풀이

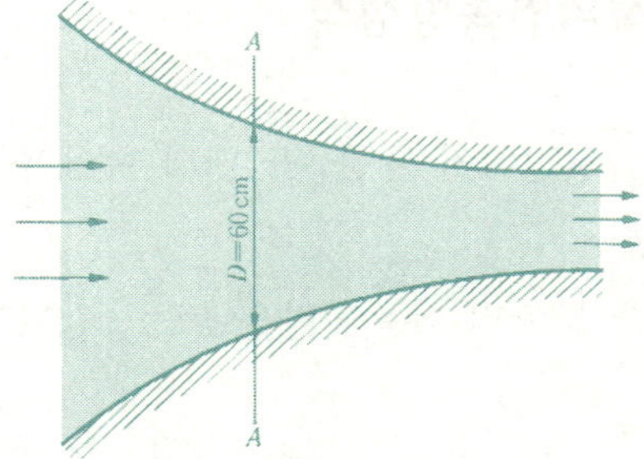

그림 4-7

주어진 유량식으로부터

$$Q = Q_0 - Q_1 \frac{t}{t_0} = 0.98 - 0.6t$$

유속은

$$V = \frac{Q}{A} = \frac{0.98 - 0.6 \times 0.6}{\pi \times 0.3^2} = 2.194\text{m/s}$$

순간가속도는

$$\alpha_t = \frac{\partial V}{\partial t} = \frac{\partial}{\partial t}\left(\frac{Q}{A}\right) = \frac{\partial}{\partial t}\left(\frac{0.98 - 0.6t}{\pi \times 0.3^2}\right) = -2.123\text{m/s}^2$$

대류가속도는 주어진 속도기울기가 $\frac{\partial V}{\partial s} = 2s^{-1}$ 이므로

$$\alpha_c = V\frac{\partial V}{\partial s} = 2.194\text{m/s} \times 2\text{s}^{-1} = 4.388\text{m/s}^2$$

4.4 연속방정식

유체유동에서 단면적이 균일한 관이나 불균일한 관 내의 유량은 동일한 시간에 어느 단면에서나 질량보존의 법칙에 의하여 같다. 즉, 어느 위치에서나 유입질양과 유출질량이 같으므로, 일정한 관 내에 축적된 질량은 유속에 관계없이 일정하다. 이것을 **연속의 원리**(principle of continuity)라고 한다.

4.4.1 1차원유동에서의연속방정식

그림 4-8과 같이 단면이 일정하지 않은 관 내의 유체유동에서 점 1, 2사이의 유입질량과 유출질량은 동일하다.

A_1, A_2 단면에서 dt시간 동안의 유동질량을 m_1, m_2라고 하면

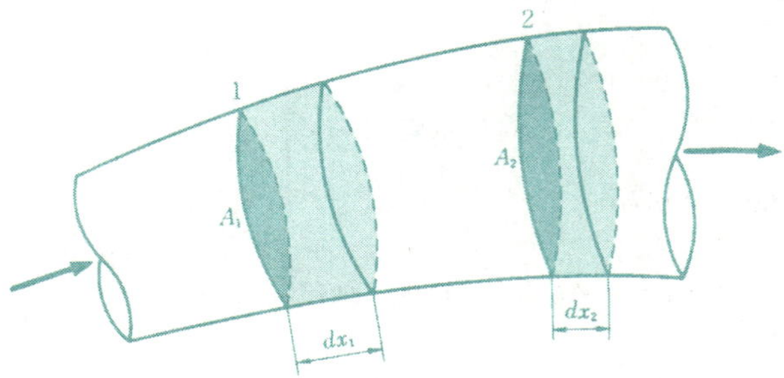

그림 4-8

$$m_1 = \rho_1 A_1 dx_1$$

$$m_2 = \rho_2 A_2 dx_2$$

이는 질량보존의 법칙에 의하여 $m_1 = m_2$이므로, 단위시간당 유동질량은

$$\frac{\rho_1 A_1 dx_1}{dt} = \frac{\rho_2 A_2 dx_2}{dt}$$

여기서 $dx_1/dt = u_1$, $dx_2/dt = u_2$로 놓을 수 있으므로

$$\rho_1 A_1 u_1 = \rho_2 A_2 u_2 \tag{4-6}$$

따라서

$$\rho A u = C \tag{4-7}$$

나아가서 비압축성유체에서는 밀도 ρ가 일정하므로, 식 (4-7)은

$$A u = C \tag{4-8}$$

가 된다.

여기서 식(4-6), (4-7), (4-8)은 **1차원유동연속방정식**이다.

예제 4-4 안지름이 20cm인 관로를 절대압력 1.5kg/cm^2, 온도 20℃에서 공기가 1.2kg/s로 유동하고 있다. 이 때 관내유동을 균일분포유동으로 간주하여 유속을 구하라.

풀이 주어진 유량은 1.2kg/s로서 $\gamma Au = 1.2\text{kg/s}$이고, 공기의 기체상수는 $R = 29.27\text{m/K}$이므로 공기의 비중량을 구하면

$$\gamma = \frac{p}{RT} = \frac{1.5 \times 10{,}000}{29.27 \times 293} = 1{,}749\text{kg/m}^3$$

그러므로 $u = \dfrac{1.2}{1.749 \times \pi \times 0.01} = 21.84\text{m/s}$

예제 4-5 관로유동에서 안지름이 16cm인 곳에서의 물의 유속이 20m/s였다. 안지름이 30cm인 곳에서의 유속은 얼마인가?

풀이 비압축성 유체이므로 ρ는 일정하다. 그러므로 식(4-8)에 의하여

$$\frac{\pi}{4} \times 0.16^2 \times 20 = \frac{\pi}{4} \times 0.3^2 \times u_2$$

$$\therefore u_2 = 5.69\text{m/s}$$

예제 4-6 안지름이 600mm인 관 내를 압력 3.2kg/cm^2, 온도 34℃의 공기가 158.4ton/hour로 유동하고 있을 때, 관 내의 평균풍속은 얼마인가?

풀이 완전기체의 상태식으로부터 공기의 기체상수는 $R = 29.27\text{m/K}$이므로

$$\gamma = \frac{p}{RT} = \frac{3.2 \times 10^4}{29.27 \times (273 + 34)} = 3.56\text{kg/m}^3$$

다음에 유량은 $Q=158.4\text{ton/h}=158.4\times10^3\div3600\text{kg/s}$이므로, 평균 풍속은 연속의 식에서

$$v=\frac{Q}{\gamma A}=\frac{158.4\times10^3}{3600\times3.56\times\frac{\pi}{4}\times(0.6)^2}=43.7\text{m/s}$$

예제 4-7 유량 $Q\text{m}^3/\text{s}$를 단면적이 $50\text{cm}\times80\text{cm}$인 4각관으로 유동시키고 있다. 동일한 유량을 유속의 2배로 증속하여 원형관으로 유동시키려면 관의 지름을 얼마로 하면 되겠는가?

풀이 4각관 내의 유속을 u라 하면, 유량은

$$Q=0.5\times0.8\times u=0.4u\text{m}^3/\text{s}$$

원형관 내에서 유속은 $2u$가 되므로

$$Q=\frac{\pi}{4}d^2\times2u$$

연속이론에 의하여

$$0.4u=\frac{\pi}{4}d^2\times2u,\ d=50\text{cm}$$

4.4.2 3차원유동에서의 연속방정식

그림 4-9와 같이 x, y, z 방향의 3차원유동에서 유체의 연속이론을 적용하여 보자. 연속이론에서는 유체의 유입 및 유출량을 논하게 되므로, 그림 4-9와 같은 직각좌표계에서 미소입방체 $dx\,dy\,dz$를 생각할 수 있다.

x, y, z 방향의 유속을 각각 u, v, w라 할 때, x방향으로 dt시간 동안 유동하는 질량을 생각하면 다음과 같다.

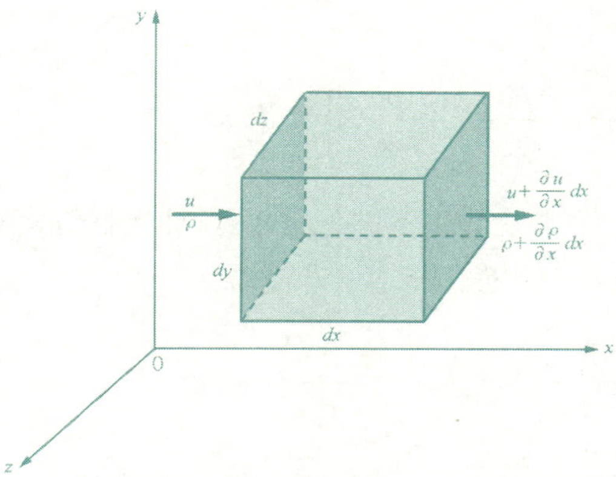

그림 4-9

유입질량 : $\rho u\, dy\, dz\, dt$

유출질량 : $\left(\rho+\frac{\partial \rho}{\partial x}dx\right)\left(u+\frac{\partial u}{\partial x}dx\right)dy\, dz\, dt$

그러므로 단위시간에 미소입방체 내에 축적된 질량은

$$\text{축적질량}=\frac{\text{유입질량}}{dt}-\frac{\text{유출질량}}{dt}$$

$$\rho\, dy\, dz-\left(\rho+\frac{\partial \rho}{\partial x}dx\right)\left(u+\frac{\partial u}{\partial x}dx\right)dy\, dz$$

전개해서 고차미분항을 무시하여 정리하면, x방향에 축적된 질량은

$$-\left(u\frac{\partial \rho}{\partial x}+\rho\frac{\partial u}{\partial x}\right)dx\, dy\, dz=-\frac{\partial(\rho u)}{\partial x}dx\, dy\, dz \tag{4-9}$$

동일한 방법으로 y 및 z 방향에 대해서도

y방향 : $-\frac{\partial(\rho v)}{\partial y}dx\, dy\, dz$

z방향 : $-\frac{\partial(\rho w)}{\partial z}dx\, dy\, dz$

결국 미소입방체 $dx\, dy\, dz$에 축적된 전질량은 x, y, z방향으로 축적된 질량의 합

이 되므로

$$-\left\{\frac{\partial(\rho u)}{\partial x}+\frac{\partial(\rho v)}{\partial y}+\frac{\partial(\rho w)}{\partial z}\right\}dx\,dy\,dz$$

가 된다. 또, 입방체 내에 축적된 질량은 동일한 시간에 입방체 내부에 발생하는 질량의 변화와 같다. 단위시간 동안의 질량의 변화는

$$\left\{\left(\rho+\frac{\partial\rho}{\partial t}dt\right)-\rho\right\}dx\,dy\,dz=\frac{\partial\rho}{\partial t}dx\,dy\,dz \tag{4-10}$$

이는 총축적된 질량과 동일하여야 하므로, 이를 정리하면

$$\frac{\partial(\rho u)}{\partial x}+\frac{\partial(\rho v)}{\partial y}+\frac{\partial(\rho w)}{\partial z}+\frac{\partial\rho}{\partial t}=0 \tag{4-11}$$

이것이 일반 3차원유동에서 직각좌표계로 표시한 **3차원연속방정식**이다. 만약, 2차원유동을 고려할 때에는 x, y, z 방향 중 2 방향만 생각하면 된다. 또한, 비압축성 유체는 $\rho=C$이므로

$$\frac{\partial u}{\partial x}+\frac{\partial v}{\partial y}+\frac{\partial w}{\partial z}=0 \tag{4-12}$$

이 된다.

연속방정식은 편의에 따라 벡터로 나타내어 사용하는 경우가 많이 있다.

x, y, z방향에 대한 단위벡터를 각각 i, j, k라 하고, ∇를 **델(del)** 또는 **라플라스 연산자(laplacian operator)**라고 하면

$$\nabla=\mathrm{i}\frac{\partial}{\partial x}+\mathrm{j}\frac{\partial}{\partial y}+\mathrm{k}\frac{\partial}{\partial z} \tag{4-13}$$

또 속도벡터(velocity vector)를 V라 하고, x, y, z방향의 속도를 u, v, w라고 하면

$$\mathrm{V}=\mathrm{i}u+\mathrm{j}v+\mathrm{k}w \tag{4-14}$$

이 식에 일정한 값 ρ를 곳하여 위의 두 식으로부터 다음과 같은 스칼라적[scalar

product, dot(·) product]을 구할 수 있다.

$$\nabla \cdot (\rho \mathrm{V}) = \left(\mathrm{i}\frac{\partial}{\partial x} + \mathrm{j}\frac{\partial}{\partial y} + \mathrm{k}\frac{\partial}{\partial z}\right) \cdot (\mathrm{i}\rho u + \mathrm{j}\rho v + \mathrm{k}\rho w) \tag{4-15}$$

단위벡터의 스칼라적은

$$\mathrm{i} \cdot \mathrm{i} = \mathrm{j} \cdot \mathrm{j} = \mathrm{k} \cdot \mathrm{k} = 1$$

$$\mathrm{i} \cdot \mathrm{j} = \mathrm{i} \cdot \mathrm{k} = \mathrm{k} \cdot \mathrm{k} = 0$$

이므로, 식 (4-15)는 다음과 같이 정리된다.

$$\nabla \cdot (\rho \mathrm{V}) = \frac{\partial}{\partial x}(\rho u) + \frac{\partial}{\partial y}(\rho v) + \frac{\partial}{\partial z}(\rho w) \tag{4-16}$$

그리하여 연속방정식 (4-11)은 식(4-16)과 함께

$$\nabla \cdot (\rho \mathrm{V}) = -\frac{\partial \rho}{\partial t} \tag{4-17}$$

비압축성 유체에서는 $\rho = C$이므로

$$\nabla \cdot \mathrm{V} = 0 \tag{4-18}$$

여기서 $\nabla \cdot \mathrm{V}$를 **속도벡터의 발산**(divergence of velocity vector)이라고 한다. 그리하여 식 (4-18)은 다음과 같이 쓰기도 한다.

$$\mathrm{div}\mathrm{V} = 0 \tag{4-19}$$

Euler는 유동하는 유체의 질량의 변화를 시간 t와 위치 $s(x, y, z)$의 함수로 고려하여 이를 연속이론에 적용하였다. 주어진 질량에서 체적은 일정하므로 결국 밀도 ρ의 변화를 고려해야 되므로

$$\rho = f(x, y, z, t) \tag{4-20}$$

로 쓸 수 있으며, 이를 미분하여 단위시간당 밀도의 변화량을 구하면 다음과 같다.

$$\frac{D\rho}{Dt} = u\frac{\partial \rho}{\partial x} + v\frac{\partial \rho}{\partial y} + w\frac{\partial \rho}{\partial z} + \frac{\partial \rho}{\partial t} \tag{4-21}$$

여기서

$$u=\frac{dx}{dt},\ v=\frac{dy}{dt},\ w=\frac{dz}{dt}$$

이다.

이 식을 변형하면,

$$\frac{D\rho}{Dt}=\frac{\partial(\rho u)}{\partial x}+\frac{\partial(\rho v)}{\partial y}+\frac{\partial(\rho w)}{\partial z}+\frac{\partial\rho}{\partial t}-\rho\left(\frac{\partial u}{\partial x}+\frac{\partial v}{\partial y}+\frac{\partial w}{\partial z}\right) \quad (4\text{-}22)$$

가 되며, 여기서 식(4-11)과 식(4-19)와 함께

$$\frac{D\rho}{Dt}+\rho \mathrm{div}\,\mathrm{V}=0 \quad (4\text{-}23)$$

으로 된다. 이 식을 Euler의 **연속방정식**이라고 한다.

예제 4-8 2차원비압축성유체 유동에서 x및 y방향의 속도가

$$u=-\frac{x}{x^2+y^2},\ v=-\frac{y}{x^2+y^2}$$

로 표시될 때 연속방정식을 만족하는가?

풀이 우선 2차원 비압축성 유체유동이므로 식(4-12)는 다음과 같이 쓸 수 있다.

$$\frac{\partial u}{\partial x}+\frac{\partial v}{\partial y}=0$$

여기서

$$\frac{\partial u}{\partial x}=\frac{\partial}{\partial x}\left(-\frac{x}{x^2+y^2}\right)=-\frac{1}{x^2+y^2}+\frac{2x^2}{(x^2+y^2)^2}$$

$$\frac{\partial v}{\partial y}=\frac{\partial}{\partial y}\left(-\frac{y}{x^2+y^2}\right)=-\frac{1}{x^2+y^2}+\frac{2y^2}{(x^2+y^2)^2}$$

이 되며, 이 두 값을 합하면 '0' 이 되므로 연속방정식을 만족한다.

예제 4-9 $V=(2x^2+5y^2)i+(-4xy)j$ 의 유속을 갖는 비압축성 정상유동에서 이 유속은 연속방정식을 만족하는가?

풀이 주어진 식에서 2차원유동을 나타내므로

$$\nabla \cdot V=\frac{\partial}{\partial x}(2x^2+5y^2)+\frac{\partial}{\partial y}(-4xy)=4x-4x=0$$

따라서 연속방정식을 만족한다.

4.4.3 원통좌표에서의 연속방정식

그림 4-10과 같이 r를 반지름 방향, z를 축방향으로 하여 유체가 유동하고 있을 때, 직각좌표계에서 생각했던 것과 동일한 방법으로 유입질량, 유출질량 및 축적질량을 계산하여 보자.

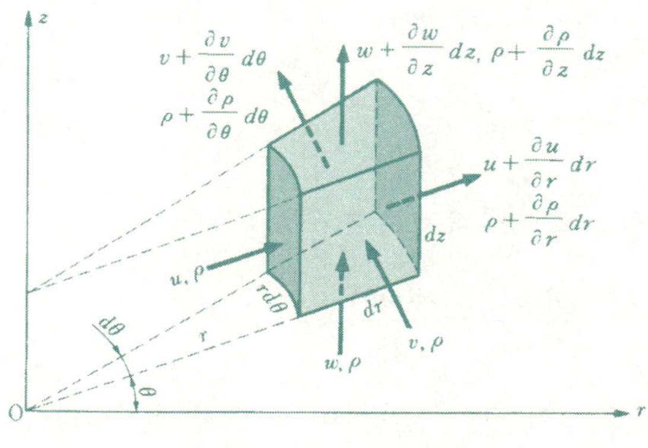

그림 4-10

유체의 밀도를 ρ, 반지름과 축, 원주방향의 유속을 각각 u, w, v라 하고 단위 시간에 미소 입방체 $dr\,dz(rd\theta)$에서 반지름방향에 축적된 질량

$$\rho u\, rd\theta\, dz-\left(\rho+\frac{\partial \rho}{\partial r}dr\right)\left(u+\frac{\partial u}{\partial r}dr\right)(r+dr)d\theta\, dz$$

$$=-\left(ur\frac{\partial \rho}{\partial r}+\rho r\frac{\partial u}{\partial r}+\rho u\right)dr\, d\theta\, dz$$

$$=-\frac{\partial(\rho ur)}{\partial r}dr\,d\theta\,dz$$

원주방향으로 축적된 질량

$$\rho v\,dr\,dz-\left(\rho+\frac{\partial\rho}{\partial\theta}d\theta\right)\left(v+\frac{\partial v}{\partial\theta}d\theta\right)dr\,dz$$

$$=-\left(v\frac{\partial\rho}{\partial\theta}+\rho\frac{\partial v}{\partial\theta}\right)d\theta\,dr\,dz$$

$$=-\frac{\partial(\rho v)}{\partial\theta}dr\,d\theta\,dz$$

축방향으로 축적된 질량

$$\rho w\,rd\theta\,dr-\left(\rho+\frac{\partial\rho}{\partial z}dz\right)\left(w+\frac{\partial w}{\partial z}dz\right)rd\theta\,dr$$

$$=-\left(w\frac{\partial\rho}{\partial z}+\rho\frac{\partial w}{\partial z}\right)rd\theta\,dr\,dz$$

$$=-\frac{\partial(\rho w)}{\partial z}rd\theta\,dr\,dz$$

따라서, 이소입방체에 축적된 유체의 전질량은

$$-\left\{\frac{\partial(\rho ur)}{r\partial r}+\frac{\partial(\rho v)}{r\partial\theta}+\frac{\partial(\rho w)}{\partial z}\right\}rd\theta\,dr\,dz$$

밀도 ρ를 시간함수로 보아 단위시간당 미소입방체 내에서의 질량 변화량은

$$\left\{\left(\rho+\frac{\partial\rho}{\partial t}\right)-\rho\right\}rd\theta\,dr\,dz$$

결국 미소입방체에 축적된 질량은 같으므로

$$\frac{\partial(\rho ur)}{r\partial r}+\frac{\partial(\rho v)}{r\partial\theta}+\frac{\partial(\rho w)}{\partial z}+\frac{\partial\rho}{\partial t}=0 \qquad (4\text{-}24)$$

이것이 **원통좌표연속방정식**이다. 비압축성 유동의 경우에는 $\rho=C,\ \frac{\partial\rho}{\partial t}=0$이므로

$$\frac{\partial(ur)}{r\partial r}+\frac{\partial v}{r\partial\theta}+\frac{\partial w}{\partial z}=0 \qquad (4-25)$$

또는 $$\frac{\partial u}{\partial r}+\frac{u}{r}+\frac{\partial v}{r\partial\theta}+\frac{\partial w}{\partial z}=0 \qquad (4-26)$$

이 된다.

4.5 Euler의 운동방정식

그림 4-11과 같이 유체의 미소입체 dx, dy, dz가 x, y, z의 3차원유동을 하고 있을 때, 유체의 단위질량에 작용하는 x, y, z의 각 방향에 대한 분력을 f_x, f_y, f_z라고 하면 $f_x\rho dxdydz$, $f_y\rho dxdydz$, $f_z\rho dzdydz$를 각 방향에 대한 질량력(body force)이라고 한다. 그러므로 이 미소입방체에 작용하는 힘은 압력에 의한 힘과 질량력에 의한 힘의 두 가지가 있으며, 유동하고 있는 유체에서는 운동하고 있는 각 방향에 대한 힘의 차에 의해서 가속도가 발생한다. 이러한 유동입방체의 운동방정식은 뉴턴의 운동법칙에 의하여 유도할 수 있다.

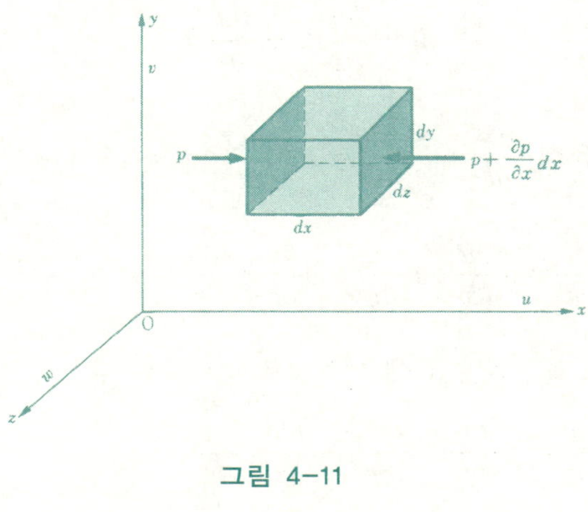

그림 4-11

x방향 :

$$p\,dx\,dz + f_x \rho dx\,dy\,dz - \left(p + \frac{\partial p}{\partial x}dx\right)dy\,dz$$

$$= \rho dx\,dy\,dz\,\alpha_x$$

$$f_x - \frac{1}{\rho}\frac{\partial p}{\partial x} = \alpha_x \tag{4-27}$$

동일한 방법으로 y, z방향에 대해서도

$$f_x - \frac{1}{\rho}\frac{\partial p}{\partial y} = \alpha_y \tag{4-28}$$

$$f_z - \frac{1}{\rho}\frac{\partial p}{\partial z} = \alpha_z \tag{4-29}$$

를 얻을 수 있다. 여기서 α_x, α_y, α_z는 x, y, z방향으로 작용하는 가속도들이며, $\alpha_x = \frac{d^2x}{dt^2}$, $\alpha_y = \frac{d^2y}{dt^2}$, $\alpha_z = \frac{d^2z}{dt^2}$를 나타내는 값들이다.

Euler는 위의 세 방정식에 포함되어 있는 가속도항을 자세히 풀어서 다음과 같이 나타내었다. 즉, 각 방향에 대한 속도성분들 u, v, w는 시간 t 및 x, y, z의 함수들이므로 전미분으로 나타내면

$$du = \frac{\partial u}{\partial x}dx + \frac{\partial u}{\partial y}dy + \frac{\partial u}{\partial z}dz + \frac{\partial u}{\partial t}dt$$

양변을 dt로 나누면 $\frac{dx}{dt} = u$, $\frac{dy}{dt} = v$, $\frac{dz}{dt} = w$이고, $\alpha_x = \frac{du}{dt}$이므로

$$\alpha_x = \frac{du}{dt} = u\frac{\partial u}{\partial x} + v\frac{\partial u}{\partial y} + w\frac{\partial u}{\partial z} + \frac{\partial u}{\partial t} \tag{4-30}$$

동일한 방법으로 α_x, α_y, α_z에 대해서도

$$\alpha_y = \frac{dv}{dt} = u\frac{\partial v}{\partial x} + v\frac{\partial v}{\partial y} + w\frac{\partial v}{\partial z} + \frac{\partial v}{\partial t} \tag{4-31}$$

$$\alpha_z = \frac{dw}{dt} = u\frac{\partial w}{\partial x} + v\frac{\partial w}{\partial y} + w\frac{\partial w}{\partial z} + \frac{\partial w}{\partial t} \tag{4-32}$$

그러므로 α_x, α_y, α_z를 식(4-27), (4-28), (4-29)에 각각 대입하면 다음과 같이 된다.

$$f_x - \frac{1}{\rho}\frac{\partial p}{\partial x} = u\frac{\partial u}{\partial x} + v\frac{\partial u}{\partial y} + w\frac{\partial u}{\partial z} + \frac{\partial u}{\partial t} \tag{4-33}$$

$$f_y - \frac{1}{\rho}\frac{\partial p}{\partial y} = u\frac{\partial v}{\partial x} + v\frac{\partial v}{\partial y} + w\frac{\partial v}{\partial z} + \frac{\partial v}{\partial t} \tag{4-34}$$

$$f_z - \frac{1}{\rho}\frac{\partial p}{\partial z} = u\frac{\partial w}{\partial x} + v\frac{\partial w}{\partial y} + w\frac{\partial w}{\partial z} + \frac{\partial w}{\partial t} \tag{4-35}$$

이것을 **Euler의 운동방정식**이라고 하며, 스위스의 수학자인 Leonard Euler (1707~1783)가 1755년에 정립한 식이다.

4.6 Bernoulli의 방정식

그림 4-12와 같이 임의의 관 내를 유동하는 유체의 에너지총합에 대해서 생각하여 보자.

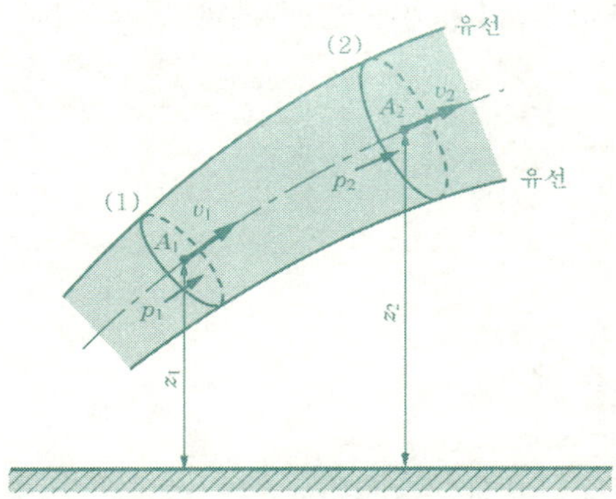

그림 4-12

기준면으로부터 유동중심까지의 높이가 z_1인 단면 (1)과 z_2인 단면 (2)에서ㅓ 그 사이에 유동하는 유체의 전 에너지는 손실이 없다고 가정했을 때, 단면 (1)의 전에너지와 단면(2)의 전에너지는 동일하여야 한다.

단면 A_1 및 A_2에 작용하는 것은 전에너지=운동에너지+위치에너지+압력에너지이므로, 전에너지를 E라 하면

$$E=\frac{1}{2}mv^2+mgh+pAl \tag{4-36}$$

여기서 l은 유동거리이다. 또 단면 (1), (2)에서의 단위시간 동안의 전 에너지를 각각 E_1, E_2라고 하면

$$E_1=\frac{1}{2}\rho A_1v_1v_1^2+\rho A_1v_1g\,z_1+p_1A_1v_1 \tag{4-37}$$

$$E_2=\frac{1}{2}\rho A_2v_2v_2^2+\rho A_2v_2g\,z_2+p_2A_2v_2 \tag{4-38}$$

결국 $E_1=E_2$이므로 등치시켜 ρ로 제하면?

$$\frac{1}{2}A_1v_1v_1^2+gA_1v_1z_1+\frac{p_1}{\rho}A_1v_1=\frac{1}{2}A_2v_2v_2^2+g\,A_2v_2z_2+\frac{p_2}{\rho}A_2v_2$$

연속이론에 의하여 $A_1v_1=A_2v_2$이므로 다음과 같은 식이 된다.

$$\frac{1}{2}v_1^2+gz_1+\frac{p_1}{\rho}=\frac{1}{2}v_2^2+gz_2+\frac{p_2}{\rho} \tag{4-39}$$

또는

$$\frac{v^2}{2g}+\frac{p}{\gamma}+z=C \tag{4-40}$$

이것을 **Bernoulli 방정식**이라고 하며, 스위스의 수학자 Danil Bernoulli(1700~1782)가 1738년에 그의 저서에 처음으로 발표함으로써 널리 알려지게 되었다.

예제 4-10 수평으로 놓인 관을 이용하여 송수하는데 입구에서의 안지름이 20cm이고 유속이 10m/s로 유입되었다면, 안지름이 40cm인 곳에서의 물은 얼마의 속도로 유출되겠는가? 또, 입구에서 압력이 2kg/cm^2가 작용하였다면, 안지름이 40cm인 곳에서 받는 압력은 얼마인가?

풀이 연속방정식으로부터 출구에서의 속도 v_2는

$$\frac{1}{4}\pi(0.2)^2 \times 10 = \frac{1}{4}\pi(0.4)^2 \times v_2$$

$$v_2 = 2.5\text{m/s}$$

또 Bernoulli 정리에 의하여 수평관이므로 $z_1 = z_2$:

$$\frac{v_1^2}{2g} + \frac{p_1}{\gamma} = \frac{v_2^2}{2g} + \frac{p_2}{\gamma}$$

즉 $$\frac{10^2}{2\times 9.8} + \frac{2\times 10^4}{1000} = \frac{2.5^2}{2\times 9.8} + \frac{p_2}{1000}$$

$$p_2 = 2.48\text{kg/cm}^2$$

예제 4-11 기준 수평면에서 2m의 높이에 있는 관면의 안지름이 30cm이고, 관이 점점 확대되어 8m 높이에서 안지름이 40cm가 된다고 할 때, 그 단면에서의 압력을 구하라.(단, 안지름이 30cm의 단면에서는 1.5kg/cm^2의 압력이 작용한다고 한다. 그리고 유량은 매초 $400l$이고 마찰 손실은 일체 없는 것으로 한다)

풀이 Bernoulli의 정리를 적용하기 위하여 각각의 단면적과 유속을 구하면

$$A_1 = \frac{\pi}{4}d_1^2 = \frac{\pi}{4}\times 0.3^2 = 0.0707\text{m}^2$$

$$A_2 = \frac{\pi}{4}d_2^2 = \frac{\pi}{4}\times 0.4^2 = 0.1256\text{m}^2$$

따라서 $$v_1 = \frac{Q}{A_1} = \frac{0.4}{0.0707} = 5.66\text{m/s}$$

$$v_2 = \frac{Q}{A_2} = \frac{0.4}{0.1256} = 3.18\text{m/s}$$

또 $z_1 = 2\text{m}$, $z_2 = 8\text{m}$, $p_1 = 1.5\text{kg/cm}^2 = 15{,}000\text{kg/m}^2$

$$\frac{v_1^2}{2g} = \frac{p_1}{\gamma} + z_1 = \frac{v_2^2}{2g} + \frac{p_2}{\gamma} + z_2$$

$$p_2 = \gamma\left\{\frac{v_1^2 - v_2^2}{2g} + \frac{p_1}{\gamma} + z_1 - z_2\right\}$$

위위 값을 대입하면

$$p_2 = 1000\left\{\frac{5.66^2 - 3.18^2}{2\times 9.8} + \frac{15{,}000}{1000} + 2 - 8\right\} = 1.012\text{kg/cm}^2$$

예제 4-12 그림 4-13과 같이 $d_1 = 30\text{cm}$, $d_2 = 16\text{cm}$인 직관을 수평면과 30° 기울어지게 5m 설치하였다. 입구에서 유량이 $3\text{m}^3/\text{s}$로 유입할 때 출구에서는 얼마의 속도로 물이 분출되는가? 또, 출구에서는 대기 중에 분출된다면 입구에서는 얼마의 압력으로 압송하여야 되는가?(단, 마찰손실이 없는 것으로 간주한다)

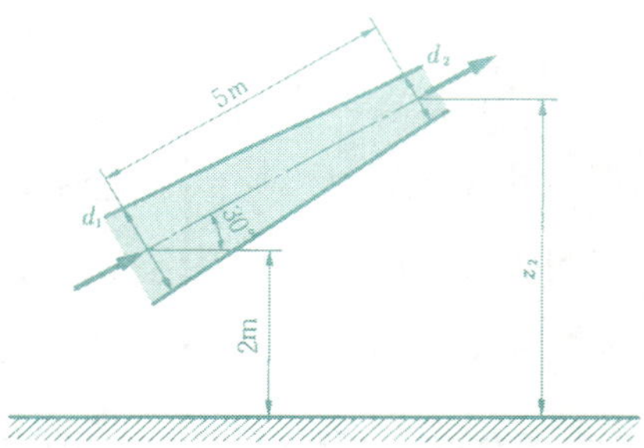

그림 4-13

풀이 출구에서의 유속은 $Q = Av$에서

$$3 = \frac{1}{4}\pi(0.16)^2 v_2,\quad v_2 = 149.28\text{m/s}$$

입구에서의 유입속도는

$$3 = \frac{1}{4}\pi(0.3)^2 v_1,\ \ v_1 = 42.46\text{m/s}$$

출구에서의 압력은 대기압이므로 $p_2 \doteqdot 1\text{kg/cm}^2$이고, 출구까지의 높이 z_2는

$$z_2 = 2 + 5\sin 30° = 4.5\text{m}$$

그러므로 Bernoulli 방정식으로부터

$$\frac{(42.24)^2}{2\times 9.8} + \frac{p_1}{1000} + 2 = \frac{(149.25)^2}{2\times 9.8} = \frac{1\times 10^4}{1000} + 4.5$$

$$p_1 = 105.83\text{kg/cm}^2$$

4.7 Bernoulli 방정식의 응용

Bernoulli 방정식은 유체의 유동 중에 생기는 압력손실을 전혀 고려하지 않고 에너지 보존 이론에 의하여 유도된 식이다. 그러나 실제적으로 유동 중에는 점성의 영향에 의한 전단력, 접하는 고체면에 의한 마찰저항, 유체입자들간의 충돌에 의한 에너지 손실, 관의 축소·확대 및 곡률 등 많은 요인들에 의하여 압력 손실이 발생하게 된다. 이를 통틀어 **손실수두(head loss)** h_L로 표시하여 다음과 같이 나타내고 있다.

$$\frac{v^2}{2g} + \frac{p}{\gamma} + z + h_L = C \tag{4-41}$$

그러나 본절에서는 h_L을 고려하지 않고, 원래의 Bernoulli의 식을 이용하여 유체 유동에 대한 제반측정 공식들을 유도해 보기로 한다.

예제 4-13 그림 4-14에서와 같이 비중이 0.84인 기름이 관 내를 유동하고 있다. 점 (1), (2)사이에 압력손실이 3.0ft 일 때, 점 (2)에서의 압력은 얼마인가?

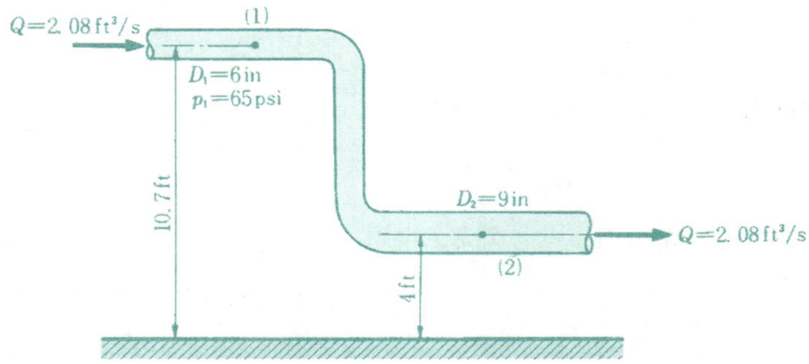

그림 4-14

풀이

$$\frac{p_1}{\gamma}+\frac{v_1^2}{2g}+z_1=\frac{p_2}{\gamma}+\frac{v_2^2}{2g}+z_2+h_L$$

$$\frac{p_1}{\gamma}=\frac{(65\text{lb/in}^2)(144\text{in}^2/\text{ft}^2)}{(0.84)(62.4\text{lb/ft}^3)}=178.57\text{ft}$$

$$v_1=\frac{Q}{A_1}=\frac{2.08}{\pi\times(0.25)^2}=106\text{ft/s}$$

$$\frac{v_1^2}{2g}=\frac{(10.6)^2}{2\times 32.2}=1.74\text{ft}$$

$$z_1=10.70\text{ft}$$

$$v_2=\frac{Q}{A_2}=\frac{2.08}{\pi\times(0.375)^2}=4.71\text{ft/s}$$

$$\frac{v_2^2}{2g}=\frac{(4.71)^2}{2\times 32.2}=0.34\text{ft}$$

$z_2=4.0\text{ft}$, $h_L=3.0\text{ft}$

그러므로 윗식에 대입하면

$$178.57\text{ft}+1.74\text{ft}+10.70\text{ft}=\frac{p_2}{\gamma}+0.34\text{ft}+4.0\text{ft}+3.0\text{ft}$$

$$p_2=9627\text{lb/ft}^2=66.9\text{psi}$$

예제 4-14 지름이 60mm인 사이펀(siphon)에 의하여 비중이 0.82인 기름이 탱크로부터 유출되고 있다. 점 (1), (2) 사이의 압력손실수두는 1.5m이고, 점 (2)와 점 (3) 사이의 압력손실수두는 2.4m이다. 사이펀으로부터 유출되는 기름의 양과 점 (2)에서의 압력을 구하라.

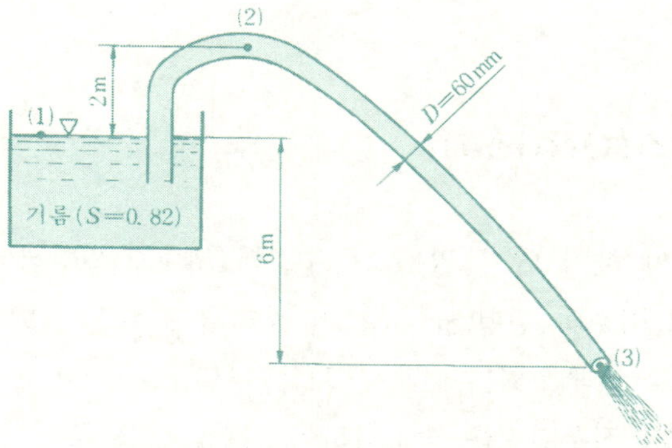

그림 4-15

풀이 점 (1), (3)에서의 에너지방정식은

$$\frac{p_1}{\gamma}+\frac{v_1^2}{2g}+z_1=\frac{p_3}{\gamma}+\frac{v_3^2}{2g}+z_3+h_L$$

$p_1=p_3=p_{atm}=0$ $v_1 \ll v_2$이기 때문에 $v_1 \approx 0$, $z_1=6\text{m}$, $z_3=0$, $h_L=1.5+2.4=3.9\text{m}$이므로, 윗식에 대입하면

$$6=\frac{v_3^2}{2\times 9.8}+3.9,\ v_3=6.42\text{m/s}$$

$$A=A_3v_3=\frac{\pi}{4}\times 0.6^2\times 6.42=1.81\text{m}^3/\text{s}$$

점 (1), (2)에서의 에너지방정식은

$$\frac{p_1}{\gamma}+\frac{v_1^2}{2g}+z_1=\frac{p_2}{\gamma}+\frac{v_2^2}{2g}+z_2+h_L$$

$v_2=v_3=6.42\text{m/s}$이고, 기름이 비중량은 $\gamma_0=\rho_w\times g\times 0.82=1000\times 9.8\times 0.82=8036\text{N/m}^3$이므로

$$0 = \frac{p_2}{\gamma} + \frac{(6.42)^2}{2 \times 9.8} + 2 + 1.5$$

$$p_2 = -46.15\text{kN/m}^2 = -46.15\text{kPa}$$

여기서 p_2의 값이 음이 되는 것이 사이펀효과로 대기압보다 낮은 진공상태임을 의미한다.

4.7.1 오피리스(Orifice)

그림 4-16과 같이 물이 담겨 있는 큰 수조(tank)를 생각하여 보자. 수면으로부터 깊이가 h인 벽면에 미소의 구멍(orifice)이 뚫려서 물이 분출되고 있다.

이와 같이 대기 중에 분출되는 분류를 **자유분사**(free jet)라고 한다.

오피리스는 유체와 접촉면적을 최소화하여 마찰손실을 줄이기 위해 입구 또는 출구 부분을 날카롭게 가공하여 사용하고 있다. 이와 같은 오리피스를 **칼날오리피스**(sharp-edged orifice)라고 한다.

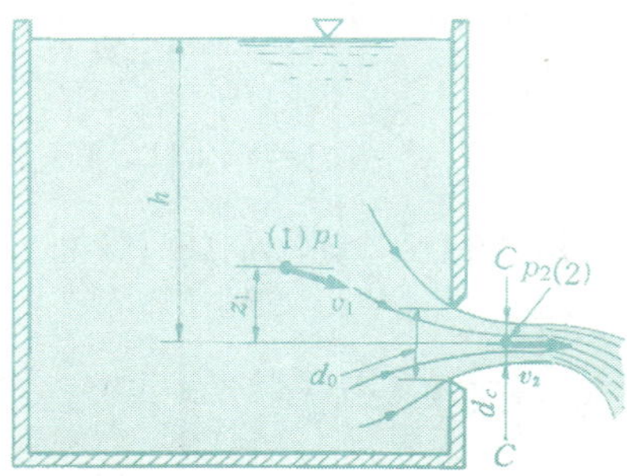

그림 4-16

물이 오리피스를 통해 분출될 때 분류의 단면은 오리피스의 단면 A_0에서 최소가 되어 그 크기가 A_0와 같아야 되나, 실제로 분류의 최소단면은 오리피스 단면 A_0를 지난 $C-C$ 단면에서 A_c와 같은 수축된 분류의 최소단면이 생긴다. 이와 같은 현상을 **수축현상**(vena contracta)이라고 한다. 이 분류의 속도를 구하기 위하여 점 (1),

(2)에서 속도와 압력을 각각 v_1, p_1, v_2, p_2라 하면 bernoulli 방정식은

$$\frac{v_1^2}{2g}+\frac{p_1}{\gamma}+z_1=\frac{v_2^2}{2g}+\frac{p_2}{\gamma}$$

그런데 $p_2=p_{atm}=0$이고 v_1은 수조 내에서 유체가 하강하는 속도이므로 v_2에 비하여 무한히 작은 값이다.

또, $p_1=\gamma(h-z_1)$에서 $h=\dfrac{p_1}{\gamma}+z_1$이므로 윗식에 대입하여 풀면

$$h=\frac{v_2^2}{2g}$$

즉 $$v_2=\sqrt{2gh} \qquad (4-42)$$

여기서 v_2는 오리피스에서 분출되는 유체의 속도이다.

이 식은 이탈리아의 물리학자 Torricelli(1608~1647)가 처음으로 유도한 식으로서 Torricelli 식이라고 한다.

식 (4-42)는 여러 가지 손실을 고려하지 않은 채 Bernoulli 방정식으로부터 유도해낸 수순한 이론식이므로, 실제 유속은 이 값보다 작은 값을 나타낸다. 그러므로 이 계산값을 보정하기 위하여 계수(coefficient)를 고려하면 실제 유속(v_{act})은

$$v_{act}=C_v\sqrt{2gh} \qquad (4-43)$$

여기서 C_v를 **속도계수**(coefficient of velocity)라 하고, 이론적인 속도를 v_{id}라 하면 $C_v=\dfrac{v_{act}}{v_{id}}$이다. 나아가서 'vena contracta'영향에 의하여 **수축계수**(coefficient of contraction) C_c를 고려하면, $C_c=\dfrac{A_c}{A_0}$로 나타낼 수 있다. 또, 이 속도계수와 수축계수에 의하여 **유량계수**(coefficient of discharge) C_d는 다음과 같이 구할 수 있다.

$$C_d = \frac{\text{실제수량}}{\text{이론수량}} = \frac{A_c \times v_{act}}{A_0 \times v_{id}} = C_c \times C_v \qquad (4-44)$$

원형 칼날오리피스의 실험에서 밝혀진 이 계수값들은 다음과 같다.

$$C_v = 0.97 \sim 0.99$$

$$C_c = 0.61 \sim 0.66$$

$$C_d = 0.60 \sim 0.65$$

또한, 유량은 유속과 유동단면적의 곱에 의해 계산되므로, 오리피스의 단면적을 A_0 라고 하면 유량 Q는 다음과 같다.

$$A = C_d A_0 \sqrt{2gh} \qquad (4-45)$$

4.7.2 잠수오리피스(Submerged Orifice)

잠수오리피스는 수면의 높이가 다른 두 곳의 저수지나 탱크에서 가로막힌 벽의 밑부분에서 작은 구멍을 통한 압력차에 의하여 수고가 높은 곳에서 낮은 곳으로 물이 흘러나가는 경우이다. 그러므로 이 경우 오리피스를 통과하는 유속을 구하기 위하여 점 (1), (2)에서의 압력과 속도를 p_1, v_1, p_2, v_2라 하면, Bernoulli 방정식에 의하여

$$\frac{v_1^2}{2g} + \frac{p_1}{\gamma} + z_1 = \frac{v_2^2}{2g} + \frac{p_2}{\gamma} + z_2$$

에서 $z_1 = 0$, $v_1 \ll v_2$이기 때문에 $v_1 \approx 0$, 또 $p_1 = \gamma(h_1 - z_1)$, $p_2 = \gamma h_2$이므로

$$v_2 = \sqrt{2g(h_1 - h_2)} = \sqrt{2gH} \qquad (4-46)$$

결국 분출속도는 양수면의 수면의 높이차 H에 좌우된다.

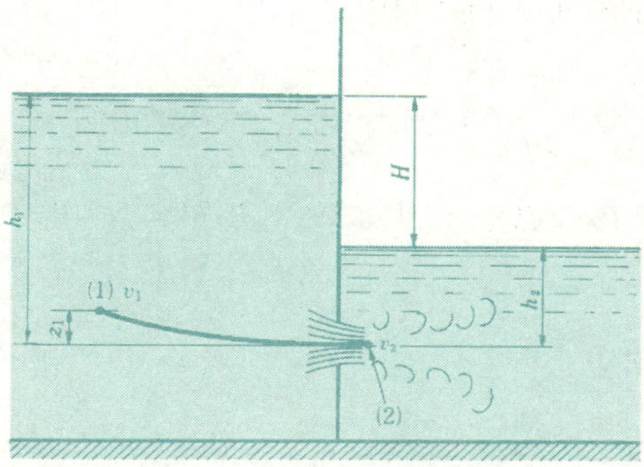

그림 4-17

예제 4-15 물이 담긴 탱크의 밑바닥 옆면에 $\phi 5$의 구멍이 뚫렸다. 탱크는 오리피스의 단면에 비하여 무한히 크다. 오리피스 중심으로부터 물이 몇 m 높이로 탱크에 담겨 있을 때 10m/s로 물이 분출되겠는가?(이 때 속도계수 $C_v = 0.9$이다)

풀이 $v = C_v \sqrt{2gh}$ 에서

$$h = \frac{v^2}{C_v^2 \times 2g} = \frac{10^2}{0.9^2 \times 2 \times 9.8} = 6.3\text{m}$$

예제 4-16 그림 4-18과 같이 물이 수조에 연결된 파이프를 통해 분출하고 있다. 수면과 파이프의 출구 사이에 총압력손실수두가 15cm이다. 이때 분출 속도와 유량을 구하라.

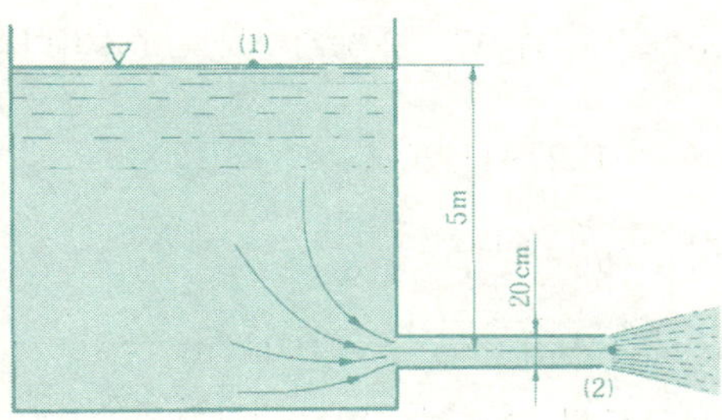

그림 4-18

풀이 점 (1), (2) 위치에서 에너지방정식은

$$\frac{p_1}{\gamma}+\frac{v_1^2}{2g}+z_1=\frac{p_2}{\gamma}+\frac{v_2^2}{2g}+z_2+h_L$$

여기서 $p_1=p_2=p_{atm}=0$, $v_1 \ll v_2$이므로 $v_1 \approx 0$, $z_1=5\text{m}$, $z_2=0$, $h_L=15\text{cm}$

윗식에 대입하면

$$5=\frac{v_2^2}{2\times 9.8}+0.15,\ v_2=9.75\text{m/s}$$

$$Q=\frac{\pi}{4}d^2v=\frac{\pi}{4}(0.2)^2\times 9.75=0.306\text{m}^2/\text{s}$$

예제 4-17 잠수오리피스의 중심으로부터 한쪽은 15m, 다른 한쪽은 9m의 물이 채워져 있다. 높은 곳에서 낮은 곳으로 분출되는 물의 유속을 구하라.(이때 잠수공 속도계수는 무시한다)

풀이 $v=\sqrt{2gH}=\sqrt{2\times 9.8(15-9)}=10.84\text{m/s}$

예제 4-18 밑면이 80cm×120cm이고, 높이가 2m되는 수조의 밑면으로부터 10cm 높이 옆면에 지름 16mm의 구멍이 뚫렸다. 이 구멍으로부터 물이 2m/s의 속도로 분출되고 있다. 이 순간 수면의 높이는 밑면으로부터 얼마가 되며, 유출량은 얼마인가?(속도계수는 0.97, 유량계수는 0.64이다)

풀이 $v_{act}=2\text{m/s}$, $C_v=0.97$이므로

$v_{act}=C_v\sqrt{2gh}$ 에서,

$2=0.97\sqrt{2\times 9.8\times h}$, $h=0.217\text{m}$

그러므로 밑면으로부터 수면까지의 높이는

$H=h+0.1=0.317\text{m}$

유량은

$$Q = C_d A_0 \sqrt{2gh} = 0.64 \times \frac{\pi}{4} \times (0.016)^2 \sqrt{2 \times 9.8 \times 0.217}$$

$$= 0.00027\text{m}^3/\text{s}$$

4.7.3 오리피스에 의한 관내유량계측

그림 4-19는 관로유동에서 관내유양을 측정하기 위하여 관 내부에 유동방향에 수직하게 오리피스를 설치한 경우이다.

점 (1), (2)에서 Bernoulli 방정식을 적용하면

$$\frac{v_1^2}{2g} + \frac{p_1}{\gamma} = \frac{v_2^2}{2g} + \frac{p_2}{\gamma}$$

$\frac{p_1}{\gamma} - \frac{p_2}{\gamma} = h_1 - h_2 = h$ 이므로

$$v_2 = C_v \sqrt{2g(h + \frac{v_1^2}{2g})} \tag{4-47}$$

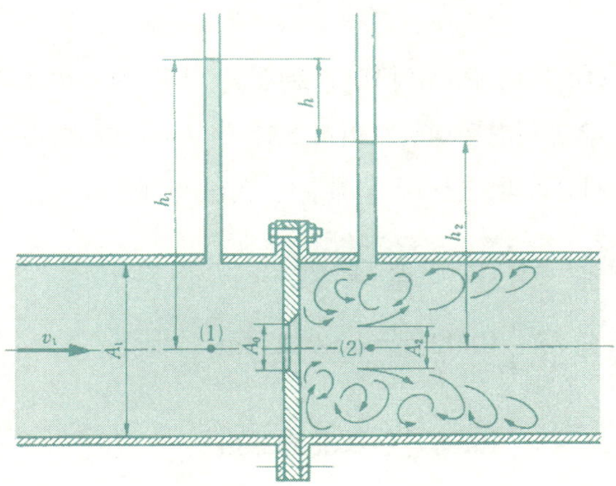

그림 4-19

또, 연속이론에 의하여 $v_1 = v_2 A_2 / A_1$ 이고, 수축계수 $C_c = A_2 / A_0$ 에서 $A_2 = C_c A_0$ 이므로

$$v_2 = C_v \left\{ \frac{2gh}{1 - C_v^2 C_c^2 (A_0 / A_1)^2} \right\}^{\frac{1}{2}} \tag{4-48}$$

또, $C_d = C_c \times C_v$ 이므로 유량 Q는

$$Q = A_2 v_2 = C_c A_0 v_2 = C_d A_0 \sqrt{\frac{2gh}{1 - C_d^2 (A_0 / A_1)^2}} \tag{4-49}$$

대개의 경우 오리피스의 지름은 관의 지름의 5분의 1보다 작은 값을 사용하며, 분류의 수축영향은 관벽의 영향을 받아 유양계수 C_d는 큰 수조의 오리피스의 경우보다 큰 값을 나타낸다. 그러므로 어느 경우에서나 사용이 가능한 계수 C를 도입하여 실제적으로는 식(4-49)는 다음과 같이 사용되고 있다.

$$Q = C A_0 \sqrt{\frac{2gh}{1 - (A_0 / A_1)^2}} \tag{4-50}$$

여기서 C를 유동계수(flow coefficient)라고 한다.

예제 4-19 관의 안지름이 8cm이고 관로에 설치된 오리피스의 지름이 2cm이다. 이 관로에 물을 유동시켰을 때 오리피스의 전후에서의 압력수두의 차이가 12cm 이었다. 유량을 계산하라. 단, 유동계수는 0.66이다.

풀이 오리피스와 관로의 단면적을 계산하면,

$$A_0 = \frac{\pi}{4}(0.02)^2 = 0.000314\text{m}^2$$

$$A_1 = \frac{\pi}{4}(0.08)^2 = 0.005024\text{m}^2$$

따라서 유량은

$$Q = CA_0\sqrt{\frac{2gh}{1-(A_0/A_1)^2}}$$

$$= 0.66 \times 0.000314 \times \sqrt{\frac{2 \times 9.8 \times 0.12}{1-\left(\frac{0.000314}{0.005024}\right)^2}}$$

$$= 0.00032\text{m}^3/\text{s}$$

4.7.4 피토관(Potot-tube)에 의한 유속계측

그림 4-20에서 보는 바와 같이 속도 v로 유동하고 있는 유체는 점 X에 도달하면 중앙유선의 속도는 좌우 어느 쪽으로도 진로를 바꾸지 못하여 결국 0이 된다. 이 점을 **정체점**(stagnation point)이라고 한다. 이 현상을 고려하여 Bernoulli 방정식을 분석하여 보면, $\frac{1}{2}\rho v^2 + p + \rho gz = C$에서 속도 v가 어느 특정점에서 0이 되면, 그 점에서의 압력은 $\left(p + \frac{1}{2}\rho v^2\right)$으로 증가한다. 그러므로 밀도 ρ가 일정한 유체유동에서는 $\left(p + \frac{1}{2}\rho v^2\right)$을 **정체압**(stagnation pressure)이라 하고, $\frac{1}{2}\rho v^2$을 **동압**(dynamic pressure)이라고 한다.

마노미터를 점 X에 설치하여 정체압을 재었다면, 정압 p를 알 때 $\left(p + \frac{1}{2}\rho v^2\right)$에서 p를 빼줌으로써 속도 v를 구할 수가 있다.

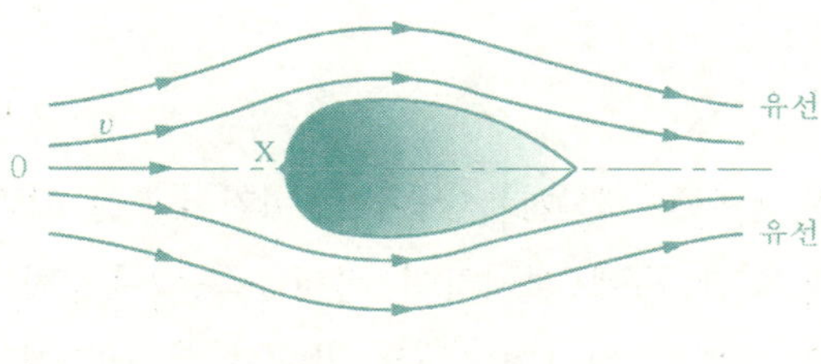

그림 4-20

프랑스인 Henri Pitot(1675~1771)는 이 원리를 적용하여 1732년에 파리 센강에서 **그림 4-21**과 같이 가는 관을 직각으로 휘어서 유속을 측정하는 데 성공하였다. 그리하여 이 관을 그의 이름을 따서 **피토관**(Pitot-tube)이라고 부른다.

그림 4-21은 흐르는 강물에 피토관의 입구부분을 유속방향과 나란하게 위치시킨 것인데, 점 (1), (2)에서 Bernoulli 방정식을 적용하여 보자. 우선 점 (2)는 유속이 0이 되는 정체점이며, 피토관에 나타나는 수주(h_2)는 전체 압력, 즉 정체압 $p+\frac{1}{2}\rho v^2$을 나타낸다.

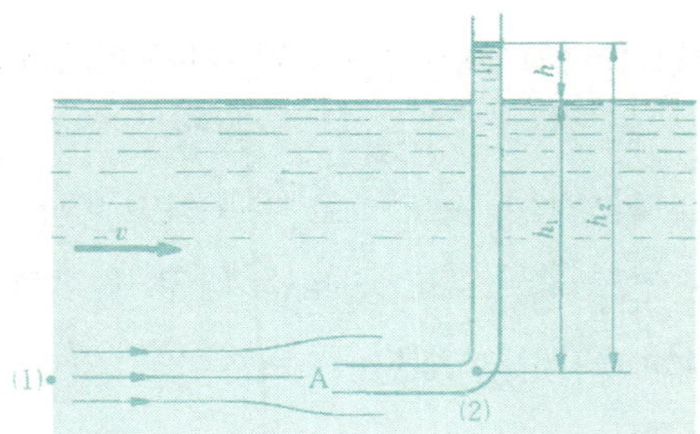

그림 4-21

$$\frac{v_1^2}{2g}+\frac{p_1}{\gamma}=\frac{v_2^2}{2g}+\frac{p_2}{\gamma}$$

에서 $v_2=0$

$$v_1=\sqrt{2g\left(\frac{p_2}{\gamma}-\frac{p_1}{\gamma}\right)}=\sqrt{2g(h_2-h_1)}=\sqrt{2gh}$$

가 된다. 여기서 v_1은 강물의 유속 v를 나타내므로

$$v=k\sqrt{2gh} \qquad (4\text{-}51)$$

이것이 피토관에 의한 유속을 계산하는 식이며, 여기서 k는 **피토관 계수**를 나타낸다.

그림 4-22는 피토관을 관 내에 설치하여 관내유속을 측정하는 방법이다. a는 관내에서 유동하는 유체의 정압을 나타내고 b는 앞에서 언급한 정체압, 즉 전압력을 나

타내는 것으로서, 여기서도 식(4-51)에 의하여 유속을 계산할 수 있다.

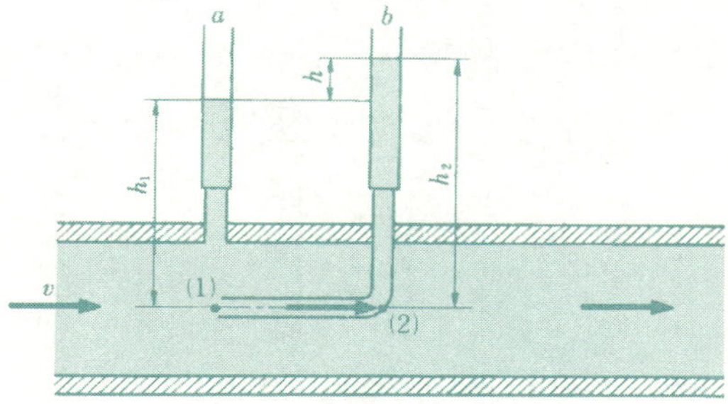

그림4-22

피토관을 정압과 전압력을 일시에 측정할 수 있도록 설계된 것이 **그림 4-23**이다. 그리하여 정압관과 전압력관을 U자관에 연결하여 눈금의 높이차를 읽음으로써 직접 동압을 잴 수 있으므로, 식(4-51)에 의하여 유속을 계산하라 수 있다.

그러나 **그림 4-24**에서 볼 수 있는 바와 같이, 관 내의 유속을 측정하는데 U자관을 사용하고 유동유체와 다른 유체를 U자관 내에 넣어 압력차를 측정하는 경우에는 식(4-51)에 의하여 유속을 간단하게 계산할 수 없다. 그리하여 관 내에는 비중량이 γ_1 인 유체 (1)이 유동하고, U자관에는 비중량이 γ_2인 유체 (2)를 넣어 압력액주차 h를 측정하였다면 유속을 다음과 같이 계산할 수 있다.

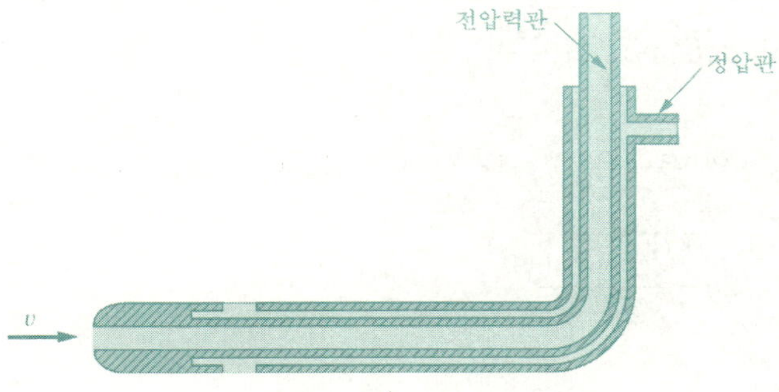

그림 4-23

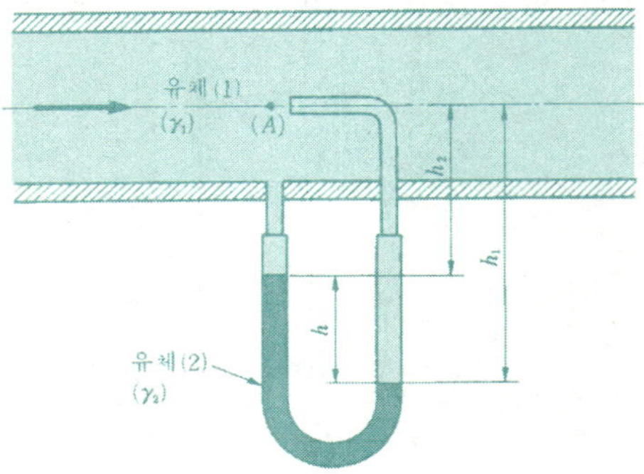

그림 4-24

점 (A)를 기준하여 정압관에 작용하는 압력이 p_1, 전압관에 작용하는 압력이 p_2일 때

$$p_1+\gamma_1 h_2+\gamma_2 h=p_2+\gamma_1 h_1$$
$$\Delta p=p_2-p_1=\gamma_2 h-\gamma_1(h_1-h_2)=h(\gamma_2-\gamma_1)$$

여기서 Δp는 관 내에 유동하는 유체의 압력차이므로

$$\frac{\Delta p}{\gamma_1}=\frac{h(\gamma_2-\gamma_1)}{\gamma_1} \tag{4-52}$$

식(4-51)을 변형하면

$$v=k\sqrt{2gh}=k\sqrt{2g\frac{\Delta p}{\gamma_1}}$$

그러므로 이 경우의 유속은 다음과 같이 계산된다.

$$v=k\sqrt{2g\frac{h(\gamma_2-\gamma_1)}{\gamma_1}} \tag{4-53}$$

예제 4-20 피토관과 U자관을 이용하여 공기의 속도를 측정하는 식을 유도하라. (단, U자관에는 비중이 1인 물을 넣어 압력을 측정하기로 한다)

풀이 그림 4-25와 같이 전압력 P_t가 피토관 전압력관에 연결되어 있고, 다른 한 쪽은 대기에 개봉되어 있다고 하자. 그리고 물의 비중량을 γ_w, 공기의 비중량을 γ_a라고 하면

$$v = k\sqrt{2g\frac{h(\gamma_w - \gamma_a)}{\gamma_a}}$$

또, 지름이 1mm 이상인 피토관인 경우는 공기의 경우 $k=1$로 계산하여도 오차가 거의 없으므로 $\gamma_a = 1.205\text{kg/m}^3$, $\gamma_w = 998.2\text{kg/m}^3$, $g = 9.8\text{m/s}^2$이고, h를 mm 단위로 측정한 값인 경우 $h \times 10^{-3}\text{m/s}^2$이므로

$$v = \sqrt{2 \times 9.8\frac{(9998.2 - 1.205)h}{1.205 \times 1000}} = 4.026994\sqrt{h}\,\text{m/s}$$

즉 $v \doteq \sqrt{h}\,\text{m/s}$

이 식은 공기의 유속을 측정하는 아주 중요한 공식이다.

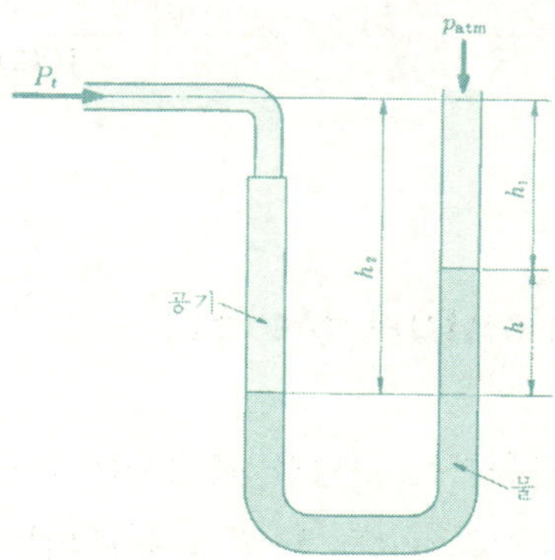

그림 4-25

예제 **4-21** 관 내에 유동하는 물의 유속을 측정하기 위하여 U자관을 피토관에 연결하였더니 그림 4-26과 같이 수은주의 차이가 났다. 이 때의 유속 v는 얼마인가?

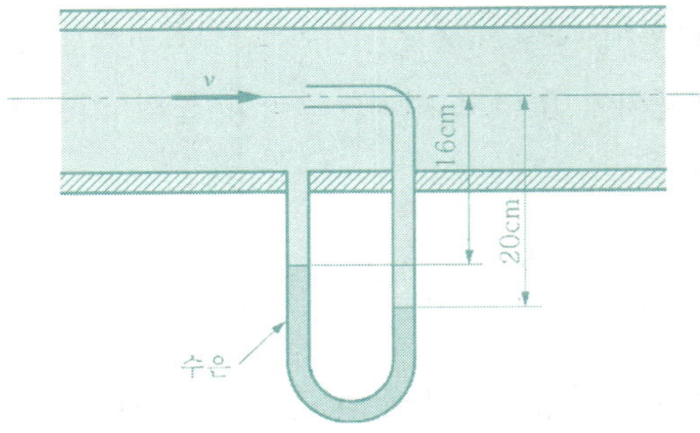

그림 4-26

풀이 식 (4-53)에 의하여 $k=1$로 놓고

물의 비중량 : $\gamma_w = 1000\text{kg/m}^3$

수은의 비중량 : $\gamma_m = 13{,}600\text{kg/m}^3$

수은주 : $h = 20 - 16 = 4\text{cm}$

$$v = k\sqrt{2g\frac{h(\gamma_m - \gamma_w)}{\gamma_w}} = \sqrt{2\times 9.8\frac{(13{,}600-1000)\times 0.04}{1000}}$$

$$= 3.143\text{m/s}$$

4.7.5 벤투리 미터(Venturi Meter)

벤투리 미터는 관 내에 유동하는 유량을 측정하는 기구로서 수축각이 20° 내외인 수축부(convergent), 목부분(throat), 5~7°로 확대되는 확산부(divergent)로 구성되어 있다.

이는 1797년에 이탈리아의 Giovanni Basttia Venturi(1746~1822)가 처음으로 고안한 유량측정장치인데, 1887년에 비로소 미국의 Clemens Herchel(1842~1930)에 희해 응용되기 시작하여 널리 알려졌다. **그림 4-27**에서 점 (1), (2)에 대한 Bernoulli의 방정식을 적용하면

$$\frac{v_1^2}{2g}+\frac{p_1}{\gamma}=\frac{v_2^2}{2g}+\frac{p_2}{\gamma}$$

즉

$$\frac{p_1 - p_2}{\gamma} = \frac{v_2^2 - v_1^2}{2g} \tag{4-54}$$

그림 4-27의 $h = \dfrac{p_1 - p_2}{\gamma}$, 연속방정식에서 $Q = A_1 v_1 = A_2 v_2$이므로 식 (4-54)는

$$2gh = v_2^2 - v_1^2 = Q^2\left(\frac{1}{A_2^2} - \frac{1}{A_1^2}\right) = Q^2\left(\frac{A_1^2 - A_2^2}{A_1^2 A_2^2}\right)$$

즉, 유량계산식은 다음과 같이 유도된다.

$$Q = C_d\sqrt{\frac{2gh(A_1 A_2)^2}{A_1^2 - A_2^2}} \tag{4-55}$$

여기서 C_d는 유량계수이다.

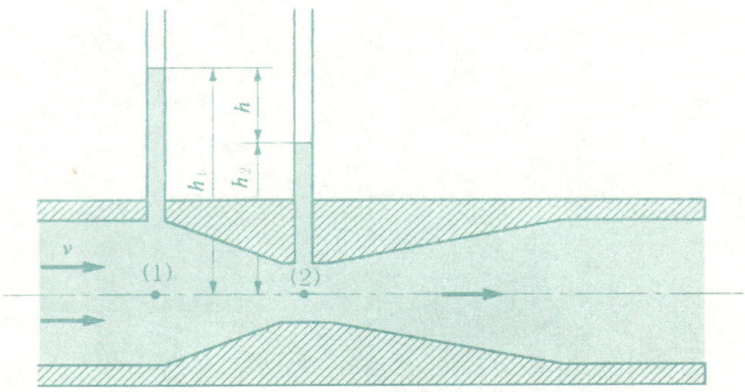

그림 4-27

예제 4-22 벤투리 미터가 설치된 관로를 통하여 물을 $0.006\text{m}^3/\text{s}$로 유동시킬 때, 벤투리 미터의 입구와 목부분에서의 압력 차이는 수주로 얼마가 되겠는가? 단, 관로의 안지름은 16cm, 유량 계수는 0.65이다.

풀이 각 단면적을 구하면

$$A_1 = \frac{\pi}{4}(0.16)^2 = 0.0201\text{m}^2$$

$$A_2 = \frac{\pi}{4}(0.06)^2 = 0.0028\text{m}^2$$

따라서, 식 (4-55)를 변형하면

$$h = \frac{Q^2(A_1^2 - A_2^2)}{Cd^2 2g(A_1 A_2)^2} = \frac{(0.006)^2\{(0.0201)^2 - (0.0028)^2\}}{(0.65)^2 \times 2 \times 9.8(0.0201 \times 0.0028)^2}$$

$$= 0.544\text{m} = 54.4\text{cm}$$

예제 4-23 그림 4-28과 같이 벤투리 미터에 물이 유동하고 있다. 입구와 목부분의 압력 차이는 수은주로 8cm이다. 유량과 단면 A_1, A_2에서의 유속을 구하라. (단, 유량계수는 0.65이다)

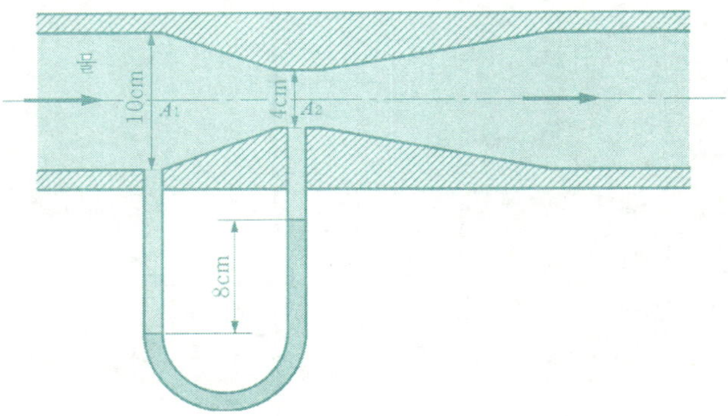

그림 4-28

풀이 각 단면적을 계산하면

$$A_1 = \frac{\pi}{4}(0.1)^2 = 0.00785\text{m}^2$$

$$A_2 = \frac{\pi}{4}(0.04)^2 = 0.00126\text{m}^2$$

물과 수은의 비중량을 각각 γ_w, γ_m이라고 하면

$$\sqrt{2gh} = \sqrt{2g\frac{h(\gamma_m - \gamma_w)}{\gamma_w}} = \sqrt{2\times 9.8\frac{0.08(13,600-1000)}{1000}}$$

$$= \sqrt{19.7568}$$

그러므로 유량은 식(4-55)에 의하여

$$Q = 0.65\frac{\sqrt{19.7568}\times(0.00785)(0.00126)}{\sqrt{(0.00785)^2-(0.00126)^2}}$$

$$= 0.0037\text{m}^3/\text{s}$$

단면, A_1, A_2에서의 속도 v_1, v_2는

$$v_1 = \frac{Q}{A_1} = \frac{0.0037}{0.00785} = 0.471\text{m/s}$$

$$v_2 = \frac{Q}{A_1} = \frac{0.0037}{0.00126} = 2.937\text{m/s}$$

4.7.6 노치와 보(Notch and Weir)

일반적으로 노치에는 4각 또는 3각 노치가 많으며, 유체공학에서는 이것들을 유량을 측정하는 기기로써 사용하고 있다. 3각 노치를 V형 노치, 4각형 노치를 보통 위어(weir)라고 하나, 우리가 일반적으로 가지고 있는 보의 개념으로서는 보를 유량측정기기라고 하기에는 개념이 뚜렷하지가 않다. 그래서 보다 더 유량측정기기로서의 개념을 살려 원어에 가까운 표기를 한다면, 4각 노치의 경우에는 칼날 마루 위어(sharp-crested weir)라고 하여야 옳을 것이다.

독일의 엔지니어인 Julius Weisbach(1806~1871)는 다음과 같은 가정하에 Bernoulli 방정식을 적용하여 위어에 의한 유량측정 방법을 고안하였다. 그림 4-29는 위어를 설치했을 때의 유동현상을 나타낸 것이다.

① 노치의 상류에서의 유체입자들의 속도는 균일하며 평행하다. 그러므로 압력은 정역학의 기본방정식 $p = \rho gh$에 의하여 변한다.(실제로 정상균일유동을 얻기 위하여 baffle을 설치한다)

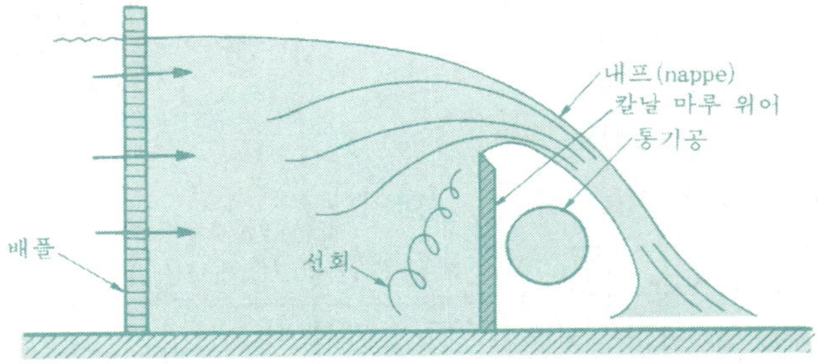

그림 4-29

② 자유표면은 노치를 통과한 유체입자가 평행으로 움직이고, 또 그 노치평면에 수직으로 움직인다.

③ 노치 위를 흘러 넘치는 수면상의 압력(즉, nappe상의 압력)은 대기압이다.

④ 점성과 표면장력은 무시한다.

(1) 4각 weir

이상과 같은 가정과 함께 Bernoulli 방정식을 적용하면, **그림 4-30**과 같은 4각 weir의 경우에는 유량측정공식은 다음과 같이 유도할 수 있다.

단면 (1)과 단면 (2)에서 Bernoulli 방정식은

$$\frac{p_1}{\gamma}+\frac{v_1^2}{2g}+z_1=\frac{p_2}{\gamma}+\frac{v_2^2}{2g}+z_2$$

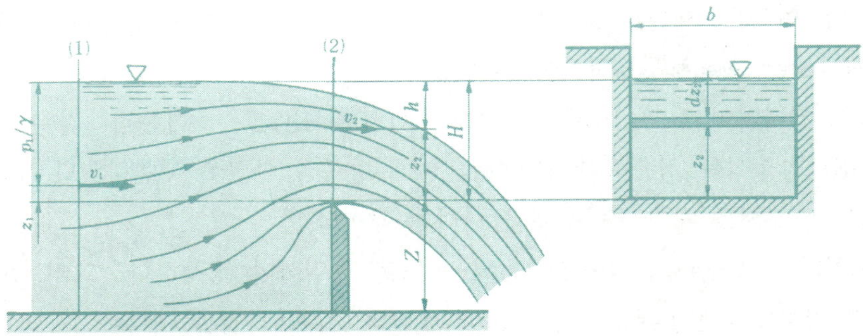

그림 4-30

단면 (1)에서 $H = z_1 + \frac{p_1}{\gamma}$, $z_1 = 0$인 경우는 $H = \frac{p_1}{\gamma}$이고, $p_2 = p_{atm}$이며, $v_1 \ll v_2$이므로 $v_1 \approx 0$이다.

그러므로 윗식으로부터

$$v_2 = \sqrt{2g(H - z_2)} \tag{4-56}$$

여기서 v_2는 z_2에 따라 변화하므로, 유량을 구해보면

$$dQ_{id} = v_2 dA = v_2 b dz_2$$

적분하면

$$Q_{id} = b\int_0^H v_2(-dz_2)$$

$$= -b\sqrt{2g}\int_0^H (H - z_2)^{\frac{1}{2}} dz_2 = \frac{2}{3} b\sqrt{2g}\, H^{\frac{3}{2}} \tag{4-57}$$

실제적으로는 이 이론유량 Q_{id}에 위어를 통과하는 동안 수축되는 수축계수를 고려하여야 되므로, 실제 사용하고 있는 4각 weir의 유량계산식은 다음과 같다.

$$Q = C_d \frac{2}{3} b\sqrt{2g}\, H^{\frac{3}{2}} \tag{4-58}$$

그림 4-31은 **축면위어**(suppressed weir)를 나타낸 것으로서, 이는 수로에서 수로의 폭과 위어의 폭이 동일한 경우이다. 그림에서 폭을 B라고 하면 4각 위어의 유량계산식은

$$Q = C_d \frac{2}{3} B\sqrt{2g}\, H^{\frac{3}{2}} \tag{4-59}$$

을 얻는다. 이 축면 weir에서는 4각 칼날 마루의 weir보다 유량계수가 크게 나타나고 있다. 그리하여 T. Rehbock는 그의 실험결과에서 다음과 같은 유량계수식을 얻는다.

$$C_d = 0.605 + 0.08\frac{H}{Z} + \frac{1}{(1000m^{-1})H} \tag{4-60}$$

여기서 Z는 그림에서 weir의 높이이다(그림 4-30 참조).

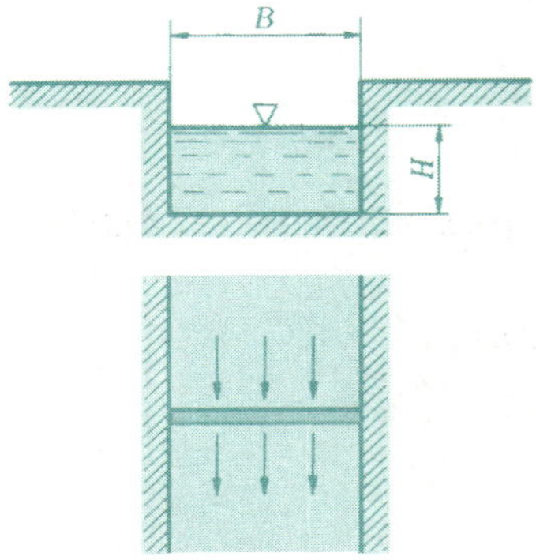

그림 4-31

(2) 3각 weir

3각 weir는 일면 'V-notch'라고도 한다. 그림 4-32와 같이 'V-notch'가 설치되어 있는 경우에 유량계산식을 유도하기 위하여 점 (1)과 점 (2)에서 Bernoulli 방정식을 적용하면

$$\frac{v_1^2}{2g} + \frac{p_1}{\gamma} + z_1 = \frac{v_2^2}{2g} + \frac{p_2}{\gamma} + z_2$$

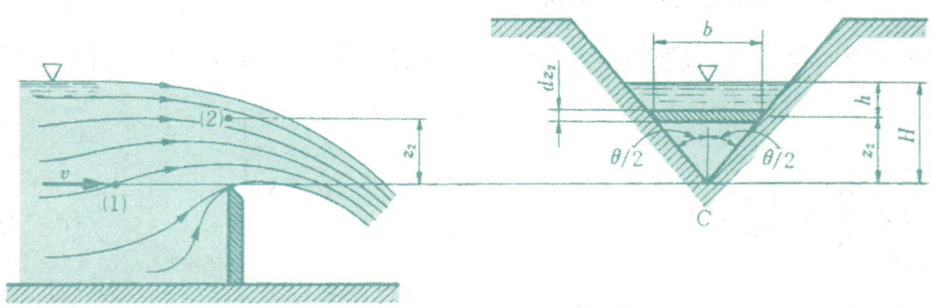

그림 4-32

에서 $v_1 \ll v_2$이다. 따라서, $v_1 \approx 0$, z_1은 기준면상에 있으므로 $z_1 = 0$이다. 앞의 가정에 의하여 $p_2 = p_{atm}$이므로 식 (4-56)으로 쓸 수 있다.

$$v_2 = \sqrt{2g(H - z_2)}$$

나아가서 미소의 단면적 bdz_2에 유출되는 유량은

$$dQ_{id} = bdz_2\sqrt{2g(H - z_2)}$$

그림에서 $b = 2z_2\tan\frac{\theta}{2}$이므로 대입하여 적분하면

$$Q_{id} = 2\tan\frac{\theta}{2}\sqrt{2g}\int_0^H z_2(H - z_2)^{\frac{1}{2}}(-dz_2) \tag{4-61}$$

여기서 H는 수면으로부터 재어 들어가는 깊이이고, z는 점 C로부터 재어올라가는 높이이므로 부호는 서로 반대이다.

다시 $h = H - z_2$이고 이를 미분하면 $dh = -dz_2$이므로, 식(4-61)의 적분을 용이하게 하기 위하여 대입하여 적분하면

$$\begin{aligned} Q_{id} &= 2\tan\frac{\theta}{2}\sqrt{2g}\int_0^H (H - h)h^{\frac{1}{2}}dh \\ &= 2\tan\frac{\theta}{2}\sqrt{2g}\left[\frac{2}{3}Hh^{\frac{3}{2}} - \frac{2}{5}h^{\frac{5}{2}}\right]_0^H \\ &= \frac{8}{15}\tan\frac{\theta}{2}\sqrt{2g}\,H^{\frac{5}{2}} \end{aligned} \tag{4-62}$$

실제 유량식은 유량계수 C_d를 고려하여 다음과 같이 사용한다.

$$Q = C_d\frac{8}{15}\tan\frac{\theta}{2}\sqrt{2g}\,H^{\frac{5}{2}} \tag{4-63}$$

예제 4-24 폭이 600mm인 4각 위어에서 넘쳐 흐르는 물의 높이를 측정한 결과 $H=155\text{mm}$였다. 유량계수 $C_d=0.61$일 때 유량을 구하라.

풀이 식 (4-58)로부터

$$Q=\frac{2}{3}C_d b\sqrt{2g}\,H^{\frac{3}{2}}=\frac{2}{3}\times 0.61\times 0.6\times\sqrt{2\times 9.8}\times 0.155^{\frac{3}{2}}$$

$$=0.066\text{m}^3/\text{s}$$

예제 4-25 V-notch의 각이 90°인 3각 위어에서 유량이 $6\text{m}^3/\text{s}$로 흘러 넘치고 있다. 이 때 물은 얼마의 높이로 흘러 넘치겠는가?(유량계수는 0.65이다)

풀이 식(4-63)으로부터 $Q=6\text{m}^3/\text{s}$, $\theta=90°$, $C_d=0.65$이므로

$$6=0.65\times\frac{8}{15}\times\tan 45°\times\sqrt{2\times 9.8}\times H^{\frac{5}{2}}$$

$$H=1.725\text{m}$$

제 4 장 연 습 문 제

FLUID MECHANICS

01_ 관의 안지름이 변화하는 관로에서 안지름이 2배로 되면 유속은 몇 배로 되는가?

02_ 피토관을 공기의 유동방향과 평행하게 설치하여 전압과 정압을 측정한 결과 수주차가 1.6cm였다. 이 때에 풍속은 얼마인가?

03_ 강물의 유속을 피토관을 측정할 때, 두 점의 유속이 한 점의 유속의 3배가 되는 두 점의 수주의 차는 얼마인가?(여기서 Pitot관 계수 $k=0.9$이고, $v_{1}=0.2\text{m/s}$이다)

04_ 그림 4-33과 같은 관유동에서 점(2)의 유속을 구하라. (단, $v_1=10\text{m/s}$, $d_1=20\text{cm}$, $d_2=15\text{cm}$이다)

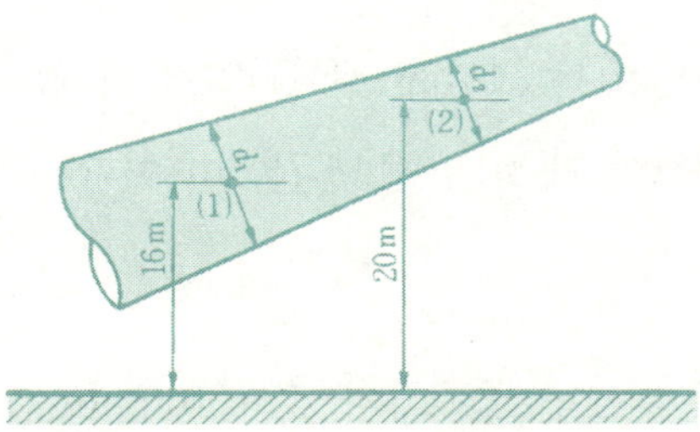

그림 4-33

05_ 안지름이 10cm인 관로를 통하여 온도가 20℃이고, 압력이 220kPa인 조건하에서 24m/s로 공기를 유동시키고 있다. 질량유량을 구하라.

06_ 상온 15℃, 압력 180kPa에서 헬륨의 유동질량이 0.02kg/s이다. 안지름을 얼마로 정하면 되겠는가?

07_ 수평으로 놓인 개수로(open channel)의 유동에서 실험적으로 유도된 속도분포식은 $u = U_m\left(\frac{y}{d}\right)^n$ 이다. 여기서 u는 속도, y는 밑면으로부터의 거리이다. 만약 $d = 1.6\text{m}$이고, $U_m = 4\text{m/s}$이며, $n = \frac{1}{6}$이라면 수로의 단위폭당 유량은 얼마이며, 평균속도는 얼마인가?

08_ 안지름이 4in인 관을 통하여 평균속도 10ft/s로 물이 유동되고 있다. 유량을 gal, slug, ft^3으로 각각 계산하라.

09_ 펌프에서 지름이 200mm인 관을 통하여 $3\text{m}^3/\text{min}$의 양수를 하려면 유속은 얼마이어야 하는가? 이 경우 지름이 반으로 줄면 유속은 어떻게 되는가?

10_ 지름이 8″인 관에서 25℃, 15psi(게이지압력)의 공기가 6m/s로 흐르고 있을 때 유량은 얼마인가?(이 때 $p_{atm} = 14.7\text{lb/in}^2$이다)

11_ 안지름이 400mm인 관로에 안지름이 $d_1 = 160\text{mm}$, $d_2 = 200\text{mm}$인 두 분관으로서 Y자형으로 연결되어 있다. 본관의 유속이 8m/s로 흐를 때 두 관 내의 유속을 구하라.(단, 유속비 : $v_1 : v_2 = 5 : 3$이다)

12_ 그림 4-34와 같이 비중량이 $7.9\mathrm{kN/m^3}$인 이상유체가 밑구멍을 통해 대기에 분출되고 있다. 이 때 게이지 A, B에서 잰 압력이 각각 14.0kPa, 41.0kPa이다. 이 경우에 관 내의 유속을 구하라.

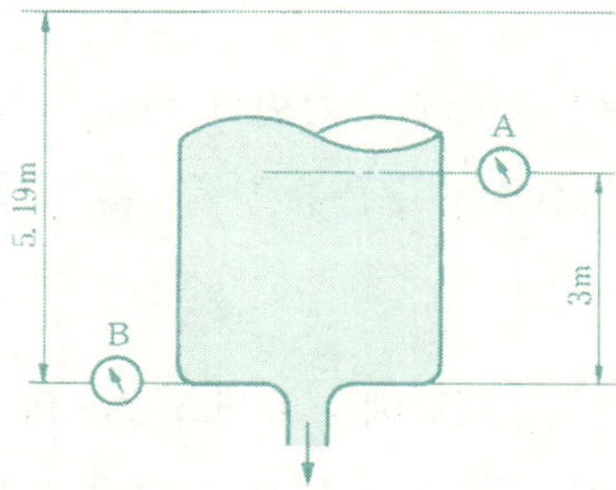

그림 4-34

13_ 그림 4-35와 같이 물이 원형 오리피스를 통하여 대기 중에 분출되고 있다. 점 A, B, C, D, E에서의 분출속도들은 각각 얼마인가?

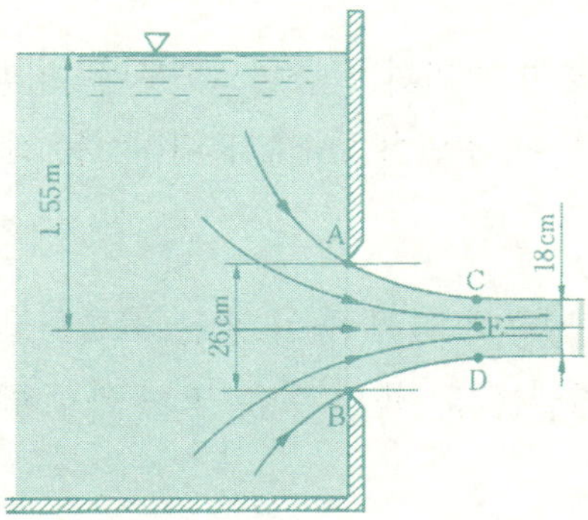

그림 4-35

14_ 안지름이 2m인 원통 수조에서 안지름 18cm인 구멍으로 물을 유출시킬 때 분출속도가 6m/s였다. 이 순간 수조 내의 물의 하강속도를 구하라.

15_ 수두 4m 밑으로부터 지름이 17cm인 오리피스에서 물이 흘러나올 때 유량은 얼마인가?(단, 수축계수는 $C_c=0.62$, 속도계수는 $C_v=0.96$이다)

16_ 큰 탱크에 물이 2m 높이까지 채워져 있고, 그 위에 비중이 0.9인 원유가 1.6m, 다시 비중이 0.74인 휘발유가 1.8m로 채워져 있다. 이 때 갑자기 탱크 밑바닥에 구멍이 나서 물이 유출될 때 그 분출속도를 구하라.

17_ 지름이 50mm인 노즐이 수조에 부착되어 있다. 노즐과 동일한 높이에 U자관을 연결하여 압력을 측정한 결과, 수은주로 60mm였다. 분출되는 유량을 구하라.

18_ 한쪽 탱크에는 물이, 다른 탱크에는 $0.2kg/cm^2$의 압력이 작용하는 가스탱크가 있다. 두 탱크를 지름이 25mm인 관으로 연결하여 물을 가스 탱크로 보내고자 한다. 이 때 물이 연결관 중심으로부터 5m 높이로 채워져 있을 때 유량을 구하라. 또, 물이 가스탱크로 흐르지 않고 있다면 물이 얼마의 높이에 있을 때인가?(단, 물의 유입에 의한 가스 탱크 내의 압력증가는 고려하지 않는다)

19_ 지름이 80cm인 수조의 오리피스 중심으로부터 수면까지의 높이는 4m이다. 물이 오리피스로 유출되어 수면이 1m까지 내려가는 데 걸리는 시간은 얼마인가?

20_ 그림 4-36과 같이 탱크에 물이 유입 또는 유출되고 있다. 물은 탱크에 채워지겠는가, 또는 비워지겠는가? 물의 상승 또는 하강속도를 구하라.

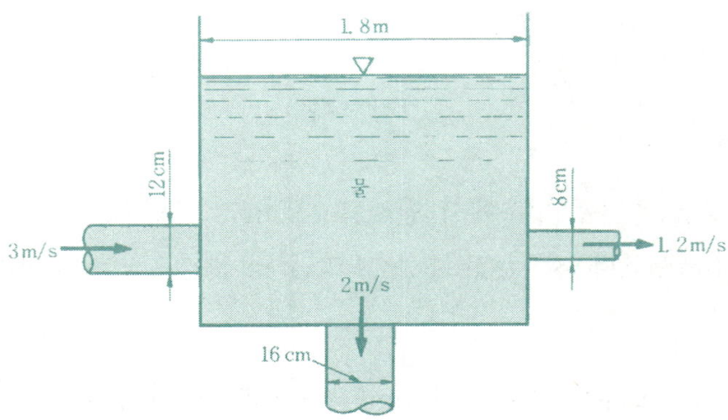

그림 4-36

21_ 그림 4-37과 같은 장치에 물이 유동되고 있다. 유량을 구하라.

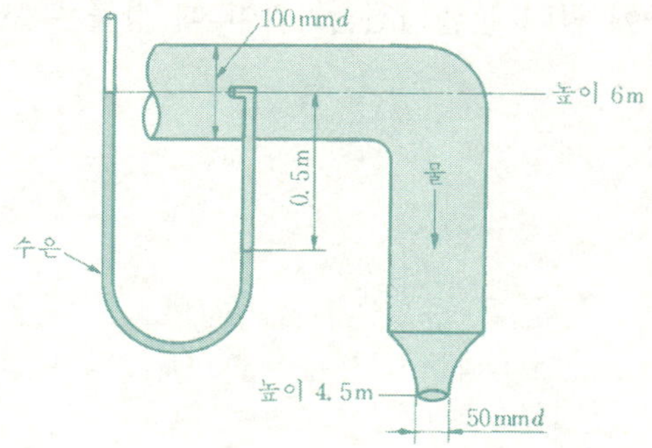

그림 4-37

22_ 그림 4-38에서 물의 분출속도를 구하라.(단, 오리피스의 유량계수는 $C_d = 0.65$, 노즐의 속도계수는 0.98이다)

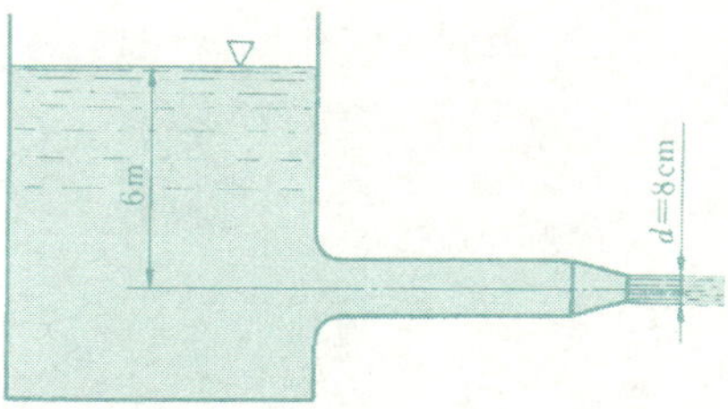

그림 4-38

23_ 그림 4-39에서 노즐에서의 분출속도와 유량을 구하라.

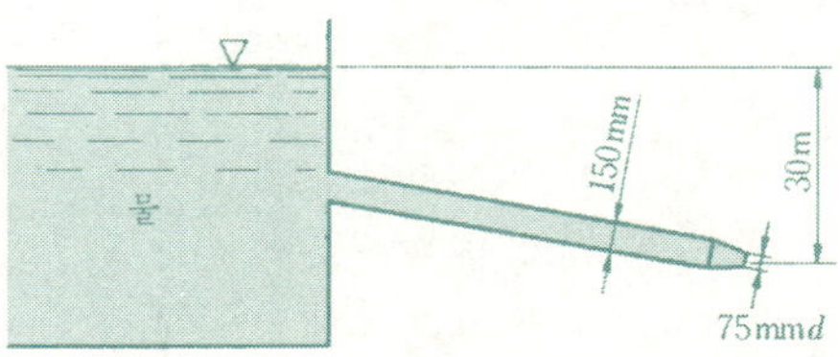

그림 4-39

24_ 그림 4-40과 같이 곡관의 한쪽 끝을 물에 담그고 얼마의 속도로 끌고 가면 3m 높이의 출구에 물이 분출되겠는가?(이 때 강물은 2m/s로 흐르고 있다)

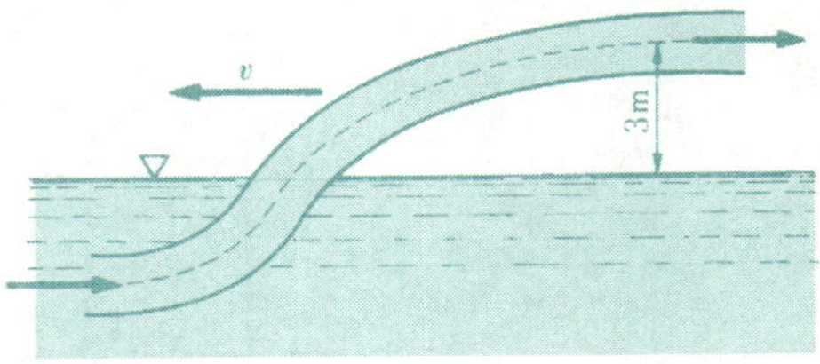

그림 4-40

25_ 그림 4-41과 같이 노즐에서 분사되는 공기의 속도를 계산하라.

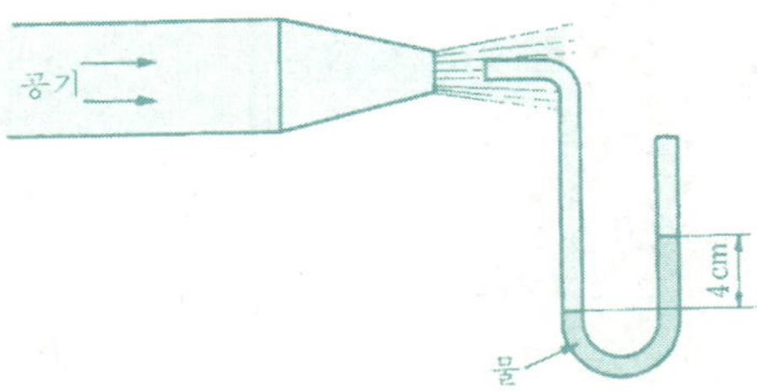

그림 4-41

26_ 그림 4-42에서 게이지압력(A)을 구하라.

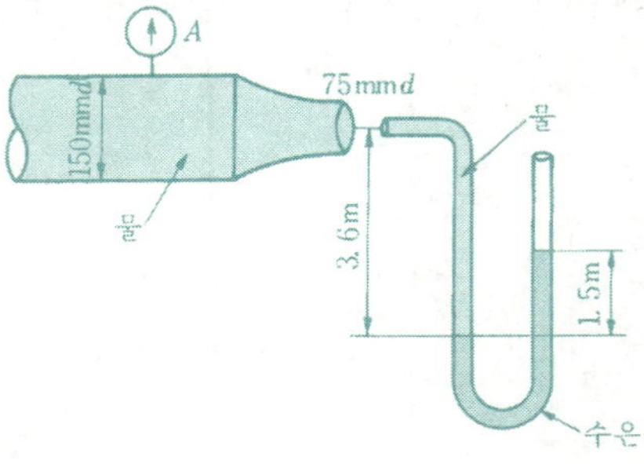

그림 4-42

27_ 그림 4-43에서 노즐출구에서 속도와 유량을 구하라.(단, 제반 마찰손실을 무시한다)

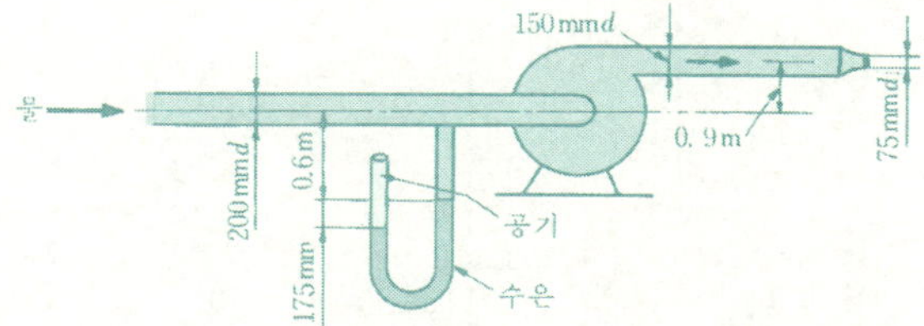

그림 4-43

28_ 연소실 지름이 12cm이고, 노즐출구의 지름이 8cm인 로켓이 있다. 발화물질의 밀도는 $1800kg/m^3$이고, 연소실에서 노즐출구를 향해 1cm/s의 속도로 움직인다. 노즐출구의 가스압력은 10kPa이고, 온도는 2000℃이다. 배기가스의 상수는 415J/kg K라면 노즐 출구에서 가스의 분출속도는 얼마인가?

29_ 노즐 중심선상의 유속변화는 $V=2t/(1-0.5x/L)^2$으로 변화하고 있다. Vm/s, t는 시간(s), x는 노즐입구로부터 거리, L은 노즐길이로 40cm이다. $x=0.5L$에서 $t=3s$일 때 1차원유동이라 가정하고 순간가속도와 대류가속도를 구하라.

30_ 그림 4-44와 같이 비중량이 $1.02kg/m^3$인 공기가 흐를 때, 물이 단면 A_2에 흡입되어 올라올 수 있는 A_2의 넓이를 정하라.(유량 $Q=2m^3/s$)

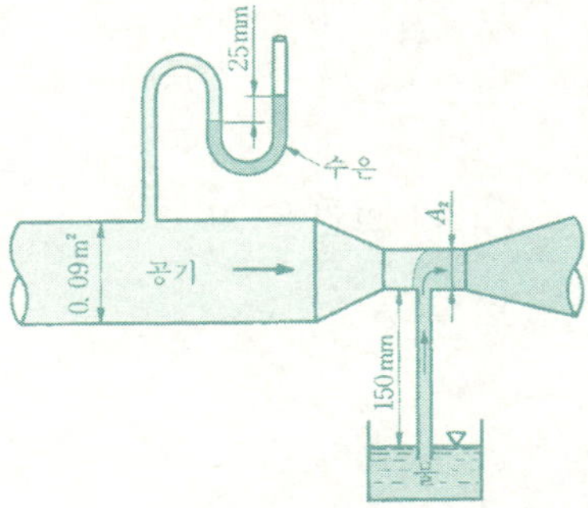

그림 4-44

31_ 그림 4-45와 같이 놓여 있는 Venturi meter에서 유량을 구하라.

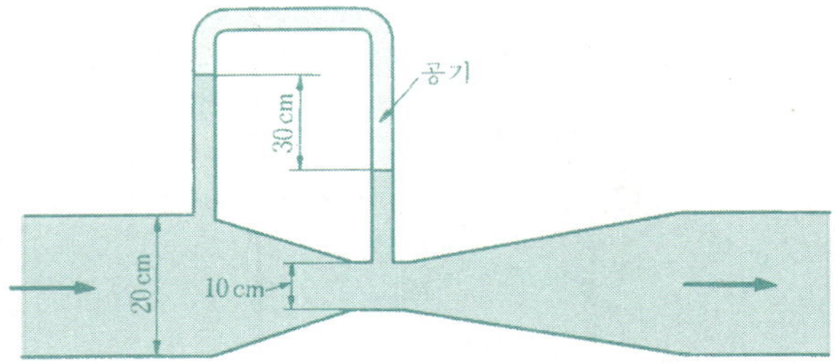

그림 4-45

32_ V-notch에 의한 유량측정에서 넘쳐 흐르는 물의 높이가 2배로 되면 유량은 몇 배로 되는가? 또 높이가 2배로 되어도 유량이 변화하지 않으려면 각도는 어떻게 변화하여야 되겠는가?

33_ 그림 4-46에서와 같이 비중이 0.9인 기름을 흘려보낼 때, 출구에서의 압력수두와 분출량을 구하라.

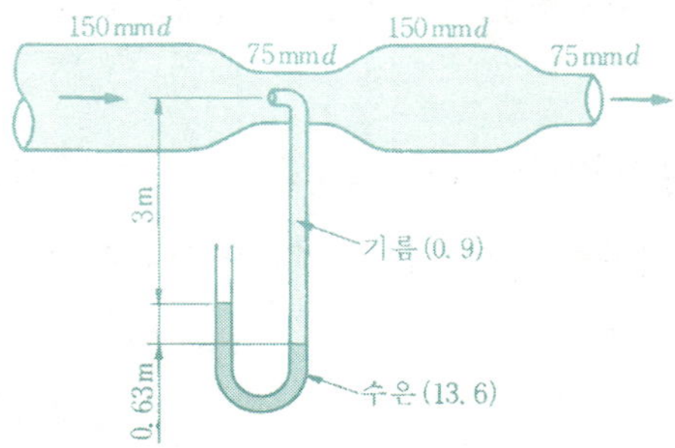

그림 4-46

제 5 장

운동량이론 Momentum Theory

5.1 기본 개념

유동하고 있는 유체는 에너지를 가지고 있다. 유체가 얼마나 큰 속도로 유동하느냐, 그리고 얼마나 많은 양의 유체가 유동하느냐 하는 것은 그 유동하고 있는 유체가 가지고 있는 에너지의 척도가 된다.

댐을 막아 흐르는 물을 담수하는 일이나, 낙차를 이용하여 수력발전을 하는 일에는 무엇보다도 먼저 고려해야 할 사항이 대상유체에 대한 운동량(momentum)이다.

또한, 제한된 관로를 유동하는 유체는 유동 중에 마찰과 충돌 등에 의하여 에너지 손실을 가져오게 되므로, 입구와 출구에서 각기 다른 에너지를 갖게 된다.

이 현상도 결국 운동량의 변화로 해석할 수 있으며, 운동량의 변화는 유체가 유동 중에 관로에 소모(작용)한 힘(에너지)과 같은 것이다.

이와 같은 역학적인 해석을 위하여는 다음과 같은 기본개념과 원리들을 먼저 숙지해야 한다.

5.1.1 질량보존의 법칙(Law of Mass Conservation)

질량보존의 법칙이란 물질이 새로이 생성되거나 일어나지 않음을 의미한다. 이는 시간의 경과에 따른 질량의 변화량이 없음을 나타내므로 다음과 같이 쓸 수 있다.

$$\frac{dM}{dt}=0 \tag{5-1}$$

여기서 M은 질량으로 어느 계(system)에서의

$$M_{\text{syst}} = \int_{\text{mass(syst)}} dM = \int_{\forall\,\text{syst})} \rho d\forall \tag{5-2}$$

를 나타낸다.

5.1.2 Newton의 제2법칙(Newton's Second Law)

Newton의 제2법칙은 우리가 잘 알고 있는 바와 같이 운동의 법칙이다. 이를 운동량이론과 연관하여 설명하면, 임의 계에 작용하는 외력들의 합은 단위 시간당 **선운동량**(linear momentum)의 변화량과 같다. 즉, 어느 계의 운동량을 M_0, 외력들의 합을 F라고 하면 다음과 같은 식이 된다.

$$M_0 = \int_{\text{mass}} V dM = \int_{\forall} V \rho d\forall \tag{5-3}$$

$$F = \frac{dM_0}{dt} \tag{5-4}$$

5.1.3 운동량모멘트(Moment of Momentum)

운동량을 설명하기 위하여 먼저 모멘트에 대하여 논하여야 한다. 모멘트(M_t)는 힘(F)과 거리(l)의 적으로 표기되므로

$$M_t = F \times l \tag{5-5}$$

이고, 또 운동량은 질량(M)과 속도(V)의 적이다.

$$M_0 = M \times V \tag{5-6}$$

운동량은 앞에서 간단하게 기술한 바와 같이 한 질점에서 일어나는 양으로서 고려할 수 있으므로, 그 질점에서 단위시간에 대한 운동량의 변화는 결국 그 질점에 작용

하는 힘과 같다. 따라서

$$\frac{d(MV)}{dt} = M\frac{dV}{dt} = M\alpha = F \tag{5-7}$$

이 식을 변형하면

$$M\,dV = F\,dt \tag{5-8}$$

가 되며, 여기서 $F\,dt$를 역적(impulse), $M\,dV$를 운동량의 변화라고 부른다.

또, 운동량모멘트(M_m)라 함은 운동량과 거리의 적을 말한다. 따라서, 단위시간에 대한 운동량모멘트의 변화는 그 질점에 작용하는 모멘트와 같다. 이것을 운동량의 법칙(law of momentum)이라고 한다.

$$M_m = M_0 \times l \tag{5-9}$$

$$\frac{d(M_m)}{dt} = \frac{d(M_0 l)}{dt} = \frac{d(MVl)}{dt} = Ml\frac{dV}{dt}$$

$$= M\alpha l = Fl = M_t \tag{5-10}$$

5.2 정상유동에서의 운동량방정식

정상유동에서의 운동량방정식을 살펴보기 위하여 그림 5-1과 같이 유동장내에서 임의의 두 유선으로 택하였을 때, 그 사이에 흐르는 유체의 운동량은 x-방향에 대해 고려하면 구간 ABDC에서 $\sum_{\mathrm{ABDC}} V_x \delta m$이고, dt시간 후에 ABDC내의 유량이 A′B′D′C′로 옮겨갔다면, 그 곳에서의 운동량은 $\sum_{\mathrm{A'B'D'C'}} V_x \delta m$이 된다.

그러므로 dt시간 동안에 x방향으로 순수한 운동량의 전증가량은

$$\sum_{\mathrm{A'B'D'C'}} V_x \delta m - \sum_{\mathrm{ABDC}} V_x \delta m$$

그러나 그림 5-1에서 살펴보면

$$\sum_{A'B'D'C'} V_x \delta m = \sum_{ABDC} V_x \delta m - \sum_{ABB'A'} V_x \delta m + \sum_{CDD'C'} V_x \delta m \tag{5-11}$$

이므로, 이를 윗식에 대입하면 다음과 같다.

$$\begin{aligned} &\sum_{A'B'D'C'} V_x \delta m - \sum_{ABDC} V_x \delta m \\ &= \left(\sum_{ABDC} V_x \delta m - \sum_{ABB'A'} V_x \delta m + \sum_{CDD'C'} V_x \delta m\right) \\ &- \sum_{ABDC} V_x \delta m = \sum_{CDD'C'} V_x \delta m - \sum_{ABB'A'} V_x \delta m \end{aligned} \tag{5-12}$$

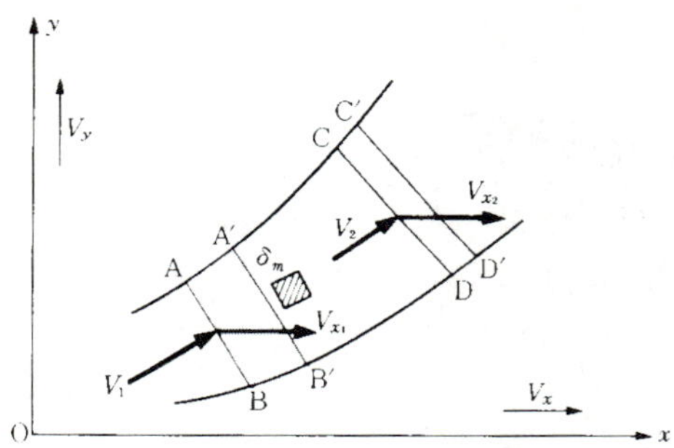

그림 5-1

결국 x방향에 대한 전운동량의 증가는 CDD′C′와 ABB′A′의 차로써 나타난다.

앞의 식들에서 단면 CD에서나 단면 AB에서 모두 x방향의 속도를 V_x로 나타냈으나, 실제적으로 단면 CD를 단면 2, 단면 AB를 단면 1이라 할 때, V_x는 각 단면에 따라 V_{x1}, V_{x2}로 되어야 하고, δm역시 단면 1, 2에서 δm_1, δm_2가 되어야 한다. 그러므로

$$\begin{aligned} \delta \dot{m}_1 &= \rho_1 V_1 dA_1 \\ \delta \dot{m}_2 &= \rho_2 V_2 dA_2 \end{aligned} \tag{5-13}$$

dt시간 동안의 운동량의 변화를 다시 살펴보면

$$\left(\sum_{\mathrm{CDD'C'}} V_x \delta \dot{m} - \sum_{\mathrm{ABB'A'}} V_x \delta \dot{m}\right) dt$$
$$= (\rho_2 V_2 A_2 V_{x2} - \rho_1 V_1 A_1 V_{x1}) dt$$
$$= \dot{M}(V_{x2} - Vx1) dt \qquad (5\text{-}14)$$

여기서 $\dot{M} = \rho_1 A_1 V_1 = \rho_2 A_2 V_2$이다.

단위시간에 대하여 생각하면, 시간에 대한 속도의 변화는 가속도이므로

$$\dot{M}(V_{x2} - V_{x1}) = M\alpha_x = F_x \qquad (5\text{-}15)$$

결국 dA에 대해서 x방향에 대한 힘을 생각하면

$$dF_x = \delta \dot{m}(V_{x2} - V_{x1}) = \rho_2 V_2 dA_2 V_{x2} - \rho_1 V_1 dA_1 V_{x1} \qquad (5\text{-}16)$$

적분하면

$$F_x = \int \rho_2 V_2 V_{x2} dA_2 - \int \rho_1 V_1 V_{x1} dA_1 \qquad (5\text{-}17)$$

마찬가지로 y방향에 대해서도

$$F_y = \int \rho_2 V_2 V_{y2} dA_2 - \int \rho_1 V_1 V_{y1} dA_1 \qquad (5\text{-}18)$$

5.3 운동량 수정계수

유동장을 고려할 때 유동방향과 유동단면적을 정확하게 수직으로 일치시킬 수가 없기 때문에, 유량이나 에너지 또는 운동량을 계산하는 데 이론값과 실제값이 정확하게 일치하지 아니한다.

운동량은 $M\overline{V}=\rho Q\overline{V}=\rho A\overline{V}^2$이다. 여기서 $\overline{V}$는 평균속도로서 단면적 A와 수직한 상태에 있을 때의 값이다. 유동하는 유체에서 질량을 구하기 위하여는 유량을 먼저 계산하여야 하는데 $Q=A\overline{V}$이나 보다 정확한 계산은

$$Q=\sum_{i=1}^{n}u_i dA_i=\int_A u dA \tag{5-19}$$

이어야 한다. 따라서, 우리가 일반적으로 운동량 계산식으로 사용하고 있는 $\rho A\overline{V}^2$의 값이 식(5-19)와 동일하기 위하여는 $\beta\rho A\overline{V}^2$이 되어야 한다. 이 관계로부터

$$\beta=\frac{1}{A\overline{V}^2}\int_A u^2 dA \tag{5-20}$$

가 되며, 여기서 β를 **운동량 수정계수(momentum correction factor)**라고 부른다.

5.4 운동량방정식의 응용

5.4.1 평판에 충돌하는 분류의 힘

일반적으로 평판에 충돌하는 분류는 반동(rebound)을 일으키지 않는 반면에, 유체는 어느 경계이 이를 때까지 평판의 표면을 따라 유동해 가다가 표면에 접선방향으로 분리되어 나가는 것을 볼 수 있다.

그림 5-2와 같이 고정된 평판에 수직한 방향을 x방향으로 하면, 평판상에서는 x방향으로 유속이 존재하지 않으므로 x방향으로의 운동량도 존재하지 않는다.

그러나 제어체적으로 유입하는 x방향 운동량을 살펴보면

$$(M_0)_x=\int\rho_1 V_1 V_{x1}dA_1=\cos\theta\int\rho_1 V_1^2 dA_1 \tag{5-21}$$

이 되어, 이는 x방향의 운동량의 증가를 나타내며, x방향으로 작용하는 힘과 같다.

밀도와 속도가 일정할 때 식 (5-21)은

$$(M_0)_x = \rho_1 V_1^2 \cos\theta \int dA_1 = \rho_1 Q_1 V_1 \cos\theta \qquad (5-22)$$

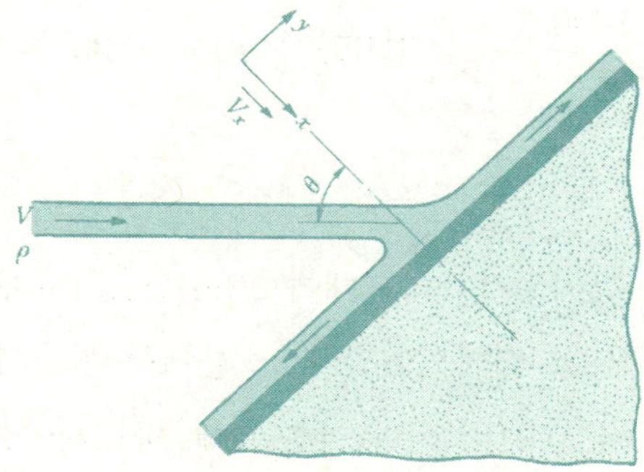

그림 5-2

마찬가지로 y방향에 대해서도

$$(M_0)_y = \rho_1 V_1^2 \sin\theta \int dA_1 = \rho_1 Q_1 V_1 \sin\theta \qquad (5-23)$$

여기서

$$Q_1 = V_1 \int dA_1$$

예제 5-1 안지름이 50mm인 분류(물)가 40m/s의 속도로 그림 5-3과 같이 30°로 고정평판에 충돌하면 평판은 얼마의 힘을 받겠는가?

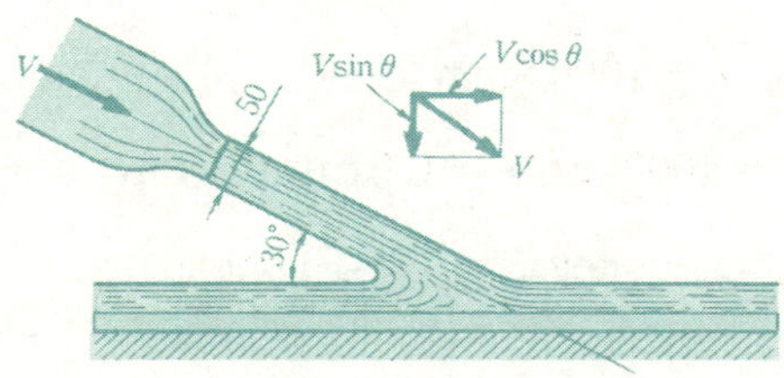

그림 5-3

풀이 운동량의 법칙에 의하여 평판에 작용하는 수직한 힘 F는

$$F = \rho Q(V\sin\theta - 0) = \rho QV\sin\theta$$

그런데 $Q = \frac{\pi}{4}d^2V$, $\rho = \frac{\gamma}{g}$이므로

$$F = \frac{1000}{9.8} \times \frac{\pi}{4} \times (0.05)^2 \times 40 \times \sin 30° \times 40 = 160.2\text{kg}$$

예제 5-2 그림 5-4와 같이 평면 바리케이드(barricade)가 노즐에서 분출되는 분류와 수직으로 충돌되도록 설치되어있다. 노즐에서 분출되는 물의 유속이 15m/s이고, 노즐의 단면적이 0.01m^2이다. 이 때에 바리케이드에 작용하는 수평력을 구하라.

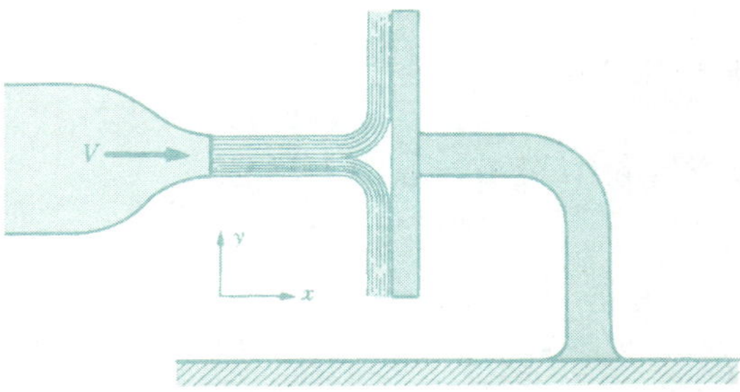

그림 5-4

풀이 평판에 작용하는 x방향의 단위시간당의 모멘트가 힘이 되므로, 질량력을 무시하고 표면력만을 계산하면

$$F_x = \rho A V^2$$

에서 SI 단위로 $\rho = 1000\text{kg/m}^3$이므로

$$F_x = 1000\text{kg/m}^3 \times 0.01\text{m}^2 \times 15^2\text{m}^2/\text{s}^2$$

$$= 2250\text{k} \cdot \text{m/s}^2 = 2.25\text{kN}$$

5.4.2 고정 및 이동베인

터보기계들(turbo machines)은 분사(jets)와 베인(vanes)에 크게 관련되어 있다. 이동베인(moving vanes)에 분사되는 유체로부터 얻는 일과 에너지전달의 역학적인 문제는 운동량이론의 적용인 것이다.

그림 5-5와 같이 원활하게 굽어져 있는 고정베인에 자유분사(free jet)시킬 때 분류는 휘어져서 베인을 따라 유동되고, 운동량의 변화가 발생하며 베인에 힘이 작용하게 된다.

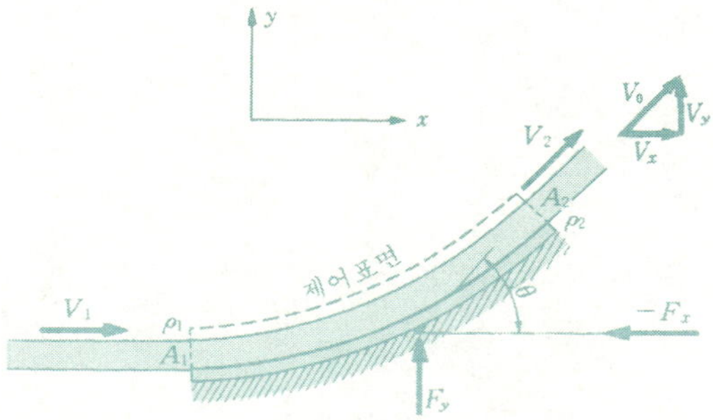

그림 5-5

대기 중에서는 이 베인의 입구와 출구에서 균일유동을 하며, 분류의 방향은 베인에 접선방향이고 또 마찰에 의한 손실이나 충돌손실을 무시하면 입구와 출구에서의 압력은 동일하므로, Bernoulli 방정식을 응용하여 양끝에서의 속도를 구할 수가 있다. 즉, x방향으로 베인이 받는 힘은

$$-F_x = \rho_2 A_2 V_2 V_{x2} - \rho_1 A_1 V_1 V_{x1} \tag{5-24}$$

터보기계들은 이동베인의 운동으로부터 얻어지는 힘을 이용하게 되므로, 고정베인 위에 흐르는 유체로부터 어떤 일의 결과를 얻을 수는 없고, 베인이 운동하고 있을 때만 비로소 일이 베인이나 유체에 주어진다.

그림 5-6(a)에서와 같이 이동베인의 접선방향으로 유체가 흘러 들어갈 때, x, y 방향의 힘들을 F_x, F_y라 하고, **그림 5-6(b)**와 같이 베인이 유체의 유동방향으로 u의

속도로 움직이고 있을 때 점 (1), (2)에서의 상대속도는 유속을 V_0라 하면 V_0-u가 된다.

그림 5-6(b)의 제어표면에 나타난 제어체적에 대한 운동량을 생각하면, x방향으로 베인이 받는 힘은

$$-F_x=\rho(V_0-u)\cos\theta\{(V_0-u)A_0\}$$
$$-\rho(V_0-u)\{(V_0-u)A_0)\}$$

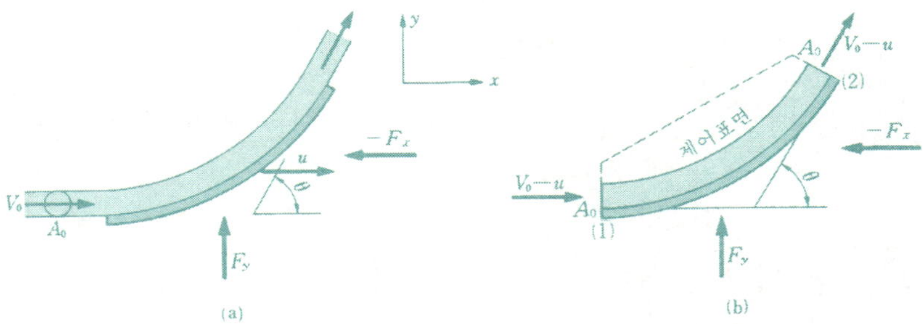

그림 5-6

즉,

$$F_x=\rho(V_0-u)^2A_0(1-\cos\theta) \quad (5-25)$$

y방향은

$$F_y=\rho(V_0-u)\sin\theta\{(V_0-u)A_0\}$$

즉,

$$F_y=\rho(V_0-u)^2A_0\sin\theta \quad (5-26)$$

식 (5-25), (5-26)은 하나의 베인에 대하여 생각하였지만, 연속베인에 대하여 생각할 때는 다음과 같이 표기하여 사용하고 있다.

$$F_x=\rho Q_0(V_0-u)(1-\cos\theta) \quad (5-27)$$
$$F_y=\rho Q_0(V_0-u)\sin\theta \quad (5-28)$$

예제 5-3 그림 5-5에서 $2\text{ft}^3/\text{s}$의 유량을 150ft/s의 속도로 물을 분사시킬 때 고정베인이 받는 힘을 구하라.(단, 베인은 135°로 휘어져 있다)

풀이

$$-F_x = \rho V_0 \cos\theta V_0 A_0 + \rho V_0(-V_0 A_0)$$

$$F_y = \rho V_0 \sin\theta V_0 A_0$$

그러므로

$$F_x = -(1.935\text{slugs/ft}^3)(2\text{ft}^3/\text{s})(150\cos 135°\text{ ft/s} - 150\text{ft/s})$$

$$= 991\text{lb}$$

$$F_y = (1.935\text{slugs/ft}^3)(2\text{ft}^3/\text{s})(150\sin 135°\text{ ft/s}) = 410\text{lb}$$

예제 5-4 그림 5-7(a)와 같이 단일이동 베인에 대하여 분사류에 작용하는 힘과 베인에 한 일량을 구하라.(단, 분사류는 물이다)

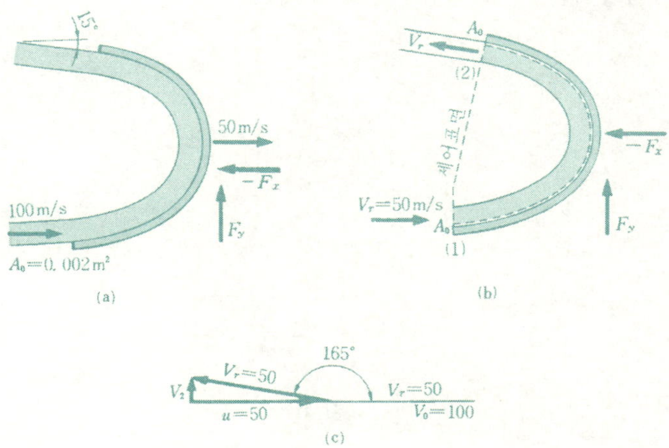

그림 5-7

풀이 그림 5-7(b)는 제어체적과 상대속도에 대하여 도시한 그림이며, 그림 5-7(c)는 극벡터선도(polar vector diagram)를 도시한 것이다.

$$-F_x = 1000 \times 50 \times \cos 165° \times 50 \times 0.002$$

$$+ 1000 \times 50 \times (-50 \times 0.002)$$

$$F_x = 9829.6\text{N}$$

$$F_x = 1000 \times 50 \times \sin 165° \times 50 \times 0.002 = 1294\text{N}$$

베인이 받는 동력은

$$L_t = F_x \times u = 9829.6 \times 50 = 491.48\text{kW}$$

예제 5-5 그림 5-8과 같이 분사(물)가 60°로 원활하게 굽어진 베인 위로 흘러가고 있다. 최초 분류의 지름은 50mm이고 유속은 36m/s이다. 마찰에 의하여 유속이 감소되어 베인 끝부분에서의 유속은 30m/s가 되었다. 중력의 영향을 무시하고 이 베인에 작용하는 힘과 작용방향을 구하라.

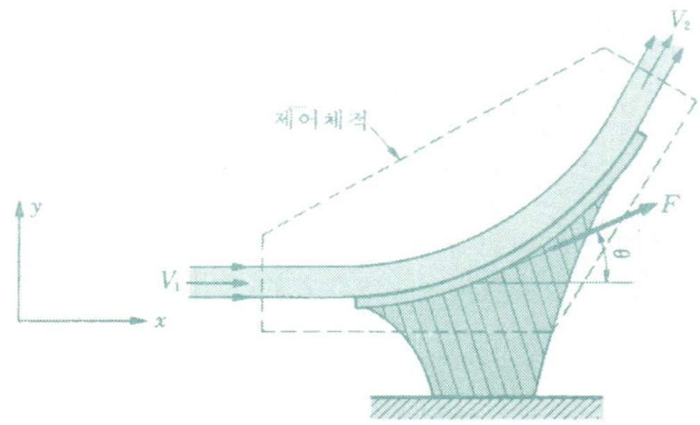

그림 5-8

풀이 그림 5-8에서와 같이 초기속도 V_1과 평행한 방향을 x축으로 잡고 종속도를 균일유동으로 가정하면, x방향의 유체에 작용하는 힘은 x방향의 운동량의 증가와 같다. 그러므로

$$-F_x = \rho Q V_2 \cos 60° - \rho Q V_1 = \frac{1000}{9.8} \times \frac{\pi}{4} \times (0.05)^2 \times 36 \times 30$$

$$\times\frac{1}{2}-\frac{1000}{9.8}\times\frac{\pi}{4}\times(0.05)^2\times36\times36$$

$$=-151.4\text{kg}$$

마찬가지로 y방향에 대해서도

$$F_y=\rho QV_2\sin60°-0=\frac{1000}{9.8}\times\frac{\pi}{4}\times(0.05)^2\times36\times30\times\frac{\sqrt{3}}{2}$$

$$=187.3\text{kg}$$

그러므로 합력(resultant force)은

$$F=\sqrt{(151.4)^2+(187.3)^2}=240.8\text{kg}$$

작용방향은

$$\theta=\tan^{-1}(\frac{187.3}{151.4})=51°3'$$

즉 x방향에서 $51°3'$의 방향으로 합력이 작용한다.

5.4.3 자유선회운동(Free Vortex Motion)

유체가 자유원운동을 하면서 원의 중심으로부터 주위에 균일하게 분출되는 회전유동을 **자유선회운동**이라고 한다.

그림 5-9는 원의 중심 O에서 임의의 반지름방향 거리 R_1과 R_2사이에 유체가 선회유동되는 경우를 나타낸 것이다. 반지름 R_1, R_2의 원주상의 임의의 점 P_1과 P_2에서 반지름 및 접선방향의 속도를 V_{r1}, V_{r2}, V_{t1}, V_{t2}라 하고, V_{r1}과 V_{t1}, V_{r2}와 V_{t2}에 의해서 형성되는 유체의 유동방향의 속도를 V_1, V_2라 하면, 단위두께를 통과하는 유량은 연속방정식에 의하여 다음과 같이 된다.

$$2\pi R_1V_{r1}=2\pi R_2V_{r2}$$

즉,

$$RV_r=C \qquad (5\text{-}29)$$

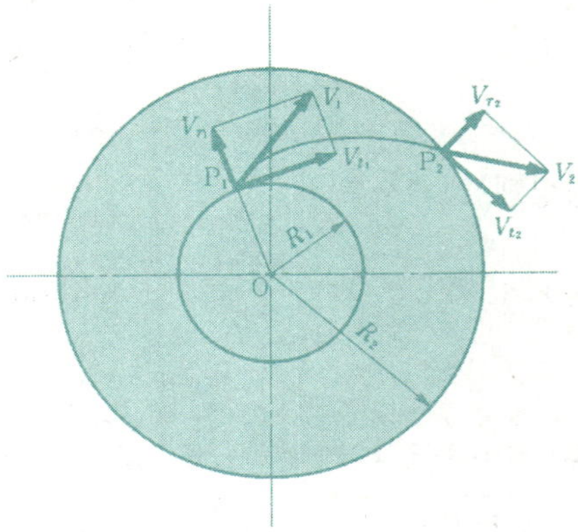

그림 5-9

유체가 R_1과 R_2 사이를 유동하는 동안 외력이 작용하지 않으므로, 운동량의 증가나 감소가 없으며 원점에 대한 이 두 점에서의 운동량모멘트는 동일하여야 한다.

$$\rho 2\pi R_1^2 V_{r1} V_{t1} = \rho 2\pi R_2^2 V_{r2} V_{t2}$$

연속이론과 함께 $R_1 V_{t1} = R_2 V_{t2}$이므로

$$RV_t = C \tag{5-30}$$

식(5-29), (5-30)으로부터

$$\frac{V_t}{V_r} = C \tag{5-31}$$

이상의 식들로부터 자유선회운동에서는 유체입자가 대수나선형의 유적선을 따라 유동하고 있음을 알 수 있다.

예제 5-6 그림 5-10에서 임의의 반지름 R인 점에서 접선방향의 속도를 V_t라 할 때 $RV_{t=}C$가 됨을 Bernoulli 정리를 이용하여 증명하라.

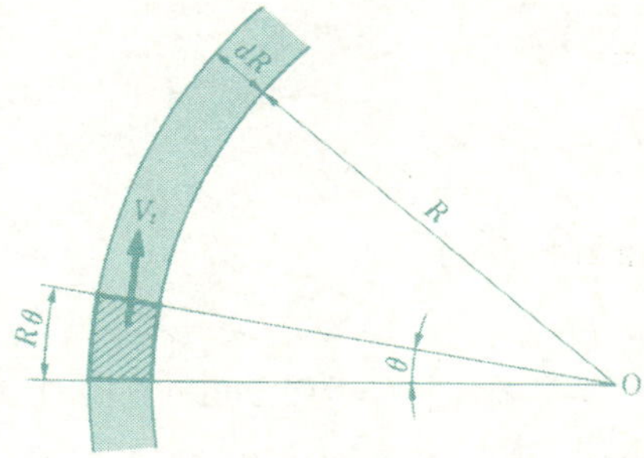

그림 5-10

풀이 Bernoulli 방정식은

$$\frac{V_t^2}{2g}+\frac{p}{\gamma}=C$$

반지름 R에 대하여 미분하면

$$\frac{V_t}{g}\frac{dV_t}{dR}+\frac{1}{\gamma}\frac{dp}{dR}=0 \quad \cdots\cdots ①$$

그림 5-10에 단위두께에 대한 미소질량은 $\rho R\theta dR$이고, 이 질량에 작용하는 원심력은 $\rho R\theta dR(V_t^2/R)$가 된다. 또한, 이 원심력은 미소면적 $R\theta$의 내외에 작용하는 전압력차 $R\theta dp$와 같아야 되므로

$$\rho R\theta dR\left(\frac{V_t^2}{R}\right)=R\theta dp$$

즉,

$$\frac{dp}{dR}=\rho\frac{V_t^2}{R} \quad \cdots\cdots ②$$

식 ①, ②에서 dp/dR를 소거하여 정리하면

$$\frac{dR}{R}+\frac{dV_t}{V_t}=0$$

적분하면

$$\log_e R + \log_e V_t = C$$

즉,

$$RV_t = C$$

5.4.4 노즐분사(Nozzle Jet)

노즐에 의하여 분사되는 분류에 의한 반력(reaction)과 힘이 어떻게 작용되는가를 알아보기 위하여 **그림 5-11**과 같이 단면 (1), (2)에 균일직선 유동되는 수평노즐을 생각해 보자.

단면 (1), (2) 사이에서 x방향으로 발생하는 힘은

$$p_1A_1 - p_2A_2 + F_x = \rho Q(V_2 - V_1) \tag{5-32}$$

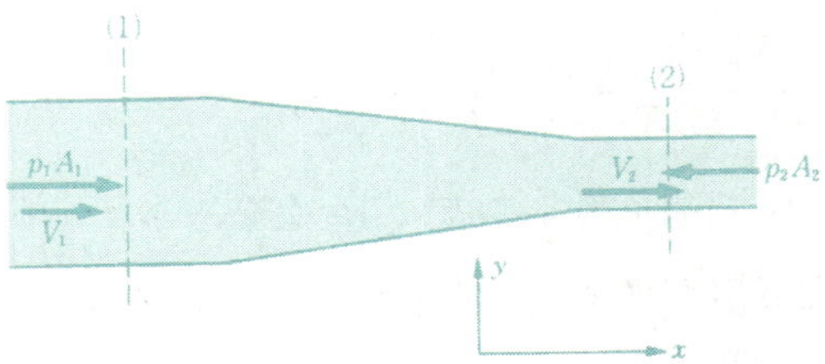

그림 5-11

따라서, 이와 같은 노즐의 분사에 의하여 발생하는 모멘트 또는 반력을 알기 쉽게 설명하기 위하여, **그림 5-12**와 같이 큰 수조에서 하부에 뚫린 오리피스로부터 분출되는 분류를 생각해보자.

분출되는 유속에 비하여 수조 내의 물의 하강속도는 매우 작아서 무시할 수 있을 때, 유체에 작용하는 힘은

$$F = \rho QV = \rho QC_v\sqrt{2gh} \tag{5-33}$$

가 되며, 이 힘이 결국 수조내의 유체에 반력으로 작용하게 된다. 직선으로 정상유동을 하고 있는 기체에 작용하는 **추진력**(propelling force)도 역시 동일한 방법으로써 운동량방정식으로부터 구할 수 있다.

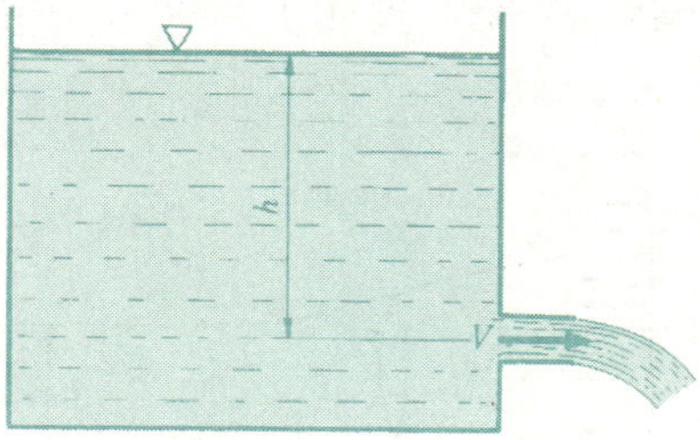

그림 5-12

기체의 전단에서의 유속을 V_1, 분사한 공연혼합가스의 분출속도가 V_2일 때의 추진력은

$$F = \int \rho V_2^2 dA_2 - \int \rho V_1^2 dA_1 \qquad (5\text{-}34)$$

여기서 A_1, A_2는 기체의 입구와 출구의 오리피스 단면적이다. 나아가서 기체에서 분사되는 가스는 주위의 대기 중에 분출되지만 이 압력 p_2는 대기압 p_a보다 훨씬 크다. 따라서, p_2는 분출 즉시 대기압 p_a와 같은 값으로 떨어지지 않으므로, 이 두 압력 차이에 의한 힘 $(p_2 - p_a)A_2$는 기체의 추진력에 부가되는 것이다. 그러므로 기체에 작용하는 총추진력은

$$F_t = (p_2 - p_a)A_2 + \int \rho V_2^2 dA_2 - \int \rho V_1^2 dA_1 \qquad (5\text{-}35)$$

이 된다.

5.4.5 프로펠러(Propeller)

프로펠러는 축의 토크(torque)를 축방향의 추력(thrust)으로 바꾸는 데 사용되고 있다. 이로 인하여 그것이 잠겨 있는 유체에는 운동량의 증가를 가져오고, 이 유체에 작용하는 힘은 바로 프로펠러 자체에 반력이 되어 추진력 역할을 하게 되는 것이다. (그림 5–13)

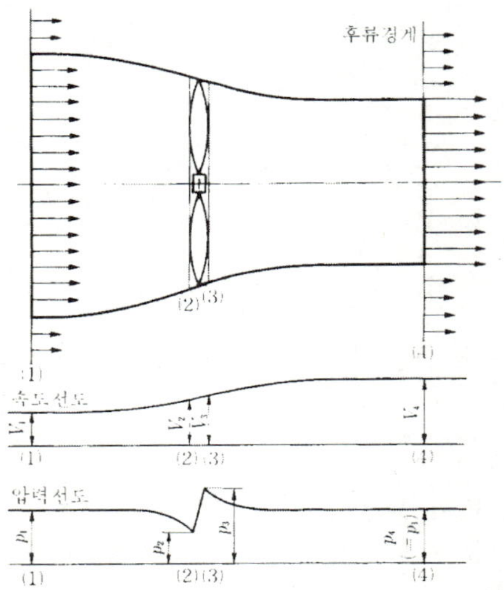

그림 5–13

단면 (1)에서는 압력 p_1, 유속을 V_1, 단면 (2)에서의 그것들을 p_2, V_2라 하면, 프로펠러의 단면에서는 압력이 p_3로 증가한다. 따라서, 프로펠러 후류의 속도는 점차적으로 증가한다.

프로펠러 전후에서의 속도 V_2, V_3는 연속이론에 의하여 거의 같음을 알 수 있다. 그러므로 실제 프로펠러에 작용하는 힘은

$$F = \rho Q(V_4 - V_1) \tag{5-36}$$

따라서 프로펠러 전후에서의 압력차는 $(p_3 - p_2)$이고, 프로펠러에 받는 힘은 $(p_3 - p_2)A$이므로, 이것은 식 (5–36)과 동일하여야 한다.

$$(p_3 - p_2)A = \rho V_2 A(V_4 - V_1)$$

즉,

$$p_3 - p_2 = \rho V_2(V_4 - V_1) \qquad (5\text{-}37)$$

단면 (2), (3)에서는 비정상유동이므로 Bernoulli 방정식을 적용하기가 곤란하나, 단면 (1), (2)에서는 적용이 가능하므로

$$p_1 + \frac{1}{2}\rho V_1^2 = p_2 + \frac{1}{2}\rho V_2^2 \qquad (5\text{-}38)$$

마찬가지로 단면 (3), (4)에서

$$p_3 + \frac{1}{2}\rho V_3^2 = p_4 + \frac{1}{2}\rho V_4^2 \qquad (5\text{-}39)$$

따라서 $V_2 = V_3$, $p_1 = p_4$로 볼 수 있으므로, 식 (5-38), (5-39)를 합하여 정리하면

$$p_3 - p_2 = \frac{1}{2}\rho(V_4^2 - V_1^2) \qquad (5\text{-}40)$$

식 (5-37)과 식 (5-40)으로부터 $p_3 - p_2$를 소거하면

$$V_2 = \frac{V_1 + V_4}{2} \qquad (5\text{-}41)$$

그러므로 프로펠러를 통과하는 유속은 상류와 후류속도의 산술평균값임을 알 수 있다. 이와 같은 이론은 William Froude(1810~1879)에 의하여 처음으로 밝혀져 Froude 이론이고 한다.

정지상태에 있는 유체에 프로펠러가 V_1의 속도로 접근할 때에, 프로펠러가 한 유효일량은 다음과 같이 쓸 수 있다.

$$出力 = FV_1 = \rho Q(V_4 - V_1)V_1 \qquad (5\text{-}42)$$

또, 이 유효일량 외에 운동에너지는 후류에 주어지며 소멸되어 버린다. 그리하여 입력은

$$\text{入力} = \rho Q(V_4 - V_1)V_1 + \frac{1}{2}\rho Q(V_4 - V_1)^2 \tag{5-43}$$

그러므로 이론적인 효율 η_{th}는

$$\eta_{th} = \frac{\text{出力}}{\text{入力}} = \frac{V_1}{V_1 + \frac{1}{2}(V_4 - V_1)} \tag{5-44}$$

또는 식(5-41)과 함께

$$\eta_{th} = \frac{V_1}{V_2} \tag{5-45}$$

이 되며, 이를 Froude **효율**(Froude efficiency)이라고도 한다. 식 (5-44)에서 보는 바와 같이 프로펠러의 효율은 $(V_4 - V_1)$의 값에 크게 좌우된다. 아무리 이상유체의 경우라도 $(V_4 - V_1)$이 0이 되는 경우가 없으며, 대개의 경우에 실제 효율은 0.85~0.9의 값이 된다. 그러나 유속이 650km/h 정도에만 이르러도 공기의 압축성의 영향으로 효율이 감소하게 된다.

선박의 프로펠러에서는 한정된 프로펠러지름과 선체의 영향을 받아 약간 적은 효율을 나타내나, 식 (5-44)는 어느 경우나 사용할 수 있는 식이다.

예제 5-7 비행기가 600km/h로 정지상태의 공기 중을 날고 있다. 비중량이 12N/m^3이고 지름이 2.4m인 두 프로펠러를 통하여 $1700\text{m}^3/\text{s}$의 공기를 유동시키고 있을 때 (a) 이론적 효율, (b) 축력, (c) 프로펠러 전후에서의 압력차, (d) 필요한 이론적인 동력을 구하라.

풀이 (a) $V_1 = \dfrac{600{,}000}{3600} = 166.67\text{m/s}$

$$V_2 = \frac{850}{(\pi/4)(2.4)^2} = 188\text{m/s}$$

$$\eta_{th} = \frac{166.67}{188} = 88.7\%$$

(b) $V_2 = \dfrac{V_1 + V_4}{2}$ 에서

$$V_4 = 2V_2 - V_1 = 2 \times 188 - 166.67 = 209.33\text{m/s}$$

$$F = \rho Q(V_4 - V_1) = \frac{12}{9.8} \times 1700 \times (209.33 - 166.67)$$

$$= 88.802\text{N}$$

(C) 압력차

$$p_3 - p_2 = \frac{12}{9.8} \times 188(209.33 - 166.67) = 9821\text{N/m}^2$$

(d) 이론적인 동력

$$L_{th} = FV_1 = 88{,}802\text{N} \times 166.67\text{m/s} \times \left(\frac{1\text{kW}}{1000\text{N} \cdot \text{m/s}}\right)$$

$$= 14{,}800.63\text{kW}$$

예제 5-8 그림 5-14에서 10kg/s의 물이 축방향으로 펌프 임펠러(impeller)에 유입되고 있다. 입구에서의 유속은 축류이고 균일유동이며, 임펠러의 지름은 4m이다. 반지름방향의 깃(blade)에 대한 상대속도는 3m/s로서 물이 3500rpm으로 회전하고 있는 임펠러로부터 나오고 있다. 이 때에 임펠러 출구의 폭, 임펠러에 가해진 토크 및 여기에 소모된 마력을 구하라.

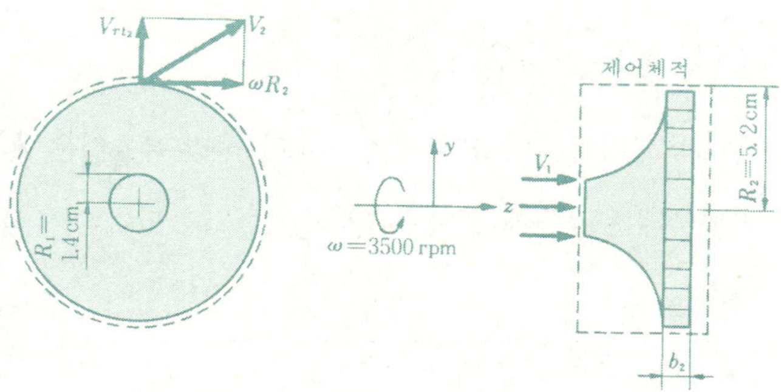

그림 5-14

풀이 연속이론에 의하여

$$\rho Q = \rho V_{rb2} 2\pi R_2 b_2$$

$$b_2 = \frac{Q}{2\pi R_2 V_{rb2}} = \frac{10/1000}{2\pi \times 0.052 \times 3} = 1.02\text{cm}$$

축에 가해지는 토크는

$$T = \omega R_2^2 \rho Q = \frac{3500}{60} \times (0.052)^2 \times 1000 \times 0.01 = 1.58\text{kg}$$

소모된 마력은

$$H = \frac{T\omega}{75} = \frac{1.58 \times 3500}{75 \times 60} = 1.23\text{HP}$$

5.4.6 제트추진(Jet Propulsion)

프로펠러는 분류를 발생시키는 제트추진의 한 형태이며, 이로써 추진력(propelling force)인 추력(thrust)을 얻게 되는 것이다.

제트 엔진에서는 엔진에 공기가 흡입되어 소량의 연료와 함께 연소되며, 이 연소된 가스는 프로펠러를 통하는 유속보다 훨씬 높은 속도로 분출된다. 기계적인 에너지를 살펴보면, 이론적인 효율은 입력에 대한 유효일의 비로 나타내거나, 유효일을 분류에 머무는 단위시간당의 유효일과 운동에너지의 합으로 나누어 계산하기도 한다. 연소된 연료의 질량을 무시한다면, 추진력은

$$F = \rho Q(V_2 - V_1) = \rho Q V_{\text{abs}} \qquad (5\text{-}46)$$

여기서 V_{abs}는 절대속도이며, V_1을 물체의 속도라 하면 유효일은 FV_1이 된다. 또한, 단위시간당 분류에 방출되는 운동에너지는 $\rho Q(V_{abs})^2/2$이 되어 이론적인 기계효율은

$$\eta_{\text{th}} = \frac{\text{출력}}{\text{출력}+\text{손실}} = \frac{FV_1}{FV_1 + \rho Q(V_{\text{abs}})^2/2}$$

$$= \frac{\rho Q V_{\text{abs}} V_1}{\rho q V_{\text{abs}} V_1 + \rho Q(V_{\text{abs}})^2/2}$$

즉,

$$\eta_{th} = \frac{1}{1 + V_{\text{abs}}/2V_1} \tag{5-47}$$

이는 프로펠러의 효율과 같은 식이 된다. 여기서 V_{abs}/V_1은 가능한 한 적어야 되고, 속도 V_1이 주어졌을 때 저항력 F는 물체와 유동하는 유체에 의하여 결정되며, 식 (5-47)에서 V_{abs}가 아주 작은 값이 되면 ρQ는 아주 큰 값이 되어야 한다.

제 5 장 연 습 문 제

FLUID MECHANICS

01_ 150°로 원활하게 굽어진 곡면상 한쪽 50mm의 지금을 갖는 분류(물)가 분사되어 지나갈 때, 출구에서의 유속은 마찰 등의 손실에 의하여 입구에서의 유속은 80%가 되었다. 이 때 베인에 미친 힘의 합력이 200kg였다면 유량은 얼마인가?

02_ 1.5m/s로 흐르고 있는 강물을 9m/s로 거슬러 올라가는 모터보트가 있다. 이 보트에는 제트추진기가 붙어 있으며, 이는 선수에서 선미로 물을 분출하고 있다. 분출유속이 18m/s, 유량이 0.15m^3/s일 때 추진력을 구하라.

03_ 기체의 절대속도를 풍속이 48km/h인 대기 중에서 240km/h로 거슬러 가기 위한 추진력이 10,300N이 필요하다. 이론적인 효율을 90%로 간주하여 공기의 밀도가 1.2kg/m^3일 때 이상적인 프로펠러의 지름을 구하라.

04_ 그림 5-15와 같이 고정된 베인에 유량 $Q$$m^3$/s인 분류가 Vm/s의 속도로 유입할 때, 중심선의 방향으로 작용하는 분류의 힘을 구하라.

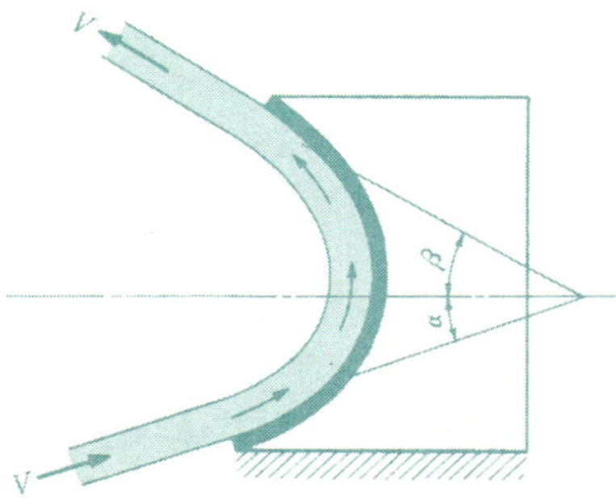

그림 5-15

05_ 그림 5-16과 같이 분류가 30°경사노즐로부터 점 A를 통과한다. 이 때의 유량은 얼마인가?

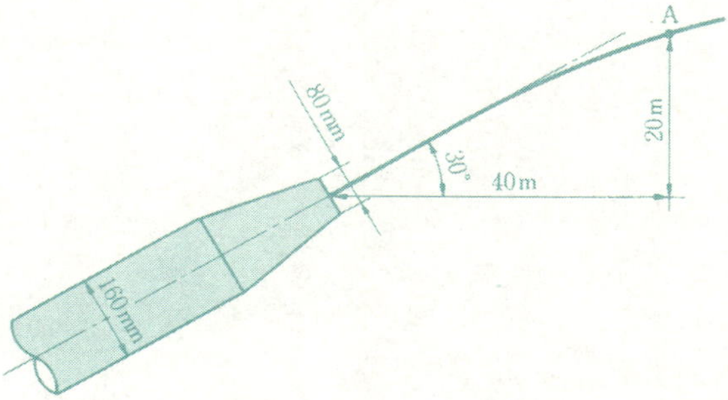

그림 5-16

06_ 그림 5-17과 같이 수조의 밑구멍이 뚫려 있는 노즐로부터 분사되어 아래 수조에 떠 있는 곡면접시 위에 떨어진다. 이 때 접시의 물에 잠긴 부분의 부피가 $0.14m^3$였다. 이 접시 안에 들어 있는 물의 무게를 구하라.(단, 접시의 무게를 0.3kg이라고 한다)

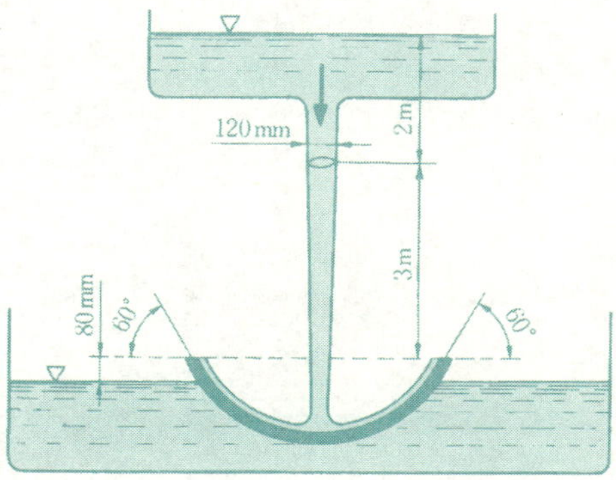

그림 5-17

07_ 그림 5-18과 같이 수조 상하 두 구멍에서 분출되는 물이 임의의 거리x에서 만난다. 이 때 $H_1 l_1 = H_2 l_2$가 되는 것을 증명하라.

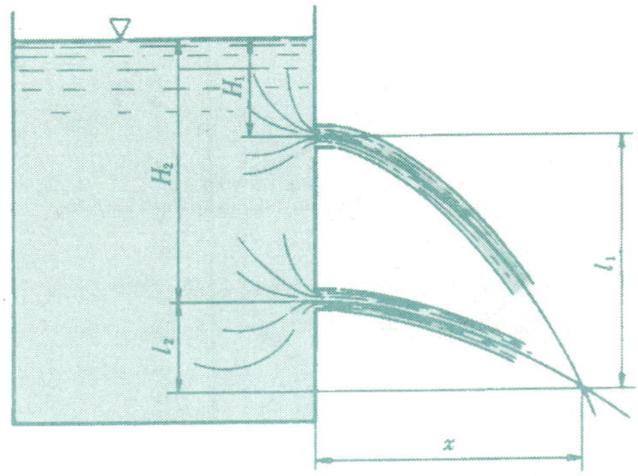

그림 5-18

08_ 그림 5-19에서와 같이 곡각이 60°인 베인이 $U = 10\text{m/s}$로 움직이면서 노즐로부터 $V = 30\text{m/s}$로 분출되는 물을 받고 있다. 노즐의 출구면적이 0.003m^2일 때 베인에 작용하는 힘을 구하라.

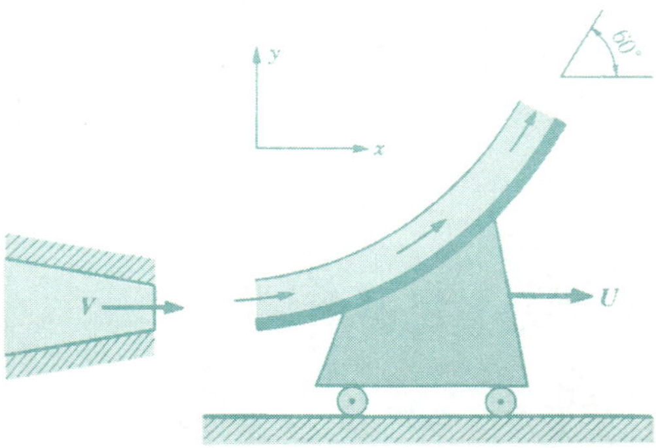

그림 5-19

09_ 그림 5-20에서 보는 바와 같이 U의 속도로 x방향으로 움직이고 있는 이동베인에 분류가 V_1의 속도로 유입하여 V_2의 속도로 유출되고 있다. 베인에 작용하는 동력과 효율을 구하라.(마찰과 베인 이외에는 받는 힘들은 무시한다)

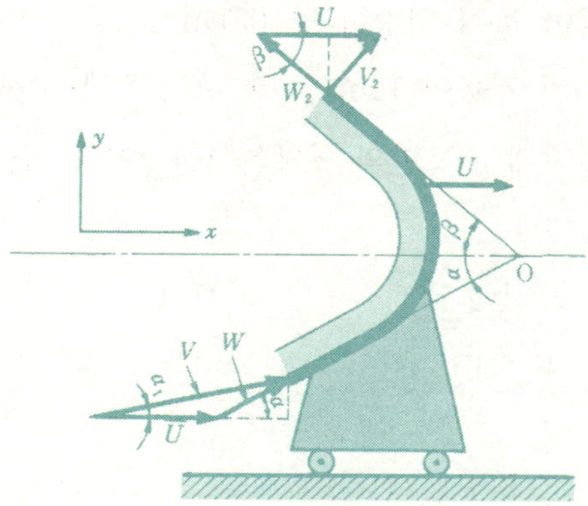

그림 5-20

10_ 그림 5-21에서와 같이 단면이 점진적으로 감소하는 180° 곡관이 있다. 유량이 $0.3\text{m}^3/\text{s}$이고, 입구에서의 압력이 160kPa이다. 곡관의 체적이 0.12m^3이고 Bernoulli 방정식이 적용되는 유동이라면 곡관이 움직이지 않고 지탱할 수 있는 반력은 얼마인가?(곡관 자체의 무게는 480N이며, 유체는 물이다)

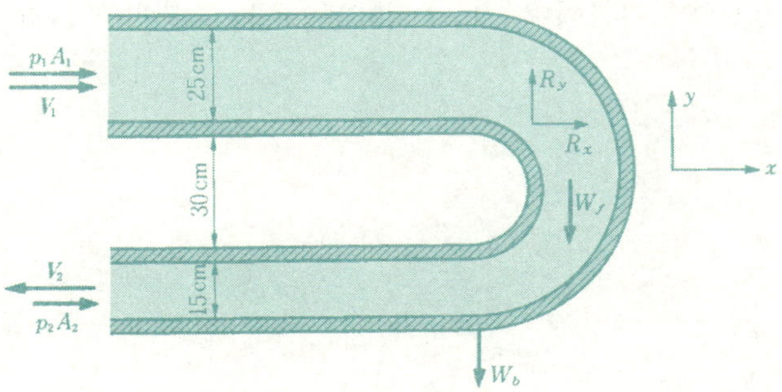

그림 5-21

11_ 수평으로 물이 수직평판에 분사되고 있다. 유량이 $0.06\text{m}^3/\text{s}$이고, 평판을 지탱하기 위한 힘이 80kg라면 분류의 속도는 얼마가 되겠는가?

12_ 그림 5-22에서와 같이 물이 일정한 양 $0.04\text{m}^3/\text{s}$로서 위 수조에서 아래 수조로 분출되고 있다. 분류의 지름이 12cm라면, A와 B에 설치된 게이지의 눈금은 얼마를 가리키겠는가?(아래 수조만의 무게는 10kg이고, 단면적은 0.36m^2이다)

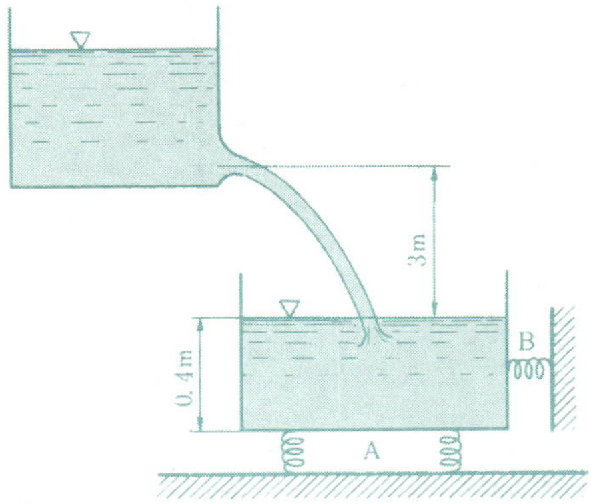

그림 5-22

13_ 그림 5-23의 고정베인에서 x, y방향으로 작용하는 반력을 구하라.(여기서 분류는 비중이 0.94인 기름이며, $V_1 = 25\text{m/s}$, $V_2 = 20\text{m/s}$, 유량은 $0.06\text{m}^3/\text{s}$이다)

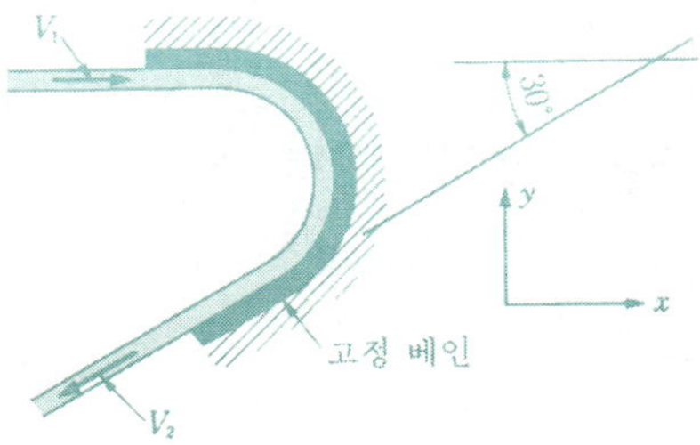

그림 5-23

14_ 그림 5-24에서 물을 25m/s로서 수평방향으로 8m/s로 이동하고 있는 베인에 분사시키고 있다. 분사류의 지름이 8cm이면 x, y방향으로 베인에 발생하는 힘의 성분들을 계산하라.

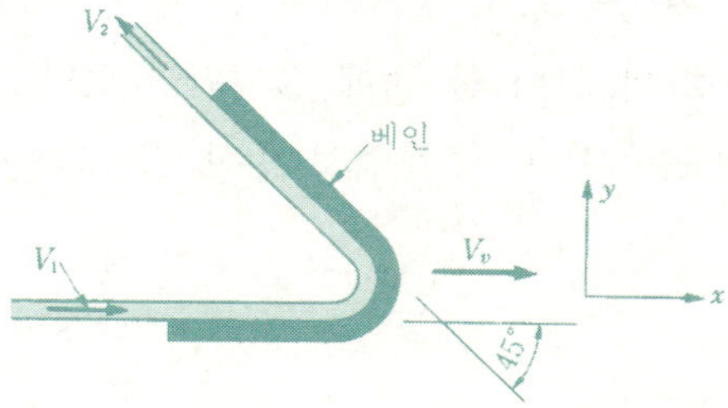

그림 5-24

15_ 그림 5-25와 같이 2차원 베인에 물이 분사되고 있으며, 이 베인은 20m/s로 수평방향으로 이동하고 있다. 최초 분류의 지름은 10cm이고, 분류의 속도는 30m/s이다. 베인에 발생하는 동력을 구하라.

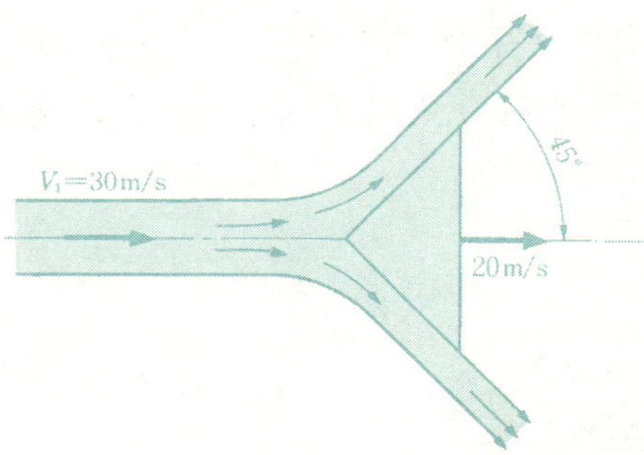

그림 5-25

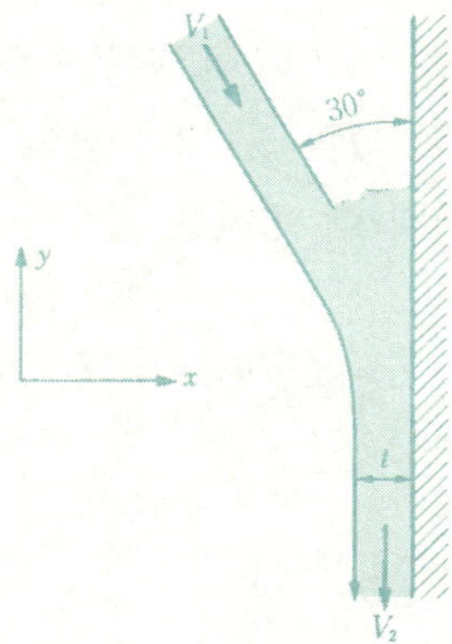

그림 5-26

16_ 수직으로 설치된 벽에 그림 5-26과 같이 액체가 2차원분사를 하고 있다. $V_1 = V_2$로 가정하고 벽면의 단위폭에 작용하는 힘을 구하라.

17_ 수평방향으로 초기 운동속도가 90m/s이고, 무게가 900kg인 썰매에 스쿠프(scoop)가 **그림 5-27**과 같이 물 속에 설치되어 있다. 폭은 20cm이며, 물 속에 잠긴 깊이는 10cm이다. 이 스쿠프로 인한 썰매의 초기 감속도를 구하라.

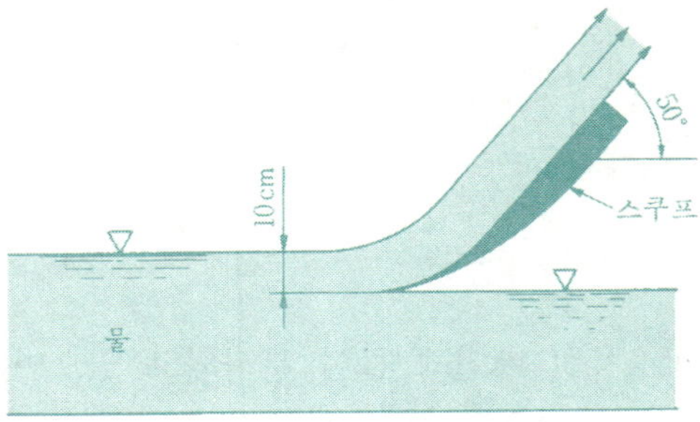

그림 5-27

18_ 지름이 60cm인 원형평판의 중심에 지름이 6cm인 칼날오리피스가 설치되어 있다. **그림 5-28**과 같이 지름이 12cm인 분류를 평판에 수직하게 40m/s로 분사시킬 때 평판을 지탱하기 위한 필요한 힘은 얼마인가?(단, 분사류는 물이다)

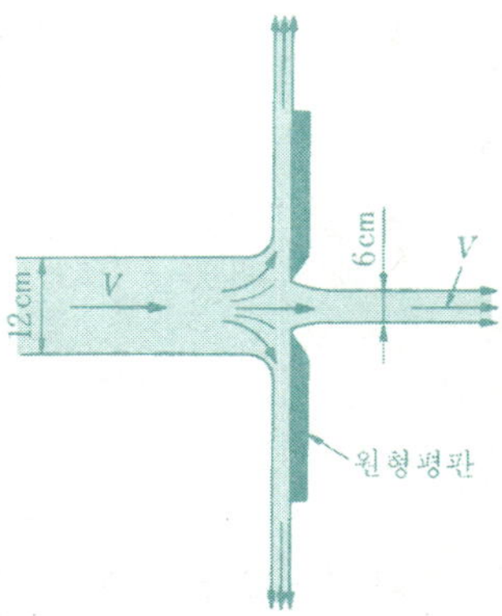

그림 5-28

19_ 그림 5-29와 같이 원추형 물체가 철사에 매달려 수직방향으로 자유롭게 움직일 수 있으며, 이 원추에 밑으로부터 물이 분사되고 있다. 원추의 무게는 5.2kg이며, 분류의 속도는 18m/s이고, 분류의 지름은 4cm이다. 철사에 의한 모든 영향을 무시하고, 원추가 정지할 수 있는 높이를 구하라.

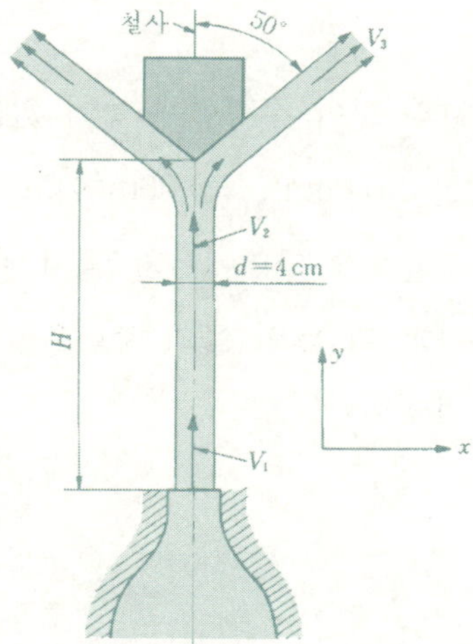

그림 5-29

20_ 지름이 0.4m인 관이 그림 5-30과 같이 180° 곡관으로 되어 있다. 입구중심부에서의 압력이 16psi이고, 유량은 $18\,ft^3/s$이다. 또한 곡관의 무게는 120lbf이고, 체적은 $4\,ft^3$이다. 압력손실을 무시하고, 유체가 물인 경우에 곡관을 지탱하기 위한 외력을 구하라.

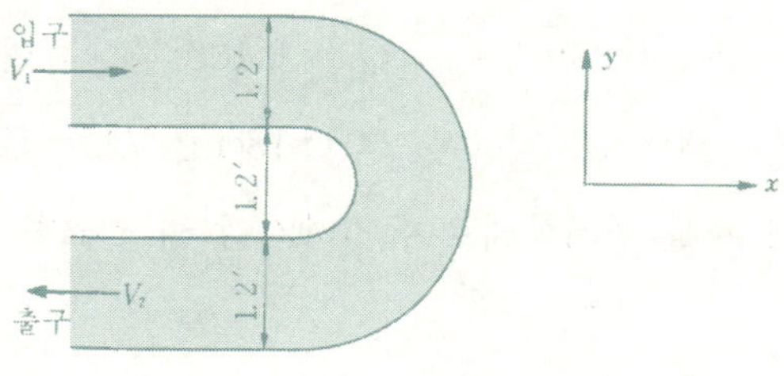

그림 5-30

21_ 수평으로 놓인 곡관의 입구지름이 20cm, 출구지름이 10cm이며, 90°로 굽어져 있다. 상류의 게이지압력이 160kPa이고, 유량은 $0.12m^3/s$이다. 질량력을 무시하고 비회전유동인 경우, 곡관을 지탱할 수 있는 외력을 계산하라.(유체는 물이다)

22_ Y형 관로가 **그림 5-31**과 같이 수평면에 놓여 있다. 1, 2, 3의 각 유체단면적은 $0.16m^2$, $0.16m^2$, $0.06m^2$, $0.06m^2$이고, 게이지압력은 $0.3kg/cm^2$, $0.3kg/cm^2$, 0이다. 또한, 각 단면에서의 물의 유량은 $0.03m^3/s$, $0.02m^3/s$, $0.01m^3/s$이다. Y형 관과 관 내의 물의 중량을 무시하고, 이 관이 정지상태에 있을 수 있는 외력을 계산하라.

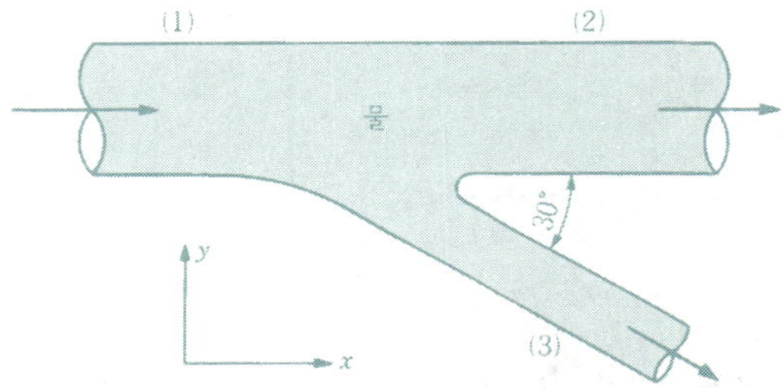

그림5-31

23_ **그림 5-32**와 같이 T형 관로에 물($\rho = 1000kg/m^3$)이 유동되고 있다. 각 단면에서 유량은 $Q_1 = 0.28m^3/s$, $Q_2 = 0.18m^3/s$, 압력은 $p_1 = 1200kPa$, $p_2 = 80kPa$, $p_3 = 90kPa$, 지름은 $D_1 = 18cm$, $D_2 = 12cm$, $D_3 = 18cm$이다. 이러한 조건에서 관을 정지상태로 유지하기 위해 필요한 외력을 구하라.

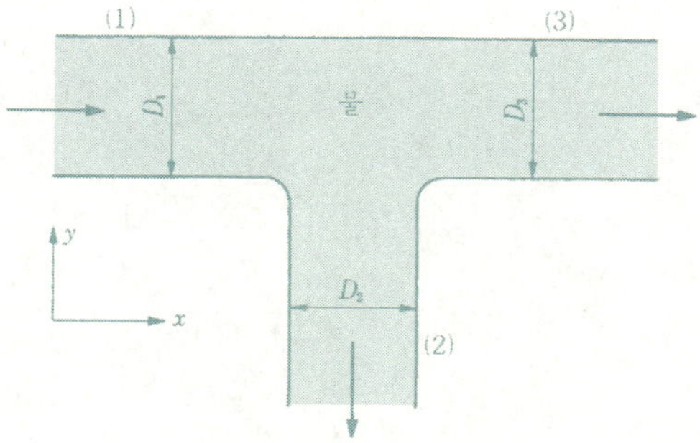

그림5-32

24_ 물이 노즐을 통하여 $16\text{ft}^3/\text{s}$로 흐르고 있으며, 출구는 대기에 접하고 있다. 지름 $D_1 = 16\text{in}$, $D_2 = 8\text{in}$이고, 비회전유동이라고 가정하면 이 노즐을 지탱할 수 있는 필요한 힘을 계산하라.

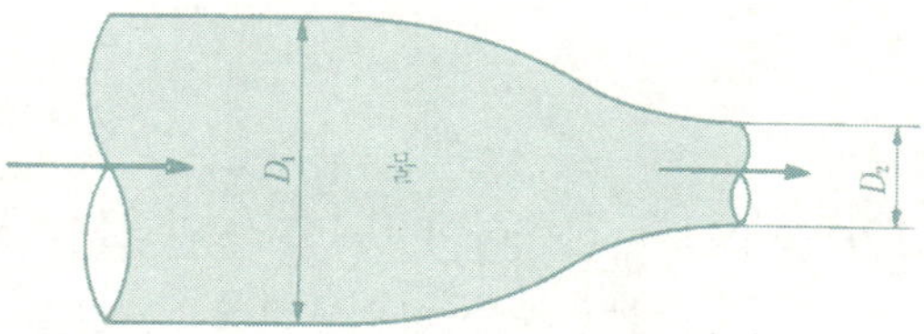

그림 5-33

25_ 그림 5-34와 같이 2중노즐이 평면상에 설치되어 물을 대기 중에 $20\text{ft}^3/\text{s}$로 방출하고 있다. 노즐의 지름은 $D_1 = 6\text{in}$, $D_2 = 6.4\text{in}$, $D_3 = 12\text{in}$이고, 두 노즐에서 분출되는 물의 속도는 동일하며, 비회전유동이다. x방향으로 발생하는 힘을 계산하라.

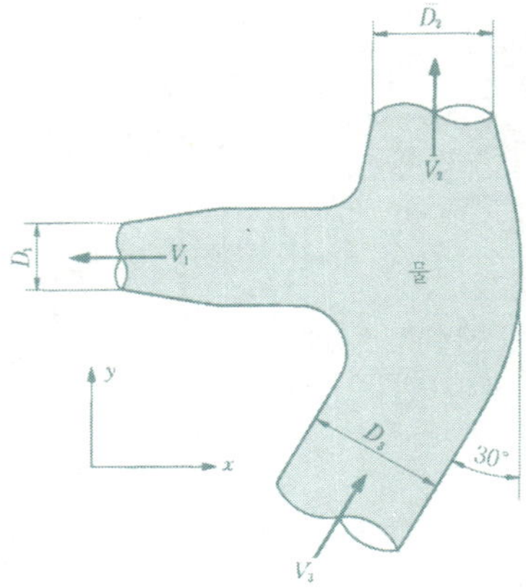

그림 5-34

26_ 지름이 8in인 파이프의 끝에 지름이 4in인 오리피스가 설치되어 $4ft^3/s$의 물이 분사되고 있다. 분사류수축부의 지름이 3.6in라면 이 때 발생하는 반력을 구하라.

27_ 그림 5-35와 같이 분무기를 사용하여 $0.4m^3/s$의 물을 분사시키고 있다. 양노즐에서 분출속도가 30m/s이고, 비회전유동이며, 동력을 무시한 상태에서 분무기의 헤드를 지름 30cm의 관에 부착하여 떨어지지 않도록 지탱하기 위한 힘은 얼마인가?

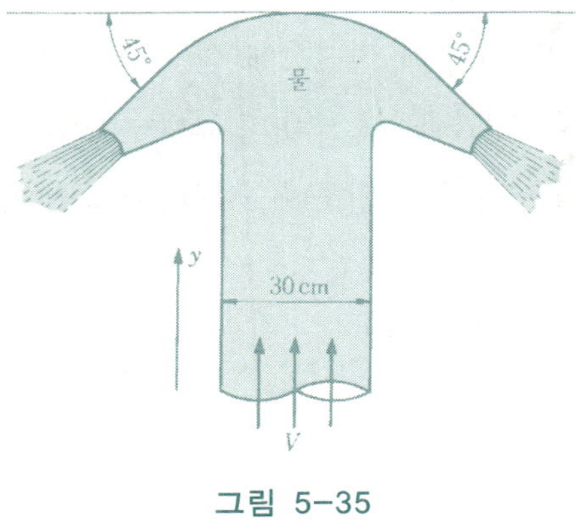

그림 5-35

28_ 그림 5-36과 같이 밀도가 1.2kg/m^{3}인 공기를 풍차에 의해 12m/s로 유동시키고 있다. 프로펠러가 부착된 부분의 지름이 4m이고, 입구의 지름은 3m, 출구의 지름은 4.6m이다. 균일분포 비압축성 유동으로 간주할 때 풍차에 발생하는 추력을 계산하라.

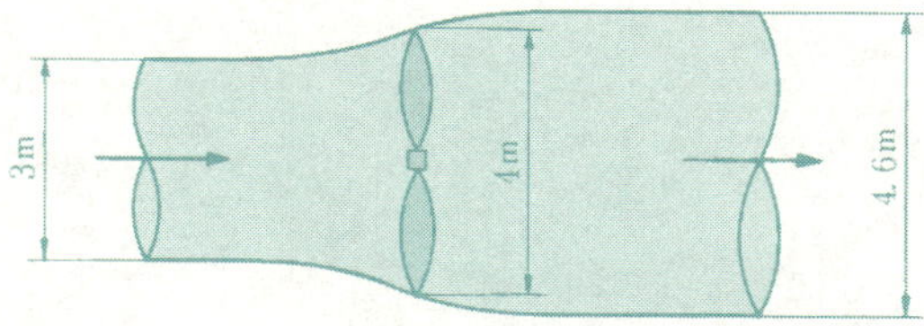

그림 5-36

Fluid Mechanics

제 6 장

층류유동
Laminar Flow

6.1 개론

개개의 유체입자는 유적선을 그리며 운동할 때 서로 다른 유선을 가로지르지 않고 자기유선을 따라 운동하는데, 이 유체입자들의 흐름을 **층류**라고 한다.

이와 같은 층류는 아주 낮은 유속에서만 볼 수 있으며, 점도가 유체유동에서 생기는 관성력(inertia force)을 충분히 이길 수 있는 상태에서 이루어진다.

이러한 운동관계식은 앞에서 논한 뉴턴의 점성의 법칙에서 이미 밝혀진 것이다.

$$\tau = \mu \frac{\partial u}{\partial y}$$

이 식은 뉴턴이 1687년에 세운 식이다. 여기서 $\frac{\partial u}{\partial y}$는 유동방향에 수직한 y값의 증가에 대한 유속 u의 증가비율을 나타내며, 이를 편미분으로 표시한 것은 유속 u가 단순한 y방향의 함수만은 아니기 때문이다. 점도 μ는 앞에서 논한 점성계수로서 **절대점도**(absolute viscosity)라고 한다. 또, τ는 y방향에 수직한 유동층 또는 접면에서 일어나는 전단응력이다.

6.2 Reynolds의 실험

유체가 유동하는 동안에 유체입자들의 운동은 점성의 영향으로 서로 다른 입자들의 운동을 감속시키거나 가속시키는 결과를 가져온다. 이로 인하여 유동은 층류(laminar flow)가 되거나 난류(turbulent flow)가 되는데, 이는 유속에 따라 변화하게 된다. 그리하여 Reynolds는 실험을 통하여 유체유동을 층류와 난류로 구분하는 데 성공하였다.

Reynolds는 **그림 6-1**과 같이 가늘고 곧은 유리관 (약 $\phi 12$)을 유리로 만든 수조에 설치하고, 가는 유리관 내로 유색액체를 유동시킬 수 있도록 장치하였다.

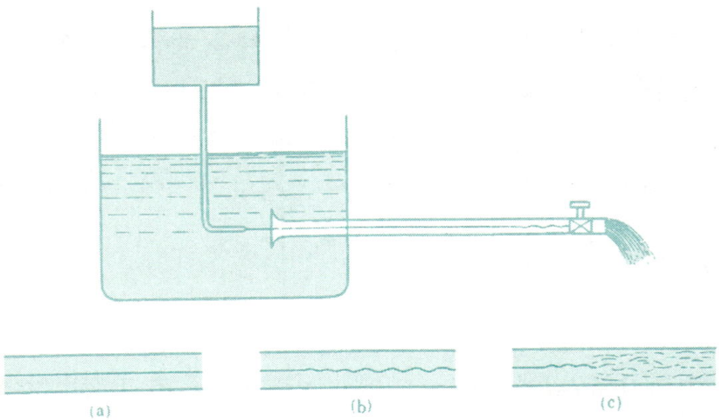

그림 6-1

유리관 끝에는 밸브를 부착하여 그 개도에 따라 유량을 조절함으로써 유속을 변화시켰다.

유리관 내로 물이 흘러나갈 때, 유색액체는 동일한 속도로 흘러나가게 되며, 유속이 낮은 상태에서는 흐르는 유색액체가 일직선으로 분산되지 않고 흘러가는 것을 관찰하였다. 즉, 이는 각 유선들의 흐름이 직선임을 나타내고 있다.[그림 6-1(a)] 그러나 밸브를 조금씩 열어 그 유량이 많아짐에 따라 유속이 증가하여 유선이 약간씩 흔들리기 시작하다가 [그림 6-1(b)], 밸브를 완전히 열어서 유속을 크게 증가시키면 유선은 완전히 산만하게 분산되어 유선을 더 이상 관찰할 수가 없게 된다[그림 6-1(c)].

따라서, **그림 6-1(a)**와 같은 유동을 **층류유동**(laminar folw)이라 하고 **그림 6-1(c)**와 같은 유동을 **난류유동**(turbulent flow)이라고 한다.

또, 유속이 적은 상태의 유동에서도 유선은 유리관의 입구에서 멀어짐에 따라 흔들리기 시작하다가 출구에 가까워질수록 더욱 심하게 됨을 볼 수 있다. 그리하여 Reynolds가 실험한 결과로는, 입구로부터 관지름의 약 30배 되는 거리에서부터 유선이 흔들리기 시작하는 것으로 밝혀져 있다. 물론, 이 현상은 유속과 유체의 점도에 따라 다르기는 하다. 이와 같이 변화하는 유동현상은 밸브의 개도를 줄여가면 다시 원상태로 돌아가는 것을 볼 수 있다.

Reynolds는 이 실험에서 처음에는 물을 사용하였으나, 유체를 바꾸어 공기를 사용하였을 때에도 동일한 현상을 발견하였다. 또, 관의 모형을 바꿔 원형관에서 3각관 및 4각관 등으로 바꿔 실험했을 때에도 동일한 현상임을 규명하였다.

6.3 Reynolds 수

Renolds는 위와 같은 실험에서 유동현상의 변화에 크게 영향을 미치는 인자들을 유량에 관계되는 유속과 단면적으로 보고, 이들의 적을 무차원(non-dimension)으로 나타내었다.

$$\text{Reynolds수} = \frac{\text{밀도} \times \text{流速} \times \text{지름}}{\text{점도}}$$

동점성계수는 $\nu = \dfrac{\mu}{\rho}$ 이므로

$$Re = \frac{VD}{\nu} \tag{6-1}$$

단면이 3각형이거나 4각형인 경우는 원의 단면적으로 환산한 **상당지름**(relative diameter)을 사용한다.

특히 가로가 a, 세로가 b인 직4각형인 경우에는 상당지름 D_r는

$$D_r = \frac{4ab}{2(a+b)} \tag{6-2}$$

로 계산한다.

또, 일반적으로 관 내의 유동이 아닌 평판상의 유동과 같은 경우에는 상당지름을 계산할 수가 없으므로, 어느 기준점으로부터 거리를 지름 대신에 사용한다. 따라서, 이것을 **국소 레이놀즈수(local Reynolds number)**라 한다.

일반적으로 관 내의 유동에서 Reynolds 실험으로 밝혀진 바에 의하여, $Re \geqq 2300$이면 난류유동이 일어나고, $Re < 2300$이면 층류유동을 하는 것으로 알려져 있다.

6.4 수평원형관 내의 층류유동:Hagen-Poiseuille 법칙

원형단면 직관 내의 유체유동에 대한 연구는 1840년대에 두 사람에 의하여 수행되었다. 맨 먼저 1839년에 독일의 공학기사인 G. H. L. hagen(1879~1884)에 의하여 실시되었다. 그는 아주 작은 황동관을 사용하여 물을 흘려 보냈는데, 주어진 길이를 흐르는 동안에 압력손실(head loss)은 유량에 비례하고, 관지름이 4제곱에 역비례함을 알아냈다.

그 때를 즈음하여 프랑스의 J. L. M. Poiseuille(1799~1869)는 혈관 내에 흐르는 피(blood)의 유동에 대하여 연구하고자, 아주 힘들고 정밀한 실험을 수행하고 있었다. 그는 아주 작은 유리관을 사용하여 물을 유동시켜 측정한 결과 Hagen과 동일한 결과를 1840년에 얻었다.

층류유동에서는 유체입자들이 서로 다른 유동층을 가로질러 흐르지 않기 때문에 아주 얇은 막들이 층을 이루며 유동하는 것과 마찬가지이다.

그림 6-2는 관내유동에서 반지름이 R인 원통에 반지름이 r와 $r+dr$인 원통들이 끼어 동일한 방향으로 각기 서로 다른 속도 u, $u+du$로 운동하고 있는 것과 같은 경우이다.

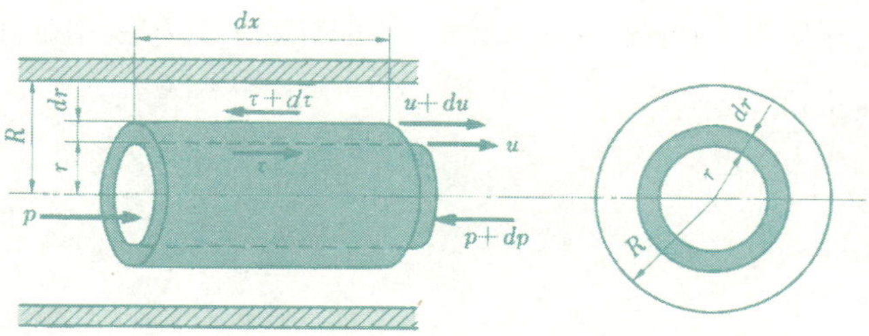

그림 6-2

이와 같이 서로 다른 속도로 운동하기 때문에 두 원통 사이에는 점성의 영향이 나타나게 된다. 그러므로 이 층 사이에는 상호운동에 반대되는 응력이 발생하게 되고, 정상유동의 경우 반지름 r인 곳에서 길이가 dx인 부분의 전단응력 τ는

$$\tau 2\pi r dx = \pi r^2 dp$$

$$\tau = \frac{r}{2}\frac{dp}{dx} \tag{6-3}$$

와 같이 유도되고, 층류유동에서의 전단응력 τ는 점성의 영향을 크게 받으며, 윗식은 점성계수를 계산하는 데 사용되고 있다. 또한 $\tau = \mu\dfrac{\partial u}{\partial r}$이므로 정상유동이고, 완전히 발달된 유동에서 τ는 반지름에 의해서만 변화한다. 따라서 $\partial u/\partial r = du/dr$로 쓸 수 있으며, 식 (6-3)과 함께 다음과 같이 쓸 수 있다.

$$\mu\frac{du}{dr} = \frac{r}{2}\frac{dp}{dx}$$

즉

$$du = \frac{1}{2\mu}\frac{dp}{dx} r dr \tag{6-4}$$

μ는 일정하므로 r에 대하여 적분하면

$$u = \frac{r^2}{4\mu}\frac{dp}{dx} + A \tag{6-5}$$

적분상수 A를 구하기 위하여 경계조건을 살펴보면, $r=R$일 경우 $u=0$이므로

$$A=-\left(\frac{R^2}{4\mu}\right)\frac{dp}{dx}$$

따라서 식(6-5)는

$$u=-\frac{1}{4\mu}\left(\frac{dp}{dx}\right)(R^2-r^2) \tag{6-6}$$

여기서 dp/dx 자체는 감소하므로 (-)값을 갖는다.

따라서, 층류유동에서는 식 (6-6)에 의해 속도분포선도를 그리면, **그림 6-3**과 같이 나타난다.

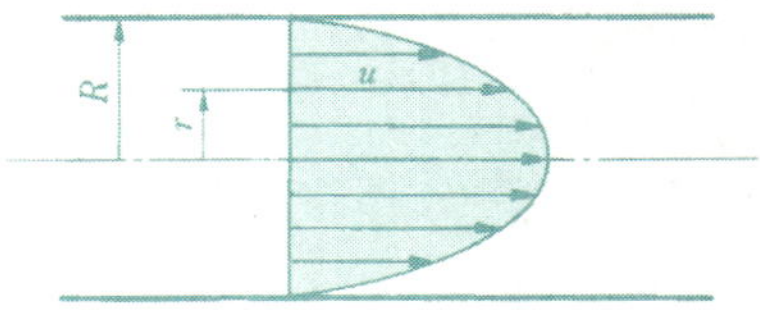

그림 6-3

관에 흐르는 유량을 구하기 위하여 미소면적 $2\pi rdr$에 흐르는 미소유량 dQ는

$$dQ=-\frac{1}{4\mu}\left(\frac{dp}{dx}\right)(R^2-r^2)2\pi rdr$$

$$=-\frac{\pi}{2\mu}\left(\frac{dp}{dx}\right)(R^2r-r^3)dr$$

그러므로 전단면에 흐르는 유량 Q는

$$Q=-\frac{\pi}{2\mu}\left(\frac{dp}{dx}\right)\int_0^R(R^2r-r^3)dr$$

즉,

$$Q=-\frac{\pi R^4}{8\mu}\left(\frac{dp}{dx}\right) \tag{6-7}$$

이것을 Poiseuille의 식 또는 Hagen-Poiseuille식이라고 한다. 그러나 이 식은 Poiseuille나 Hagen이 유도한 것은 아니다. 완전한 이론적인 유도는 G. H. Wiedermann(1826~1899)이 1856년에 한 것으로 알려져 있다.

길이가 l이고 양쪽의 압력이 p_1, p_2일 때 $-\left(\dfrac{dp}{dx}\right)$는 $(p_1-p_2)/l$와 같으므로, 식 (6-7)은 다음과 같이 쓸 수 있다.

$$Q=\frac{\pi R^4}{8\mu l}(p_1-p_2) \tag{6-8}$$

이 식을 지름 d의 항으로 고쳐 쓰면

$$Q=-\frac{\pi d^4}{128\mu}\frac{dp}{dx}=\frac{\pi d^4}{128\mu l}(p_1-p_2) \tag{6-9}$$

식 (6-7)은 매우 작은 길이 dx만 고려하여 밀도의 항도 삽입되어 있지 않으므로, 압축 및 비압축성 유체에 모두 적용할 수 있다.

식 (6-8)의 경우는 상단한 관의 길이 l에 대하여 생각한 식이므로, l을 흐르는 동안에 밀도가 변할 수 있기 때문에 밀도가 일정한 유동에서만 적용이 가능하나, 밀도의 변화를 무시할 수 있을 경우에는 어느 경우나 적용이 가능하다. 나아가서 이 방정식들의 적용한계는 **그림 6-4**에서 볼 수 있는 바와 같이, 관의 입구에서 거리의 증가에 따라 층류가 발달되어 가기 때문에, 완전히 유동이 발달된 층류영역인 C와 같은 속도분포를 갖는 영역이어야 한다.

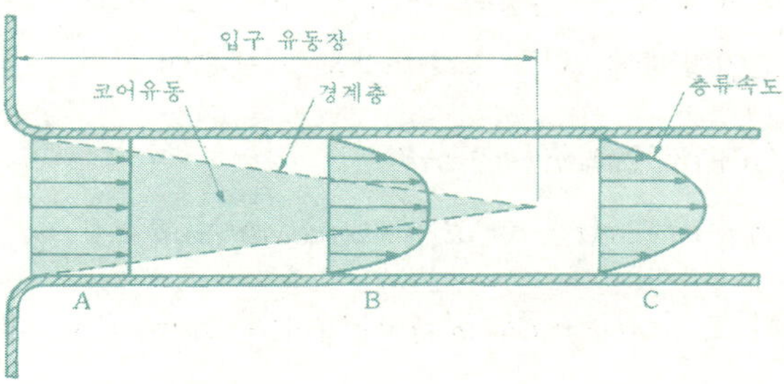

그림 6-4

식 (6-7)로부터 평균속도(mean velocity)를 계산하면

$$\bar{u} = \frac{Q}{\text{면적}} = -\frac{\pi R^4}{8\mu}\frac{dp}{dx} / \pi R^2$$

즉

$$\bar{u} = -\frac{R^2}{8\mu}\frac{dp}{dx} \tag{6-10}$$

또, 식 (6-6)에서 $r = 0$일 때 최대속도를 가지므로

$$u_{\max} = -\frac{R^2}{4\mu}\frac{dp}{dx} \tag{6-11}$$

그러므로 $\bar{u}$는 $\frac{1}{2}u_{\max}$이 됨을 알 수 있다.

이상에서 살펴본 바와 같이 Hagen-Poiseuille 공식은 유체, 즉 연속체(continuum)들이 고체와 경계면에서 미끄러짐이 없이 유동한다는 가정하에 이론과 실험결과가 잘 일치하고 있다.

6.5 경사진 원형관 내의 층류유동

임의의 각도 θ로 경사져 있는 원형관 내의 층류유동을 고려하기 위하여 **그림 6-5**에서 가속이 없는 미소입방체에 대한 평형방정식을 세우면

$$\begin{aligned} &p2\pi rdr - (p + dp)2\pi rdr + \tau 2\pi rdl \\ &\qquad - (\tau + d\tau)2\pi(r + dr)dl + \gamma\, 2\pi rdl\, dr \sin\theta = 0 \end{aligned}$$

고차미분항을 생략하고 $\sin\theta = -dh/dl$를 대입하여 $2\pi rdrdl$로 나누면

$$\frac{d}{dl}(p + \gamma h) + \frac{1}{r}\frac{d}{dr}(\tau r) = 0 \tag{6-12}$$

여기서 $\dfrac{d}{dl}(p+\gamma h)$는 r의 함수가 아니므로, rdr를 곱하여 r에 대해서 적분하면

$$\frac{r^2}{2}\frac{d}{dl}(p+\gamma h)+\tau r = A \qquad (6\text{-}13)$$

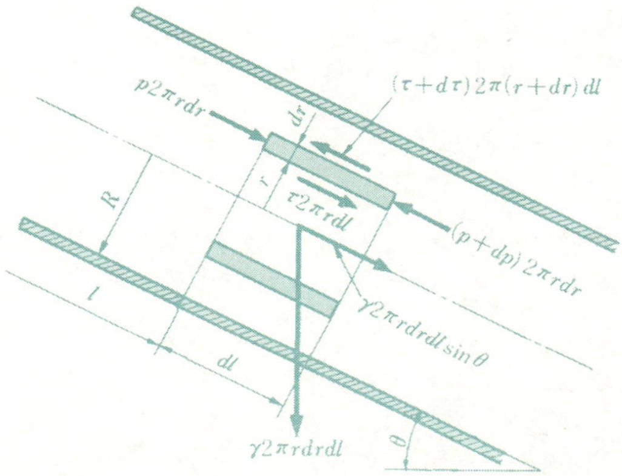

그림 6-5

원형관에 대해서는 $\tau = -\mu\dfrac{du}{dr}$($u$는 r의 증가에 따라 감소하므로 du/dr는 −가 된다)를 대입하면

$$\frac{r^2}{2}\frac{d}{dl}(p+\gamma h)-\mu\frac{dy}{dr}r = A \qquad (6\text{-}14)$$

여기서 적분상수 A를 구하기 위하여 유동경계 조건을 고려하면, $r=0$일 때 $u=u_{\max}$이므로, 최대속도가 존재하는 관의 중심영역에서는 $du/dr=0$이 되어 $A=0$이 된다.

그러므로 식 (6-14)를 변형하여 적분하면,

$$u=\frac{r^2}{4\mu}\frac{d}{dl}(p+\gamma h)+B \qquad (6\text{-}15)$$

가 된다. 여기서 다시 적분상수 B를 구하기 위하여 유동경계 조건을 고려하면,

$r=R$일 때 $u=0$이므로

$$B=-\frac{R^2}{4\mu}\frac{d}{dl}(p+\gamma h)$$

가 되어, 속도분포식 (6-15)는 다음과 같이 정리된다.

$$u=-\frac{1}{4\mu}\frac{d}{dl}(p+\gamma h)(R^2-r^2) \tag{6-16}$$

또한 유량식은 다음과 같이 유도된다.

$$Q=\int_0^R u2\pi r dr=-\frac{1}{2\mu}\frac{d}{dl}(p+\gamma h)\int_0^R (R^2-r^2)rdr$$

정리하면

$$Q=-\frac{\pi R^4}{8\mu}\frac{d}{dl}(p+\gamma h) \tag{6-17}$$

예제 6-1 그림 6-6에서와 같은 조건으로 원형관 내의 비중량 $\gamma=8000\text{N/m}^3$, 점성계수 $\mu=0.04\text{kg/m}\cdot\text{s}$인 유체가 유동하고 있다. 유동방향, 유량, Reynolds 수를 구하라.

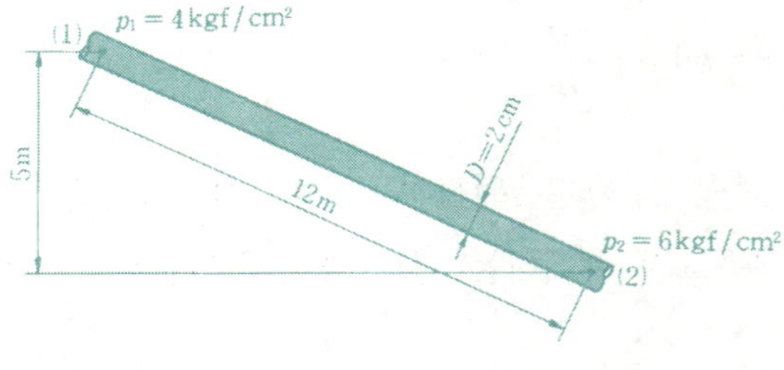

그림 6-6

풀이 단면(1)에서

$$p+\gamma h=(40{,}000\text{kg/m}^2)(9.8\text{N/kg})+(8000\text{N/m}^3)(5\text{m})$$
$$=432\text{kN/m}^2$$

단면 (2)에서

$$p+\gamma h=(60{,}000\text{kg/m}^2)(9.8\text{N/kg})=588\text{kN/m}^2$$

힘은 단면 (2)가 단면 (1)보다 크므로 유동은 (2)에서 (1)로 흐른다.

유량을 구하기 위하여

$$-\frac{d}{dl}(p+\gamma h)=-\frac{432-588}{12}=13\text{kN/m}^3$$

따라서

$$Q=-\frac{\pi R^4}{8\mu}\frac{dp}{dx}=\frac{13{,}000\times\pi\times(0.01)^4}{8\times 0.04}=0.00128\text{m}^3/\text{s}$$

평균유속은

$$\bar{u}=\frac{Q}{A}=\frac{0.00128}{(\pi/4)(0.02)^2}=4.08\text{m/s}$$

Reynolds 수는

$$Re=\frac{\bar{u}D\rho}{\mu}=\frac{4.08\times 0.02\times 8000}{0.04\times 9.8}=1665$$

예제 6-2 그림 6-7과 같이 경사진 원형관을 통하여 밀도 $\rho=900\text{kg/m}^3$, $\nu=0.0002\text{m}^2/\text{s}$인 기름이 (1)에서 (2)로 유동되고 있다. 층류정상유동으로 가정하여 (a), 유동방향을 결정하고, (b) (1)과 (2) 사이에 발생하는 압력손실수두, (c) 유량, (d) 유속, (e) Reynolds 수를 구하라.

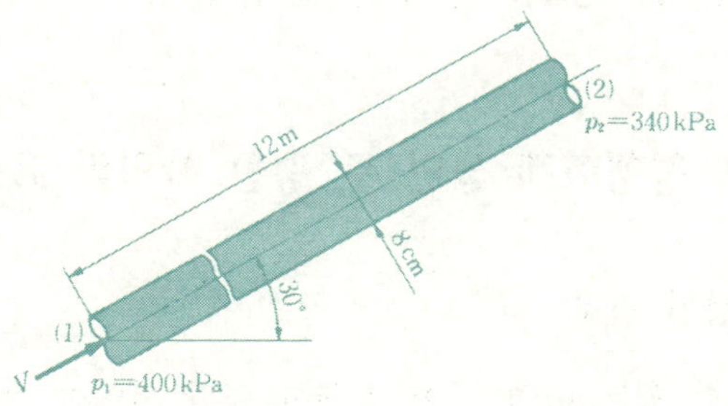

그림 6-7

풀이 (a) $\mu=\rho\nu=(900\text{kg}^*/\text{m}^3)(0.0002\text{m}^2/\text{s})=0.18\text{kg}^*/\text{m}\cdot\text{s}$

$z_2=12\sin 30°=6\text{m}$

(1), (2)에서 전압력헤드를 구하면

$$H_1=z_1+\frac{p_1}{\rho g}=0+\frac{400,000}{900\times 9.8}=45.35\text{m}$$

$$H_2=z_2+\frac{p_2}{\rho g}=6+\frac{340,000}{900\times 9.8}=44.55\text{m}$$

(1)에서의 전압력값이 (2)에서의 값보다 크므로 유체는 (1)에서 (2)로 유동한다.

(b) (1), (2) 사이에 발생하는 전압력손실수두는

$$H_L=H_1-H_2=45.35-44.55=0.8\text{m}$$

(c) $Q=\dfrac{\pi d^4}{128\mu}\left(\dfrac{p_1-p_2}{l}\right)=\dfrac{\pi(0.08)^4\times 900\times 9.8\times 0.8}{128\times 0.18\times 12}$

$=0.0033\text{m}^3/\text{s}$

(d) $\bar{u}=\dfrac{Q}{A}=\dfrac{0.0033}{(\pi/4)(0.08)^2}=0.66\text{m/s}$

(e) $Re=\dfrac{\bar{u}D}{\nu}=\dfrac{0.66\times 0.08}{0.0002}=264$

6.6 평행한 두 평판 사이의 층류유동

6.6.1 수평으로 평행하게 놓인 두 평판 사이의 유동

(1) 두 평판이 고정된 경우

그림 6-8에서 볼 수 있는 바와 같이 평행한 평판 사이에 유동하는 정상층류유동에 대하여 살펴보기로 하자.

두 평판 사이의 유동을 층류라고 가정하였으므로, 유동방향에 수직한 어떠한 운동도 존재하지 않는다. 따라서, 압력 p는 유동방향에 의해서만 변화한다.

그림에서 밑판을 기준으로 하여 두 평판 사이의 거리를 C로 하고 유동방향을 x, 이에 수직한 방향을 y로 정한다. 이 유동 중에 발생하는 점성의 영향은 임의로 선택한 유체의 미소입방체의 상하면에 생기는 압력차로 나타나게 된다.

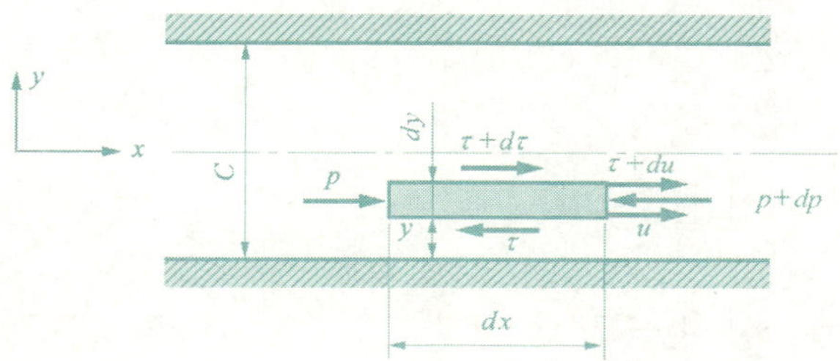

그림 6-8

미소입방체의 하면까지의 거리를 y, 그 곳에서의 속도를 u, 상면에서의 그것들을 $y+dy$, $u+du$라 하고 du의 값을 (+)라고 하면, 상면에서의 유속은 유동방향으로 증가되고 하면에서의 유속은 상면의 유속에 비하여 낮은 값을 갖게 된다.

속도가 u인 하면에서의 전단응력을 τ라 하면, 속도가 $u+du$인 상면에서의 전단응력은 $\tau+d\tau$가 된다. 따라서 좌우 $dydz$면의 압력은 p, $p+dp$로 나타낼 수 있다.

측 방향인 z방향에 대한 미소폭을 dz로 하면, x방향으로 작용하는 전힘은

$$\{p-(p+dp)\}dydz+\{(\tau+d\tau)-\tau\}dxdz$$

그런데 정상유동이고 완전히 발달된 유동역에서는 가속도가 발생하지 않으므로, 이 전힘은 0이 되어야 한다. 즉,

$$-dpdy+d\tau dx=0$$

따라서

$$\frac{dp}{dx}=\frac{d\tau}{dy} \tag{6-18}$$

층류에서는 $\tau = \mu du/dy$이므로

$$\frac{dp}{dx} = \frac{d}{dy}\left(\mu \frac{du}{dy}\right) \tag{6-19}$$

p의 변화는 y방향에는 관계가 없으므로, dp/dx는 y에 대하여 독립적임을 알 수 있다. 그러므로 식(6-19)를 y에 대하여 적분하면

$$\frac{dp}{dx}y = \mu \frac{du}{dy} + A \tag{6-20}$$

μ가 상수인 경우, 다시 적분하면

$$\frac{dp}{dx}\frac{y^2}{2} = \mu u + Ay + B \tag{6-21}$$

여기서 상수 A, B를 구하기 위하여 유동의 경계조건을 살펴보면

$y=0$일 때 $u=0$, $B=0$

$y=C$일 때 $u=0$, $A=\dfrac{dp}{dx}\dfrac{C}{2}$

그러므로 식 (6-21)에 대입하면

$$u = \left(\frac{dp}{dx}\right)\frac{y^2}{2\mu} - \left(\frac{dp}{dx}\right)\frac{Cy}{2\mu}$$

즉

$$u = \frac{1}{2\mu}\left(\frac{dp}{dx}\right)(y^2 - Cy) \tag{6-22}$$

그림 6-9는 두 평행한 평판 사이에서 유동이 완전히 발달된 속도분포선도를 나타낸 것으로서, 식 (6-22)에 $y=\dfrac{C}{2}$를 대입하면, 최대속도는

$$u_{max} = -\frac{C^2}{8\mu}\left(\frac{dp}{dx}\right) \tag{6-23}$$

임을 알 수 있다. 여기서 −부로는 dp/dx가 감소함을 의미하며, 속도선도는 대칭인 포물선을 나타내고 있다.

유량을 구하기 위하여 y방향의 미소폭을 dy, 측면방향의 폭을 b라 하면 $dQ = ubdy$이므로, 이를 적분하면

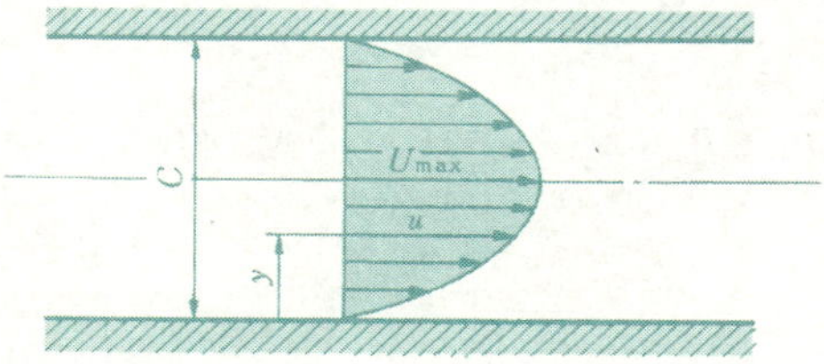

그림 6-9

$$Q = \int_0^c ubdy = b\int_0^C \frac{1}{2\mu}\left(\frac{dp}{dx}\right)(y^2 - Cy)dy$$

$$= -\frac{bC^3}{12\mu}\left(\frac{dp}{dx}\right) \tag{6-24}$$

가 된다. 평균속도를 구하기 위하여 유량Q를 유동단면적 bC로 나누면,

$$\bar{u} = -\frac{C^2}{12\mu}\frac{dp}{dx} \tag{6-25}$$

를 얻을 수 있으며, 이는 최대속도의 3분의 2가 됨을 알 수 있다.

폭이 b이고 밀도와 점성이 일정한 유체유동의 경우, 일정한 관의 길이 l에서 입구와 출구의 압력을 p_1, p_2라 하면, $-dp/dx$는 $-(p_2 - p_1)/l = (p_1 - p_2)/l$로서 나타낼 수 있다. 그러므로 식(6-23)은

$$Q = \frac{(p_1 - p_2)bC^3}{12\mu l} \tag{6-26}$$

이와 같은 평행평판 사이의 유량계산식을 두 원형관 사이에 흐르는 유량계산에 직접 적용할 수 있다.

그림 6-10과 같이 내외부 관 사이의 간격 C가 내부 관의 지름 D에 비하여 훨씬 작은 경우에 적용이 가능하다. 만약, C가 D보다 큰 경우에는 곡률에 대한 영향을 고려해야 되므로 간단하게 적용할 수 없다.

식 (6-25)로부터

$$Q = \frac{\pi D C^3}{12\mu l}(p_1 - p_2) \tag{6-27}$$

가 된다.

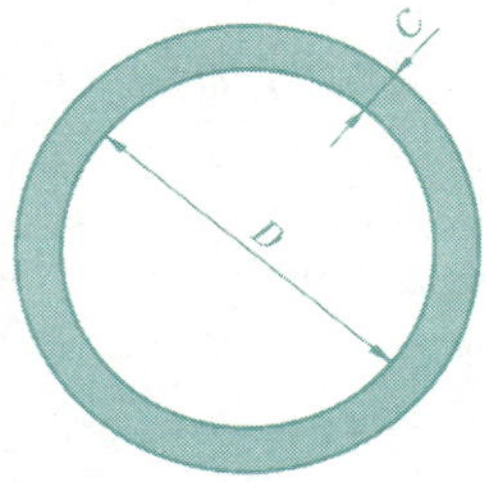

그림 6-10

예제 6-3 유압기기가 55℃에서 게이지압력 24MPa로 작동되고 있다. 여기서 사용된 기름의 비중과 점도는 $S=0.92$, $\mu=0.018\text{kg/m}\cdot\text{s}$이고, 피스톤의 지름과 길이는 각각 30mm, 15mm이며, 피스톤과 실린더벽의 간격은 0.006mm이다. 압력이 낮은 쪽의 게이지압력이 1.2MPa일 때 누설되는 기름의 양을 구하라.

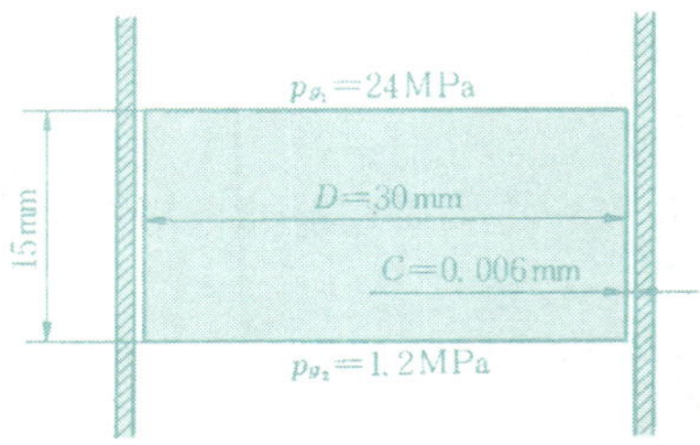

그림 6-11

풀이 이 예제는 피스톤과 실린더벽 사이의 유동이지만 층류유동이고, 비압축성 정상유동인 경우 고정된 평행평판 사이의 유동과 동일한 문제이다. 따라서 유량은

$$Q = \frac{\pi D C^3}{12\mu l}(p_1 - p_2) = \frac{\pi \times 0.03(0.006/1000)^3}{12 \times 0.018 \times 0.015}(24 - 1.2)$$
$$\times 10^6 = 143.18\text{mm}^3/\text{s}$$

(2) 두 평판 중 위 평판이 이동하는 경우

두 평행한 평판 중에 한 평판은 정지상태에 있고, 다른 한 평판이 유체의 유동방향과 동일한 방향으로 V속도로 이동하고 있는 경우에 속도분포식과 유량을 계산하여 보자.

식 (6-21)에서 유동조건을 **그림 6-12**에 의해 고려하면

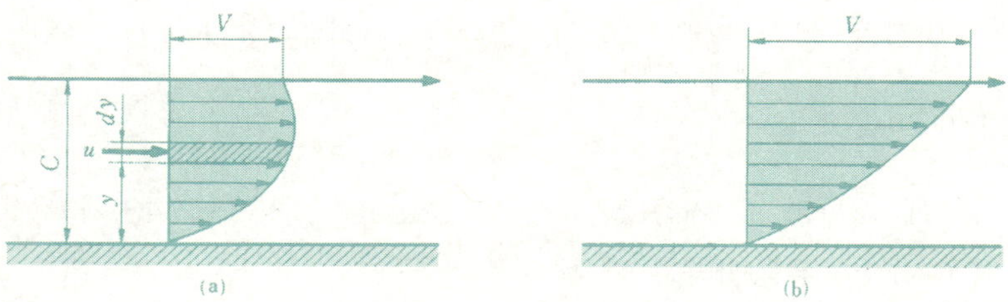

그림 6-12

$$y=0\text{일 때 } u=0,\ B=0$$

$$y=C\text{일 때 } u=V,\ A=\left(\frac{dp}{dx}\right)\frac{C}{2}-\frac{\mu V}{C}$$

그러므로 속도 u는

$$u=\left(\frac{dp}{dx}\right)\frac{y^2}{2\mu}-\frac{y}{\mu}\left\{\left(\frac{dp}{dx}\right)\frac{C}{2}-\frac{\mu V}{C}\right\}$$

즉

$$u=\left(\frac{dp}{dx}\right)\frac{1}{2\mu}(y^2-Cy)+\frac{Vy}{C} \tag{6-28}$$

미소면적 bdy에 대한 유량은 $dQ=ubdy$이므로

$$Q=\int_0^C ub\,dy=b\left[\left(\frac{dp}{dx}\right)\frac{1}{2\mu}\left(\frac{y^3}{3}-\frac{Cy^2}{2}\right)+\frac{Vy^2}{2C}\right]_0^C$$

즉

$$Q = b\left[-\left(\frac{dp}{dx}\right)\frac{C^3}{12\mu} + \frac{VC}{2}\right] \tag{6-29}$$

여기서 주의해야 될 것은 평판의 속도 V는 유체의 유동과 동일한 방향이어야 하며, 상대적인 경우 V의 값은 −가 되어야 한다. 만약, 평판의 운동속도가 유체의 최대속도보다 큰 경우에는 유체의 속도분포선도는 **그림 6-12(b)**와 같이 된다.

만약, 압력변화가 없는 경우, 즉 $dp/dx = 0$인 때는 유량 Q는 식(6-29)로부터 $Q = \frac{1}{2}bCV$가 된다.

이러한 유동에 대하여 맨 처음 M. F. A. Couètte(1858~1943)가 유도하여 그의 이름을 따서 **Couètte 유동**이라고 한다.

6.6.2 경사진 두 평행평판 사이의 유동

(1) 두 평판이 고정된 경우

두 평판이 **그림 6-13**과 같이 경사지게 고정되어 있고, 평판 사이에 유체가 유동하고 있는 경우에 유속과 유량의 식을 유도하여 보자.

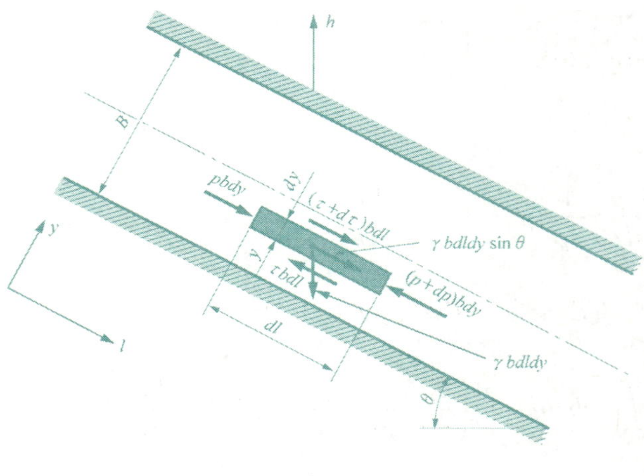

그림 6-13

그림에서 폭이 b이고 두 평판 사이의 거리는 B이다. 여기에서 미소입방체의 운동 방정식은

$$pb\,dy-(p+dp)bdy+(\tau+d\tau)bdl-\tau bdl$$
$$+\gamma\, bdydl\sin\theta=0$$

정리하면

$$\frac{d\tau}{dy}=\frac{d}{dl}(p+\gamma h) \tag{6-30}$$

y에 대하여 적분하면

$$\tau=\frac{d}{dl}(p+\gamma h)+C_1$$

이 식에 뉴턴의 점성의 식을 대입하면

$$\frac{du}{dy}=\frac{1}{\mu}\frac{d}{dl}(p+\gamma h)y+\frac{C_1}{\mu}$$

y에 대하여 다시 적분하면

$$u=\frac{1}{2\mu}\frac{d}{dl(}p+\gamma h)y^2+\frac{C_1}{\mu}y+C_2 \tag{6-31}$$

적분상수 C_1과 C_2를 구하기 위하여 경계조건을 고려하면

$y=0$일 때, $u=0$

$y=B$일 때, $u=0$

그러므로

$$C_1=-\frac{B}{2}\frac{d}{dl}(p+\gamma h),\quad C_2=0$$

따라서 식 (6-31)은

$$u = \frac{1}{2\mu}\frac{d}{dl}(p+\gamma h)(y^2 - By) \tag{6-32}$$

여기서 $(p+\gamma h)$는 유체정역학의 식에서와 같이 상수가 되며, 속도분포는 포물선을 이룬다. 다음에 유량을 구해보면

$$Q = \int_0^B ub\,dy = b\left\{-\frac{1}{12\mu}\frac{d}{dl}(p+\gamma h)B^3\right\} \tag{6-33}$$

(2) 경사진 두 평행평판 중 위 평판이 이동하는 경우

위 평판이 일정한 속도 V로서 운동하고 있는 경사진 두 평판 사이의 정상층류유동의 경우를 생각하여 보자.

그림 6-14는 위 평판이 유체유동의 방향과 동일하게 운동하고 있으며, l의 방향으로 압력이 변화하고 있는 경우이다.

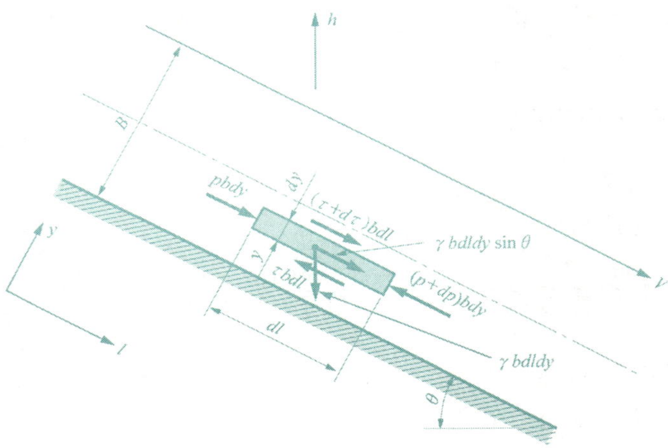

그림 6-14

미소입방체 $cbydl$의 운동방정식은 그림 6-13에서와 마찬가지로 식 (6-30) (6-31)과 같은 결과를 얻게 된다.

$$\frac{d\tau}{dy}=\frac{d}{dl}(p+\gamma h) \tag{6-30}$$

$$u=\frac{1}{2\mu}\frac{d}{dl}(p+\gamma h)y^2+\frac{C_1}{\mu}y+C_2 \tag{6-31}$$

여기서 두 평판이 모두 고정된 경우와 다른 점은 위 평판이 유체의 유동방향과 동일한 방향으로 이동하고 있는 것이다. 따라서 C_1, C_2를 구하기 위한 경계 조건은

$y=0$일 때, $u=0$

$y=B$일 때, $u=V$

그러므로,

$$C_1=\frac{\mu V}{B}-\frac{B}{2}\frac{d}{dl}(p+\gamma h),\quad C_2=0$$

따라서 속도분포식은

$$u=\frac{1}{2\mu}\frac{d}{dl}(p+\gamma h)(y^2-By)+\frac{V}{B}y \tag{6-34}$$

유량은

$$Q=\int_0^B ubdy=b\left\{\frac{VB}{2}-\frac{1}{12\mu}\frac{d}{dl}(p+\gamma h)B^3\right\} \tag{6-35}$$

6.7 Stokes 법칙

유체입자에 작용하는 관성력(즉 가속도나 감속도를 일으키는 데 필요한 힘)은 점성에 의한 전단력에 비하여 무시할 수 있다. 나아가서 어떠한 경계표면도 구 주위에 흐르는 유체에 영향을 미칠 정도로 가까이 존재하지 않으며, 구는 고체이고 유체와 고체 사이에는 어떠한 미끄럼도 일어나지 않는다고 가정한다.

이러한 가정을 이용하여 Stokes는 운동을 제지할 수 있는 힘을 다음과 같다고 생각하였다.

$$F_r = 3\pi\mu u d \qquad (6-36)$$

여기서 μ는 절대점성계수, u는 정지유체에 대한 구의 속도, d는 구의 지름이다. 이 이론을 Stokes 법칙이라고 한다.

앞에서 세운 가정대로 관성력을 무시할 수 있는 조건은 Reynolds 수가 아주 작아야 한다. 특히 식 (6-36)을 만족하고 이론과 실험적 자료가 잘 일치하려면, $Re \leqq 0.1$이어야 한다. 이러한 한계로서 물이나 공기와 같은 일반유체에서는 구가 아주 작아야 한다. 만약 Stokes 법칙이 큰 구의 경우에도 만족하려면, 유체의 점도 역시 아주 커야 하고 구의 낙하속도는 극히 적어야 한다. 이와 같은 유동을 **포복운동**(creeping motion)이라고 한다.

어떤 작은 고체입자가 자동으로 유체 중에 떨어지고 있을 때, 순수한 하방으로 작용하는 힘이 0이 될 때까지는 입자에는 가속이 발생한다. 다시 말해서, 입자의 무게는 부력이나 점성에 의한 저항력과 평형을 이룰 때까지는 가속이 되고, 더 이상의 가속도가 생기지 않을 때는 입자가 종속도(terminal velocity)에 도달하게 된다.

그리하여 구형입자의 경우에 대해서 Stokes 법칙이 유효하기 위해서는, 이에 상당하는 Reynolds 수가 아주 작아야 한다.

유체의 밀도가 ρ, 구형입자 재질의 밀도가 ρ_s이고 유속이 종속도에 이르렀을 경우

하방력(구형 입자의 무게) = 부력 +저항력

$$\frac{\pi}{6} d^3 \rho_s g = \frac{\pi}{6} d^3 \rho g + 3\pi\mu u d$$

$$u = \frac{d^2(\rho_s - \rho)g}{18\mu} \qquad (6-37)$$

이 식에서도 $Re \leq 0.1$이어야 한다.

제 6 장 연 습 문 제

FLUID MECHANICS

01_ 그림 6-15에서 $p_1 = p_2 = 1\text{kg/cm}^2$, $U = 2\text{m/s}$, $V = 1\text{m/s}$, $a = 1.5\text{mm}$, $\mu = 0.5\text{Pa}\cdot\text{s}$일 때 각 판에 생기는 전단응력을 구하라.

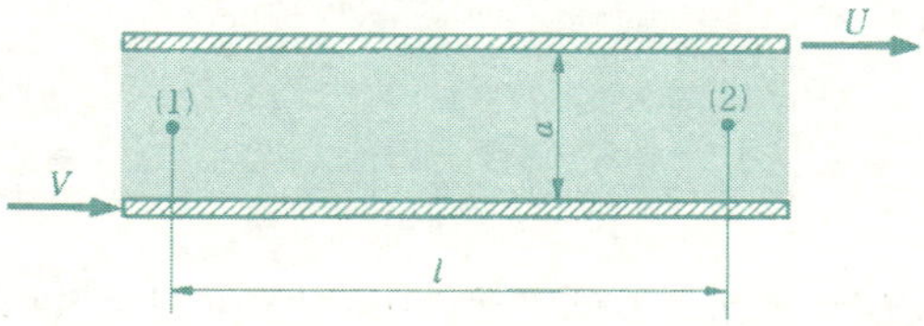

그림 6-15

02_ 가는 모세관을 통하여 임의의 액체를 흘려보낼 때 다음과 같은 제원을 얻었다. 이 액체의 점도를 구하라.(단, 유량 : $880\text{mm}^3/\text{s}$, 관지름 :0.50mm, 관길이 : 1m, 압력강하 : 1.0MPa, $Q = \dfrac{\pi \Delta p D^4}{128 \mu L}$)

03_ 그림 6-16에서 $p_1 = 6\text{psi}$, $p_2 = 8\text{psi}$, $l = 4\text{ft}$, $a = 0.006\text{ft}$, $\theta = 30°$, $U = 30\text{ft/s}$, $\gamma = 50\text{lb/ft}^3$, $\mu = 0.8\text{Pa}\cdot\text{s}$일 때 위 판에 작용하는 단위폭당의 접선력(tangential force)과 작용방향을 구하라.

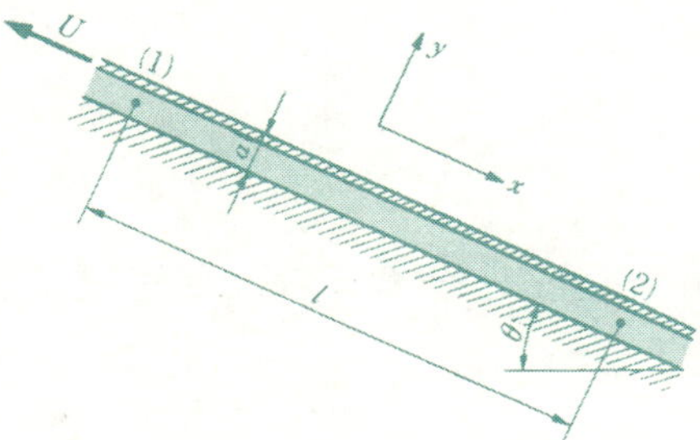

그림 6-16

04_ 그림 6-17에서 관을 관마찰할 경우 외에는 손실이 없다고 할 때 유량을 구하라.

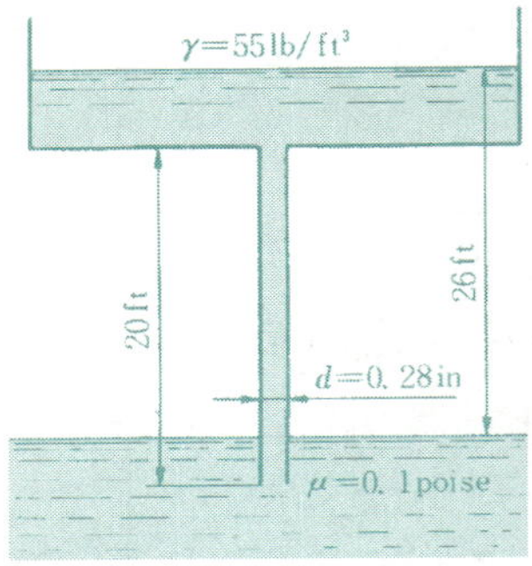

그림 6-17

05_ 그림 6-18에서 $H=12\text{m}$, $L=26\text{m}$, $\theta=30°$, $D=1\text{cm}$, $\gamma=10\text{kN/m}^3$, $\mu=0.08\text{kg/m}\cdot\text{s}$일 때, 관의 단위길이당 압력손실(head loss)과 유량을 구하라.

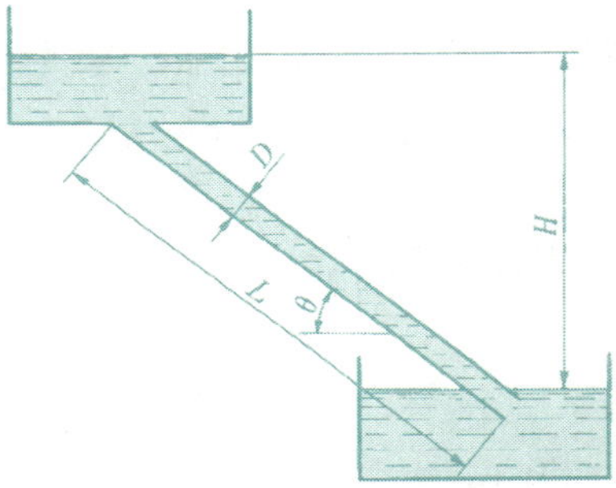

그림 6-18

06_ 그림 6-18에서 문제 5와 같은 수치가 주어지고 유속이 3m/s이면 H는 얼마인가?

07_ 30℃의 물이 10cm의 원형관을 속도 12m/s로 흘러갈 때 Reynolds 수는 얼마인가?

08_ 그림 6-19와 같이 경사진 도관에 점성유체가 흐를 때 유체의 유동방향ㅇ과 유량 및 Reynolds 수를 구하라.(단, $\gamma = 8000\text{N/m}^3$, $\mu = 0.04\text{kg/m}\cdot\text{s}$)

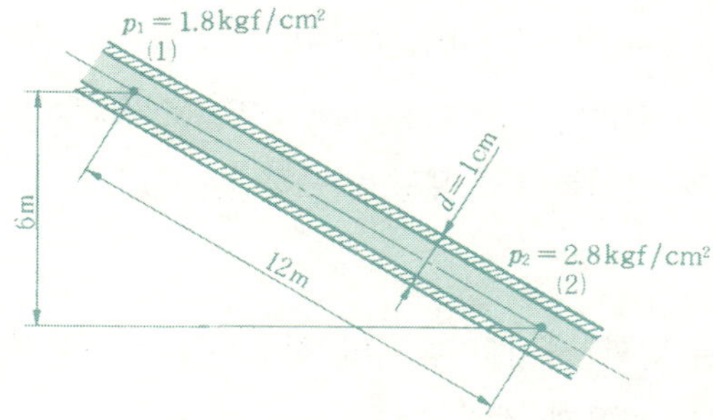

그림 6-19

09_ 그림 6-20과 같이 모세관을 이용하여 유체의 점성계수를 측정하고자 한다. Bernoulli 방정식과 Hagen-Poiseuille의 법칙을 이용하여 점성측정식을 유도하라.

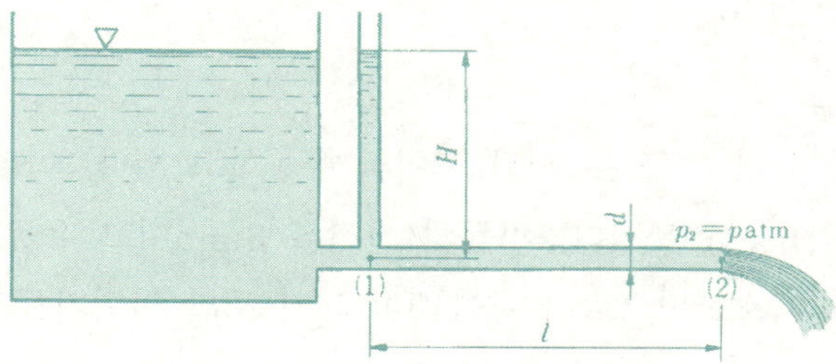

그림 6-20

10_ 점성계수가 $0.46\text{N}\cdot\text{s/m}^2$이고, 비중이 0.9인 기름이 평균속도 1.2m/s로 지름 0.32m인 관 내에 유동을 하고 있다. 관의 중심선으로부터 70mm 떨어진 곳에서의 전단응력과 속도를 구하라.

11_ 두 평판 사이에 기름이 층류유동을 하고 있다. 완전히 발달된 유동역에서 속도선도식은

$$u = -\frac{h^2}{8\mu}\frac{\partial p}{\partial x}\left[1-\left(\frac{2y}{h}\right)^2\right]$$

이며, 판 사이의 간격 $h = 3\text{mm}$, y는 $h/2$점으로부터 잰 거리이다. 기름의 점성계수 $\mu = 0.5\text{N}\cdot\text{s/m}^2$, 압력기울기는 -1200N/m^2이다. 이 때 위 평판상의 전단응력의 크기와 단위폭당의 유량을 구하라.

12_ h만큼 떨어진 두 평판 사이의 유체의 정상유동 상태에서, 완전히 발달된 층류유동 속도분포식은 다음과 같다.

$$u = -\frac{h^2}{8\mu}\frac{\partial p}{\partial x}\left[1-\left(\frac{2y}{h}\right)^2\right]$$

(a) 전단응력에 대한 식을 y의 함수로 나타내고 이를 도시하라.

(b) $\mu = 2.4\times10^{-5}\text{lbs/ft}^2$, $\partial p/\partial x = -4.0\text{lb/ft}^2/\text{ft}$, $h = 0.05\text{in}$일 때 최대전단응력을 구하라.

13_ 60℃에서 물이 아주 큰 두 평판 사이를 유동하고 있다. 아래 평판은 0.3m/s로서 좌측으로 이동하고 있다. 판들의 간격은 3mm이고 유동은 층류유동을 하고 있다. 여기서 가로단면으로 유량이 0이 되기 위한 압력기울기를 구하라.

14_ 완전히 발달된 관내 층류유동에서의 속도분포식이 다음과 같이 주어질 때, 축으로부터 평균속도가 존재하는 점까지의 반지름방향의 거리를 구하라.

$$u = -\frac{R^2}{4\mu}\frac{\partial p}{\partial z}\left[1-\left(\frac{r}{R}\right)^2\right]$$

15_ 안지름이 10cm이고 길이가 8m인 수평으로 놓인 원형관에서 입구와 출구에서의 압력수두의 차이가 20Pa이었다. 이 관 내에 흐르는 물의 유량과 평균속도, 중심부에서의 최대속도를 구하라. 단, 물의 점성계수는 $\mu = 0.01\text{N}\cdot\text{s/m}^2$이다.

16_ 층류유동을 하고 있는 안지름이 80cm인 수평 원형 관로를 통하여 물을 수송하고 있다. 중심부에서의 최대유속이 0.2m/s라면 1일 급수량을 얼마인가?

17_ 안지름이 6cm이고 길이가 8m인 원형관이 30°로 기울어져 설치되어 있다. 물을 뿜어 올리기 위한 밑입구에서 필요한 전압력은 얼마인가?

18_ 안지름이 4cm이고 길이가 20m인 원형관이 양끝의 수직높이 차이가 7m되게 설치되어 물이 유동되고 있다. 낮은 끝부분을 단면 (1), 높은 끝부분을 단면 (2)라고 하면, 단면 (1), (2)에서 압력이 각각 $p_1 = 4.8\text{kg/cm}^2$, $p_2 = 4.0\text{kg/cm}^2$로 작용하고 있다. 단면 (1), (2) 사이의 압력기울기와 유량을 구하라. 단, 점성계수는 $\mu = 0.01\text{N}\cdot\text{s/m}^2$이다.

19_ 문제 18에서 평균속도와 Re 수를 구하라.

20_ 안지름이 16cm인 원형관에 지름이 14cm인 원형봉이 중심부에 동축을 이루며 끼워져 있다. 수평으로 설치된 이 관의 2점간의 거리 10m 사이에 흐르는 물의 압력손실은 4kPA이었다. 유량을 구하라.

FLUID MECHANICS

제 7 장

난류유동
Turbulent flow

7.1 개론

유체의 유동은 유속에 따라 층류와 난류로 구분하고 있다. 이에 대한 개념은 Reynolds가 그의 실험을 통하여 현상적으로 설명하였으며, 층류와 난류의 구분도 레이놀즈 수(Re. No.)로서 명확히 제시하였다. 그러나 Reynolds가 난류에 대해 연구하고 실험하던 당시만 하더라도 유속을 계측하는 장비나 실험장치가 지금과 같이 발달되어 있지 못하였기 때문에 정확한 실험결과와 해석을 구하기가 어려웠다.

결국, Reynolds의 실험장치에서 볼 수 있었던 바와 같이, 유선의 흔들리는 정도를 눈으로 감지하여 층류와 난류를 구분할 수 밖에 없었으므로, 당시의 유체공학의 발달 정도를 짐작할 수 있다. 이 때에 Reynolds가 난류에 대해 관심을 가지고 최초로 실험적인 검증의 결과를 발표한 것은 유체공학 연구의 획기적이 발전의 계기가 되었다.

층류와 난류를 가시적으로 구분할 수 있었던 실험장치가 관로이었다. Reynolds가 제시한 Re.No.에 의한 유동의 구분은 지금과 같이 정밀공학을 추구하는 시대에는 적용하기가 곤란하다. 다만, 어느 범위를 정하는데 불과할 뿐이다.

7.2 난류의 개념

유체가 정지해 있을 때에는 위치에너지, 즉 얼마만큼의 힘을 낼 수 있다는 잠재력을 가지고 있을 뿐이다. 그러나 유체가 유동하게 되면 동일한 질량이라도 유속에 따라 엄청난 힘의 차이가 있다. 이에 대한 설명은 운동량이론을 생각하면 잘 알 수 있다.

우리 주변에 유동하는 유체 즉 물, 바람의 유동은 층류보다는 대부분이 난류인 것이다. 바람에 흔들리는 나뭇가지, 갈대잎, 풀잎 등은 모두 바람의 속도가 난류에 속하기 때문이다. 동일한 속도의 크기로 유동하더라도 물보다는 기체의 경우에 심한 난류가 발생하다. 이는 밀도가 큰 액체보다는 낮은 기체에서 난류가 쉽게 발생한다는 의미이다.

난류의 속도는 층류와는 달리 정상유동인 경우에도 속도의 크기가 시간의 변화(극히 짧은 시간 Δt)에 따라 다르다. 그러므로 난류는 시간의 함수로 정의하고 있다. 이를 보다 이해하기 쉽게 설명하기 위하여 **그림 7-1**을 참조하여 보자.

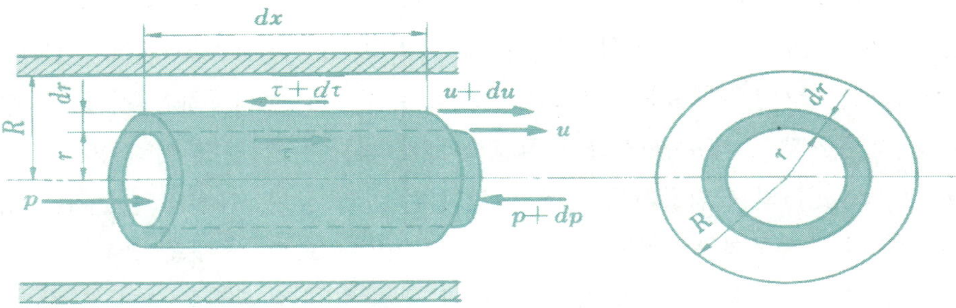

그림 7-1

그림에서 볼 수 있는 바와 같이, 예를 들어 바람의 속도를 측정하기 위하여 노즐에서 분출되는 분사류에 피토관을 설치하고 U자관에는 비중이 1.0인 물을 넣었다. 이 노즐에서 분출되는 공기의 속도가 정상유동이고, 층류의 범위에 속하면 U자관 내의 물은 공기의 분출속도에 해당한 만큼 높이 차이를 낸 다음 시간이 지나도 변하지 않는다. 그러나 공기의 속도가 난류의 범위에 속하면 정상유동임에도 불구하고 U자관 내의 수주의 눈금 차이는 순간순간 변하게 된다. 이 변하는 정도는 공기의 속도가 증가하면 할수록 난류가 심하게 발생하게 되므로, 수주의 눈금 차이도 커지고 변화의 폭도 커지며 변화의 빈도도 증가하게 된다.

7.3 속도와 압력의 정의

난류의 속도는 정상유동에서도 순간순간 변하므로, 앞에서 언급한 바와 마찬가지로 시간의 함수이다. **그림 7-1**에서 측정되는 동압은 속도값으로 환산되므로, **그림 7-1**의 경우를 속도와 시간의 도표로 나타내면 **그림 7-2**와 같이 된다.

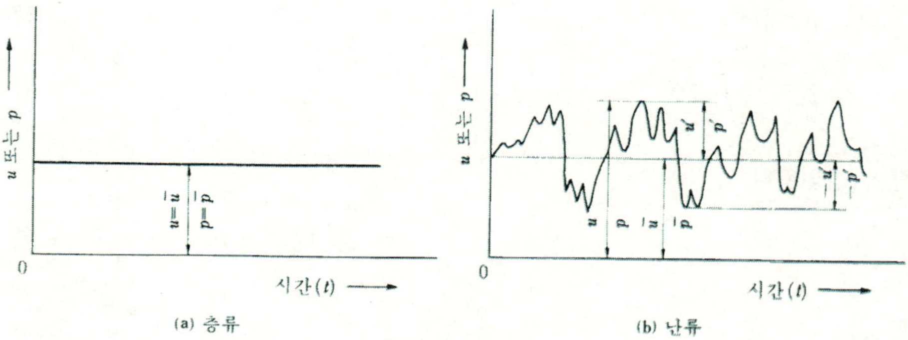

그림 7-2

여기에서 **그림 7-1(a)** 층류의 경우에는 시간에 따라 속도가 변하지 않으므로 일정한 속도값을 나타내나, **그림 7-1(b)** 난류의 경우에는 시간의 변화 순간순간에 따라 속도값이 변하고 있음을 알 수 있다.

따라서, 난류의 경우에는 아무리 짧은 시간 동안에도 속도의 크기가 변하므로 이를 **순간속도**(instantaneous velocity)라고 부른다. 이에 준하여 어느 일정한 시간 동안 순간속도들을 평균한 속도값을 **시간평균속도** 또는 간단히 **평균속도**(time -average velocity or mean velocity)라고 부른다.

그림 7-2(b)에서 볼 수 있듯이, 어느 순간에서의 순간속도는 평균속도보다 크거나 작다. 이와 같이 평균속도와 순간속도와의 차이값을 **난류속도** 또는 **파동속도**(turbulent velocity or fluctuating velocity)라고 한다. 따라서, 순간속도를 u, 평균속도를 $\overline{u}$, 파동속도를 u'라고 하면 다음과 같은 관계식이 된다.

$$u = \overline{u} + u' \tag{7-1}$$

여기서 평균속도는 다음과 같이 정의된다.

$$\bar{u}=\frac{1}{t}\int_0^t udt \tag{7-2}$$

난류에서는 압력(동압)도 속도와 같은 양상으로 변화하므로 순간압력을 p, 평균압력을 $\bar{p}$, 동파압력을 p'라고 하면

$$p=\bar{p}+p' \tag{7-3}$$

$$\bar{p}=\frac{1}{t}\int_0^t pdt \tag{7-4}$$

와 같이 정의된다.

7.4 난류속도(파동속도) : R. M. S

앞절의 그림 7-2(b)에서 볼 수 있는 바와 같이, 난류속도 u'는 극히 짧은 시간의 변화에도 그 값이 예측할 수 없을 정도로 변화하기 때문에 난류속도의 크기가 얼마라고 말할 수 없다. 그리하여 아무리 짧은 순간 동안에 대해 고려하더라도 시간 Δt동안의 평균값을 취해야 된다.

난류유동에서의 평균속도는 앞절에서 정의한 대로 임의의 시간 동안의 순간속도들의 평균값이므로, 난류속도의 크기도 그 시간 동안에 순간순간의 난류속도(파동속도) 값들의 평균값을 구해서 난류속도의 크기로 나타내고 있다. 그런데 그림 7-2(b)에서 볼 수 있듯이, 난류속도(파동속도 : u')값은 평균속도($\bar{u}$)값을 기준하여 (+), (−)방향으로 요동되는 값의 크기이므로, 임의시간 동안의 평균값을 취하면 $\bar{u}'$의 값은 거의 0에 수렴된다. 즉,

$$\bar{u}'=\frac{1}{t}\int_0^t u'dt\approx 0 \tag{7-5}$$

수학적으로는 식(7-5)가 성립하나 실제 난류유동에서 난류속도의 값이 존재하지 않는다는 모순이 있으므로 이 식은 난류에서 적용할 수가 없다. 따라서, 난류의 성분(파동성분)이 평균속도 ($\bar{u}$)값을 기준하여 평균적으로 얼마의 크기를 나타내는가에 중점을 두어, u'의 (+), (−)의 값을 제곱평균하여 난류속도의 평균값을 구하도록 정의되어 있다. 즉,

$$\bar{u}' = \sqrt{u'^2} = \frac{1}{t}\int_0^t u'^2 dt \neq 0 \qquad (7\text{-}6)$$

따라서, 제곱평균한 값의 근을 취하였다 하여 이 값을 R. M. S.(Root Mean Square)라고 부른다.

7.5 난류강도

난류의 경우에는 난류속도의 크기로서 난류의 정도를 나타내기보다는 난류강도로서 나타내는 것이 통상적인 방법이다. 난류강도라 함은 난류유동에서 평균속도에 비하여 파동속도의 평균값(R. M. S.)이 어느 정도의 크기로 발생하느냐를 나타내는 척도이다. 이 값은 소수값으로 나타내거나 백분율(%)로 나타내는데 후자의경우가 더 많이 사용된다.

$$\text{난류강도} = \frac{\sqrt{u'^2}}{\bar{u}} \times 100(\%) \qquad (7\text{-}7)$$

7.6 관내 난류유동

7.6.1 관마찰손실(Pipe friction Loss)

유동하고 있는 유체의 전에너지는 운동에너지, 위치에너지, 압력에너지 등의 총합으로서, Bernoulli는 유동방향의 각 위치에서 계산한 전 에너지는 일정하다고 정의하였다. Bernoulli가 유도한 에너지방정식은 유체가 유동 중에 에너지의 손실이 전혀 없는 것으로 가정하여 유도한 식으로서 실제에서는 적용하기가 어렵다. **그림 7-3**에서 보는 바와 같이 관 내에 유동되는 유체의 압력(에너지)은 단면 (1)과 단면 (2) 사이를 유동하는 동안 $(p_1 - p_2)$만큼의 손실이 발생하나 Bernoulli의 정리에 의하면

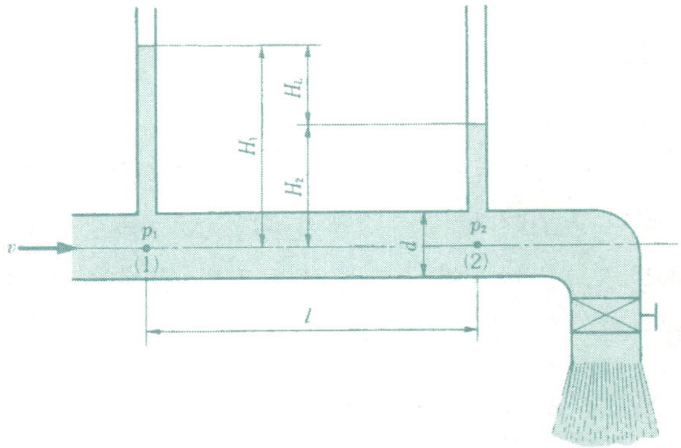

그림 7-3

$$\frac{v_1^2}{2g} + \frac{p_1}{\gamma} = \frac{v_2^2}{2g} + \frac{p_2}{\gamma}$$

$$\frac{p_1 - p_2}{\gamma} = \frac{v_2^2 - v_1^2}{2g}$$

이 되고, 또 관의 지름이 일정하므로 연속이론에 의하여 $v_1 = v_2$가 되어

$$\frac{p_1-p_2}{\gamma}=\frac{v_2^2-v_1^2}{2g}=0$$

이 된다. 따라서, 이 이론에 의하면 관 내에 유동되는 유체는 유동거리에 관계없이 압력손실이 전혀 발생하지 않는 결과가 된다. 그러나 유동하는 모든 유체는 특별한 경우를 제외하고는, 대부분이 난동에 의한 상호충돌과점성에 의한 마찰의 영향으로 에너지 손실이 크게 발생하게 된다. 이러한 제반 손실의 합을 H_L이라고 할 때 Bernoulli 방정식은

$$\frac{v^2}{2g}+\frac{p}{\gamma}+z=H+H_L \tag{7-8}$$

이 되어야 한다.

그러므로 실제 발생하고 있는 관 내의 마찰손실을 고려하여 보자. **그림 7-4**에서 단면 (1)과 단면 (2) 사이에 발생하는 전압력손실은 유동의 역방향으로 작용하는 마찰저항 R와 같다고 할 수 있으므로

$$R=(p_1-p_2)\frac{\pi d^2}{4}=\gamma hA \tag{7-9}$$

와 같이 쓸 수 있다. 한편 Froude는 평판상을 유동하는 유체의 마찰저항을 다음과 같이 가정하였다.

$$R=fSv^2 \tag{7-10}$$

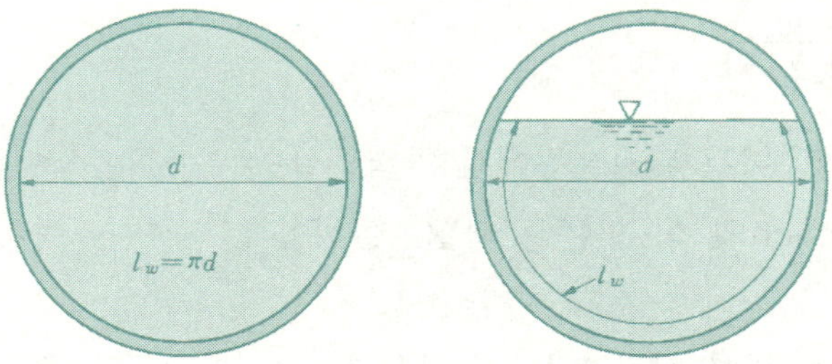

그림 7-4

여기서 f는 마찰계수, S는 평판의 면적을 나타내고, 원형관의 경우에는 유체와 접하고 있는 내벽의 넓이를 나타낸다.

따라서 S는 접수면적으로서 접수길이를 l_w, 유동거리를 l이라 하면 $S=l_w l$이 되므로 윗식들로부터

$$\gamma hA = fl_w lv^2$$

즉

$$h = \frac{f}{\gamma}\frac{l_w}{A}lv^2 \tag{7-11}$$

유체의 유동단면적 A를 접수길이 l_w로 나눈 값을 **수력반지름** 또는 **유체의 평균깊이**(hydraulic radius or hydraulic mean depth)라고 한다. 그러므로 원형관의 수력반지름은

$$m = \frac{A}{l_w} = \frac{(\pi/4)d^2}{\pi d} = \frac{d}{4}$$

따라서 식(7-11)은

$$h = \frac{4f}{\gamma}\frac{l}{d}v^2 \tag{7-12}$$

여기서 $4f/\gamma$는 상수이므로 $4f/\gamma=\lambda/2g$(λ는 상수)로 놓을 수 있으므로 윗식은

$$h = \lambda\frac{l}{d}\frac{v^2}{2g} \tag{7-13}$$

과 같이 쓸 수 있다. 이는 관로유동에서 압력손실수두(마찰손실수두)를 계산하는 식으로 **Darcy-Weisbach의 식** 또는 **관마찰손실식**이라고 하며, 여기서 λ는 **관마찰계수**가 된다.

또한 , 식(7-13)에 의한 실험결과에서 다음과 같은 사실들이 증명되었다.

① 압력손실은 관의 길이에 비례한다.

② 압력손실은 거의 속도의 제곱에 비례한다.

③ 압력손실은 거의 관의 지름에 역비례한다.

④ 압력손실은 관 내부 표면조도(roughness)에 크게 영향을 받는다.

⑤ 압력손실은 유체의 특성, 즉 밀도와 점도의 영향을 받는다.

⑥ 압력손실은 압력의 영향을 받지 않는다.

관마찰계수 λ를 구하기 위하여 관내층류유동에서 Hagen - Poiseuille 식을 변형하여 보자.

$$v = \frac{\Delta p r_0^2}{8\mu l} \tag{7-14}$$

여기서 $\Delta p = \gamma h$이므로, 이를 대입하여 정리하면

$$h = \frac{8v\mu l}{\gamma r_0^2} = \frac{64\mu}{\rho v d}\frac{l}{d}\frac{v^2}{2g} = \frac{64}{Re}\frac{l}{d}\frac{v^2}{2g} \tag{7-15}$$

따라서, 이 결과를 Darcy -Weisbach 식과 등치시키면

$$h = \lambda\frac{l}{d}\frac{v^2}{2g} = \frac{64}{Re}\frac{l}{d}\frac{v^2}{2g} \tag{7-16}$$

즉

$$\lambda = \frac{64}{Re} \tag{7-17}$$

와 같이 되어, 관마찰계수를 유속과 지름이 주어졌을 때 직접 계산에 의하여 구할 수 있다.

관마찰에 대한 실험적 연구는 많은 학자들에 의해 이루어져 관마찰계수 λ에 관한 실험식들이 다음과 같이 제시되었다.

(1) Dupuit의 가정

프랑스의 Dupuit는 1854년경에 관마찰의 의한 압력손실을 계산할 때에 λ를 다음과 같이 가정하였으며, 이 λ의 값은 정확한 계산값을 요하지 않는 경우에는 지금도

많이 사용되고 있다.

$$\lambda = 0.03$$

(2) Darcy의 실험식

프랑스의 Darcy는 λ는 관의 지름 d만의 함수라고 생각하여 신주철관(clean cast iron pipe)에 대하여 다음과 같은 식을 1857년경에 발표하였다.

$$\lambda = 0.02 + \frac{0.0005}{d} \text{(m단위)} \tag{7-18}$$

또, 오래 사용하여 물때가 낀 관(incrusted pipe)에 대하여는

$$\lambda = 0.04 + \frac{0.001}{d} \text{(m단위)} \tag{7-19}$$

(3) Mises 실험식

독일의 Mises는 λ는 관의 조도(roughness)에 큰 영향을 받고 있다고 생각하여 1941년경에 Re와 상대조도(relative roughness) $\frac{\varepsilon}{d}$의 함수로서 다음과 같은 식을 발표하였다.

$$\lambda = 0.0096 + \sqrt[4]{\frac{\varepsilon}{d}} + \frac{1.7}{\sqrt{Re}} \tag{7-20}$$

20℃에서 물의 $\nu = 1.0 \times 10^{-6} \text{m}^2/\text{s}$이므로, 식 (7-17)의 마지막 항은 $1.7/\sqrt{Re} = 0.0017/\sqrt{vd}$가 된다. 따라서

$$\lambda = 0.0096 + \sqrt[4]{\frac{\varepsilon}{d}} + \frac{0.0017}{\sqrt{vd}} \tag{7-21}$$

여기서 v와 d의 단위는 m/s, m 단위이다.

표 7-1

관의 종류	$\varepsilon \times 10^8$	관의 종류	$\varepsilon \times 10^8$
유리관	0.4~1.6	매끄러운 시멘트관	15~30
인발관(진유, 동납)	0.4~2.0	거친 시멘트관	40~80
보통 고무관	12~24	매끄러운 목관	50~100
조잡한 고무관	30~60	보통 목관	100~200
아연을 입힌 철관	60~120	벽돌로 쌓은 것	400~800
신주철관	200~400	다듬은 돌로 쌓은 것	400~800
고주철관	50~1000	보통 돌로 쌓은 것	600~1200
리벳관	400~1000	조잡한 돌로 쌓은 것	4000~8000

(4) Blasius의 실험식

Blasius는 매끈한 관을 사용하여, $Re < 5 \times 10^4$의 범위에서 난류유동의 경우 λ의 값을 다음과 같이 구하였다.

$$\lambda = \frac{0.316}{\sqrt[4]{Re}} \tag{7-22}$$

(5) Jakob과 Erk의 실험식

Blasius의 실험식은 $Re \geq 5 \times 10^4$에서는 실제와 많은 차이가 나므로, 보다 넓은 범위에서 적용이 가능한 식을 Jakob과 Erk가 발표하였다.

$$\lambda = 0.00714 + 0.6104 Re^{-0.35} \tag{7-23}$$

(6) Nikuradse 실험

Nikuradse는 거친 관(sand-roughende pipe)에서 상대조도(relative rough-ness) (ε/d)가 마찰계수에 미치는 영향을 실험하여, 각 조도에 대한 마찰계수와 Reynolds수와의 관계를 도시하였다. 그는 두 개의 다른 크기의 관을 사용하여 동일한 모래 알맹이를 관의 내벽에 발라서 실험하였다.

이 결과 **그림 7-5**에서 보는 바와 같이 ε/d의 값에 대하여 λ와 Re의 곡선들이 실제 관의 지름에 관계없이 원활하게 연결되고 있음을 알 수 있으며, 이로써 λ는 Re와 ε/d의 함수임을 더욱 명백히 밝혔다.

이와 같이 Nikuradse의 실험결과는 절대조도(ε)보다 오히려 상대조도가 더 중요함을 알아냈다. 즉 동일한 ε/d값에 대하여 ε과 d를 바꿔 가며 측정한 결과, 거의 다 한 개의 곡선상에 일치하고 있음을 알았다. 어느 정도 조도가 바뀌어도 Reynolds 수가 증가하여 어느 Reynolds 수에서 매끈한 관의 마찰계수가 직선에서 분리될 때까지는 매끈한 관에서와 동일한 결과를 얻게 된다. 이와 같은 유동역을 **원활한 유동역**(smooth zone of flow)이라고 한다.

곡선이 수평을 이루는, 즉 λ의 값이 Re에 무관한 영역을 **조활한 영역**(rough zone)이라 하고 이 두 영역의 중간 영역을 **천이역**(transition zone)이라고 한다. 이러한 영역들의 위치와 확장은 관의 상대조도에 달려있다.

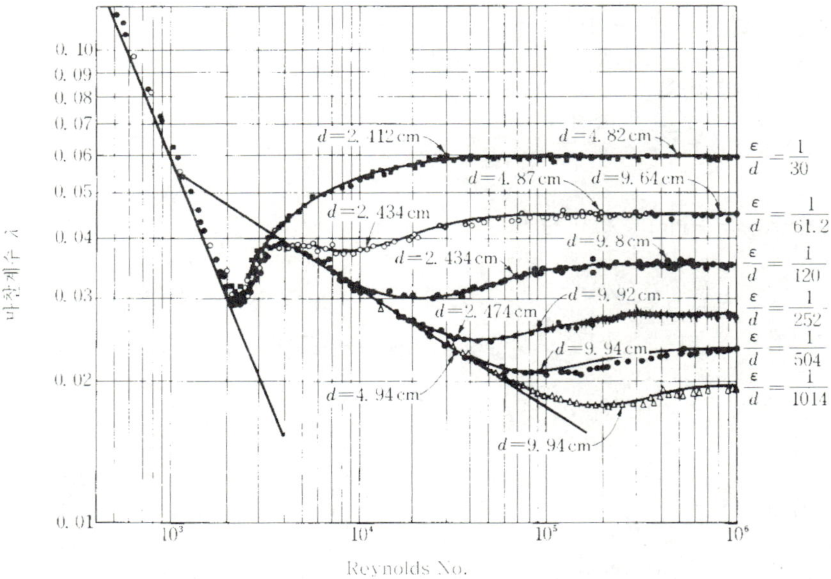

그림 7-5

난류유동에서 관의 축방향에 수직한 운동이 발생한다 하여도 관벽에 가까워짐에 따라 곧바로 없어져 버린다. 그러므로 아무리 높은 난류운동이라 하여도 벽의 아주 가까운 곳에서는 극히 얇은 유동층이 존재하여 여기에서는 난류가 아닌 층류유동이 된다. 그리하여 이 유동층을 **층류아층**(laminar sub-layer)이라고 한다. 이 하층은 Reynolds 수가 증가함에 따라 더욱더 얇아져 간다.

원활한 유동역에서 이 층류아층은 아주 두껍게 나타난다. 한편 조활한 유동역에서 층류막은 관 내부 표면이 조도에 비하여 무시하여도 된다. 이러한 거친 관 내의 난류운동에서 마찰과 충돌에 의하여 저항력, 즉 항력(drag)이 발생하여 압력손실을 가져오게 되는 것이다.

Nikuradse의 실험결과는 아주 균일한 조도를 갖는 관을 사용하였기 때문에 실용관의 경우와는 차이가 난다. 그러므로 Nikuradse 선도는 실용관에는 적용하기가 어렵다.

(7) Moody 선도

미국의 엔지니어인 Lewis F.moody(1880~1953)는 상업용 관을 구입하여 실험한 결과를 **그림 7-6**과 같이 도시하였다.

실험결과에서 표면의 조도는 유동에 큰 영향을 미치고 있는 것으로 나타났으며, 조활한 유동역에서는 조도의 간격 역시 마찰손실에 아주 중요한 요인으로 나타났다.

Nikuradse의 실험에서는 모래알을 아주 조밀하게 부착하였으므로, 모래알 사이의 간격은 거의 모래알의 지름과 동일한 정도였다. 그리하여 마찰계수 λ는 결국 s/d에 관계됨을 보여주기 위한 것이었다.(여기서 s는 모래알 사이의 간격, d는 모래알의 지름)

큰 관에서는 λ에 영향을 주는 것이 표면의 굴곡에 의한 것이다. 이러한 여러 가지 요인을 종합하여 볼 때, Moody의 선도가 가장 실용적임을 알 수 있다.

그리하여 Moody는 다음과 같은 실험식을 제시하였다.

$$\lambda = 0.001375\left\{1 + \left(20{,}000\frac{\varepsilon}{d} + \frac{10^6}{Re}\right)^{\frac{1}{3}}\right\} \tag{7-24}$$

이 식은 실험도표와 비교하여 Reynolds 수가 4000과 10^7 사이에서 $\varepsilon/d \le 0.01$

인 경우는 ±5%의 오차를 가져온다. 따라서, 그림 7-7은 관의 지름과 조도와의 관계를 각종 재질의 관에 대하여 그림으로 나타낸 것이다.

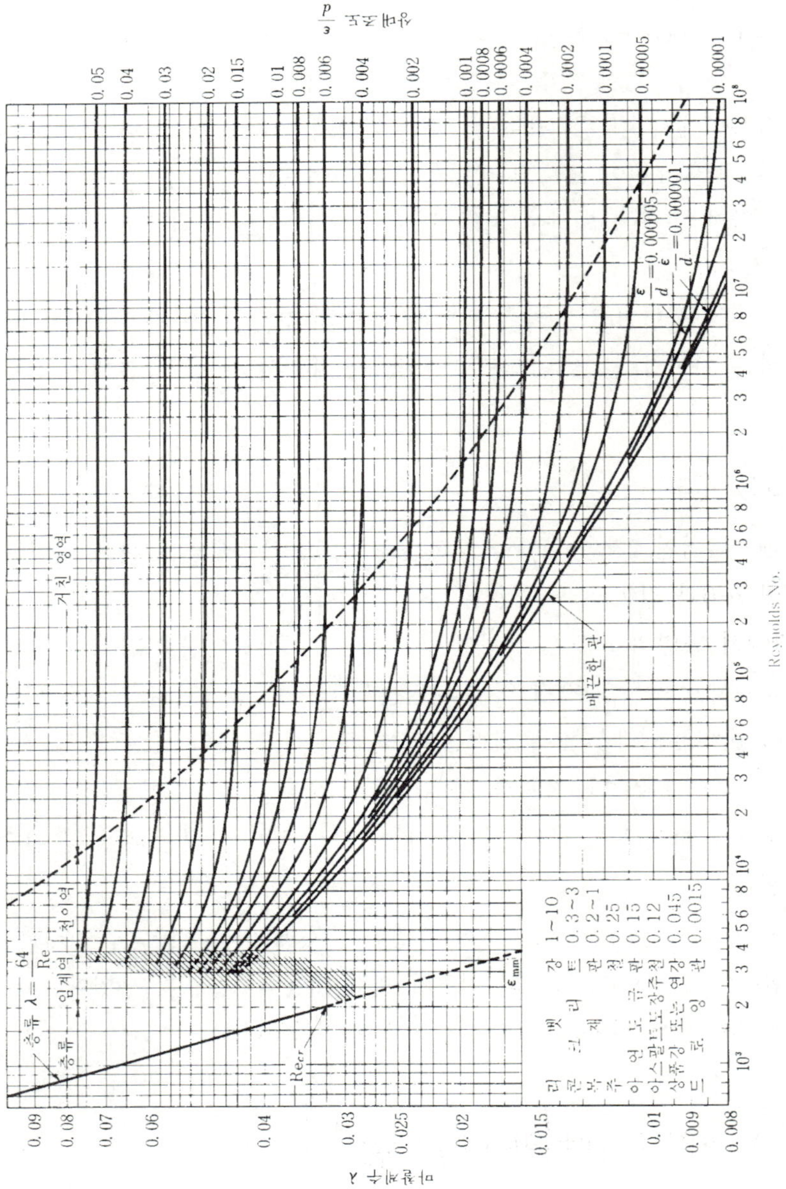

그림 7-6 Moody의 선도

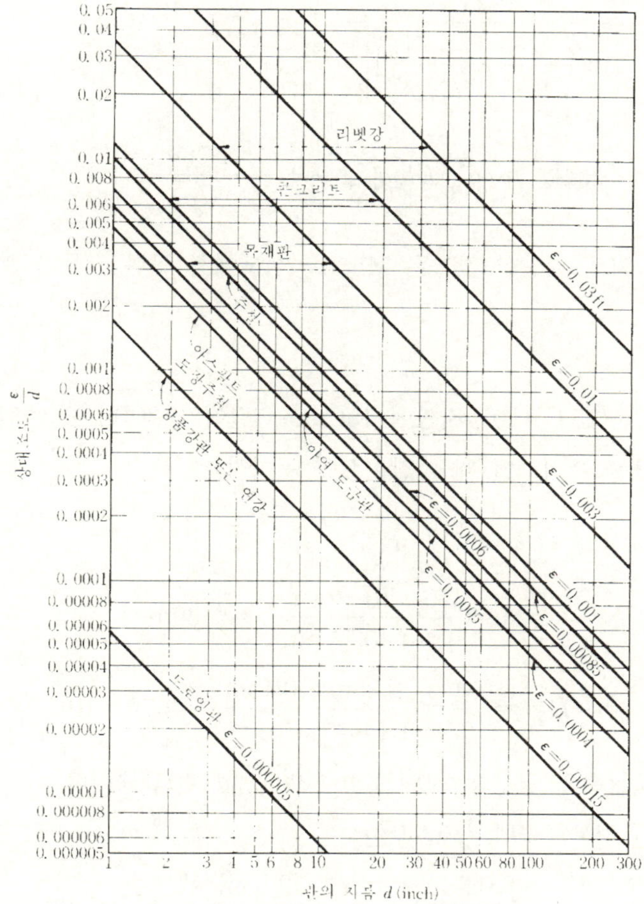

그림 7-7

(8) Swamee와 Jain의 식

Swamee와 Jain은 Moody 선도를 이용하여 상대조도 ε/d과 Re 수의 범위가 $10^{-5} < \varepsilon/d < 2\times10^{-2}$, $4\times10^{3} < Re < 10^{8}$인 경우에 다음과 같은 마찰계수와 유량을 계산하는 실험식을 유도하였다.

$$\lambda = \frac{0.25}{\left[\log\left(\frac{\varepsilon}{3.7d} + \frac{5.74}{Re^{0.9}}\right)\right]^2} \quad (7-25)$$

$$Q = -2.22 d^{5/2} \sqrt{g\lambda/L}\, log\left(\frac{\varepsilon}{3.7d} + \frac{1.78\nu}{d^{5/2}\sqrt{g\lambda/L}}\right) \quad (7-26)$$

이 실험들에 의해 계산한 값들은 Moody 선도에서 구한 값들과 3% 이내의 오차를 나타낸다.

예제 7-1 상온(15℃)에서 지름이 150mm, 길이가 300m인 아연도금관을 통하여 $50l/s$의 물을 흘려보낼 때 마찰손실을 구하라.

풀이 15℃에서 물의 $\nu = 1.14\text{mm}^2/\text{s}$

$$\text{속도 } v = \frac{50\times10^{-3}\text{m}^3/\text{s}}{(\pi/4)(0.15)^2\text{m}^2} = 2.830\text{m/s}$$

$$Re = \frac{vd}{\nu} = \frac{2.83\text{m}\times0.15\text{m}}{1.14\times10^{-6}\text{m}^2/\text{s}} = 3.72\times10^5$$

아연도금관의 경우 $\varepsilon = 0.15\text{mm}$이며, $\varepsilon/d = 0.001$이다.

그림 7-6으로부터 $\lambda = 0.020$

$$h = \frac{0.02\times300\text{mm}}{0.15\text{m}} \cdot \frac{(2.83\text{m/s})^2}{19.62\text{m/s}^2} = 16.34\text{m}$$

예제 7-2 지름이 10mm, 길이가 120m인 주철관을 통하여 동점성계수 $\nu = 10^{-5}$ m^2/s인 기름을 흘려보낼 때 정상유동 상태에서 유량을 구하라.(단, 압력손실수두는 5m였다)

풀이 속도가 주어져 있지 않으므로 Reyonlds 수를 계산 할 수가 없다. 신주철관의 경우에는 $\varepsilon = 0.25\text{mm}$로 보아 $\varepsilon/d = 0.025$이다. 따라서, 그림 7-6으로부터

$\lambda = 0.0260$이다.

그러므로 $h = \lambda \frac{l}{d}\frac{v^2}{2g}$에서

$$5\text{m} = \frac{0.0260 \times 120\text{m}}{0.1\text{m}} \cdot \frac{v^2}{19.62\,\text{m/s}^2}$$

$$v = 1.773\,\text{m/s}$$

따라서

$$Re = \frac{1.773\text{m/s} \times 0.1\text{m}}{10^{-5}\,\text{m}^2/\text{s}} = 1.773 \times 10^4$$

보다 더 정확한 λ의 값을 얻기 위하여 계산한 Re와 ε/d에 의하여 그림 7-6에서 다시 구하면 $\lambda = 0.0316$을 얻을 수 있다.

다시 속도와 Re를 계산하면

$$v = 1.608\text{m/s},\ Re = 1.608 \times 10^4$$

이 Re에 대한 λ의 값은 거의 차이가 없으므로 $v = 1.608\text{m/s}$를 이용하여

$$Q = 1.608\,\text{m/s} \times \frac{\pi}{4}(0.1)^2\,\text{m}^2 = 0.0126\text{m}^3/\text{s}$$

예제 7-3 180m의 거리에 유량 $85l/s$로 물을 공급하려고 한다. 압력손실이 9m라면 아연도금관을 사용하는 경우, 지름은 얼마로 하면 되겠는가?

풀이 $h = 90\,\text{m} = \lambda \frac{80}{d}\left(\frac{0.085\,\text{m}^3/\text{s}}{\pi d^2/4}\right)^2 \cdot \frac{1}{19.62\,\text{m/s}^2}$

$$d^5 = 0.0053\lambda$$

15℃에서 물의 동점성계수 $\nu = 1.14\,\text{m}^2/\text{s}$를 취하면

$$Re = \frac{vd}{\nu} = \frac{0.085\,\text{m}^3/\text{s}}{\pi d^2/4} \cdot \frac{d}{1.14 \times 10^{-6}\,\text{m}^2/\text{s}}$$

$$= \frac{9.49 \times 10^4\text{m}}{d}$$

$\lambda=0.024$로 하면 $d=0.1663\,\text{m}$, $Re=5.71\times10^5$, $\varepsilon/d=0.0009$가 되고, 그림 7-6에서 $\lambda=0.0180$으로 취하면, $d=0.1570\,\text{m}$, $Re=5.09\times10^5$, $\varepsilon/d=0.00080$이다. 그러므로 $d=0.1570\,\text{m}$로 취하면 된다.

예제 7-4 안지름이 D인 원형관과 한 변이 L인 정 4각형 단면의 관에 각각 물이 흐르고 있다. 두 관의 길이를 l, 단면적을 A, 압력손실수두를 h라 하고, 관벽의 조도 등의 특성이 동일하다고 가정할 때 두 관 내의 유량의 비를 구하라.

풀이 도관과 정 4각형 관의 유량, 평균속도, 유체의 평균깊이를 각각 Q_1, Q_2, v_1, v_2, m_1, m_2라 하면, $Q_1=Av_1$, $Q=Av_2$이다.

따라서 유량비는

$$\alpha=\frac{Q_2}{Q_1}=\frac{v_2}{v_1}$$

압력손실수두는

$$h=\lambda_0\frac{l}{m_1}\frac{v_1^2}{2g}=\lambda_0\frac{l}{m_2}\frac{v_2^2}{2g}$$

여기서 v_1과 v_2를 구하여 윗식에 대입하면

$$\alpha=\sqrt{\frac{hm_2 2g}{\lambda_0 l}}\bigg/\sqrt{\frac{hm_1 2g}{\lambda_0 l}}=\sqrt{\frac{m_2}{m_1}}$$

여기서 $m_1=\dfrac{D}{4}$, $m_2=\dfrac{L}{4}$이므로

$$\alpha=\sqrt{\frac{L}{D}}$$

또 $A=\dfrac{\pi}{4}D^2=L^2$이므로, $L=\dfrac{\sqrt{\pi}}{2}D$가 되어

$$\alpha=\sqrt{\frac{\sqrt{\pi}\,D/2}{D}}=0.94$$

예제 7-5 안지름이 12in인 신주철관을 통하여 20℃의 물이 8ft/s의 속도로 유동하고 있을 때, 관마찰계수 λ를 Darcy와 Mises의 공식에 의하여 구하라.

풀이 Darcy의 공식에서

$$d = 12 \times 2.54/100 = 0.3\text{m}$$

$$v = 8 \times 12 \times 2.54/100 = 2.44\text{m/s}$$

$$\lambda = 0.02 + 0.0005 \times \frac{1}{3} \doteqdot 0.0217$$

또, Mises 공식에 의하여 표 7-1에서 $\varepsilon \times 10^8$의 값이 200~400이므로, 평균값 300을 취하면

$$\lambda = 0.0096 + \sqrt[4]{300 \times 10^{-8}/0.3} + \frac{0.0017}{\sqrt{2.44 \times 0.3}} \doteqdot 0.0678$$

결국 Darcy의 공식에 의한 값과 Mises의 공식에 의한 λ의 값은 큰 차이를 보이고 있다.

예제 7-6 지름이 1in인 매끈한 관을 통하여 $20\text{ft}^3/\text{m}$의 공기가 유동하고 있다. $T = 80°\text{F}$이고, $p = 15\text{psia}$라면 관의 1ft당 압력손실은 얼마인가?

풀이 $\Delta p = p_1 - p_2 = \dfrac{1}{2}\lambda\rho\dfrac{l}{d}v^2$

$$v = \frac{Q}{A} = \frac{20}{(\pi/4)(1/12)^2 60} = 61.1\text{ft/s}$$

$$\rho = \frac{p}{RT} = \frac{15 \times 144}{1716 \times 540} = 0.00233\text{slugs/ft}^3$$

$$\mu = 3.85 \times 10^{-7}\text{lb} \cdot \text{s/ft}^2$$

$$Re = \frac{vd\rho}{\mu} = \frac{61.1 \times (1/12) \times 0.0023}{3.85 \times 10^{-7}} = 3.0 \times 10^4$$

그림 7-6에서 $\lambda = 0.0024$를 택하면

$$\Delta p = \frac{0.024 \times 1 \times 12 \times 61.1^2 \times 0.00233}{2} = 1.25\text{psf/ft}^2$$

7.6.2 관내 난류유동 분포

고나내 난류유동의 경우는 층류유동과는 달리 관의 중심부에서 거의 동일한 속도영역이 존재하게 된다. 난류유동이라 하여도 관 내의 벽에서는 유속이 0이 되고 벽에서 멀어짐에 따라 유속이 크게 증가하여 어느 점에 이르면 **그림 7-8**과 같이 큰 증가를 가져오지 않는다. 그리하여 난류유동에서도 벽 가까운 곳에 아주 얇은 층이 존재하는데, 이것이 후에 논하게 될 경계층(boundary layer)이다.

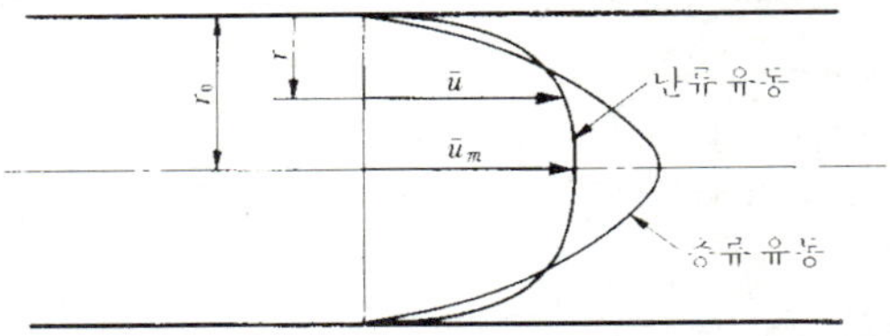

그림 7-8

독일의 Prandtl과 Kármán은 다음과 같은 가정을 통하여 관 내의 난류속도 분포식을 유도하였다.

(1) 관 벽에 가까운 곳의 유동분포는 관의 반지름과 관계없이 점성계수 μ와 밀도 ρ, 그리고 벽면에서의 전단응력 τ_0에 의하여 결정된다.

(2) 속도분포를 나타내는 곡선의 형상은 속도가 증가하더라도 변하지 않는다.

여기서 혼동을 피하기 위하여 평균속도 $\bar{v}$와 $\bar{u}$를 다음과 같이 정의한다.

$$\bar{u} = \frac{1}{t}\int_0^t u\,dt \text{(한 측정점에서 시간 평균속도)}$$

$$\bar{v} = \frac{1}{n}\sum_{i=1}^{n} vi \text{(유동장 내의 평균속도)}$$

관 내에서의 유속은 반지름의 함수이므로

$$\bar{u} = f(r) \tag{7-27}$$

이를 무차원의 함수식으로 변형하면

$$\frac{\bar{u}}{\bar{u}_m}=f\left(\frac{r}{r_0}\right) \tag{7-28}$$

로 쓸 수 있다. 관의 길이 l에 대한 압력저하를 (p_1-p_2), 관벽에서의 전단응력을 τ_0라 하면

$$(p_1-p_2)\pi r_0^2=2\pi r_0 l\tau_0$$

즉

$$p_1-p_2=\frac{2l}{r_0}\tau_0 \tag{7-29}$$

Blasius의 실험식 (7-22)와 관마찰식(7-13)으로부터

$$h=\frac{0.316}{\sqrt[4]{Re}}\frac{l}{d}\frac{\bar{v}^2}{2g} \tag{7-30}$$

$h=(p_1-p_2)/\gamma$이므로 식 (7-29)과 함께 정리하면

$$\tau_0=\frac{0.316}{8}\rho\sqrt[4]{\frac{1}{Re}}\,\bar{v}^2 \tag{7-31}$$

여기서 $Re=2r\bar{v}/\nu$를 대입하여 모든 상수들의 적을 K로 나타내면, 이 식은 다음과 같이 쓸 수 있다.

$$\tau_0=Kr^{-\frac{1}{4}}\bar{v}^{\frac{7}{4}} \tag{7-32}$$

관 내의 난류속도분포는 임의의 포물선을 이루고 있다. 따라서 식 (7-24)는 다음과 같은 임의의 지수함수식으로 쓸 수 있다.

$$\bar{u}=\bar{u}_m\left(\frac{r}{r_0}\right)^n \tag{7-33}$$

또한, $\bar{u}_m = C\times\bar{v}$($C$는 상수)로 쓸 수 있으므로 이 식은

$$\bar{u}= C\bar{v}\left(\frac{r}{r_0}\right)^n$$

즉

$$\bar{v}= C'\bar{u}\left(\frac{r_0}{r}\right)^n \tag{7-34}$$

이 식을 식 (7-29)에 대입하여 정리하면

$$\tau_0 = K'\bar{u}^{\frac{7}{4}}r_0^{\left(\frac{7}{4}n-\frac{1}{4}\right)}r^{-\frac{7}{4}n} \tag{7-35}$$

여기서 K'는 상수이며, 전단응력 τ_0는 반지름 r_0에는 무관하므로 r_0의 지수는 0이 되어야 한다. 따라서

$$\frac{7}{4}n-\frac{1}{4}=0,\ 즉\ n=\frac{1}{7}$$

그러므로 식(7-30)은

$$\bar{u}= \bar{u}_m\left(\frac{r}{r_0}\right)^{\frac{1}{7}} \tag{7-36}$$

이 되며, 이를 Prandtl–Kármán의 $\frac{1}{7}$승의 법칙($\frac{1}{7}$power law of Prandtl and Kármán)이라고 한다. Blasius의 실험식은 $Re < 5\times10^4$의 범위에서 구한 식이므로 식(7-33) 역시 $Re < 5\times10^4$범위에서 사용이 가능하며, $Re \geq 5\times10^4$의 범위에서는 잘 일치하지 않는다.

한편, 스웨덴의 Prasil 교수는 식(7-33)을 넓은 속도의 범위에서 적용이 가능하도록 다음과 같이 정리하였다.

$$\bar{u} = \bar{u}_m \left\{ 1 - \left(\frac{r_0 - r}{r} \right)^2 \right\}^{\frac{1}{n}} \tag{7-37}$$

여기서 n의 값은 5~12 사이에 있다. 또 Kármán도 다음과 같은 식을 제시하였다.

$$\bar{u} = \bar{u}_m \left\{ 1 - \left(\frac{r_0 - r}{r} \right)^n \right\}^{\frac{1}{7}} \tag{7-38}$$

여기서 $n = 1.25 \sim 2.0$이다. 일반적으로 관 내의 속도분포 Re에 따라 변화하며, Re가 작을수록 중심부의 속도값은 크게 나타난다.

실험결과에 의하며, 장애물 또는 입구로부터 흘러 들어감에 따라 차차 속도 분포의 모양이 변화하여 안지름 d의 약 40~50배의 거리에 달하면, 그리 a7-9와 같은 모양으로 되어 이보다 하류에서는 거의 변화하지 않는다. 다시 말하면 흐름의 속도분포는 안정되는 것이다. 이 거리를 입구장(entrande length)이라고 한다. 밸브나 곡관과 같은 장애물 바로 하류에서는 속도분포의 모양을 하나하나의 경우에 대하여 실측하지 않으면 안 된다. 그러나 장애물로부터 입구길이, 즉(40~50)d 정도를 흘러 들어간 하류단면에서는 속도분포가 대체로 앞에서 설명한 바와 같은 형으로 된다. 관의 유량을 측정하거나 흐름의 정확한 실험을 하는 데는 입구길이만큼 직관을 흘러 들어간 하류에서 해야 한다.

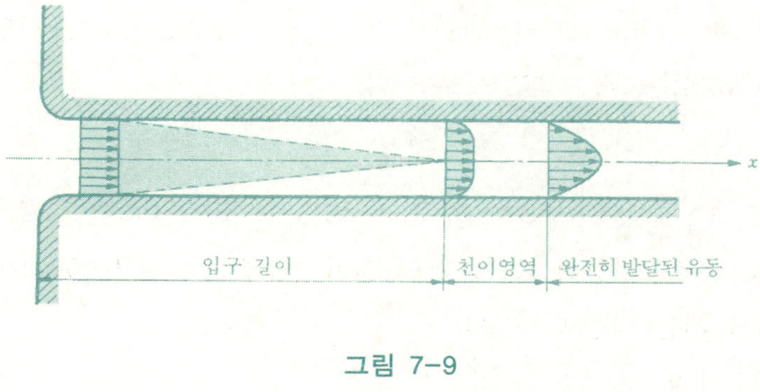

그림 7-9

제 7 장 연습문제

FLUID MECHANICS

01_ 비중 0.92 점성계수 $0.016\text{kg}\cdot\text{s/m}^2$의 기름을 공업용 구리관으로 매분 15m^3의 유량을 수송한다. 관의 길이 100m에 대하여 압력 하를 수주로 6m를 넘지 않도록 하는 데는 관의 지름을 얼마로 해야 하는가?(단, $\lambda=0.03$)

02_ 안지름 250mm, 길이 1000m의 곧은 관로에 의하여 매분 6.0ton의 물을 송수할 때, 관마찰에 의한 손실수두를 계산하라.(단, 관은 오래된 주철관이며 마찰계수는 λ는 Mises의 공식에 의한다)

03_ 관로에서 관마찰에 의한 손실수두가 속도수두와 같게 될 때의 관로의 길이는 얼마인가? 만약 관의 안지름이 30cm, 마찰계수 λ가 0.031이라며, 그 때의 관의 길이는 얼마인가?

04_ 온도 20℃의 물이 안지름 10cm의 관 속을 유량 $0.005\text{m}^3/\text{min}$으로 흐를 때, 이 흐름은 층류(laminar flow)인가 또는 난류(turbulent flow)인가?(단, 임계 Reynolds수는 $Re=2320$으로 한다)

05_ 비중 0.9, 점성계수 $0.01\text{kg}\cdot\text{s/m}^2$의 기름이 안지름 20mm의 관에 의하여 수평방향으로 흐르고, 압력강하가 관의 길이 1m에 대하여 0.05kg/cm^2일 때 다음 사항들을 계산하라.($\lambda=0.03$)

(a) 관 내의 유속

(b) 관벽에서의 전단응력

(c) 10m 거리에 수송하는 데 필요한 일량

06_ 원형 및 정 3각형의 단면을 가진 2개의 관에 물이 흐를 때 관의 길이 l, 단면적 A, 관의 양단에서의 압력수두차가 h이고, 관의 조도가 두 관에서 같을 때, 두 관의 유량비를 계산하라.

07_ 안지름이 200mm인 관에서 액체가 난류유동을 하고 있다. 벽면에 작용하는 전단응력을 측정한 결과 10N/m^2이고, 액체의 점성계수 및 밀도가 각각 $\mu = 1.005\times10^{-3}\text{kg/m}\cdot\text{s}$, $\rho = 997\text{kg/m}^3$이다. 속도, 유량, 중심선으로부터 20mm 되는 곳에서의 속도기울기를 계산하라.(단, 절대조도 $\varepsilon = 0.7\text{mm}$이고, Moody 선도를 이용하라)

08_ 거친 수평관의 안지름이 200mm이고 물이 $56l/s$의 유량으로 흐를 때 압력강하는 100m당 1.8kg/cm^2이다. 매끈한 관에 20℃의 물을 동일 유량으로 흘려보내 동일한 압력강하를 얻으려면, 안지름을 얼마로 하면 되겠는가?

09_ 지름이 10mm인 관내 유동에서 평균속도로 계산한 Reynolds 수가 1500일 때, 입구로부터 얼마인 곳에 완전히 발달된 유동이 이루어지겠는가?

10_ 안지름이 25mm이고 길이가 15m인 신연철이 15℃에서 물을 수송하기 위해 수평으로 놓여 있다. 관 내 평균속도가 5m/s일 때 유량과 마찰계수를 구하라.

11_ 안지름이 3in인 매끈한 관이 150°F에서 수평으로 놓여 있으며 물의 질량유량이 0.006slug/s이다. 100ft당의 압력강하가 0.0065lb/ft^2일 때, Moody 선도로부터 마찰계수 0.021 또는 0.042를 구할 수 있다. 어느 값이 보다 정확한 값인가?

12_ 에어컨 장치에서 유량이 $35\text{m}^3/\text{min}$의 공기를 표준상태에서 공급하고 있다. 관은 매끈하며 0.3m^2의 정 4각 단면을 가지고 있을 때 30m 수평관에서의 압력강하를 구하라.($\lambda=0.03$)

13_ 매분 80m^3의 공기를 표준상태에서 30m당 3mmHg의 압력강하로 공급하고 있다. 형상비(aspect ratio)가 2인 매끈한 4각관이라 할 때 최소의 관의 크기를 구하라.($\lambda=0.03$)

14_ 정 4각형과 직 4각형의 단면을 갖는 2개의 관에 물이 흐르는 경우에 관의 길이 l, 유동단면적 A, 관의 양단에서 압력수두차 h 및 관의 특성이 동일할 때 유량비는 얼마인가?(단, 직4각형의 가로, 세로비는 2:1이다)

15_ 안지름이 8in인 신주철관을 통하여 20℃의 물이 6ft/s의 속도로 유동하고 있을 때, 관마찰계수 λ를 Darcy와 Mises의 공식에 의하여 계산하라.

16_ 지름이 2in인 매끈한 관을 통하여 $20\text{ft}^3/\text{min}$의 공기가 유동되고 있다. $T=100°\text{F}$이고, $p=16\text{psia}$라고 할 때 관의 1ft당 압력손실을 구하라.

17_ 지름이 20cm인 원형관 내에 공기가 유동되고 있는데, 관의 중심부에서의 최대속도는 40m/s이다. 이 때 반지름 $r=5\text{cm}$인 점과 벽면으로부터 2cm인 곳에서의 속도를 구하라.

18_ 20℃에서 20m/s로 원형관 내에 물이 유동하고 있다. 관마찰계수가 0.028이라면 관벽에 발생하는 전단응력을 구하라.

19_ 동점성계수가 $1.0\times10^{-4}\,ft^2/s$인 기름이 2200gal/min으로 지름이 10in이고, 길이가 1000ft인 주철관 내를 흐르고 있다. 압력손실수두를 구하라.(단, 상대조도는 $\varepsilon/d=0.0013$으로 간주한다)

20_ 밀도가 $\rho=900kg/m^3$, 동점성계수가 $\nu=1.0\times10^{-5}m^2/s$인 기름이 길이 500m, 지름이 220mm인 주철관을 통하여 유량 $Q=0.21\,m^3/s$로 유동하고 있다. (a) 압력손실헤드, (b) 관이 유동방향으로 8° 기울어져 있을 때 압력 손실을 구하라. (단, 상대조도는 $\varepsilon/d=0.0013$이다)

FLUID MECHANICS

제 8 장

경계층이론
Boundary Layer Theory

8.1 경계층의 개념

경계층(boundary layer)의 개념은 1904년에 독일의 Ludwig Prandtl에 의해서 다루어지기 시작하였다. 이는 곧 이상유체와 실험유체에 대한 하나의 연관을 갖게 해주고 있다고 볼 수 있다. 비교적 적은 점성을 가지고 있는 유체들에 대해서 유체내부마찰의 영향은 유체경계를 둘러싸고 있는 아주 좁은 영역에서만이 크게 나타나고 있다. 이러한 가정으로부터 고체경계에 가까운 좁은 영역의 바깥측의 유동은 하나의 이상유동 또는 퍼텐셜유동(potential flow)을 하고 있다고 볼 수 있다.

물론 Prandtl이 이러한 가정을 가지고 실험적으로 밝힐 수 있었던 실질적인 연구를 수행하기 이전에, 이론적인 수학적 해로써 Euler의 운동방정식과 점성의 영향을 고려하여 Euler의 운동방정식을 확장해 유도된 Navier-Stokes의 운동방정식이 있다. 그러나 Prandtl은 위에서 설명한 대로 점성의 영향은 아주 좁은 고체와의 경계에서만 나타나고, 이 영역을 벗어나면 점성의 영향을 무시할 수 있기 때문에 여기에서는 점성유체의 유동이라 하더라도 이상유체유동으로 간주하여 유동역을 두 부분으로 나누어 다루어야 된다는 것이 Prandtl의 이론이다.

층류의 형성은 이미 점성의 법칙에서 논한 평판상에서의 유동이나 Coue´tte 유동에서 속도가 고체와의 경계면에서 0이 되었다가 거리가 멀어짐에 따라 점차 증가하여, 어느 거리 이상이 되면 최대속도가 되어 속도의 증감이 없게 된다. 이 때 속도가 0에서 최대속도가 되기 직전까지의 층을 **경계층(boundary layer)**이라고 한다. 이러한 경계층은 층류유동과 난류유동에서 그 크기나, 경계층 내에서의 속도분포가 다르다.

그림 8-1에서 볼 수 있는 바와 같이 층류경계층에서 난류경계층으로 바꾸어지는 유동역에서는 경계층의 **천이역**(transition region)이 존재하며, 난류경계층에서는 경계층 내의 고체면에 가까운 저층에 또 따른 유동층이 존재하게 되어, 이 유동층을 **층류저층**(laminar sub-layer)이라고 한다.

경계층의 형성은 압력기울기, 표면조도, 열전도, 질량력 등의 영향을 받으며, 이로 인하여 천이역의 형성은 큰 변화를 가져온다. 매끈한 평판 위를 흐르는 비압축성 유체유동에 대하여는 천이역은 $3\times10^6 < Re_x < 4\times10^6$에서 형성되는 것으로 되어 있다. 여기서 Re_x는 평판 위에서의 값이므로 국소 Reynolds 수(local Reynolds number)이며, 이는 평판의 선단으로부터 x만큼 떨어진 위치에서 계산한 값이다. 만약 $U_0 = 100\mathrm{m/s}$이며, x는 $0.43 < x(\mathrm{m}) < 0.58$의 범위에서 천이현상이 일어난다.

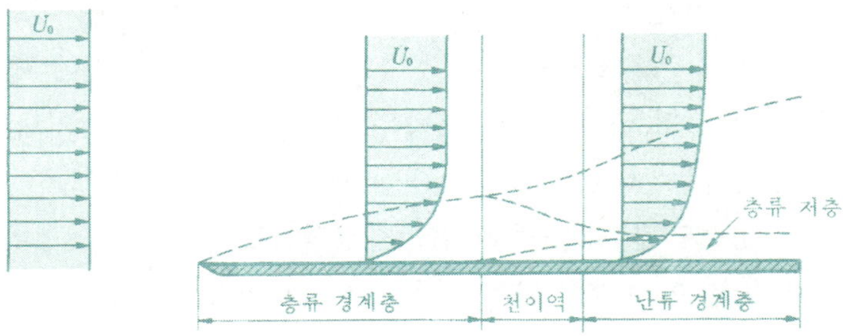

그림 8-1

8.2 경계층의 두께

경계층의 두께는 학자들에 따라 그 정의가 일정하지 않으나, 대개 고체면으로부터 $u = 0.99\,U_0$인 곳까지의 거리를 경계층의 두께로 간주하고 있다. 이와 관련하여 경계층 내의 두께들은 **배제두께**(displacement thickness), **운동량두께**(momentum thickness), **소산 에너지두께**(dissipation energy thickness) 등이 있다.

8.2.1 배제두께(Displacement Thickness) : δ_1

경계층은 유체의 점성에 의하여 고체면에 가까운 층에서 일어나므로, 유동은 표면으로부터의 거리가 멀어짐에 따라 자유유동과 동일한 상태로 돌아가게 되어 실제 경계층의 두께는 측정하기가 힘이 든다.

그림 8-2에서와 같이 경계층의 두께 δ와 배제두께 δ_1과의 관계를 유동질량에 의하여 계산해 보자.

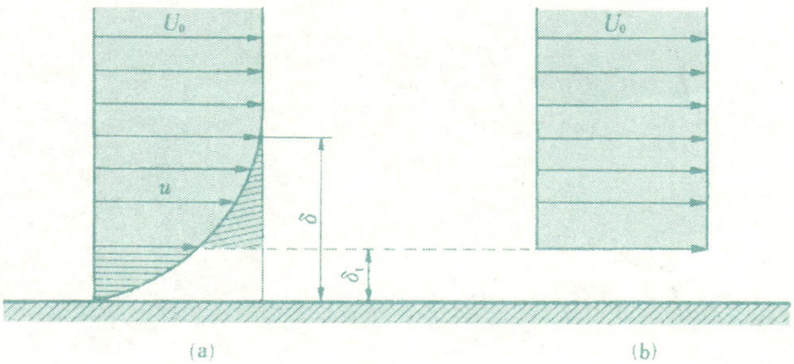

그림 8-2

배제두께라 함은 유체가 고체와의 경계면에서 마찰과 점성 등의 영향으로 실제 유동이 그림 8-2(a)와 같이 되나, 이를 마찰과 점성의 영향이 없다고 가정한 속도선도 [그림 8-2(b)]와 같이 가정하여, 그 유동질량을 그림 8-2(a), (b) 모두 같게 놓았을 때의 고체면으로부터 배제되는 거리 δ_1으로 정의된다. 실제 유동질량은 그림 8-2(a)에서

$$\dot{m}_a = \int_0^\infty \rho u b dy \tag{8-1}$$

여기서 b는 유동폭이다.

마찰이 없다고 가정한 유동질량은 그림 8-2(b)에서

$$\dot{m}_b = \int_{\delta_1}^\infty \rho U_0 b dy \tag{8-2}$$

$\dot{m}_a = \dot{m}_b$로 놓아 δ_1을 정의하였으므로

$$\int_0^\infty \rho u b dy = \int_{\delta_1}^\infty \rho U_0 b dy$$

비압축성 유동에서는 $\rho = C$이므로

$$\int_0^\infty u dy = \int_{\delta_1}^\infty U_0 dy$$

그러므로

$$\int_0^\infty u dy = \int_0^\infty U_0 dy - \int_0^{\delta_1} U_0 dy$$

따라서

$$\int_0^{\delta_1} U_{0dy} = \int_0^\infty (U_0 - u) dy$$

$$U_0 \delta_1 = \int_0^\infty (U_0 - u) dy$$

결국

$$\delta_1 = \int_0^\infty (1 - \frac{u}{U_0}) dy \qquad (8\text{-}3)$$

즉

$$\delta_1 \simeq \int_0^\delta (1 - \frac{u}{U_0}) dy \qquad (8\text{-}3a)$$

8.2.2 운동량두께(Momentum Thickness) : δ_2

운동량두께는 경계층 내에서 유동의 감속으로 인하여 배제되는 운동량을 운반하는 데 필요한 자유유동에서의 두께로 정의한다. 유동질량은

$$\int_0^\delta \rho ubdy$$

이 유체의 자유유동 상태에서 갖는 운동량은

$$U_0\int_0^\delta \rho ubdy$$

그러므로 배제되는 운동량은

$$U_0\int_0^\delta \rho ubdy - \int_0^\delta \rho u^2bdy = \int_0^\delta \rho u(U_0 - u)bdy$$

따라서

$$\rho U_0^2 b\delta_2 = \int_0^\delta \rho u(U_0 - u)bdy$$

$$\delta_2 = \int_0^\delta \frac{u}{U_0}\left(1 - \frac{u}{U_0}\right)dy \tag{8-4}$$

여기서 δ_2를 운동량두께라고 한다.

8.2.3 소산에너지의 두께(Dissipation Energy Thickness) : δ_3

경계층을 통과하는 임의의 유선을 생각하여 유입 전후에서의 단위질량당의 에너지 손실은

$$h_L = \left(\frac{p_0}{\rho} + \frac{U_0^2}{2}\right) - \left(\frac{p}{\rho} + \frac{u^2}{2}\right) \tag{8-5}$$

폭 dy를 통과하는 유동질량 $\rho ubdy$에 대한 에너지손실은

$$\rho ubdyh_L = \left\{(p_0 - p) + \frac{1}{2}\rho(U_0^2 - u^2)\right\}ubdy \tag{8-6}$$

여기서 압력차 $p_0 - p$는 0이 되므로 경계층 전체의 에너지손실은

$$\rho\int_0^\delta uh_l bdy = \frac{1}{2}\rho\int_0^\delta u(U_0^2 - u^2)bdy \tag{8-7}$$

이와 같은 에너지손실이 높이 δ_3까지의 유체운동에너지 $\frac{1}{2}\rho U_0^3 b\delta_3$와 동일하다고 하면

$$\delta_3 = \int_0^\delta \frac{u}{U_0}\left(1 - \frac{u^2}{U_0^2}\right)dy \tag{8-8}$$

여기서 δ_3를 **소산에너지의 두께**라고 한다.

8.3 압력기울기의 영향

8.3.1 박리와 곡면상의 유동

우리는 지금까지 경계층 밖의 압력이 일정한 유동에 대한 것만 다루어왔다. 그러나 만약 압력이 유동방향에 따라 변화한다면, 유체의 거동은 큰 영향을 받게 될 것이다.

그림 8-3과 같이 곡면 위의 유동을 생각해 보자. 여기서 곡률반지름은 어느 곳에서나 경계층의 두께에 비하여 충분히 큰 경우이다. 곡면에 흐르는 유체는 면에 충돌하여 비스듬히 흐르기 때문에 그림의 점 C의 왼쪽 단면에서는 가속이 생긴다. 그리하여 점 C의 경계층 바로 밖의 유속은 최소가 되며, 점 A에서 점 C까지는 압력기울기 $\partial p/\partial x$는 음이 되고, 경계층에서 유체에 작용하는 순압력에 의한 힘은 유동방향으로

작용하게 된다. 이러한 압력기울기는 상당한 크기로 나타나고 있다. 그리하여 이것은 어느 정도 경계층에 영향을 미쳐 경계층의 두께가 압력기울기가 0인 평판상에서보다 적게 형성되는 것을 알 수 있다.

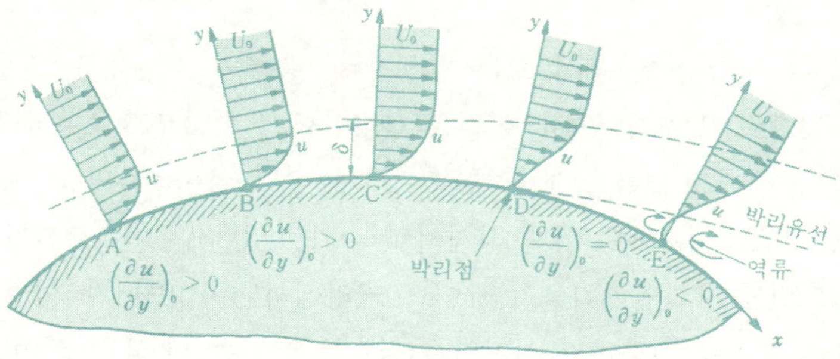

그림 8-3

점 C를 지나서는 압력이 증가하게 되며, 유체에 작용하는 순압력은 유동방향의 역방향으로 작용하게 된다. 그러나 실제적으로 압력기울기는 $\partial p/\partial x$는 경계층의 전단면을 통하여 동일한 값을 갖게 된다.

그 대부분의 영향은 표면에 아주 가까운 곳에서 두드러지게 나타나고 있으며, 이는 그 곳에서의 유체가 멀리 떨어져 있는 유체보다 적은 운동량을 갖고 있기 때문이다. 그리하여 운동량이 순압력에 의하여 계속해서 감소하게 되면, 표면의 유체는 곧 정지상태에 이르게 된다. 그 때 그림의 점 D에서와 같이 $\partial u/\partial y$의 값은 0이 된다. 이보다 먼 하류, 즉 점 E에서는 표면에 가까운 곳에서 유체는 실제적으로 역류를 하게 된다. 그리하여 유체는 더 이상 표면을 따라 흐르지 않게 된다. 이와 같이 유동이 표면과 분리되는 것을 **박리**(separation)라 하고 $(\partial u/\partial y)_{y=0}$가 0이 되어 최초로 박리가 일어나는 점을 **박리점**(separation point)이라고 한다. 이 현상은 경계층에서 유속의 감소에 의한, 압력기울기의 증가에 의하여 발생하는 것이다. 그러므로 박리는 역압력기울기가 생길 때 일어나는 것이다.

그림 8-3에서 아래의 점선은 속도가 0인 점들을 연결한 것이며, 여기서 x방향의 유동과 역류가 분리되는 선으로, 이것을 **박리유선**(separation streamline)이라고 한

다. 이곳에서는 역류에 의하여 많은 와류가 형성되며, 많은 에너지가 열로서 소산된다. 분리된 경계층은 역류에서 와류를 형성하는 경향으로 나타나며, 교란된 유체의 영역은 하류를 따라 어느 거리까지는 확장되어 나가게 된다. 왜냐하면 와류에너지로 열로써 소산되며 하류압력은 박리점에서와 마찬가지로 거의 동일한 값을 유지하기 때문이다.

박리는 층류나 난류경계층에서 모두 발생하나, 층류의 경우에 난류에서보다 더 많이 일어나는 것으로 알려져 있다. 이것은 층류층에서는 표면으로부터의 거리의 증가에 따라 속도의 증가가 난류층에 비하여 뒤지며, 이로 인하여 역류압력 기울기는 표면에 저속으로 흐르는 유체를 쉽게 정지시킬 수가 있기 때문이다. 한편, 난류층은 박리가 일어나기 전에 역류압력기울기를 어느 거리에서든 이겨낼 수 있다. 그러나 어느 경계층에서나 역류압력 기울기가 커지면 커질수록 박리는 더 빨리 일어난다.

이와 같은 역류압력기울기를 얻기 위하여 꼭 곡면일 필요는 없다. 그리 크지 않은 확산각(diffusion angle)을 가진 관에서도 가능하다. 경계층의 박리는 유동에 큰 영향을 미치며, 특히 압력기울기가 일정하게 교란된 유체의 하류에서 후류(wake)의 형성은 근본적으로 유동에 변화를 준다. 그러므로 유효 유동층은 고체면이 아니라 박리역을 포함한 미지의 현상인 것이다.

8.3.2 압력항력(Pressure Drag)

평판에 평행하게 유동하는 유체는 점성의 영향에 의하여 표면에 항력을 발생시킨다. 하류방향의 마찰합력은 표면마찰항력으로 알려져 있다. 그러나 주류에 어느 곳에서나 평행하지 않은 유동이 평판상에 발생할 때는, 유동방향에 따라 표면의 압력차에 의하여 추가로 항력이 발생하게 된다. 이것은 **압력항력**(pressure drag), 또는 경계면의 형상에 따라 다르므로 **형체항력**(form drag)이라고 한다. 그러므로 표면마찰항력은 표면의 접선력들의 합이며 압력항력은 표면에 수직한 힘들의 합인 것이다. 표면마찰항력과 압력항력의 합을 **형상항력**(profile drag)이라 한다.

고체 주위에 흐르는 대부분의 유동에서 경계층은 표면으로부터 분리되어 물체의 후방향으로 향하여 유동된다. 박리점 하류에서의 유동은 아주 큰 와동에 의하여 크게 교란되며 이 와동역을 후류(wake)라고 한다. 후류에서 크게 일어나는 난동으로 인한 소산된 에너지에 의하여 그 곳에서의 압력은 감소하며, 물체에 작용하는 압력항력은 증가한다.

이 압력항력의 크기는 후류의 크기에 따라 변하며 또 박리의 위치에 따라 다르다. 물체의 형상이 박리가 뒤쪽에서 일어나도록 되어 있다면 후류는 아주 적게 일어나며, 압력항력이 적어서 전항력은 표면마찰에 의해서만 발생하게 된다.

이와 같은 물체를 **유선형물체**(streamlined body)라고 한다[그림 8-4(a)].

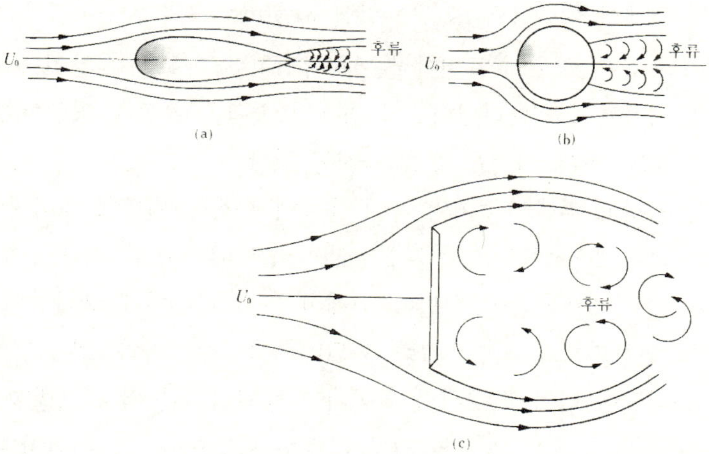

그림 8-4

평판이 그림 8-4(c)와 같이 놓여 있는 경우에 유동은 표면에서 훨씬 멀리 분리되어 나가며 후류는 크게 형성되고, 압력항력은 표면마찰항력보다 훨씬 크다. 여기서 무차원의 **항력계수**(drag coefficient) C_D는 다음과 같이 정의되어 있다.

$$C_D = \frac{F_D}{\frac{1}{2}\rho U_0^2 A} \tag{8-9}$$

여기서 A는 비행기의 날개를 제외하고는 유체유동방향에 수직하게 투사한 표면적을 나타낸다. 또 유동방향에 평행하게 놓인 얇은 판에 대해서 항력은 표면마찰에 의하여 일어나므로, 이 때에는 판의 양쪽 표면적을 A로 계산한다. 여기서의 계수는 표

면마찰계수로서 평판의 경우

$$C_F = \frac{F_D}{\frac{1}{2}\rho U_0^2 (2A)} \tag{8-10}$$

비행기 날개의 경우, A는 익폭과 평균익현과의 적으로 계산한다. 결국 항력계수 C_D는 물체의 형상이나 크기의 함수가 아니라 Reynolds수의 함수이다. 또 유체 중에서 속도는 음속과 비교할 수 있으므로 Mach 수의 함수이기도 하며, 만약 두 유체 사이의 경계면에 대해서 생각하며, C_D는 역시 Froude 수의 함수이기도 하다.

그림 8-4(c)와 같은 경우에 표면마찰은 하류방향에 아무런 성분이 존재하지 않으므로 전항력은 압력항력으로 나타난다. 이 경우의 항력은 유동에 평행하게 놓인 평판에 발생하는 항력의 100배에 가까운 값을 가지고 있다.

다음에 무한히 길고 지름이 d이며 축이 유동에 수직한 원통에 대하여 생각해 보다.

여기서 극히 작은 $Re < 0.5$인 경우에는 관성력을 무시할 수가 있으며, 유선들은 그림 8-5(a)에서 보는 바와 같이 실린더 뒤에서 다시 합류하게 된다. 만약 Reynolds 수가 20~30으로 증가하게 되면, 그림 8-5(b)에서 보는 바와 같이 경계층은 점 S에서 대칭으로 분리되어 나가고, 2개의 와동이 형성되어 유동의 반대방향으로 회전하게 된다. 이 Reynolds 수에서 와동은 위치가 변하지 않으며, 그 에너지도 분리된 경계층의 유동에 의하여 그대로 보존된다. 그러나 와동의 후부에서 주류들은 합류하게 되며, 후류는 어느 길이로 한정되어 버린다. Reynolds 수의 증가에 따라 그림 8-5(c)에서와 같이 와동이 커지고 있으나 불안정하며, 원통의 경우 $Re = 40 \sim 70$이 되면, 주기적인 후류의 진동현상을 나타낸다.

자유유동에서 원통실린더에 대하여 $Re \approx 90$이 되면, 와동은 실린더 양측에서 교도로 없어져 하류와 합류되어 버린다. 위의 Reynolds 수의 한계에서 와동은 실린더의 양측에서 교대로 발생하며, 결과적으로 두 개의 **와열**(row of vortex)을 형성한다. 이와 같은 것을 **와로**(vortex street 또는 vortex trail)라고 한다.

여기서 와류에너지는 점성에 의하여 소멸되고, 어느 거리를 벗어나면 규칙적으로 일어나는 이 현상이 없어져 버린다.

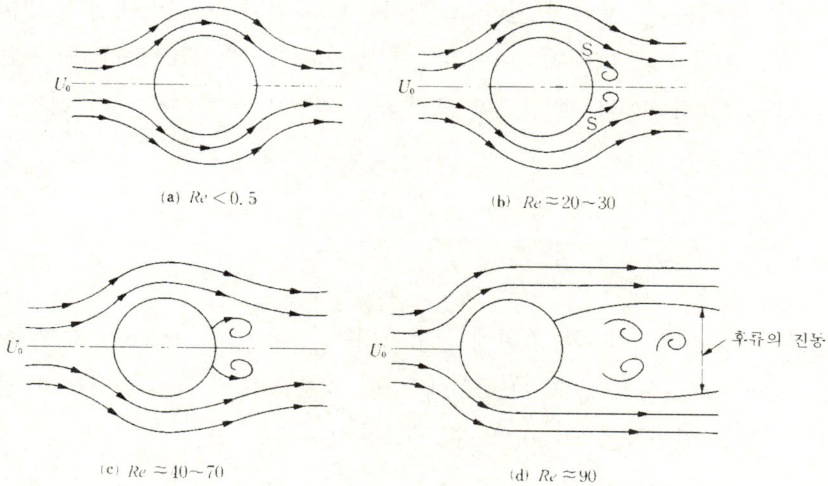

(a) $Re < 0.5$ (b) $Re \approx 20 \sim 30$

(c) $Re \approx 40 \sim 70$ (d) $Re \approx 90$

그림 8-5

von Kármán은 와로를 이상유체유동에서 서로 다른 와류의 연속으로 간주하여, 아주 작은 교환유동에 대해 **그림 8-6**과 같이 나타내었으며, 그 크기를 다음과 같이 가정하였다.

$$\frac{h}{l} = \frac{1}{\pi}\sinh^{-1}1 = 0.281 \tag{8-11}$$

이 값은 후에 실험적으로 확인되었다.

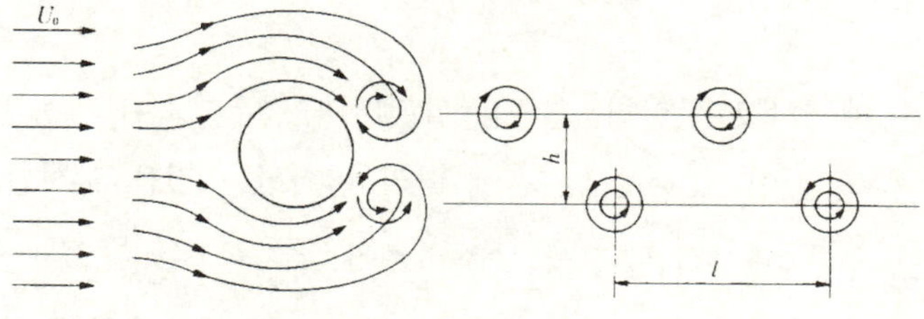

그림 8-6

와류가 생길 때마다 회전운동이 생겨 불균형의 측력이 실린더에 작용하게 된다. 이와 같이 실린더의 양측에서 교대로 발생하는 와류에 의하여 교번측력이 생기며, 이로 인하여 실린더에 진동이 생기게 된다. 노래하는 전화기나 전선이 바람에 의하여 울리는 소리 등은 이의 좋은 예이며, 비행기에서 발생하는 조동(flutter) 현상 같은 것은 중요한 문제 중의 하나이다. 원통에서 발생하는 와동의 주차수를 f라 하면 실험식은 다음과 같다.

$$\frac{fd}{U_0} = 0.198\left(1 - \frac{19.7}{Re}\right) \tag{8-12}$$

이는 $250 < Re < 2\times10^5$의 범위에서 유효하며, fd/U_0는 1878년에 체코슬로바키아의 Vincenz Strouhal(1850~1922)에 의해 처음으로 음선을 사용해서 연구된 것으로 그의 이름을 인용하여 Strouhal 수라고 한다.

8.3.3 2차원물체의 형상항력(Profile Drag)

앞절에서 논한 형상들의 영향을 검토해 보자. 표면마찰력과 항력은 함께 형상항력을 형성하며, 무자원의 **형상항력계수**를 다음과 같이 정의 하고 있다.

$$C_D = \frac{\text{형상항력}}{\frac{1}{2}\rho U_0^2 A} \tag{8-13}$$

여기서 A는 유동방향에 수직하게 투사한 면적이다. 윗식에서 볼 수 있는 바와 같이 형상항력, 즉 표면마찰항력과 항력은 Reynolds 수의 함수이므로 C_D는 Reynolds 수의 함수이다.

그림 8-7은 매끈하고 무한히 긴 원형실린더의 경우, 축이 유동방향에 수직하게 놓여 있을 때 C_D의 값이 Reynolds 수에 따라 변화하는 것을 도시한 것이다.

$Re < 0.5$인 경우 관성력은 점성력에 비하여 무시할 수 있으며 항력은 속도 U_0에 비례하고 있다. 즉 이는 C_D가 그림의 직선부분으로 나타나 있듯이, Reynolds 수의 역수에 비례함을 알 수 있다. 표면마찰항력은 여기에서 전항력의 대부분을 차지하고 있다. 즉 $Re \to 0$일 때는 표면마찰항력은 전항력의 3분의 2가 된다.

경계층의 박리가 일어나면, 압력항력은 균등하게 널리 작용하며 C_D의 기울기는 감소하게 된다. $Re=200$범위까지는 von Kármán의 와로가 아주 잘 형성되어 있으며 압력항력은 전항력의 90%에 달한다.

$Re=2000$의 부근에서 항력계수는 최소값 0.95에 달하며, $Re=3\times10^4$으로 되면 약간 증가하여 1.2가 되는 것은 난류의 증가에 기인하다. 따라서, 박리점도 상류쪽으로 점점 변위되어 간다. $Re=2\times10^5$ 범위에서 경계층은 박리가 일어나기 전에 층류에서 난류로 바뀌어 가는 것을 알 수 있다. 그러므로 박리는 하류쪽으로 점점 옮아가고 후류는 좁아지게 되어 결과적으로 항력은 현저히 감소하게 된다. 이 현상은 $Re>5\times10^5$이 되어야 확실히 나타나지만 C_D는 0.3까지 감소하였다가 0.7정도로 증가한다. 이 때 Reynolds 수의 대체적인 한계는 $5\times10^5<Re<3\times10^6$이 된다.

그림 8-7에서는 2차원유동을 일으킬 수 있는 각종 물체들에 대한 C_D를 표시하였으며, 후방으로 옮겨진 박리의 위치에 따라 생긴 유선들의 영향이 나타나 있다. 또, 물체의 후부의 형상이 전부의 형상보다 박리의 위치에 더 큰 영향을 주는 것으로 알려져 있다.

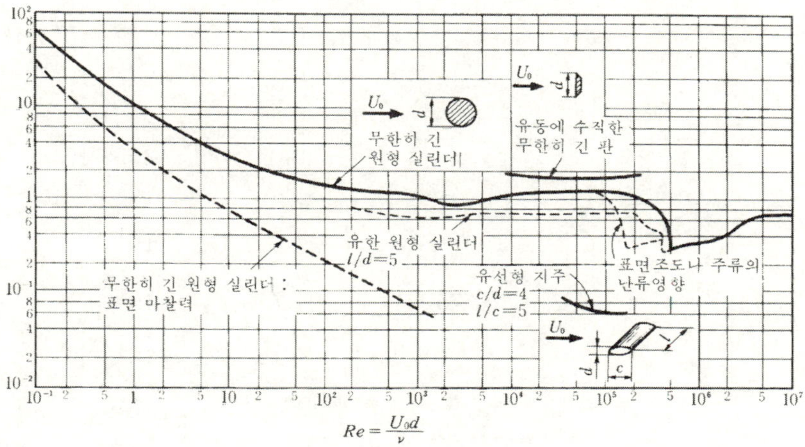

그림 8-7

얇은 평판이 유동방향에 수직하게 놓여 있는 경우에 표면마찰항력은 압력항력에 비하여 무시할 수 있으므로, 관성력의영향은 아주 Reynolds 수에서 원형 실린더의경우보다 더 크게 나타나고 있다. $Re<100$에서 박리는 항상 동일한 위치에서 일어난다. 그러므로 전항력은 속도의 제곱에 비례하며 C_D는 Reynolds 수와 무관하다.

그림 8-8은 평판폭과 두께의 비에 대해 C_D의 값을 그림으로 나타낸 것이며, 표 8-1은 물체에 대한 Reynolds 수와 C_D와의 관계를 나타낸 것이다.

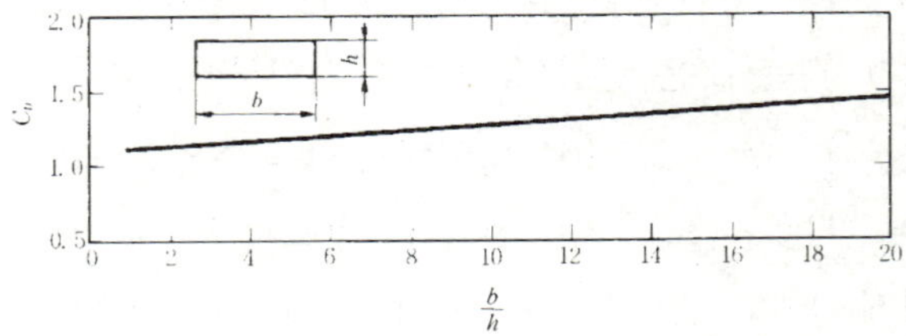

그림 8-8

표 8-1

물체의 형상			C_D	Re 수
원형 실린더	→	○	1.2	10^4 to 1.5×10^5
타원형 실린더	→	⬭	0.6	4×10^4
		2:1	0.46	10^5
	→	⬭	0.32	2.5×10^4 to10^5
	→	4:1	0.29	2.5×10^4
		8:1	0.20	2×10^5
4각 실린더	→	□	2.0	3.5×10^4
	→	◇	1.6	10^4 to 10^5
3각 실린더	→	120°	2.0	10^4
	→	120°	1.72	10^4
	→	90°	2.15	10^4
	→	90°	1.60	10^4
	→	60°	2.20	10^4
	→	60°	1.39	10^4
	→	30°	1.8	10^5
	→	30°	1.0	10^5
반 원 관	→	)	2.3	4×10^4
	→	(	1.12	4×10^4

8.3.4 익형에서의 박리

박리유동이 양력이 발생하는 어느 표면에서 일어난다면, 항력이 감소하면서 양력이 역으로 영향을 받게 된다. 그러므로 여기서 비행체의 날개에 대해서 고려해 보자.

영각(attack angle)(유체의 유동방향과 익형의 현이 이루는 각)이 증가하면 익형 주위의 회전유동이 일어나므로 양력이 증가하게 된다. 그러나 익형 윗면의 후부를 따라 역압력 기울기는 어느 한 영각에서는 경계층이 윗면에서 분리되기 전까지 심한 와동 현상을 나타내며, 난동후류가 형성된다. 아주 작은 영각에 대해서는 박리위치는 익형의 후연에서 일어나게 된다. 다시 영각이 증가해 가면 박리위치는 앞으로 옮겨가면서 현저한 항력의 증가를 가져온다. 그림 8-9는 이러한 현상과 익형 위의 실속유동을 보여주고 있다.

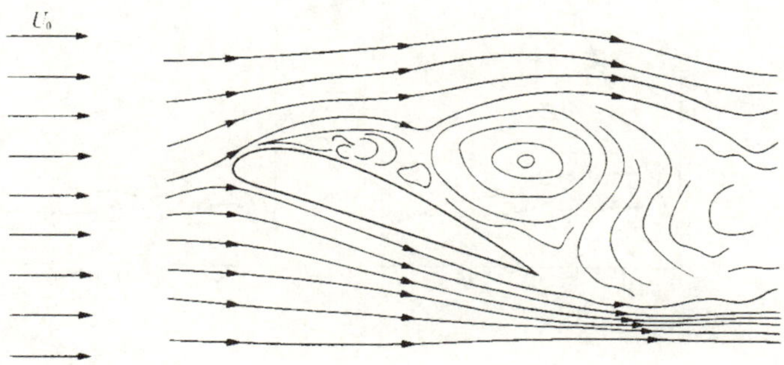

그림 8-9

익형의 경우 항력 D와 양력 L은 다음과 같이 정의된다.

$$D = C_D \frac{1}{2} \rho U_0^2 A \tag{8-14}$$

$$L = C_L \frac{1}{2} \rho U_0^2 A \tag{8-15}$$

여기서 A는 익형의 면에 수직한 투영 표면적으로서 익형과 전길이 l과 현 c의 적으로 계산하며, C_D는 항력계수, C_L은 양력계수를 나타낸다. 그리하여 그림 8-10

은 주어진 Reynolds 수에서 영각 α에 따른 C_D 및 C_L의 변화를 그림으로 나타낸 것이다.

높은 Reynolds 수에서 C_L이 최대값이 달할 때의 영각을 실속각(stalling angle)이라고 하고, 또 익형의 전윗면에서 실질적으로 흐름이 분리되어 유동하는 상태를 실속(stall)이라고 한다. 그러므로 실속이 일어나기 전에 영각 α와 양력계수 C_L의 높은 값을 얻을 수가 있다.

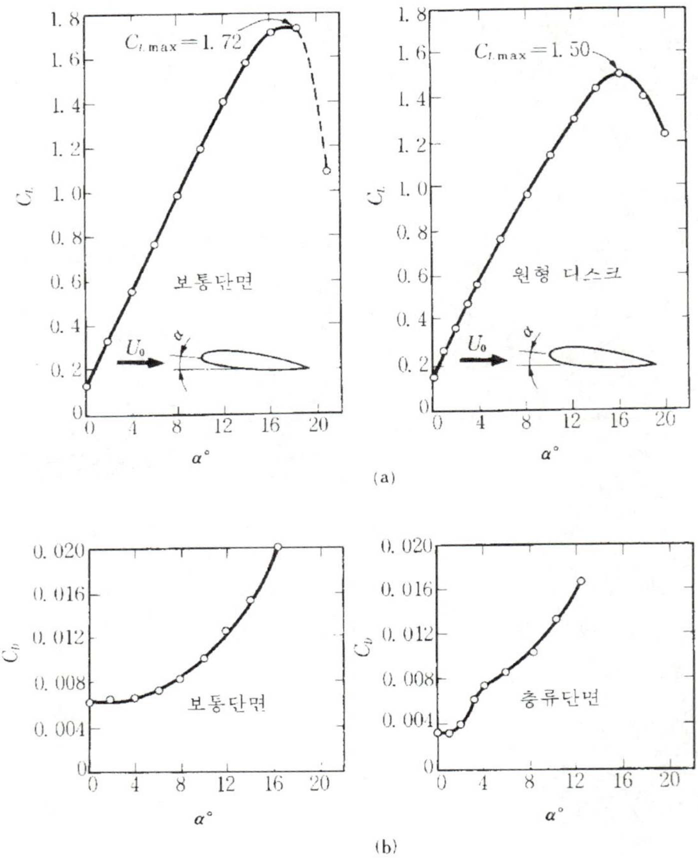

그림 8-10

제 8 장 연 습 문 제

FLUID MECHANICS

01_ 항공기를 다음과 같이 제작하였다.

무게 $W = 3000\,\text{lbf}$

익의 면적 $A = 300\,\text{ft}^2$

이 속도 $U = 100\,\text{ft/s}$

모델시험에서 양력과 항력계수도 익형의 영각 α에 따라 다음과 같은 관계가 있음을 알았다.

$C_L = 0.35(1 + 0.2\alpha)$, $C_D = 0.008(1 + \alpha)$

여기서 α는 도이고, 대기의 밀도 $\rho = 0.00238\,\text{slug/ft}^3$이다. 이 때 주어진 이륙속도로 이륙에 필요한 영각 α와 동력을 구하라.

02_ 두 평판 사이의 비압축성 유체의 유동에서 속도선도는 다음과 같이 주어졌다.

$u = u_{\max}(Ay^2 + By + C)$

여기서 A, B, C는 상수이고 y는 평판 사이의 중간점으로부터 측정한 거리이며, 간격은 h이다. 이 때 단위길이당 유량을 구하라.

03_ 표준대기압하에서 10km 상공을 300노트의 속도로 여객기가 날아가고 있다. 익표면에 평판상에서와 동일한 형태의 경계층이 형성된다면, 익표면에서 층류는 어느 정도까지 확장되어 가겠는가?

04_ 평판상의 경계층유동에서 속도선도는 다음과 같이 표시될 때경계층 건을 이용하여 A, B, C를 구하라.

$u = A\sin(By) + C$

05_ 경계면에서 속도선도들은 다음과 같이 표시된다. 이 식들을 그림으로 나타내어 그 형태를 비교하여 보라.

선형식 $\dfrac{u}{U_0}=\dfrac{y}{\delta}$

포물선식 $\dfrac{u}{U_0}=2\left(\dfrac{y}{\delta}\right)-\left(\dfrac{y}{\delta}\right)^2$

3차곡선식 $\dfrac{u}{U_0}=\dfrac{3}{2}\left(\dfrac{y}{\delta}\right)-\dfrac{1}{2}\left(\dfrac{y}{\delta}\right)^2$

sine 곡선식 $\dfrac{u}{U_0}=\sin\dfrac{\pi}{2}\left(\dfrac{y}{\delta}\right)$

06_ 평판상에서의 속도분포식은 다음과 같다.

$$\frac{u}{U_0}=\frac{3}{2}\eta-\frac{\eta^3}{2}$$

여기서 $\eta=\dfrac{y}{\delta}$이다.

이 속도선도에 대하여

$$\frac{\delta}{x}=\frac{4.64}{\sqrt{Re_x}}$$

일 때 배제두께 δ_1, 즉 $\dfrac{\delta_1}{x}$은 어떻게 표시되겠는가?

07_ 그림 8-11과 같이 4각 관에 공기가 속도 $U_0=30\,\text{m/s}$로서 유입하고 있다. 관의 단면은 80mm×80mm이고, 입구로부터 0.3m 되는 곳에서 배제두께는 각 벽에서 1mm이다. 단면 (1), (2)에서 압력변화를 구하라.

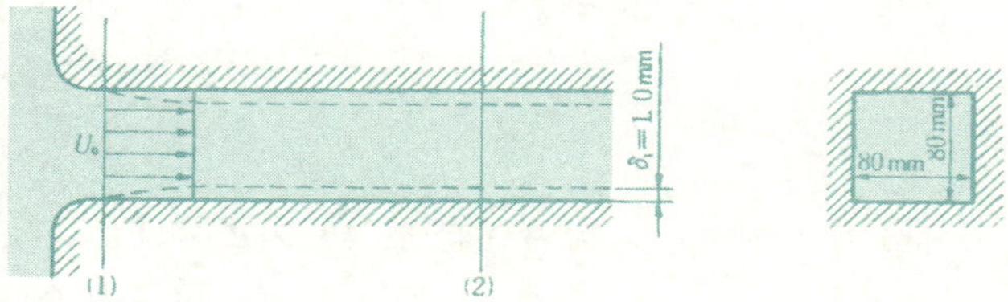

그림 8-11

08_ 경계층에서 속도선도가 $\dfrac{u}{u_m} = \sin\left(\dfrac{\pi}{2}\eta\right)$(여기서 $\eta = \dfrac{y}{\delta}$)일 때 δ_1/δ, δ_2/δ를 구하라.(단, δ: 경계층두께, δ_1 : 배제두께, δ_2 : 운동량두께)

09_ 넓이가 6m^2인 평판이 대기 중에서 12m/s로 날고 있다. 양력계수와 항력계수는 각각 $C_L = 0.68$, $C_D = 0.20$일 경우 (a) 양력, (b) 항력을 계산하라. 단, 공기의 밀도는 $\rho = 1.22\text{kg/m}^3$이다.

10_ 문제 9에서 평판이 계속하여 날 수 있기 위한 동력을 구하라.

11_ 익형의 투영표면적이 12m^2인 비행체가 정지상태에 있는 대기중을 비행하기 위하여 영각이 $10°$ 이고 속도가 40m/s로 질주하고 있다. (a) 양력, (b) 항력을 구하라. 단, 공기의 밀도는 $\rho = 1.20\text{kg/m}^3$이다.

12_ 문제 11과 같은 조건하에서 비행체의 총중량이 1.5ton이었다면 이 비행체는 이륙이 가능한가?

13_ 경계층 내($\delta = 5\text{mm}$)에서 속도분포식이 다음과 같다. 배제두께 δ_1을 구하라.

$$\frac{u}{U_0} = 2\left(\frac{y}{\delta}\right) - \left(\frac{y}{\delta}\right)^2$$

여기서 δ는 경계층의 두께, y는 벽면으로부터의 거리이다.

14_ 경계층 내에서 속도분포가 3차원 곡선의 식으로 다음과 같이 주어졌을 때, 운동량의 두께 δ_2는 경계층의 두께가 $\delta = 4\text{mm}$인 경우 얼마인가?]

15_ 표준상태에서 두 평행평판 사이에 공기가 유동되고 있다. 경계층의 두께 식이 다음과 같이 주어졌다. 유속이 25m/s일 때 입구로부터 5m인 곳에서 경계층의 두께를 구하라. 단 $\nu = 1.45 \times 10^{-5}\text{m}^2/\text{s}$이다.

$$\frac{\delta}{x} = 0.370\left(\frac{\nu}{U_{0x}}\right)^{1/5}$$

16_ 두 평판 사이의 유동에 있어, 유동이 발달되지 않은 영역에서 경계층 내에 발생하는 압력손실력을 Bernoulli 방정식을 이용하여 유도하라.

17_ 경계층 내의 속도분포선도가 다음과 같은 식을 만족한다면, 배제두께는 $\delta_1 = \delta/8$가 됨을 증명하라. 단 δ는 경계층의 두께이다.

$$\frac{u}{U_0} = \eta^{1/7} \text{(여기서 } \eta = \frac{y}{\delta}\text{)}$$

제 9 장

차원해석과 상사율

Dimensional analysis and Similarity

9.1 상사율

지금까지 우리는 이상유체나 점성유체에 대하여 이론적 해를 위주로 물리적 또는 수학적인 방법으로 방정식을 유도하였다. 그러나 이러한 방정식들을 사용은 어느 한계에서는 적용이 가능하다가도 어느 범위를 벗어나면 적용이 불가능한 때가 많다. 예를 들어 경계층의 경우, 층류나 난류는 그 주어진 조건하에서 각각의 속도분포, 전단응력, 마찰계수 계산식들이 성립하지만, 조건을 벗어나게 되면 성립하지 않는 경우가 많다.

원형 실린더 뒤에 형성되는 후류(wake)의 경우, 유속의 변화에 따라 동일한 조건하에서 일정한 현상을 볼 수가 없으며, 특히 난류의 경우는 더욱더 그 유동형태의 일관성을 찾아볼 수가 없기 때문에, 이들의 해석은 가정한 방정식에 실험값을 대입하여, 보다 정확한 해석에 근접해 가는 것이다. 그러나 이러한 실험값들의 정확성도 어느 완전한 기준에 맞추기가 힘이 들며, 보다 더 정확한 값을 얻기 위해서는 수없이 반복된 실험을 하여야 된다. 또, 여러 가지 실험조건과 인자(factor) 수에 따라 실험횟수는 늘어나게 된다.

예를 들어 관 내의 유체유동 분포를 고찰하기 위해서는 먼저 관의 지름을 결정하여야 하고 다음에 유속을 정하여야 한다. 그렇지 않은 일반적인 경우에 관내의 속도를 측정도시할 때, 관의 지름을 N번 변화시키고, 유속을 M번 변화시켰을 경우, 어느 한 위치에서만도 $N\times M$개의 속도선도를 측정 도시하여야 한다. 만약, S번 위치를 변화시켰을 때는 $N\times M\times S$번 실험을 하여야 한다.

이런 경우에 그 많은 속도선도 중 어느 것을 선정하여 관 내의 유체유동의 속도분포선도라고 말하기는 어렵다. 그리하여 이와 비슷한 모든 경우에 각 인자들에 대한 어느 기준값을 정하고, 각 측정값들을 동종인자의 기준값으로 나누어 그 비로 나타냄으로써 무차원화하여, 어느 조건에서나 동일한 무차원의 값을 갖도록 하는 것을 **상사율**(similarity)이라고 한다.

위에서 예를 든 속도선도의 경우, 여기에 수반되는 물리적인 성질, 즉 점도에 의한 마찰력이나 항력, 전단력, 응력, 등 역학적인 제반문제가 상호 상사성을 가지고 있을 때, **역학적 또는 물리적인 상사율**(mechanical or physical similarity)이라고 한다. 또, 기계제작이나 건축에 있어서 실물을 제작하거나 건축하기 전에 실물과 기하학적으로 완전히 상사되게 모형(model)을 만드는데, 각 해당부분들의 비가 일정한 모형을 제작하였을 때, 이는 서로 **기하학적 상사율**(geometrical similarity) 관계에 있다고 한다.

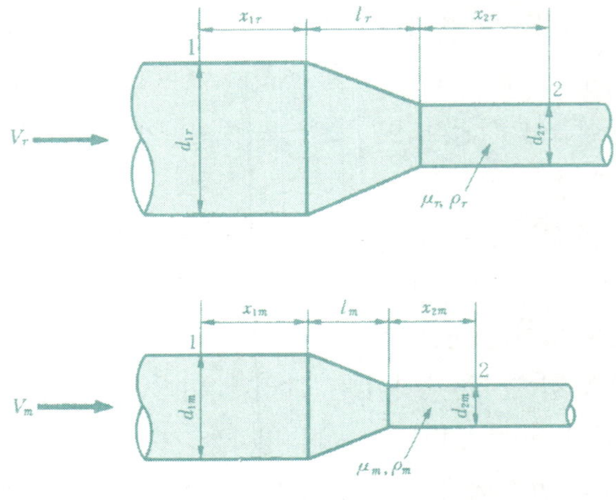

그림 9-1

그러나 이러한 기하학적 상사관계에 있다고 하여도 모형과 실물 사이에는 역학적 문제나 기타 물리적인 관계가 서로 상사적인 관계에서 성립될 때에, 동력을 발생하는 기체에서는 모형과 실물 사이에 완전한 상사율의 관계가 있다고 볼 수 있다.

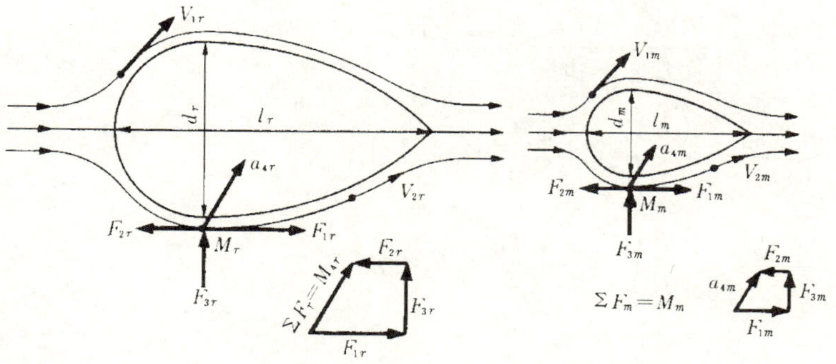

그림 9-2

가령, 예를 들어 발전소의 터빈을 설계 제작하기 전에 모든 기하학적 상사조건을 갖춘 모형을 만들어 그 터빈의 성능실험을 하게 된다. 그리하여 모형실험에서 그 효율을 계산하여 기계의 결함을 보완하고 원하는 효율을 얻을 수가 있을 때, 비로소 그 모형과 기하학적으로 완전히 상사가 되게 실물을 만들게 된다. 따라서 이런 경우에 효율을 측정하는 제반문제들은 역학적인 상사문제이며, 크기를 확대하여 실물을 제작하는 것은 모형과 기하학적인 상사관계의 문제인 것이다. 그러므로 기하학적 상사의 경우, 모형과 실형에서 각각 첨자를 m, r라고 하면 각 대응하는 변들의 길이 l은

$$\frac{(l_x)_m}{(l_x)_r} = \frac{(l_y)_m}{(l_y)_r} = \frac{(l_z)_m}{(l_z)_r} = \cdots\cdots = L = \text{상수} \tag{9-1}$$

또 면적과 체적에 대해서도

$$\frac{A_m}{A_r} = \frac{(l_x l_y)_m}{(l_x l_y)_r} = \frac{(l_x l_z)_m}{(l_x l_z)_r} = \frac{(l_y l_z)_m}{(l_y l_z)_r}$$

$$= \cdots\cdots = L^2 = \text{상수} \tag{9-2}$$

$$\frac{V_m}{V_r} = \frac{(l_x l_y l_z)_m}{(l_x l_y l_z)_r} = \cdots\cdots = L^3 = \text{상수} \tag{9-3}$$

또 역학적인 상사인 경우, 마찬가지로 모형과 실형의 첨자를 각각 m, r라고 할 때, 각 방향으로 작용하는 속도, 가속도, 힘(force), 응력 등에 대하여 생각해 보면

$$\frac{(u)_m}{(u)_r}=\frac{(v)_m}{(v)_r}=\frac{(w)_m}{(w)_r}=V=\text{상수} \tag{9-4}$$

$$\frac{(\alpha_x)_m}{(\alpha_x)_r}=\frac{(\alpha_y)_m}{(\alpha_y)_r}=\frac{(\alpha_z)_m}{(\alpha_z)_r}=\alpha=\text{상수} \tag{9-5}$$

$$\frac{(F_x)_m}{(F_x)_r}=\frac{(F_y)_m}{(F_y)_r}=\frac{(F_z)_m}{(F_z)_r}=F=\text{상수} \tag{9-6}$$

$$\frac{(\sigma_x)_m}{(\sigma_x)_r}=\frac{(\sigma_y)_m}{(\sigma_y)_r}=\frac{(\sigma_z)_m}{(\sigma_z)_r}=\sigma=\text{상수} \tag{9-7}$$

또 점성력(F_v), 압축력(P), 인장력(T), 탄성력(R) 등의 상호관계를 살펴보면

$$\frac{(F_v)_m}{(F_v)_r}=\frac{(P)_m}{(P)_r}=\frac{(T)_m}{(T)_r}=\frac{(P)_m}{(P)_r}=\text{상수} \tag{9-8}$$

그러므로 식(9-8)로부터

$$\frac{(F_v)_m}{(P)_m}=\frac{(F_v)_r}{(P)_r}=\text{상수}$$

$$\frac{(P)_m}{(T)_m}=\frac{(P)_r}{(T)_r}=\text{상수} \tag{9-9}$$

등의 관계가 성립함을 알 수 있다.

9.2 차원해석

모든 물리량들은 질량 (M), 길이(L), 시간 (T)과 같은 기본인자들로써 나타내며, 물리적인 현상을 나타내는 방정식 양변의 차원은 동일하여야 한다. 그리하여 이러한 물리적인 현상을 나타내는 방정식의 해를 차원에 의하여 분석하는 방법을 **차원해석**(dimensional analysis)이라고 한다.

차원에 의한 물리적 현상을 해석하는 방법은 결국 차원의 균일성(동일성)(the principle of dimensional homogeneity)의 원리에 의한 것이다. 완전한 물리적인 방정식에서 각 항들은 모두 물리적으로 동일한 크기를 갖게 된다. 그러므로 모든 인자들이 명확하게 나타나 있을 때 비로소 방정식은 완전하게 성립하게 된다.

차원의 해석방법을 논하기 위하여, 실제 관련된 문제를 예를 들어 살펴보기로 하자.

힘(F)이 속도 (v), 거리(l), 밀도(ρ)의 3인자에 의하여 정의되는 물리적인 함수관계에 있다면, 4변수들의 관계식은 다음과 같이 쓸 수 있다.

$$F \propto l^a v^b \rho^c \tag{9-10}$$

이 식을 MLT계에 의한 차원 방정식으로 나타내면

$$[MLT^{-2}] = [L]^a [LT^{-1}]^b [ML^{-3}]^c = [M^c L^{a+b-3c} T^b]$$

양변이 동일한 차원의 방정식이 되기 위하여는 동일한 인자들의 지수가 같아야 하므로, a, b, c의 값을 구하면

$$a = 2,\ b = 2,\ c = 1$$

따라서 식(9-10)은

$$F \propto l^2 v^2 \rho \tag{9-11}$$

이 식은 상호인자들간에 비례관계를 나타내고 있으나 F는 l, v, ρ 이외의 다른 인자들과는 달리 완전히 독립적이라면

$$F = l^2 v^2 \rho \tag{9-12}$$

와 같이 등식으로 쓸 수 있다.

이 경우에는 독립변수가 3개로서 간단하게 지수를 결정하여 관계식을 구할 수 있으나, 독립변수가 4개 이상일 때에는 간단하게 관계식을 구할 수 없다.

예를 들어 수평으로 놓인 원형관에서 압력손실(p/l)은 관의 지름(d), 평균속도($\overline{u}$), 밀도(ρ), 점성계수(μ)에 의해 정해지는 함수관계에 있다고 하면, 다음과 같은 단계적인 방법으로 해를 구해야 한다.

먼저 점성계수 μ가 일정한 상수라면

$$\frac{p}{l} \propto d^a \bar{u}^b \rho^c \tag{9-13}$$

양변을 차원의 식으로 나타내면

$$\frac{[MLT^{-2}]}{[L^2]}\frac{1}{[L]} = [L]^a[LT^{-1}]^b[ML^{-3}]^c$$

여기서 $a=-1$, $b=2$, $c=1$이다. 그러므로

$$\frac{p}{l} \propto \frac{\bar{u}^2\rho}{d} \tag{9-14}$$

다음에 압력손실 p/l를 일정한 상수로 간주하면

$$\mu \propto d^a \bar{u}^b \rho^c \tag{9-15}$$

양변의 차원의 식은

$$[ML^{-1}T^{-1}] = [L]^a[LT^{-1}]^b[ML^{-3}]^c$$

여기서 $a=1$, $b=1$, $c=1$이다.
그러므로

$$\mu \propto d\bar{u}\rho \tag{9-16}$$

식 (9-14), (9-16)을 무차원의 식으로 변형하면

$$\frac{pd}{l\bar{u}^2\rho} \propto 1, \quad \frac{\nu}{d\bar{u}} \propto 1$$

이 두 관계식은 하나의 함수식으로서 다음과 같이 쓸 수 있다.

$$\frac{pd}{l\bar{u}^2\rho} = f\left(\frac{\nu}{\bar{u}d}\right) \tag{9-17}$$

또는

$$G\left(\frac{pd}{l\bar{u}^2\rho},\ \frac{\nu}{\bar{u}d}\right)=0 \tag{9-18}$$

식 (9-17)을 변형하면

$$\frac{p}{l}=\frac{\bar{u}^2\rho}{d}f\left(\frac{\nu}{\bar{u}d}\right)=K\frac{\mu\bar{u}}{d^2} \tag{9-19}$$

여기서 K는 상수이며, 층류유동에서 p/l는 $\bar{u}$에 비례한다. Hagen-Poiseueuille 식에서 평균속도는

$$\bar{u}=-\frac{R^2}{8\mu}\frac{dp}{dx}=\frac{R^2}{8\mu}\frac{\Delta p}{l}$$

이므로, 이를 변형하면

$$h=\frac{8\mu\bar{u}l}{\gamma R^2}=\frac{32\mu\bar{u}l}{\gamma d^2} \tag{9-20}$$

또 식 (9-18)을 변형하면

$$h=\frac{K\mu\bar{u}l}{\gamma d^2} \tag{9-21}$$

이 되므로 식 (9-20)과 식(9-21)에서 $K=32$가 됨을 알 수 있다.

9.3 무차원의 수

9.3.1 Reynolds 수

1880년경 Osborne Reynolds는 관내유동에서 층류와 난류 사이의 천이현상에 대하여 연구하였다. 그리하여 다음과 같은 변수를 사용해서

$$Re = \frac{\rho VD}{\mu} = \frac{VD}{\nu} \tag{9-22}$$

로 표기하였으며, 이를 기준으로 하여 유동상태를 결정하는 척도로 삼았다. 후에 밝혀진 실험결과에 의하여 Reynolds수는 다른 유동에서도 마찬가지로 중요한 매개변수가 되었다. 그러므로 일반적인 경우에

$$Re = \frac{\rho VL}{\mu} = \frac{VL}{\nu} \tag{9-23}$$

여기서 L은 유동장의 특정거리이다. Reynolds 수의 물리적인 중요성은 이미 주지한 바 있지만, 다시 검토해 보면

$$Re = \frac{\rho VL}{\mu} = \frac{\rho VL}{\mu}\frac{V}{V}\frac{L}{L}\frac{1}{L/L} = \frac{\rho V^2 L^2}{(\mu V/L)L^2}$$

여기서 마지막 항에 대하여 설명하면

$\rho V^2 L^2$: 동압 ×면적 ~ 관성력

$\frac{\mu V}{L} L^2$: 점성응력 ×면적 ~ 점성력

그러므로

$$Re = \frac{\text{관성력}}{\text{점성력}}$$

이와 같이 Reynolds 수는 점성력에 대한 관성력의 비로써 표시됨을 알 수 있다.

9.3.2 Mach 수

1870년대에 오스트리아의 물리학자인 Ernst Mach는 유속 V와 음속 a를 매개변수로 사용하였다. 실험결과와 해석으로써 Mach 수는 유체유동에서 압축률을 나타내는 중요한 변수이다.

$$M = \frac{V}{a} = \sqrt{\frac{\rho V^2}{\rho a^2}} \tag{9-24}$$

이는 압축력에 대한 관성력의 비로써 설명할 수 있다.

9.3.3 Froude 수

William Froude는 그의 아들 Robert Edmund Froude와 함께 다음과 같은 변수를 찾아냈다.

$$Fr = \frac{V}{\sqrt{gL}} \tag{9-25}$$

이는 다시

$$Fr^2 = \frac{V^2}{gL} = \frac{\rho V^2 L^2}{\rho g L^3}$$

으로써 중력에 대한 관성력의 비로 되어 있다.

9.3.4 Euler수(압력계수)

공기역학에서나 어떤 모형실험에서 압력을 다음과 같은 무차원의 식으로 나타내면 아주 편리하다.

$$Eu(=C_p)=\frac{\Delta p}{\frac{1}{2}\rho V^2} \tag{9-26}$$

여기서 Δp는 압력강하이다.

9.3.5 기타 무차원의 수들

Weber 수 :

$$We.\mathrm{No.}=\frac{\rho L V^2}{\sigma}=\frac{\rho V^2 L^2}{\sigma L}=\frac{\text{관성력}}{\text{표면장력}} \tag{9-27}$$

Cauchy 수 :

$$C.\mathrm{No.}=\frac{V^2}{K/\rho}=\frac{\rho V^2 L^2}{K L^2}=\frac{\text{관성력}}{\text{탄성력}} \tag{9-28}$$

일반적으로 관내유동에서 발행하는 항력계수는 Reynolds 수, 상대조도(ε/D), 상대유동 길이(L/D)에 크게 좌우된다.

$$C_D=f\left(Re,\ \frac{\varepsilon}{D},\ \frac{L}{D}\right) \tag{9-29}$$

이와 관련된 관계식을 살펴보면

$$\text{원통 : } C_D=\frac{F_D}{\frac{1}{2}\rho V^2 LD} \tag{9-30}$$

$$\text{구 : } C_D=-\frac{F_D}{\frac{1}{2}\rho V^2\frac{\pi}{4}D^2} \tag{9-31}$$

유동방향과 경사진 물체의 경우에는 유선에 수직하게 투사한 면적을 A라고 하면

$$C_D = \frac{F_D}{\frac{1}{2}\rho V^2 A} \tag{9-32}$$

와 같이 된다.

표 9-1 유체역학에서의 무차원군

변수	정의	질량비	비고
Reynolds 수	$Re = \frac{\rho VL}{\mu}$	$\frac{\text{관성력}}{\text{점성력}}$	모든 경우
Mach 수	$Ma = \frac{V}{a}$	$\frac{\text{유속}}{\text{음속}}$	압축성 유동
Froude 수	$Fr = \frac{V^2}{gL}$	$\frac{\text{관성력}}{\text{중력}}$	자유표면유동
Weber 수	$We = \frac{\rho V^2 L}{\sigma}$	$\frac{\text{관성력}}{\text{표면장력}}$	자유표면유동
Cavitation 수 (Euler 수)	$Ca = \frac{p - p_0}{\rho V^2}$	$\frac{\text{압력}}{\text{관성력}}$	공동현상
Prandtl 수	$Pr = \frac{\mu C_p}{k}$	$\frac{\text{소산}}{\text{전도}}$	열대류
Eckert 수	$Ec = \frac{V^2}{CpT_0}$	$\frac{\text{운동에너지}}{\text{엔탈피}}$	소산
Strouhal 수	$St = \frac{\omega L}{V} = \frac{fD}{V}$	$\frac{\text{파동(진동)}}{\text{평균속도}}$	파동(진동)유동
Grashof 수	$Gr = \frac{\beta \Delta T g L^3 \rho^2}{\mu^2}$	$\frac{\text{부력}}{\text{점성력}}$	자연대류
Cauchy 수	$Ch = \frac{V^2}{K/\rho}$	$\frac{\text{관성력}}{\text{탄성력}}$	공기역학
온도비	$\frac{T_w}{T_0}$	$\frac{\text{벽온도}}{\text{유체온도}}$	열전달
압력계수	$C_p = \frac{p - p_0}{\frac{1}{2}\rho V^2}$	$\frac{\text{정압}}{\text{동압}}$	공기역학, 수력학

양력계수	$C_L = \dfrac{F_L}{\frac{1}{2}\rho V^2 A}$	$\dfrac{\text{양력}}{\text{전동압}}$	공기역학, 수력학
항력계수	$C_D = \dfrac{F_D}{\frac{1}{2}\rho V^2 A}$	$\dfrac{\text{항력}}{\text{전동압}}$	공기역학, 수력학
비열비	$k = \dfrac{C_p}{C_v}$	$\dfrac{\text{엔탈피}}{\text{내부에너지}}$	압축성유동
상대조도	$\dfrac{\varepsilon}{L}$ $\dfrac{\varepsilon}{D}$	$\dfrac{\text{벽조도}}{\text{물체길이}}$ $\dfrac{\text{벽조도}}{\text{관지름}}$	난류유동(거친 벽)

예제 9-1 지름이 5m이고 길이가 50m인 비행기를 풍동 내에서 항력실험을 하고자 한다. 만약, 정지상태의 대기 중에서 비행기의 속도가 10m/s이고, 10:1의 모형을 만들어 실험하는 경우 풍동 내에서 역학적으로 상사를 이룰 필요한 공기의 속도를 구하라.(단, 대기 중에서나 풍동 내에서의 공기의 압력, 온도는 동일하다고 가정한다)

풀이 역학적으로 상사를 이루기 위해서는 모형실험에서와 실형에서의 Re 수가 같아야 한다.

$$(Re)_m = (Re)_r$$

즉

$$\frac{V_m L_m}{\nu_m} = \frac{V_r L_r}{\nu_r}$$

그러므로

$$V_m = V_r \frac{L_r}{L_m} \frac{\nu_m}{\nu_r} = 10 \times 10 \times 1 = 100\text{m/s}$$

예제 9-2 관 내에 밸브를 설치하여 유량을 조절하고 있다. 원형밸브의 크기는 지름이 0.5m이고, 유량이 $2m^3/s$라면 모형실험에서 필요한 유량을 구하라.(단, 유동조건은 동일하며 모형밸브의 지름은 0.1m이다)

풀이 모형 및 원형밸브의 유체유동에서 Re수가 동일하여야 하므로

$$(Re)_m = (Re)_r, \quad \frac{V_m L_m}{\nu_m} = \frac{V_r L_r}{\nu_r}, \quad \frac{V_m}{V_r} = \frac{L_r}{L_m}\frac{\nu_m}{\nu_r}$$

유량을 구하기 위하여

$$\frac{Q_m}{Q_r} = \frac{V_m A_m}{V_r A_r} = \frac{L_r}{L_m}\frac{\nu_m}{\nu_r}\frac{A_m}{A_r}$$

$$\frac{A_m}{A_r} = L^2 = \left(\frac{L_m}{L_r}\right)^2, \quad \frac{\nu_m}{\nu_r} = 1 \text{이므로}$$

$$\frac{Q_m}{Q_r} = \frac{Lm^2}{Lr^2}\frac{L_r}{L_m}\frac{\nu_m}{\nu_r} = \frac{L_m}{L_r}$$

즉

$$Q_m = \frac{1}{5}Q_r = \frac{1}{5} \times 2 = 0.4m^3/s$$

예제 9-3 예제 9-1에서와 같은 동일한 조건에서 모형비행기의 두 점 사이의 압력차가 16.4kPa라면 실형에서는 얼마의 압력차가 발생하겠는가?

풀이 실형과 모형에서는 압력계수가 동일하여야 하므로

$$\frac{\Delta p_r}{\frac{1}{2}\rho_r V_r^2} = \frac{\Delta p_m}{\frac{1}{2}\rho_m V_m^2}, \quad \Delta p_r = \Delta p_m \frac{\rho_r}{\rho_m}\frac{V_r^2}{V_m^2}$$

여기서 $\rho_r = \rho_m$, $V_r / V_m = L_m / L_r$ 이므로

$$\Delta p_r = \Delta p_m \left(\frac{1}{10}\right)^2 = 164\text{Pa}$$

예제 9-4 동정성계수가 $\nu = 0.00018\,\text{ft}^2/\text{s}$인 기름이 20in관을 평균유속 10ft/s로 유동하고 있다. 10in 관에 물을 흘려보낼 때 두 흐름의 역학적인 상사가 되려면 물의 유속은 얼마가 되어야 하는가?(이 때 물의 동점성계수 $\nu = 9.6 \times 10^{-5}\,\text{ft}^2/\text{s}$이다)

풀이 유동의 두 가지 다른 조건에서 상사율이 존재한다는 것은 Re수가 같다는 것을 의미한다.

가름과 물의 첨자를 각각 0, w라고 하면

$$\frac{V_0 D_0}{\nu_0} = \frac{V_w D_w}{\nu_w}, \text{ 그러므로 } \frac{10(20/12)}{0.00018} = \frac{V_w(10/12)}{9.8 \times 10^{-5}}$$

$$V_w = 10.89\,\text{ft/s}$$

예제 9-5 유사한 두 강이 별도로 흐르고 있다. 이 강들의 상사비는 대충 6:1이었다. 작은 쪽의 강의 자유표면에서의 유속을 재어본 결과 마노미터에 의한 헤드차가 수주 $H = 16\text{mm}$였다. 이 두 강이 역학적으로 상사를 이루기 위하여는 큰 강의 자유표면 유속은 얼마이겠는가?

풀이 우선 작은 강의 자유표면 유속은 $V = C_v\sqrt{2gH}$에 의하여 $C_v = 0.95$로 가정하면

$$V_1 = 0.95\sqrt{2 \times 9.8 \times 0.016} = 0.532\text{m/s}$$

자유표면을 갖는 유동들의 역학적인 상사는 유동들 사이에서 Fr수가 동일하여야 하므로

$$\frac{V_1}{\sqrt{gL_1}} = \frac{V_2}{\sqrt{gL_2}} \text{ 에서}$$

$$\frac{V_2}{V_1} = \left(\frac{L_2}{L_1}\right)^{\frac{1}{2}} = \sqrt{6}$$

그러므로

$$V_2 = V_1\sqrt{6} = 0.532\sqrt{6} = 1.303\text{m/s}$$

제 9 장 연습문제

FLUID MECHANICS

01_ 동점성계수 $\nu=0.00018\,\mathrm{ft^2/s}$인 기름이 18in 관을 16m/s로 흐르고 있다. 흐름이 서로 상사되게 하려면 10m/s로 흐르는 물의 경우, 관의 크기는 얼마로 하면 되겠는가?(단, 물의 동점성계수는 $\nu=9.6\times10^{-6}\,\mathrm{ft^2/s}$이다)

02_ 기하학적인 비가 60:1인 모형잠수함을 바다와 동일한 조건의 저수탱크에서 실험을 하고 있다. 실형잠수함의 속도를 3m/s라고 하면, 모형잠수함은 얼마의 속도로 실험하여야 하는가?

03_ 길이가 100m인 여객선이 6m/s로 항해를 하고 있다. 2m/s로 모형실험을 하려면 기하학적 상사비는 얼마로 하면 되는가?

04_ 원형 및 정 3각형의 단면을 가진 2개의 관에 물이 흐를 때 길이 l, 단면적 A, 압력수두차 h이다. 두 관의 조도가 동일할 때, 두 관의 유량비는 어떻게 되는가?

05_ 지름이 60cm인 밸브의 계수는 $K=\dfrac{\Delta p}{\frac{1}{2}\rho V^2}$로 나타낼 수 있으며, 이는 80°F에서 공기를 이용하여 기하학적으로 상이지름이 30cm인 밸브실험에서 결정하고자 한다. 물의 유동실험 범위는 70°F에서 유속이 1~2.5m/s였다. 공기의 유동범위를 정하라.

06_ 다음 각 군(group)을 무차원함수로 나타내라.
i) Δp, ρ, V ii) ρ, g, V, F iii) μ, F, Δp, t

07_ MLT항으로써 라디안(radian), 각속도, 동력, 일, 토크, 운동량모멘트의 차원을 결정하라.

08_ 문제 7에서 FLT계의 차원으로 나타내라.

09_ 아주 낮은 속도에서 구에 발생하는 항력 F_D는 속도 V, 구의 지름 d, 유체의 점성계수 μ의 함수로 되어 있다. 이 변수들을 포함하는 무차원의 관계식을 유도하라.

10_ 단면적인 A인 원형 및 정4각 관이 있다. 원형관의 지름은 D, 정 4각 관1변의 길이는 L이고, 관의 유동방향의 길이는 l이며, 양단의 압력수두의 차이는 h이다. 조도 등 기타 관의 특성이 동일하다면 두 관의 유량비는 얼마인가?

11_ 모형 댐의 방수로상의 한 점에서의 유속이 1m/s였다. 기하학적인 선형비가 10:1일 때 상사율이 성립한다고 하면, 대응하는 점에서의 유속은 얼마인가?

12_ 선형비가 5:1인 Venturi meter가 실형과 모형에서 사용하는 물의 온도는 각각 20℃, 95℃였다. 실형의 목부분의 지름이 60cm, 그 곳에서의 유속이 6m/s일 때 상사율이 성립한다고 하면, 모형에서의 유량을 구하라.

13_ 50m/s의 속도로 공기 중을 운동하는 1m 길이의 물체를 수로에서 5:1의 모형을 만들어 실험하고자 한다. 역학적인 상사율이 성립한다면, 수로에서의 유속은 얼마로 하면 되는가? 또 실형과 모형에 작용하는 항력비를 구하라.

14_ 2in의 수평관에 20℃의 원유가 0.2m/s로 흐를 때 4m의 두 점 사이에 0.3kg/cm^{2}의 압력강하가 발생했다. 22℃의 가솔린을 1in관에 유동시킬 때 역학적인 상사가 성립하려면, 대응하는 길이에 생기는 압력강하는 얼마인가?(기름의 비중은 0.86, 가솔린의 비중은 0.68이다)

15_ 1.5m×0.3m의 평판을 20℃의 잔잔한 물 속에서 3m/s로 끌 때 항력은 14N이었다. 기하학적으로 상사한 평판은 101.4kPa로서 15℃의 공기 중에서 18m/s로 끌면, 역학적으로 상사가 성립하기 위한 실형평판의 크기와 항력을 계산하라.

16_ 동점성계수가 $\nu = 1.4 \times 10^{-5}\text{m}^2/\text{s}$인 기름이 안지름이 80cm인 관을 통하여 3m/s로 유동하고 있다. 20℃ 물이 안지름이 8cm인 관 내를 유동할 때 역학적으로 상사가 될 물의 속도를 구하라.

17_ 강 모형이 80:1로 축소되어 축조되어 있다. 여기에서 유속이 20cm/s라고 하면 실제 강에서의 유속은 얼마인가?

18_ 표준대기(15℃)에서 마하 3으로 나는 미사일을 모형비 10:1로 축소하여 -40℃의 상태에서 풍동실험하였다. 풍동 내의 유속은 얼마이며, 원형미사일은 얼마의 속도로 날겠는가?

19_ 원형상선의 항속 6m/s에 대한 16:1로 축소된 모형선의 실험에서는 항력이 1.2N으로 계측되었다. 원형산선의 항력을 구하라.(단, 모형실험은 민물에서 실시하였고, 상선은 바다($S=1.025$)에서 항해하는 경우로 계산한다)

20_ 비행기가 대기 중($p=100\text{kPa}$, $T=10℃$)을 120m/s로 비행하고 있다. 6:1로 축소된 모형을 풍동에 넣고 25℃ 상태에서 실험할 때, Re수와 Ma수가 기준값을 만족하기 위한 풍동내 공기의 밀도는 얼마인가?

21_ 안지름이 6in인 매끈한 관에 8.0ft/s의 속도로 60°F이 물이 유동하고 있다. 안지름이 3in인 매끈한 관에 80°F인 공기가 유동한다면, 두 유동이 역학적으로 상사를 이루기 위한 공기의 속도를 구하라.

22_ 길이가 50cm인 관로에서($\nu=10^{-5}\text{m}^2/\text{s}$, $\rho=860\text{kg/m}^3$)의 유량을 측정하는 유량계를, 5:1로 축소된 모형에서 물($T=22℃$, 표준대기압)로써 교정 실험을 하고자 한다. 모형에서의 유속이 1.2m/s이고 계수가 결정되었다면, 원형에서는 얼마의 속도로 가동시켜야 모형에서와 동일한 계수를 얻을 수 있겠는가? 또, 주어진 조건하인 모형실험에서 압력차가 3.2kPa이었다면 유관에서의 압력차는 얼마인가?

23_ 안지름이 12cm인 거친 관을 통하여 10℃인 물을 유동시키는 데 우선 동일한 관을 사용하여 20℃의 공기유동을 시도하려고 한다. 물의 속도가 2.0m/s라고 하면 역학적으로 상사를 이루기 위한 공기의 속도는 얼마인가? 공기의 절대압력이 150kPa, 관내 공기 유동시의 압력차가 800kPa이었다면 물이 유동하는 경우에 발생하는 압력차는 얼마인가?

24_ 매우 큰 벤투리 미터를 10:1로 축소된 모형실험에서 원형에서와 동일한 액체로 교정실험을 하려고 한다. 역학적인 상사가 될 유량비 Q_m/Q_r를 구하라. 또, 모형실험에서 목부분의 압력차가 200kPa라면 원혀에서의 압력차는 얼마가 되겠는가?

25_ 모형 하이드로포일(hydrofoil)을 수로에서 시험하고 있다. 주어진 영각에서 단위길이당 양력은 유속이 22m/s인 경우에 측정되었다. 하이드로포일 원형의 크기가 모형의 2배가 된다면 역학적인 상사를 이루게 될 단위길이당 발생하는 양력은 얼마가 되겠는가?(단, 수온은 20℃이다)

26_ 대기압 20℃에서 분무노즐을 통해 16m/s로 물을 분사시키고 있다. 물방울의 지름에 의한 Weber수가 6.0일 때 분사되는 물방울의 크기를 결정하라.(단, 표면장력은 $\sigma = 0.073\text{N/m}$, 밀도는 $\rho = 1.20\text{kg/m}^3$이다)

27_ 36:1로 축소하여 축조된 방수로를 시험하고자 한다. 모형에서의 유량이 $0.12\text{m}^2/\text{s}$라면 원형방수로에서의 이에 상응하는 유량은 얼마인가? 모형에서 유체입자가 한 점에서 다른 점으로 이동해 가는데 1분이 걸린다면, 원형방수로에서 모형에서와 상응하는 거리를 유체입자가 유동해 가는 데 필요한 시간을 구하라.

28_ 강 하구를 300:1로 축소하여 모형을 만들었다. 실제 하구에서 최대 물의 속도를 4m/s, 간만의 차를 약 10.5시간이라고 할 때, 이에 상응하는 모형 강 하구에서의 물의 속도와 간만의 차를 얼마로 하면 되겠는가?

FLUID MECHANICS

제 10 장

관로유동
Flow in Conduits

10.1 곧은 관로유동

유체의 수송에는 길게 연결된 관로(pipe line 또는 conduit)를 사용하게 된다. 물을 높은 곳으로 양수하거나, 고압가스 또는 유독가스의 수송, 증기나 압축공기 등의 수송에서는 관로를 이용하는 수 밖에 없다.

유체의 관로유동은 대부분이 난류유동이며, 유체의 유동거리에 따라 압력손실이 발생하고 있음은 Darcy-Weisbach의 식에서 잘 알 수 있다. 이러한 손실을 관의 성질에 따라 크게 다르며, 특리 관내벽의 조도와 유속은 압력손실에 가장 큰 영향을 미치는데, 이러한 제반 관로유동의 손실을 **마찰손실**이라고 한다.

Bernoulli는, 관 내에 유동하는 유체의 전에너지는 유체가 유동하는 관로의 길이나 단면적에 관계없이 일정한 것으로 가정하여 에너지방정식을 유도하였으나, 이는 실제와는 큰 차이가 난다. 따라서, 유체가 유동하는 두 점간에 발생하는 제반에너지 손실을 $\sum h_L$이라 하면 Bernoulli 식은 다음과 같이 된다.

$$\frac{v^2}{2g}+\frac{p}{\gamma}+z+\sum h_L = H(\text{일정}) \tag{10-1}$$

그림 10-1에서 보는 바와 같이, 지름이 일정한 수평관로를 통하여 유체가 수송되는 경우에 Bernoulli의 에너지 방정식을 고려해 보면, v와 z가 일정하므로

$$\frac{p}{\gamma}+\sum h_L = H(\text{일정}) \tag{10-2}$$

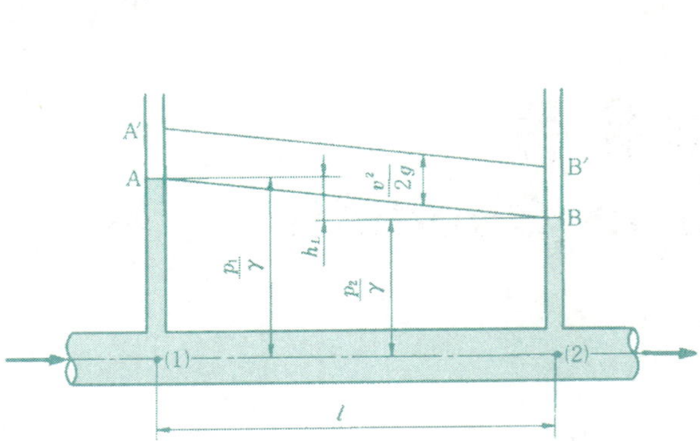

그림10-1

압력수두 $\frac{p}{\gamma}$는 유체의 유동거리에 따라 감소하며, 두 점간의 손실수두는 $h_L = (p_1 - p_2)/\gamma$로 표시된다. 두 점 (1), (2) 사이를 유동하는 동안 발생하는 관내 각 위치의 압력수두를 연결한 AB를 **압력선**(pressure line) 또는 **수력기울기선**(hydraulic gradient line)이라고 한다. 또한, 지름이 일정하므로 속도수두 $v^2/2g$는 어느 위치에서나 일정한 값을 유지하며 A′B′를 연결한 선을 **에너지선**(energy line)이라고 한다.

관로에서 $v = Q/\left(\frac{\pi}{4}d^2\right)$이므로, 손실수두는

$$h = \lambda \frac{lQ^2}{2g}\left(\frac{\pi}{4}\right)^{-2}\frac{1}{d^5} \qquad (10\text{-}3)$$

이 되어 $h \propto d^{-5}$이 됨을 알 수 있다.

일반적으로 사용하고 있는 관로에서는 유속이 낮으므로 보통 $v = 1.5 \sim 3\text{m/s}$범위에서 관의 크기를 결정하게 된다.

예제 10-1 수평으로 설치된 곧은 관로유동에서 안지름이 8cm이고, 마찰손실수두 h가 속도수두 $v^2/2g$와 동일하다면 관로의길이 l은 얼마인가?(단, 관마찰계수는 $\lambda = 0.028$이다)

풀이 $h=\lambda\dfrac{l}{d}\dfrac{v^2}{2g}$에 $h=\dfrac{v^2}{2g}$을 대입하여 풀면

$$l=\frac{d}{\lambda}=\frac{0.08}{0.028}=2.86\,\text{m}$$

예제 10-2 저수지에 담겨 있는 물을 안지름이 10cm의 균일한 곧은 관로를 통하여 수평방향으로 유량을 $0.6\,\text{m}^3/\text{min}$로 대기 중에 방출한다고 한다. 관로의 출구와 저수지의 수면과의 높이 차이는 16m이고, 관마찰계수는 $\lambda=0.03$이라고 할 때 송수 가능한 관의 길이를 구하라.(단, 관마찰 이외의 손실은 무시한다)

풀이
$$h=\lambda\frac{l}{d}\frac{v^2}{2g}=16 \text{이 되므로}$$

$$l=\frac{16\times 2g\times d}{\lambda v^2}=\frac{16\times 2g\times d^5\times 60^2}{\lambda Q^2/(\pi/4)^2}$$

$$=\frac{16\times 19.6\times (0.1)^5\times 60^2}{0.03\times (0.6)^2/(\pi/4)^2}=644.16\text{m}$$

10.2 상당기울기

유체를 수송하는 관로가 **그림 10-2**에서 보는 바와 같이 각 θ만큼 경사지게 설치되어 있을 때, 단면 A와 B 사이에서 발생하는 압력손실수두는 h와 같이 된다. 따라서 선 A′B′가 수력 기울기선(압력선)이 되며, 이 선이 수평면과 이루는 각 $\varnothing$는 유효기울기의 각을 나타낸다. 그러므로

$$\tan\varnothing=\sin\varnothing=\frac{h}{l}=i$$

가 되며, 또

$$i = \frac{h}{l} = \frac{\lambda}{d}\frac{v^2}{2g} \tag{10-4}$$

이 된다. 여기서 i는 **상당기울기(relative gradient)**라고 한다. 관로가 그림 10-2와 같이 아래로 경사지게 설치되었거나 또는 위로 경사지게 설치되었을 때 발생하는 기울기 i는 **유효기울기** 또는 **실질적 기울기**라고 한다.

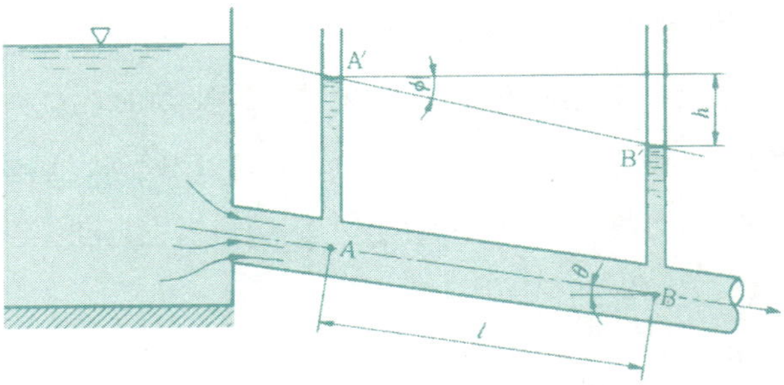

그림10-2

식 (10-4)로부터

$$v = \sqrt{\frac{2g}{\lambda}di} \tag{10-5}$$

로 되며, 이 식을 관로유동에서의 Chézy의 식이라고 한다. 또한, 유량은 연속의 식을 적용하여

$$Q = \frac{\pi}{4}\sqrt{\frac{2g}{\lambda}}\sqrt{d^5 i} \tag{10-6}$$

일반적으로 물을 관로를 통해 유동시킬 때, 관마찰계수 λ는 Dupuit의 실험가정치 $\lambda = 0.03$을 많이 사용하고 있다.

예제 10-3 길이가 800m이고 안지름이 20cm인 곧은 관로를 통하여 30l/s의 물이 유동하고 있을 때, 손실수두와 상당기울기 i를 계산하라.(단, 마찰계수는 0.03으로 가정한다)

풀이

$$v=\frac{Q}{A}=\frac{0.03}{3.14\times(0.1)^2}=0.955\,\mathrm{m/s}$$

손실수두는

$$h=\lambda\frac{l}{d}\frac{v^2}{2g}=0.03\times\frac{800}{0.2}\times\frac{(0.955)^2}{2\times9.8}=5.584\,\mathrm{m}$$

상당기울기는

$$i=\frac{h}{l}=\frac{6.713}{800}=0.007$$

예제 10-4 물이 수도관을 통하여 $60\mathrm{m}^3/\mathrm{min}$으로 수송되고 있다. 이 관의 상당기울기가 $i=\frac{1}{800}$일 때 관의 안지름은 얼마가 되겠는가?(단, 관마찰계수는 0.03이다)

풀이

$$v=\frac{Q}{A}=\frac{60\times4}{60\times3.14\times d^2}=\frac{1.274}{d^2}$$

상당기울기는

$$i=\frac{h}{l}=\lambda\frac{1}{d}\frac{v^2}{2g}$$

$$\frac{1}{800}=0.03\times\frac{1}{d}\times\frac{(1.274)^2}{2\times9.8\times d^4}=\frac{0.0025}{d^5}$$

즉

$$d=1.149\,\mathrm{m}$$

예제 10-5 안지름이 30cm이고 상당기울기가 $\frac{3}{1000}$인 곧은 주철관을 통하여 물이 유동되고 있다. 유량을 계산하라.(단, 마찰계수는 Darcy의 실험식에 의한다)

풀이 마찰계수는 Darcy의 실험식에 의하여

$$\lambda=0.02+0.0005\frac{1}{d}=0.02+0.0005\frac{1}{0.3}=0.0217$$

유속은 Chézy의 식에 의하여

$$v=\sqrt{\frac{2g}{\lambda}di}=\sqrt{\frac{2\times 9.8\times 0.003\times 0.3}{0.0217}}=0.9\text{m/s}$$

그러므로 유량은

$$Q=\frac{\pi}{4}d^2v=\frac{\pi}{4}(0.3)^2\times 0.9=0.0636\text{m}^3/\text{s}$$

10.3 병열관

높이 차가 있는 두 저수지 사이에 그림 10-3과 같이 두 개의 관로를 연결하였다고 하자. 이 관들의 길이와 지름을 l_1, l_2, d_1, d_2라 하고, 두 관로의 마찰손실계수가 동일하다고 하면 여기에서 마찰손실수두는 다음 식으로 나타낼 수 있다.

$$h=\lambda\frac{l_1}{d_1}\frac{v_1^2}{2g}+\lambda\frac{l_2}{d_2}\frac{v_2^2}{2g} \qquad (10\text{-}7)$$

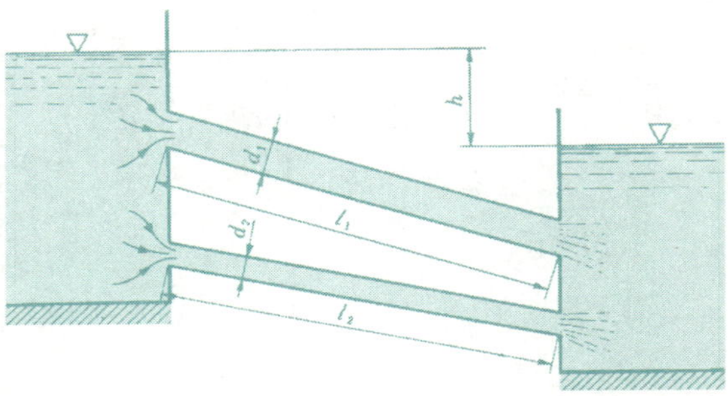

그림 10-3

유량에 대하여 고려해 보면

$$Q=Q_1+Q_2=\frac{\pi}{4}\sqrt{\frac{2g}{\lambda}}\left(\sqrt{d_1^5 i_1}+\sqrt{d_2^5 i_2}\right) \qquad (10\text{-}8)$$

여기서 $i_1 = \dfrac{h}{l_1}$, $i_2 = \dfrac{h}{l_2}$ 이고, 두 관로의 길이가 동일한 경우에 유량은

$$Q = \frac{\pi}{4}\sqrt{\frac{2g}{\lambda}\frac{h}{l}}\left(\sqrt{d_1^5} + \sqrt{d_2^5}\right) \tag{10-9}$$

또, 두 관의 지름과 길이가 동일한 경우에는

$$Q = \frac{\pi}{4}\sqrt{\frac{2g}{\lambda}\frac{h}{l}}\left(2\sqrt{d^5}\right) \tag{10-10}$$

지름이 d이고, 길이가 l인 두 개의 관로에 의한 유량과 지름이 D이고 길이가 l인 한 개의 관로에 의한 유량이 동일한 경우에 지름의 비를 구해보면

$$Q = \frac{\pi}{4}\sqrt{\frac{2g}{\lambda}}\sqrt{D^5 i} = \frac{\pi}{4}\sqrt{\frac{2g}{\lambda}}\left(2\sqrt{d^5 i}\right)$$

$$\sqrt{D^5} = 2\sqrt{d^5}$$

즉

$$D = 1.32d \tag{10-11}$$

다음에 지름이 d인 두 개의 관로 단면적과 지름이 D_0인 관로 한 개의 단면적이 동일하고, 상당기울기와 관마찰계수 등 유동조건이 동일하다면 유량비는 어떻게 되는지 살펴보자.

단면적이 동일하므로

$$\frac{\pi}{4}D_0^2 = 2 \times \frac{\pi}{4}d^2$$

즉

$$D_0 = 1.414d$$

따라서 유량은

$$Q_0 = \frac{\pi}{4}\sqrt{\frac{2g}{\lambda}}\sqrt{(1.414d)^5 i}$$

즉

$$Q_0 = 2.378 \times \frac{\pi}{4}\sqrt{\frac{2g}{\lambda}}\,\sqrt{d^5 i} \qquad (10-12)$$

그러므로 식(10-12)에서 알 수 있는 바와 같이, 단면적이 동일한 한 개의 관로로 물을 수송하는 것이 두 개의 관로로 수송하는 것보다 0.378배의 유량이 더 수송된다.

10.4 다기관

두 개 이상의 관로가 분기로 연결되어 있는 그림 10-4와 같은 경우에 물이 A와 B에서 C로 유동하고, 각 관로의 마찰계수가 동일하며 이외의 손실이 없는 것으로 가정하면, 관로 AD, BD 및 DC에서 마찰소실수두가 h_1, h_2, h_3일 때 다음과 같은 관계식으로 쓸 수 있다.

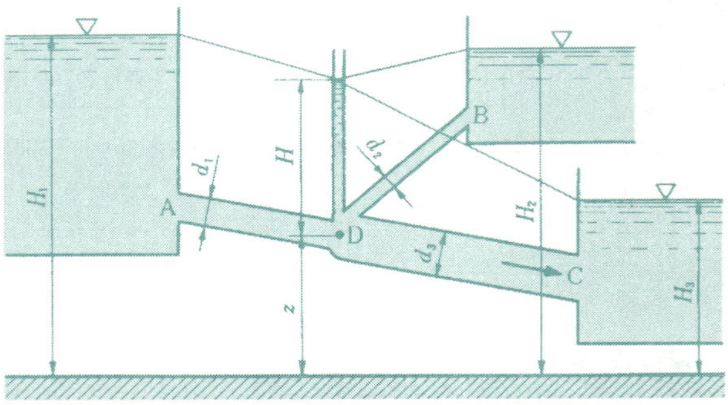

그림 10-4

$$h_1 = H_1 - \left(z + \frac{p}{\gamma}\right) = \lambda \frac{l_1}{d_1}\frac{v_1^2}{2g} \qquad (10-13)$$

$$h_2 = H_2 - \left(z + \frac{p}{\gamma}\right) = \lambda \frac{l_2}{d_2}\frac{v_2^2}{2g} \qquad (10-14)$$

$$H_3 = \left(z + \frac{p}{\gamma}\right) - H_3 = \lambda \frac{l_3}{d_3} \frac{v_3^2}{2g} \tag{10-15}$$

식(10-13)과 식(10-15)로부터

$$H_1 - H_3 = \lambda \left(\frac{l_1}{d_1} \frac{v_1^2}{2g} + \frac{l_3}{d_3} \frac{v_3^2}{2g} \right) \tag{10-16}$$

식(10-14)와 식(10-15)로부터

$$H_2 - H_3 = \lambda \left(\frac{l_2}{d_2} \frac{v_2^2}{2g} + \frac{l_3}{d_3} \frac{v_3^2}{2g} \right) \tag{10-17}$$

또, 유량은 $Q_3 = Q_1 + Q_2$이므로

$$d_3^2 v_3 = d_1^2 v_1 + d_2^2 v_2 \tag{10-18}$$

따라서 식(10-16), (10-17), (10-18)로부터 유속 v_1, v_2 v_3를 구할 수 있으며, 각 관로의 유량을 계산할 수 있다.

예제 10-6 그림 10-5에서와 같이 관로가 두 갈래로 분열되어 있으며, $d_1 = 40\text{cm}$, $d_2 = 25\text{cm}$이고, 관의 길이는 800m로 동일하다. 총유량이 $200l/s$일 때 각 관로의 유량과 AB 사이에서 발생하는 손실수두를 계산하라.(단, 마찰계수는 0.028이며 이외의 손실은 없는 것으로 가정한다)

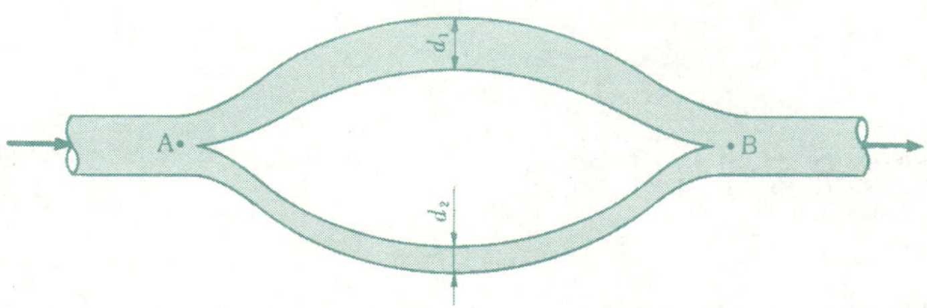

그림 10-5

풀이 각 관로의 손실수두는

$$h_1 = \lambda \frac{l_1 Q_1^2}{(\pi/4)^2 2g d_1^5}$$

$$h_2 = \lambda \frac{l_2 Q_2^2}{(\pi/4)^2 2g d_2^5}$$

여기서 $h_1 = h_2$로 놓을 수 있으므로

$$Q_1 d_1^{-\frac{5}{2}} = Q_2 d_2^{-\frac{5}{2}}$$

즉

$$\frac{Q_2}{Q_1} = \left(\frac{d_2}{d_1}\right)^{\frac{5}{2}} = \left(\frac{25}{40}\right)^{\frac{5}{2}} = 0.3088$$

그리고

$Q_1 + Q_2 = 200 l/s$ 이므로

$Q_1 + 0.3088 Q_1 = 200, \quad Q_1 = 152.812 l/s$

$Q_2 = 47.188 l/s$

따라서 손실수두는

$$h = \lambda \frac{l Q_1^2}{(\pi/4)^2 2g d_1^5} = \frac{0.028 \times 800 \times (0.153)^2 \times 4^2}{(3.14)^2 \times 2 \times 9.8 \times (0.4)^5}$$

$$= 4.24 \text{m}$$

10.5 관로유동에서의 동력

수송된 유체의 유량이 $Q \text{m}^3/\text{s}$이고, 압력수두가 $H\text{m}$이며 비중량이 $\gamma \, \text{kg/m}^3$인 유체가 발생시킬 수 있는 동력(power)은 $\gamma QH \, \text{kg} \cdot \text{m/s}$이다. 그러나 압력수두(낙차)가 $H\text{m}$인 유체가 관로를 유동하는 동안 발생되는 압력손실을 제외한 유효압력수두를

H_e라고 하면 이론적인 동력은 다음과 같이 된다.

$$L_t = \frac{\gamma Q H_e}{75} \text{HP} \tag{10-19}$$

또는

$$L_t = \frac{\gamma Q H_e}{102} kW \tag{10-19a}$$

수차나 펌프를 운전할 때에는 에너지손실이 생기므로 이 손실(L_l)을 고려한 수차와 펌프의 효율은

$$\eta = \frac{L_t - L_l}{L_t} \tag{10-20}$$

$$\eta_p = \frac{L_t}{L_t + L_l} \tag{10-21}$$

이며, 낙차가 H_e인 경우 수차에 의해 발생시킬 수 있는 실제동력은

$$L_e = \frac{\gamma Q H_e \eta_t}{75} \text{HP} \tag{10-22}$$

또는

$$L_e = \frac{\gamma Q H_e \eta_t}{102} kW \tag{10-22a}$$

가 되고, 높이가 $H-e$인 위치에까지 양수하는데 필요한 펌프의 동력은

$$L_p = \frac{\gamma Q H_e}{75 \eta_p} \text{HP} \tag{10-23}$$

또는

$$L_p = \frac{\gamma Q H_e}{102\eta_p} kW \tag{10-23a}$$

이다. 관로유동에서 전에너지수두를 H라 하고 마찰손실수두를 h라 하면 유효수두 H_e는

$$H_e = H - h = H - \lambda \frac{l}{d}\frac{v^2}{2g}$$

따라서 식 (10-19)는

$$L_t = \gamma \frac{\pi}{4} d^2 \left(Hv - \lambda \frac{l}{d}\frac{v^3}{2g} \right) \Big/ 75$$

가 되므로, 속도 v에 대하여 미분하면

$$\frac{dL_t}{dv} = \frac{\gamma}{75} = \frac{\pi d^2}{4}(H - 3h) = 0$$

즉

$$H = 3h \tag{10-24}$$

손실수두 h는 전에너지수두 H의 1/3일 때 동력 L_t는 최대값을 갖게 된다.

따라서 관로의 효율은

$$\eta = \frac{H-h}{H} = \frac{H - H/3}{H} \doteqdot 0.67$$

이 된다.

예제 10-7 주철관을 사용한 관로유동에서 관마찰계수가 0.038이고 효율이 80%이며, 안지름이 24cm이다. 이 관의 입구에 압력 80kg/cm^{2}를 작용시켜 물을 평균 2m/s로 수송한다면 물을 수송할 수 있는 관로의 길이는 얼마인가?

풀이 관로의 효율이 80%이므로 손실수두는

$$h = H \times 0.2 = \frac{p}{\gamma} \times = \frac{800,000}{1000} \times 0.2 = 160\text{m}$$

따라서

$$160 = 0.038 \times \frac{l}{0.24} \times \frac{2^2}{2 \times 9.8}$$

$$l = 4951.58\text{m}$$

예제 10-8 안지름이 30cm이고, 길이가 800m인 관로를 통하여 $300l/s$의 물을 50m 높이까지 양수하는데 있어 펌프에 필요한 동력은 몇 kW인가?(단, 마찰계수는 $\lambda = 0.03$이고, 펌프의 효율은 85%이다)

풀이 관 내의 평균유속은

$$v = \frac{Q}{A} = \frac{0.3}{0.785 \times (0.3)^2} = 4.25\text{m/s}$$

손실수두는

$$h = 0.03 \times \frac{800}{0.3} \times \frac{(4.25)^2}{2 \times 9.8} = 73.72\text{m}$$

따라서, 50m의 높이까지 양수하는 데 실제 필요한 압력수두는

$$h_e = 50 + 73.72 = 123.72\text{m}$$

즉 동력은

$$L_t = \frac{\gamma Q H_e}{102 \eta_p} = \frac{1000 \times 0.3 \times 123.72}{102 \times 0.85} = 428.10\text{kW}$$

10.6 유동단면의 변화에 따른 손실

일반적으로 관로유동에서의 손실은 유동단면적이 일정한 경우에 발생하는 마찰손실을 뜻하나 유동방향, 유동단면적 등의 변화에 따라 손실을 크게 발생하기도 한다. 이와 같은 경우에는 대개 유체입자들의 충돌에 의한 손실을 **충돌손실**(shock loss)이라고 한다.

관로에 밸브가 장치되어 유동단면적이 변화하는 경우나 수차, 펌프 등과 같은 수력기계 중에서 유동 중 발생하는 손실을 마찰손실과 충돌손실을 함께 고려해 주어야 한다.

그리하여 충돌손실이 수반되는 관로유동에서는 손실이 유속에 크게 좌우되므로, 일반적으로 다음과 같은 식으로서 충돌손실수두를 계산하고 있다.

$$h_s = \zeta \frac{v^2}{2g} \tag{10-25}$$

여기서 ζ는 **충돌손실계수**이다.

10.6.1 유동단면이 점차로 증가하는 관로

그림 10-6은 Venturi 미터와 같이 유동단면적이 점차적으로 축소되다가 증가해 나가는 경우이다. 그림에서 p/γ는 관로의 중심선을 따라 유동방향으로 측정한 압력수두를 나타내며, h_s는 단면의 변화에 따른 충돌손실수두를 나타낸다.

그림 AB부분에서 단면적이 점진적으로 축소되어 갈 때에는 충돌손실을 무시하여도 된다. 그러나 BC와 같은 확대관에서는 단면적의 확대율이 크면 클수록 충돌손실이 크게 발생하게 된다. 그러므로 Venturi 미터와 같은 관에 있어 입구의 원추부 AB는 짧게 하고 출구 확대부분 BC는 길게 설계하여 사용하고 있다.

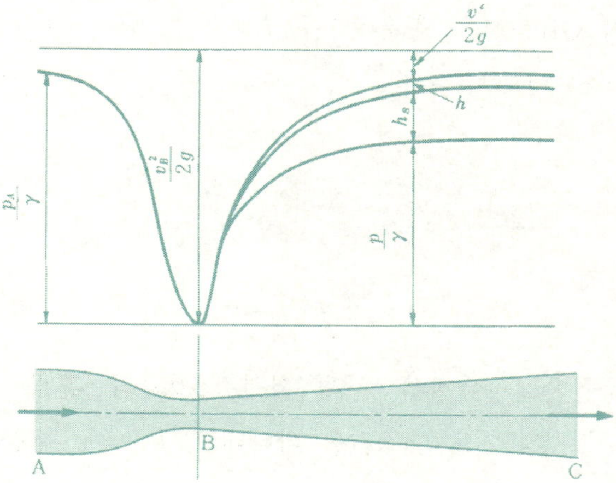

그림 10-6

이러한 원리에 의하여 실용되고 있는 수력기계의 펌프 중에서 유체가 외곽에서 중심부로 유입되는 Francis 터빈의 회전차(runner)는 **그림 10-7(a)**에서 보는 바와 같이 짧게 되어 있고, 원심펌프(centrifugal pump)와 같이 유체가 중심부에서 외곽으로 회전하며 방출되는 경우에는 **그림 10-7(b)**와 같이 임펠러(impeller)의 길이를 길게 해줌으로써 충돌손실을 최소화하고 있다.

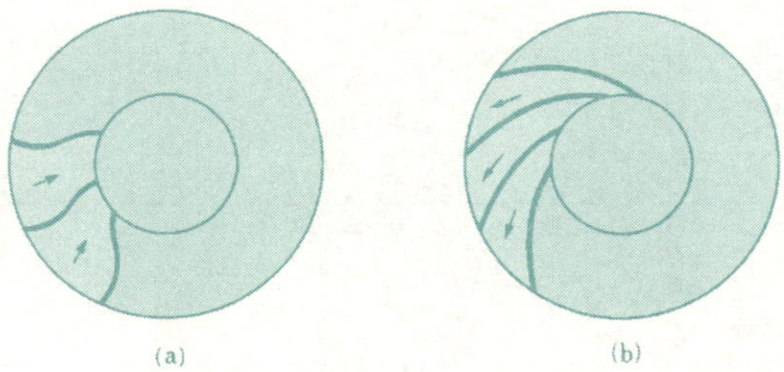

그림 10-7

Gibson은 1910년에 관의 지름이 d_1에서 d_2로 점진적 증가를 하는 경우에 대하여 **그림 10-8**과 같이 원추관의 길이를 변경시키면서 실험하였다. 이 실험의 결과 원추관이 짧고 확산각 θ가 클 때는 유체가 관벽으로부터 이탈하여 와류가 발생하고, 충돌손실 h_s가 증가하며, 또한 θ가 작으면 확대부가 길어져 마찰손실 h가 증가하는 것으로 나타났다. 그리하여 Gibson은 총손실수두 $h+h_s=K(v_1-v_2)^2/2g$이 최소로 되는 확산각을 $\theta=5°30'$이 됨을 밝혔다.

그림 10-8

그림 10-9는 충돌손실저항계수 K와 확산각 θ와의 관계도를 도시한 것인데, $\theta=5°30'$에서는 $K=13.5\%$로 최소값을 나타내고, $\theta=65°$ 부근에서는 K가 최대값이 되며, $\theta=180°$에서는 $K=100\%$가 됨을 보여 주고 있다.

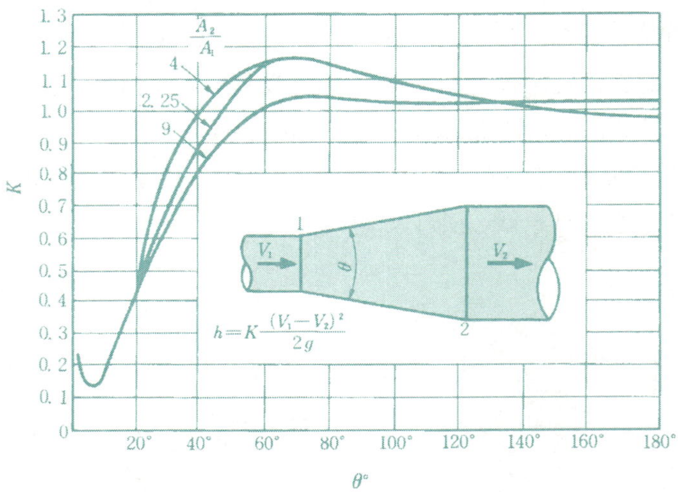

그림 10-9

10.6.2 유동단면이 급확대되는 관로

유동단면이 급확대(abrupt expansion 또는 sudden expansion)되는 경우는 Gibson의 실험결과 $\theta=180°$에 해당하는 경우이다.

그림 10-10에서와 같이 단면이 A_1인 곳에서 A_2인 곳으로 급확대되는 경우, 유속은 높은 속도 v_1에서 v_2의 낮은 유동에 충돌하게 되므로 충돌손실이 발생하게 된다.

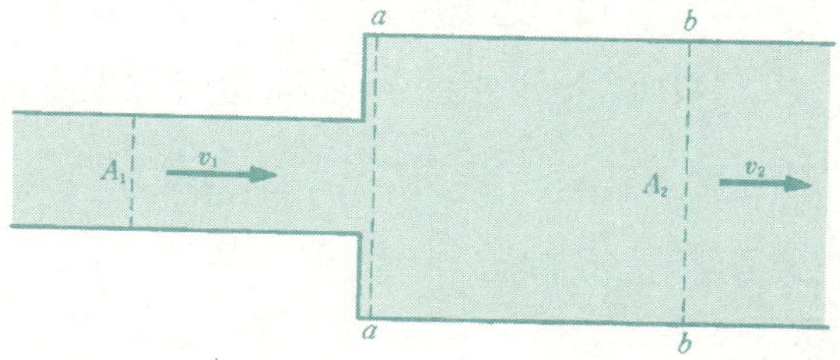

그림 10-10

A_1과 A_2에서 운동량은 $\gamma A_1 v_1^2/g$, $\gamma A_2 v_2^2/g$이 되며 $a-a$단면과 $b-b$단면에서의 전압력을 고려하면, $a-a$단면에서의 압력은 $b-b$와 동일한 확대된 단면이나 A_1의 출구 직후에서의 압력이므로 p_1으로 간주할 수 있다. 따라서 $a-a$와 $b-b$에서 전압력차는 $(p_2A_2-p_1A_2)$가 되며, 이 힘은 단위시간당 운동량의 변화와 동일하므로

$$\frac{\gamma}{g}A_1v_1(v_1-v_2)=p_2A_2-p_1A_2 \tag{10-26}$$

가 되고, $A_1v_1=A_2v_2$이므로

$$\frac{v_2(v_1-v_2)}{g}=\frac{p_2-p_1}{\gamma}$$

p_1/γ에 대하여 정리하면,

$$\frac{p_1}{\gamma}=\frac{p_2}{\gamma}-\frac{v_1v_2}{g}+\frac{v_2^2}{g}$$

양변에 $v_1^2/2g$을 더하여 다시 정리하면

$$\frac{v_1^2}{2g}+\frac{p_1}{\gamma}=\frac{v_2^2}{2g}+\frac{p_2}{\gamma}+\left(\frac{v_1^2}{2g}-\frac{2v_1v_2}{2g}+\frac{v_2^2}{2g}\right)$$

$$= \frac{v_2^2}{2g} + \frac{p_2}{\gamma} + \frac{(v_1 - v_2)^2}{2g}$$

이 식에서 양변을 살펴보면, Bernoulli의 이론이 성립하기 위하여는 $(v_1 - v_2)^2/2g$ 항이 0이 되어야 한, 본 급확대유동에서는 이 항의 값이 충돌손실수두 h_s가 되는 것을 알 수 있다. 따라서,

$$h_s = \frac{(v_1 - v_2)^2}{2g} \tag{10-27}$$

여기서 $v_1 = A_2 v_2 / A_1$, $v_2 = A_1 v_1 / A_2$을 대입하면

$$h_s = \left(\frac{A_2}{A_1} - 1\right)^2 \frac{v_2^2}{2g} = \left(1 - \frac{A_1}{A_2}\right)^2 \frac{v_1^2}{2g} \tag{10-28}$$

따라서, 식(10-25)와 식(10-28)을 비교하여 볼 때, 단면이 급화대 유동되는 경우 충돌과 마찰에 의한 손실계수는

$$K = \left(1 - \frac{A_1}{A_2}\right)^2 \tag{10-29}$$

이 됨을 알 수 있다.

그림 10-11은 급확대관로에서 지름비 d/D와 손실계수 K와의 관계를 도시한 것이다.

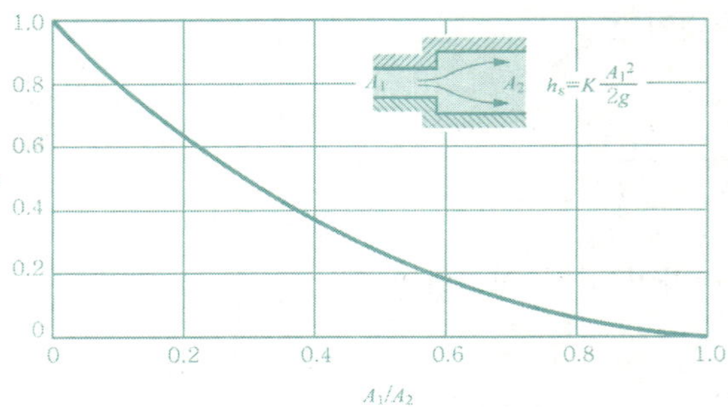

그림 10-11

급확대되는 단면의 비 A_1/A_2이 극히 작을 때는 $K=(1-A_1/A_2)^2$에서 $K\approx 1$이 되고, 식(10-28)에서 h_s는 최대가 되어 손실이 크게 일어나는 것을 알 수 있다. 이 원리는 **그림 10-12**에서 보는 바와 같이 매우 좁은 미로와 급확대 부분을 반복 설치하여 줌으로써 입구에서의 압력 p_1은 출구에서의 압력 p_2가 되는 사이에 충돌손실이 반복되어 거의 소실되고, 출구에서는 압력에 의한 힘이 0에 가까워진다.

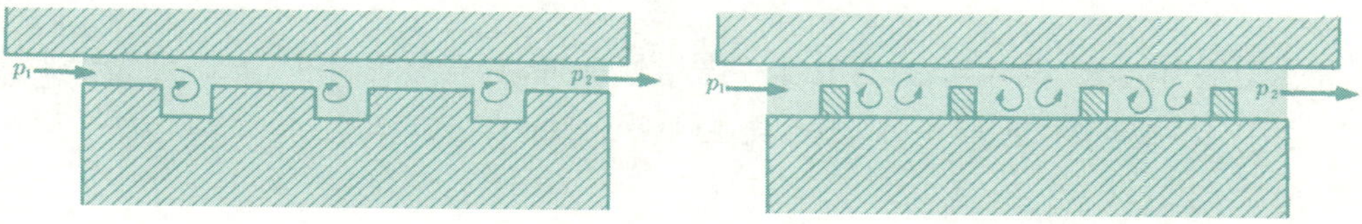

그림 10-12

그러므로 누설(leakage)을 방지해야 되는 수력기계나 압력펌프 등에 적용되며, 실린더 내의 압력누설을 막기 위한 피스톤 링의 설치와 같은 기관에 적용되고 있다. 또는 급확대, 급수부축부를 반복하여 좁은 간격의 벽면에 골(groove)을 파서 누설을 방지하며, 이것을 **미궁충진**(labyrinth packing)이라고 한다.

예제 10-9 수평으로 놓인 지름 300mm의 관이 20°로 확대되어 지름이 600mm로 되었다. 수량이 $0.3\text{m}^3/\text{s}$로 유동되고 있을 대 지름이 작은 쪽의 압력이 140kPa이었다면 지름이 큰 쪽의 압력은 얼마인가?(단, 관마찰손실이 없는 것으로 간주한다)

풀이

$$v_1 = \frac{0.3}{(\pi/4)(0.3)^2} = 4.24\text{m/s}$$

$$v_2 = \frac{4.24}{4} = 1.06\text{m/s}$$

그림 10-9에서 20° 인 경우에 $K \doteqdot 0.43$이므로

$$\frac{140\times 10^3}{9.8\times 10^3} + \frac{(4.24)^2}{2g} = \frac{p_2}{\gamma} + \frac{(1.06)^2}{2g}$$

$$+0.43\frac{(4.24-1.06)^2}{2g}$$

$$p_2 = 14.9\,\text{kPa}$$

10.6.3 유동단면이 급축소되는 관로

유동단면이 돌연 축소되는 경우에 유동방향에 따른 충돌손실이 크게 발생하게 된다. 그림 10-13에서 보는 바와 같이 축소단면에서의 충돌손실은

$$h_s = K\frac{v_2^2}{2g} \tag{10-30}$$

으로 된다. 수축단면의 비에 따라 계수 K는 결정되며, 독일의 Weisbach는 실험을 통하여 표 10-1과 같은 결과를 발표하였다.

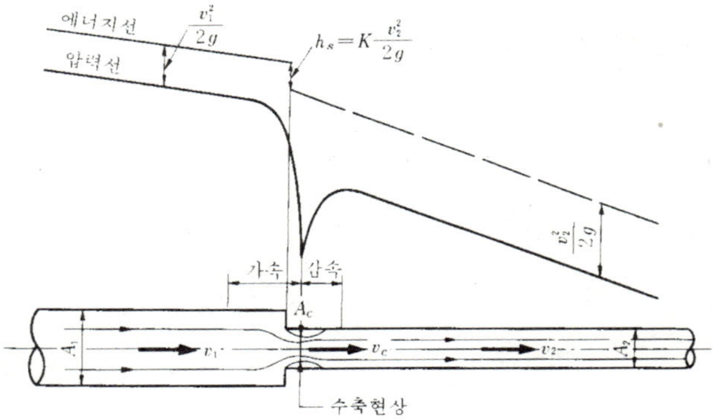

그림 10-13

표 10-1

$C_C = A_C/A_1$

A_2/A_1	0	0.1	0.2	0.3	0.4	0.5	0.6	0.7	0.8	0.9	1.0
C_C	0.617	0.624	0.632	0.643	0.659	0.681	0.712	0.755	0.813	0.892	1.00
K	0.50	0.46	0.41	0.36	0.30	0.24	0.18	0.12	0.06	0.02	0

돌연 축소되는 관로에서는 그림 10-14에서와 같이 축소된 관의 입구접합 형태에 따라 K의 값이 크게 변화한다.

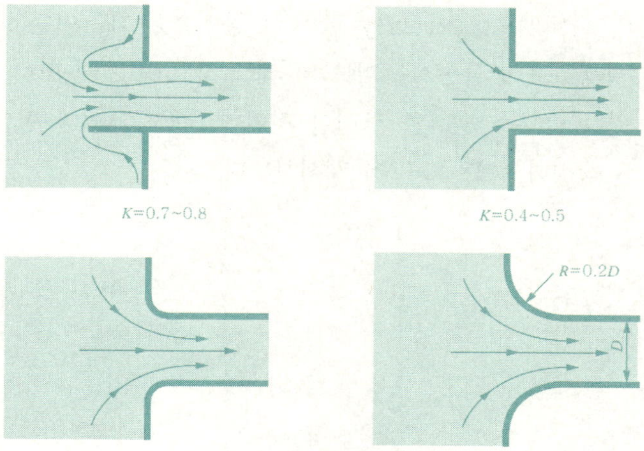

그림 10-14

또 그림 10-15는 수축비의 변화화 K값의 관계를 도시한 것이다.

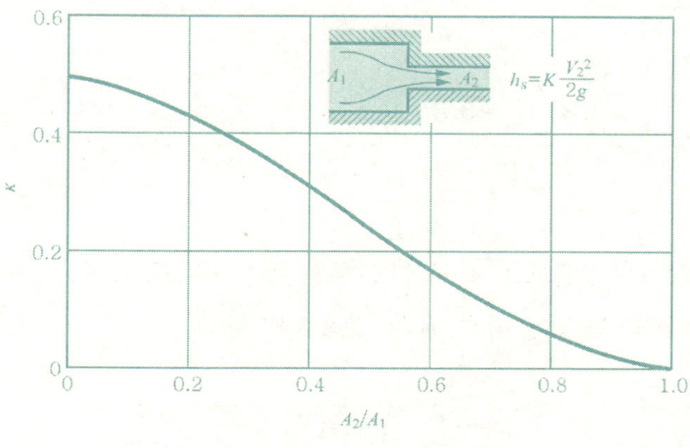

그림 10-15

10.6.4 밸브(Valve)와 콕(Cock)

관로유동에서 유량을 조절하기 위하여 많이 사용되고 있는 밸브는 슬루스 밸브(sluicce valve)와 나비밸브(butterfly valve) 등이 있는데, 이는 유동단면이 확대, 축소되기 때문에 발생하는 충돌손실은 밸브의 개도(opening)에 따라 크게 달라진다.

그림 10-16은 원형 슬루스 밸브를 도시한 것이며, 개도 x/d의 변화에 따라 K값의 변화를 실험적으로 측정하여 표 10-2에 제시하였다.

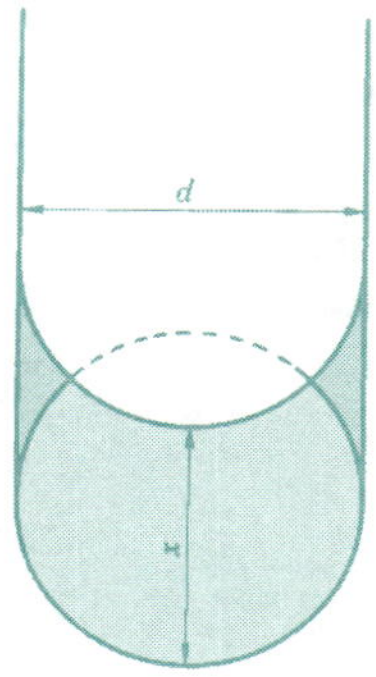

그림 10-16

표 10-2

$\frac{x}{d}$	1	7/8	6/8	5/8	4/8	3/8	2/8	1/8
K	0.05	0.08	0.8	1.5	3.0	8.6	20	100

또 그림 10-17은 나비밸브를 관로에 설치한 것이며, 표 10-3은 나비밸브의 개도를 나타내는 회전각 α의 변화에 따른 K의 값을 나타낸다.

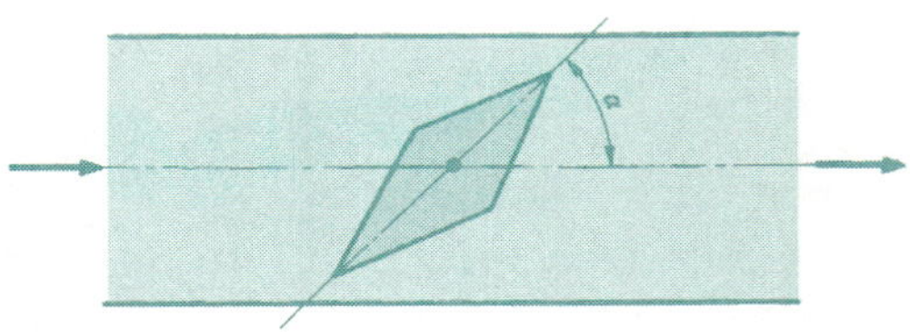

그림 10-17

표 10-3

α	10°	20°	30°	40°	50°	60°	70°
K	0.5	1.5	4.0	11	33	120	750

콕에 의한 유량조절은 **그림 10-18**과 같이 관로에 설치되어 콕의 회전각 β에 따라 통로 개도가 조절되도록 되어 있다. 이 콕의 회전각 β와 K와의 관계가 **표 10-4**에 주어져 있다.

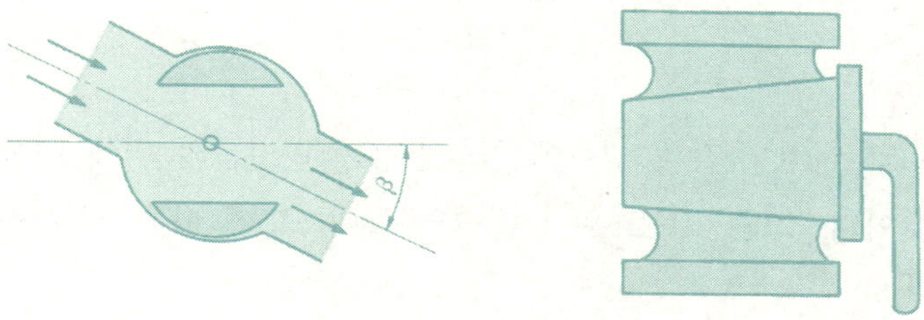

그림 10-18

표 10-4

β	10°	20°	30°	40°	50°	60°	65°
K	0.3	1.5	5.2	17	50	200	500

10.6.5 곡관

관로유동에서 유동은 직관에서는 층류나 난류의 유동분포를 나타내어 포물선을 이루며, 특별한 경우를 제외하고는 중심선을 기준하며 속도분포도는 대칭을 이룬다. 그러나 **그림 10-19**에서 보는 바와 같이 곡관부 이전에서는 대칭 포물선을 이루다가 곡부에 도달하면 유체의 유동관성력에 의하여 유동은 균일분포를 유지하지 못한다. 또, 높은 속도로 곡관을 통과하는 유체는 유동이 외곽부에 치우쳐 불균일 분포유동이 되며, 경우에 따라 나선형의 회전유동이 발생하기도 한다. 이런 경우의 속도분포는 중심주에서 오히려 낮은 속도값을 나타내고 관벽에 가까운 영역에서 높은 속도가 존재하게 된다. 이러한 영향들은 곡부의 곡율반지름, 곡각, 지름 등에 크게 좌우된다.

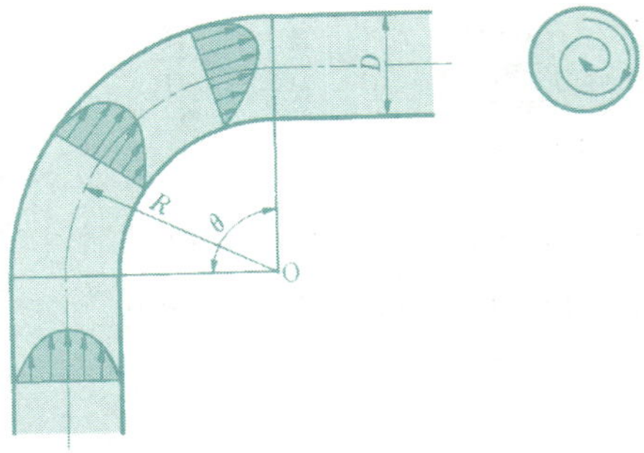

그림 10-19

그림 10-20은 몇 개의 곡각의 경우에 곡률반지름과 지름의 비에 대한 충돌 손실의 변화를 도시한 것이며, 그림 10-21은 관내벽의 상대조도에 따른 R/D와 K와의 관계를 도시한 것이다.

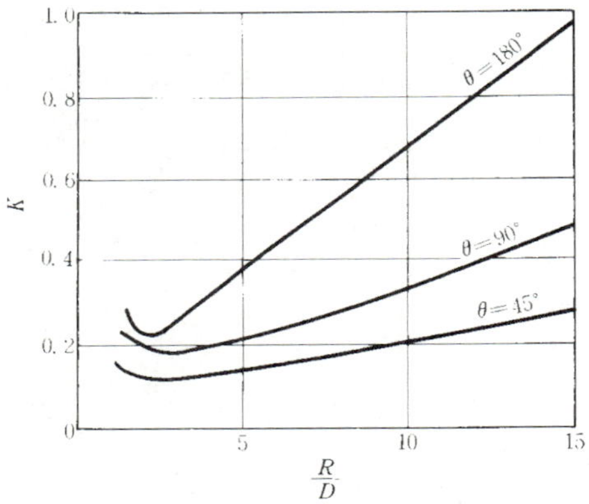

그림 10-20

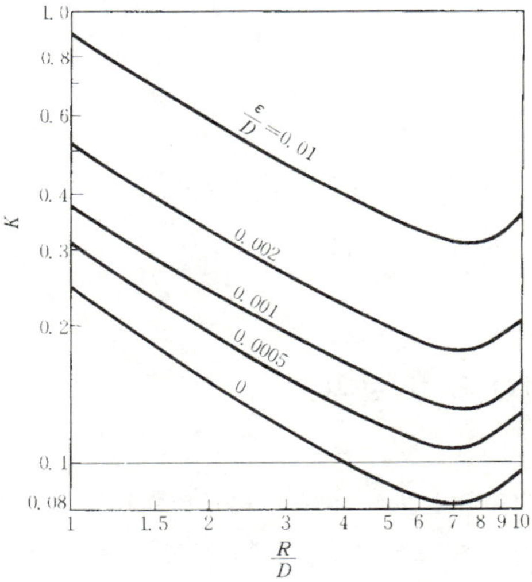

그림 10-21

독일의 Hofmann은 곡관에서 입구의 영향을 고려하여, 입구에서 충분히 떨어진 곳에 안지름이 42mm, $\theta=90°$ 인 관을 설치해서 손실실험을 하였다. 그는 이 실험에서 얻은 결과를 1929년에 표 10-5와 같이 발표하였다.

곡관에서 곡률반지름과 지름비가 비교적 작은 곡관을 엘보(elbow)라고 하며, R/D가 작아짐으로써 K의 값은 크게 증가하는 현상을 볼 수 있다.

표 10-5

R/D	0	1	2	4	6	10
K	1.3	0.52	0.29	0.23	0.18	0.20

유체의 곡관 내의 유동에서 R/D가 작아질수록 유체는 **그림 10-22(a)**에서 보는 바와 같이 A영역에서는 박리현상이 발생하고 유동은 불균일부포를 나타내게 된다. 뿐만 아니라 회전유동도 발생하므로, 이를 방지하기 위하여 곡부에 유동안내깃(guide vane)을 **그림 10-22(b)**와 같이 설치하기도 한다.

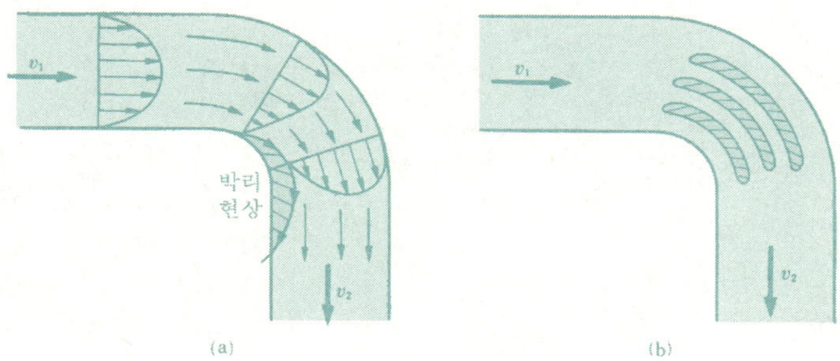

그림 10-22

R/D가 어느 이상 증가하게 되면 K의 값이 증가하고, Hofmann의 실험결과에서는 R/D의 값이 약 7이 될 때 K의 값이 가장 작게 나타나는 것으로 되어 있다.

또한, **그림 10-23**은 동일한 곡률과 R/D의 값을 갖는 곡관의연속인 일종의 코일 모양의 곡관유동을 생각할 수 있다. 일반적으로 나타나 있는 실험결과로서는, 곧은 관로에서의 손실에 비하여 약 2배의 손실이 발생하는 것으로 밝혀져 있다.

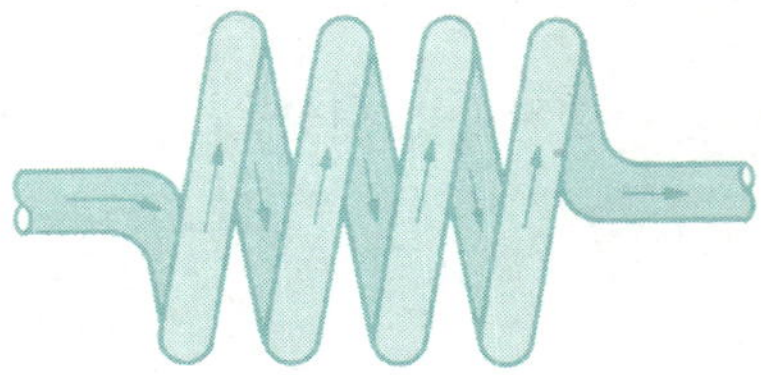

그림 10-23

표 10-6은 유동단면의 수축, 확대 및 곡관의 각 경우에 대하여 종합적으로 나타낸 충돌손실계수들이다.

표 10-6

구분	도표	상수
관 입구 $h_L = K_e v_2^2/2g$	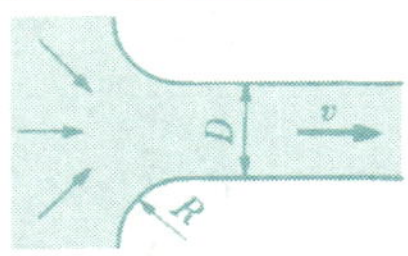	R/D K_e 0.0 0.50 0.1 0.12 >0.2 0.03
수축관 $h_l = K_C v_2^2/2g$	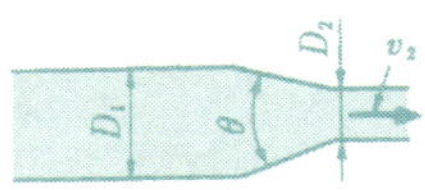	K_C K_C D_2/D_1 $\theta = 60^\circ$ $\theta = 180^\circ$ 0.0 0.08 0.50 0.20 0.08 0.49 0.40 0.07 0.42 0.60 0.06 0.32 0.80 0.05 0.18 0.90 0.04 0.10
확대관 $h_L = K_E v_1^2/2g$	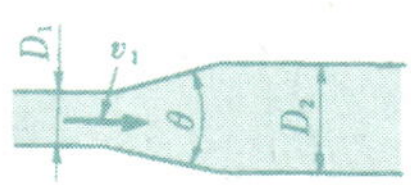	K_E K_E D_1/D_2 $\theta = 10^\circ$ $\theta = 180^\circ$ 0.0 1.00 0.20 0.13 0.92 0.40 0.11 0.72 0.60 0.06 0.42 0.80 0.03 0.16
90° 사접곡관	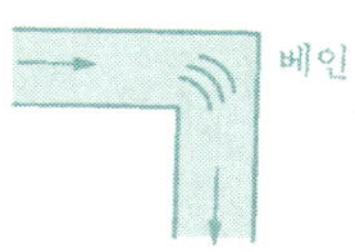	베인이 없을 때 $K_b = 1.1$ 베인이 있을 때 $K_b = 0.2$

90° 원활한 곡관	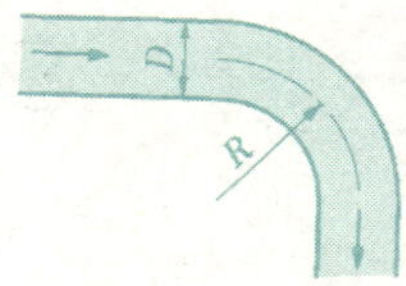	R/D K_b 1 0.35 2 0.19 4 0.16 6 0.21 8 0.28 10 0.32
나사관 이음 글로브 밸브(크게 열림) 각밸브(크게 열림) 게이트 밸브(크게 열림) 게이트 밸브(반열림) 귀환 벤드		$K_v = 10.0$ $K_v = 5.0$ $K_v = 0.2$ $K_v = 5.6$ $K_b = 2.2$
T이음 직통 유동 측면 유동		$K_t = 0.4$ $K_t = 1.8$
엘보 90° 엘보 45° 엘보		$K_b = 0.9$ $K_b = 0.4$

예제 10-10 비중이 $S=0.9$, 동점성계수가 $\nu=4\times10^{-5}\,\text{m}^2/\text{s}$인 기름이 그림 10-24에서 보는 바와 같이 탱크 (1)에서 탱크 (2)로 유량 $0.03\text{m}^3/\text{s}$로 유동하고 있다. 이 관의 안지름은 16cm인 매끈한 관이며, 관마찰계수는 $\lambda=0.032$이다. 탱크 (1)에서의 기름표면의 높이를 구하라.

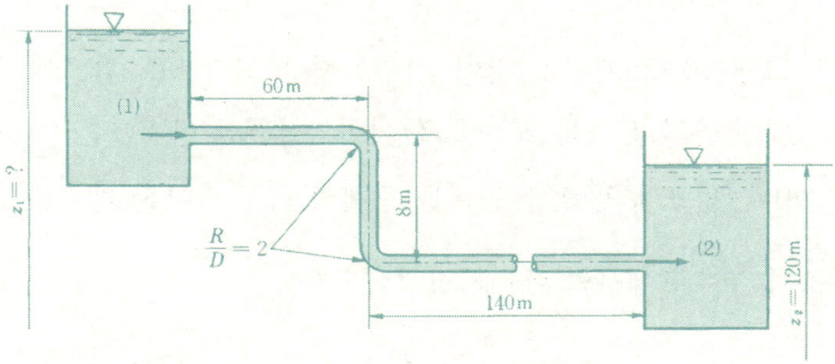

그림 10-24

풀이 탱크 (1), (2) 사이에서 에너지방정식은

$$\frac{p_1}{\gamma}+\frac{v_1^2}{2g}+z_1=\frac{p_2}{\gamma}+\frac{v_2^2}{2g}+z_2+\sum h_L$$

$$0+0+z_1=0+0+120+\lambda\frac{l}{d}\frac{v^2}{2g}+2K_b\frac{v^2}{2g}$$

$$+K_e\frac{v^2}{2g}+K_0\frac{v^2}{2g}$$

여기서 K_b, K_e, K_0는 관로의 입구, 곡부 및 출구에서의 충돌손실계수이다. 따라서, 관내벽의 상대조도를 $\varepsilon/D=0.0005$로 가정하면, 그림 10-21에서 $R/D=2$인 경우에 $K_b=0.19$를 구할 수 있으며, 그림 10-14에서 $K_e=0.5$, 출구에서의 충돌손실계수는 $d \ll D$, 즉 $d/D \approx 0$이 되므로 그림 10-11에서 $K_0 \doteqdot 1.0$을 취할 수 있다.

또 평균유속은

$$v=\frac{Q}{A}=\frac{0.03\times4}{3.14\times(0.16)^2}=1.493\text{m/s}$$

그러므로

$$z_1=140+\frac{(1.493)^2}{2\times9.8}\left(\frac{0.032\times208}{0.16}+2\times0.19+0.5+1\right)$$

$$=144.945\text{m}$$

예제 10-11 그림 10-25에서와 같이 저수조에서 고수조로 펌프에 의하여 물을 뿜어올리고 있다. 물의 온도는 $T=20$℃이며, 철관의 안지름은 24cm이고, 유량은 $0.36\text{m}^3/\text{s}$이다. 펌프에 필요한 동력을 구하라.(단, 관마찰 계수는 $\lambda=0.018$이다)

풀이 저수조와 고수조에서의 에너지방정식은

$$\frac{p_1}{\gamma}+\frac{v_1^2}{2g}+z_1+h_p=\frac{p_2}{\gamma}+\frac{v_2^2}{2g}+z_2+\sum h_L$$

여기서 h_p는 펌프에 필요로 하는 압력수두이며, 수조와 관의 연결에서 발생하는 급수축 및 급확대 그리고 곡관에 의한 충돌손실계수를 각각 K_e, K_E, K_b라 하면 윗식은

$$0+0+240+h_p=0+0+300+\frac{v^2}{2g}\left(K_e+K_b+K_E+\lambda\frac{l}{d}\right)$$

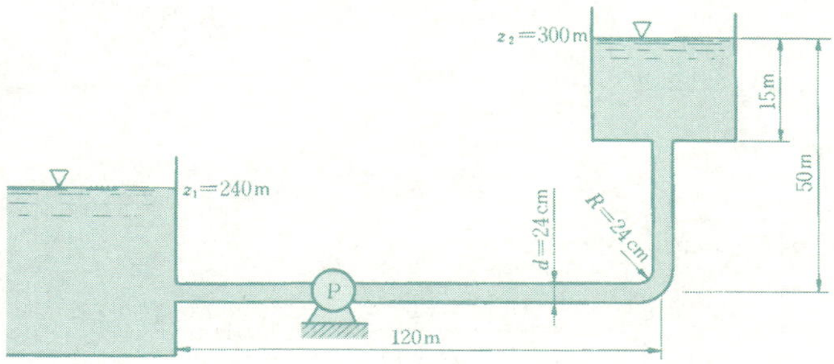

그림 10-25

표 11-6에서 $K_e=0.5$, $K_b=0.35$, $K_E=1.0$이고,

$$v=\frac{Q}{A}=\frac{0.36\times4}{3.14\times(0.24)^2}=7.96\text{m/s}$$

이므로, 펌프에 필요한 압력수두는

$$h_p=300-240+\frac{(7.96)^2}{2\times9.8}\left(0.5+0.35+1.0+0.018\times\frac{155}{0.24}\right)$$
$$=103.56\text{m}$$

그러므로 펌프에 필요한 동력은

$$L_p=\frac{\gamma Qh_p}{102}=\frac{1000\times0.36\times103.56}{102}=365.51\,\text{kW}$$

예제 10-12 그림 10-26에서와 같이 두 물탱크 사이는 지름이 다른 두 개의 원형관으로 연결되어 있다. A탱크에서 B탱크로 물이 유동되고 있을 때 유량이 $0.16\text{m}^3/\text{s}$이 s양수조의 수면의 높이 차이를 구하라.(단, 두 관의 관마찰계수는

$\lambda = 0.018$로서 동일하다)

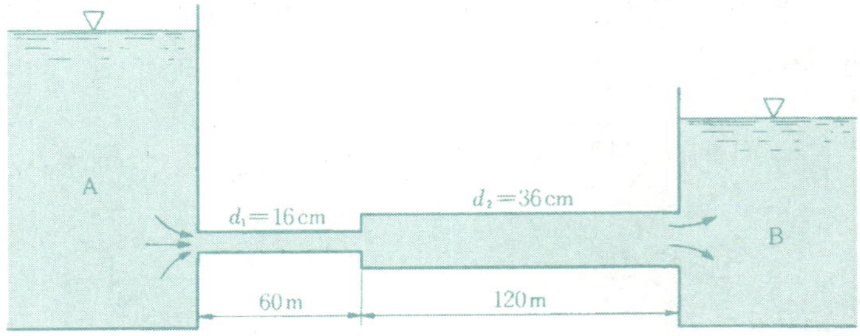

그림 10-26

풀이 각 관로에서의 유속은

$$v_1 = \frac{Q}{A_1} = \frac{0.16 \times 4}{3.14 \times (0.16)^2} = 7.96\,\text{m/s}$$

$$v_2 = \frac{Q}{A_2} = \frac{0.16 \times 4}{3.14 \times (0.36)^2} = 1.57\,\text{m/s}$$

두 물탱크 사이의 에너지방정식은

$$\frac{p_1}{\gamma} + \frac{v_1^2}{2g} + z_1 = \frac{p_2}{\gamma} + \frac{v_2^2}{2g} + z_2 + \sum h_L$$

여기서

$$\sum h_L = \frac{v_1^2}{2g}\left(K_e + \lambda \frac{l_1}{d_1}\right) + \frac{v_2^2}{2g}\left(K_E + \lambda_2 \frac{l_2}{d_2}\right) + \frac{(v_1 - v_2)^2}{2g}$$

이고, 표 10-6에서 $K_e = 0.5$, $K_E = 1.0$이므로 수면의 높이차는

$$H = z_1 - Z_2 = \frac{(7.96)^2}{2 \times 9.8}\left(0.5 + 0.018 \times \frac{60}{0.16}\right)$$

$$+ \frac{(1.57)^2}{2 \times 9.8}\left(1.0 + 0.018 \times \frac{120}{0.36}\right)$$

$$+ \frac{(7.96 - 1.57)^2}{2} \times 9.8 = 26.40\text{m}$$

제 10 장 연습문제

FLUID MECHANICS

01_ 관마찰계수가 $\lambda=0.028$인 주철관을 통하여 유량 $0.32\text{m}^3/\text{s}$로 송수할 때, 상당 기울기가 $\dfrac{3}{500}$이 되기 위하여는 반지름을 얼마로 하면 되겠는가?

02_ 수도관을 통하여 $600\text{m}^3/\text{h}$로 급수하고 있다. 관의 안지름이 36cm이고 급수거리는 2.2km이다. 마찰손실압력은 얼마인가?(단, $\lambda=0.03$이다)

03_ 그림 10-27과 같이 $H=10\text{m}$일 때 유량을 구하고, 또 $Q=60l/s$일 때 H는 얼마인가?(단, 관마찰계수는 0.025, 엘보와 밸브의 손실계수는 각각 0.75와 7.5이다. 또한, 4각 단면 입구의 손실계수는 0.5이다)

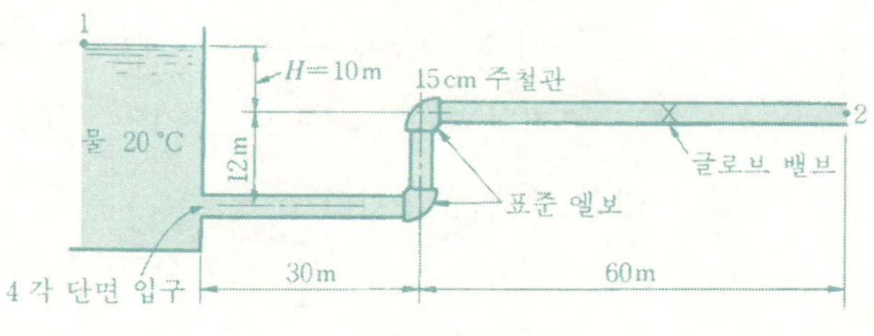

그림 10-27

04_ 그림 10-28과 같이 $H=10\text{m}$, $L=20\text{m}$, $\theta=30°$, $D=8\text{mm}$, $\gamma=10\text{kN/m}^3$, $\mu=0.08\text{kg/m·s}$인 경우, 관의 단위길이당의 손실수두와 유량을 구하라(단, λ는 0.03으로 가정한다).

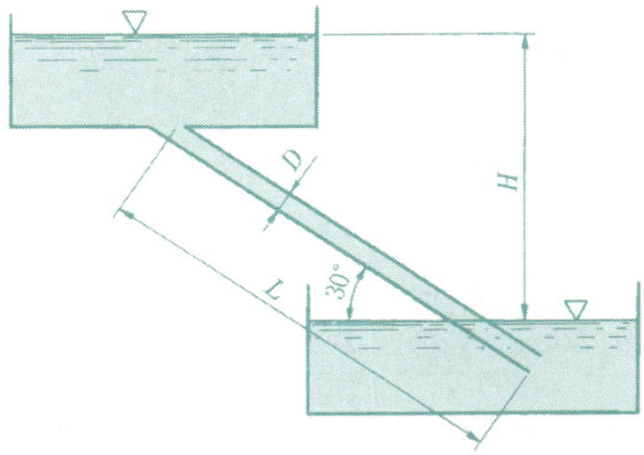

그림 10-28

05_ 관로유동에서 $D=10cm$, 관의 단위길이당의 압력강하가 0.5kg/m^2, 동점성계수가 $\nu=0.9\times10^{-6}\text{m}^2/\text{s}$일 때, 유량 Q와 평균속도 $\overline{V}$를 구하라. 또 이 관의 마찰계수가 0.03이라면 관 내의 전단응력 분포는 어떻게 되는지 그림으로 나타내라.

06_ 공기의 관로유동에서 지름이 5cm이고, 길이가 10m인 수평관에서 입구와 출구 사이의 압력손실수두는 10cm이다. 이 때 관내의 기유량 Q와 최대속도 $u_{\max}$을 구하라.(단 $\lambda=0.005$, 공기와 비중 0.001, 공기의 동점성계수 $\nu=1.02\times10^{-6}\text{m}^2/\text{s}$이다. U자관 내의 액체는 물이다)

07_ 문제 6에서 반지름의 2분의 1 되는 곳에서의 전단응력은 얼마인가?

08_ 지름이 30cm이고 길이가 120m인 관에 물을 흘려 보내면서 양단의 압력차를 측정한 결과 수은주가 33cm였다. 유량이 $0.23\text{m}^3/\text{s}$일 때 마찰계수는 얼마인가?

09_ 유속은 4m/s로 유지하기 위하여는 지름 1cm인 관에서 1km당의 압력손실은 얼마인가?(단, $\nu = 4\times10^{-5}\text{m}^2/\text{s}$)

10_ 지름이 0.5in인 관에서 $Re = 1800$으로 유체가 유동하고 있다. 손실수두는 100ft 길이당 $h = 30\text{ft}$라면 유량은 얼마인가?

11_ 2개의 유조가 높이 5m 떨진 곳에서 300m의 상업용 강관으로 연결되어 있다. 기름을 $50l/s$로 공급하기 위해서는 관의 크기는 얼마로 하면 되는가?
($\mu = 0.05\text{kg/m}\cdot\text{s}$, $\gamma = 8\text{kN/m}^3$)

12_ 지름이 150mm인 수평관을 통하여 20℃의 물이 체적유량 $0.1\text{m}^3/\text{s}$로 유동되고 있다. 10m 구간 사이의 압력손실을 구하라.(단, $\lambda = 0.0149$이다)

13_ 그림 10-29와 같이 수조에 관이 연결되어 체적유량 $0.03\text{m}^3/\text{s}$로 유출될 때 수면까지의 높이 h는 얼마인가?(단, 관의 지름은 75mm이고, 길이가 100m이며, 입구의 손실계수 $K = 0.5$로서 물은 대기에 방출되고 있다. $\lambda = 0.0131$)

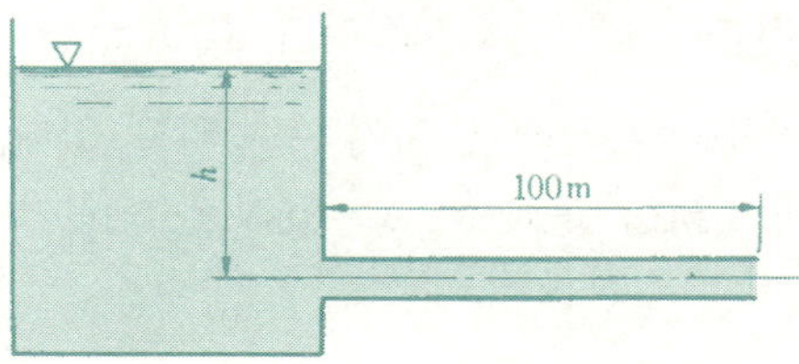

그림 10-29

14_ 게이지압력으로 650kPa가 드릴(drill) 끝부분에서 작용하는 압축공기 드릴에 0.25kg/s의 공기가 필요하다. 콤프레서로부터 드릴까지 연결된 호스의 안지

름이 40mm이고, 최대 콤프레서 유동게이지 압력은 690kPa이다. 밀도의 변화와 호스가 굽어진 데 대한 영향을 무시하면, 공기가 콤프레서로부터 40℃로 방출된다고 할 때에 사용할 수 있는 최대 호스길이를 구하라.(단 $\lambda=0.0134$이다)

15_ 4in의 관이 그림 10-30과 같이 80ft 수직높이의 수조에 연결되어 600ft 길이로써 물을 공급하고 있다. 이 관은 20년간 사용한 주철관이며, 출구에는 게이트 밸브(gate valve)가 설치되어 있다. 유출량을 gal/min으로 나타내라.(단, $\lambda=0.031$이고 입구손실에 고려되는 입구 상당길이는 $L_e/D=13$으로 간주한다)

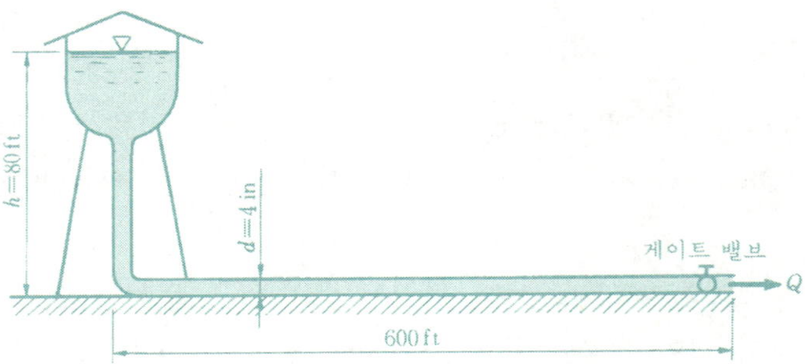

그림 10-30

16_ 수평으로 설치된 지름 16cm이고, 길이가 1000m인 주철관을 통하여 10℃의 물이 $0.04\,m^3/s$로 펌프에 의해 뿜어져 수송되고 있다. 압력손실수두와 필요한 동력을 계산하라.(단, 관마찰계수는 $\lambda=0.024$이다)

17_ 20℃ 상온에서 물이 지름이 10cm인 신주철관을 통해 수직으로 뿜어 올려지고 있으며, 물이 방출되는 쪽의 압력이 1.6MPa이다. 유량이 $0.02m^3/s$라면 펌프로부터 60m 떨진 높이에서으 압력은 얼마가 되겠는가?(단, 관내벽의 상대조도는 $\varepsilon/D=0.0005$이며, 관마찰계수는 $\lambda=0.0185$이다)

18_ 그림 10-31과 같이 물이 A수조에서 B수조로 지름이 일정한 곧은 관로를 통해 유동되고 있다. 관의길이는 400m이고 유량은 $2m^3/s$이며, 관의 입구와 출구 그리고 열린 상태에서 슬루스 밸브의 충돌손실계수는 각각 $K_e = 0.5$, $K_0 = 1.0$, $K_v = 0.2$이다. 또, 관마찰계수는 $\lambda = 0.028$이며, 양수조의 수면의 높이 차이는 5m, 전관로에서 평균유속은 2m/s이다. 관의 안지름은 얼마인가?

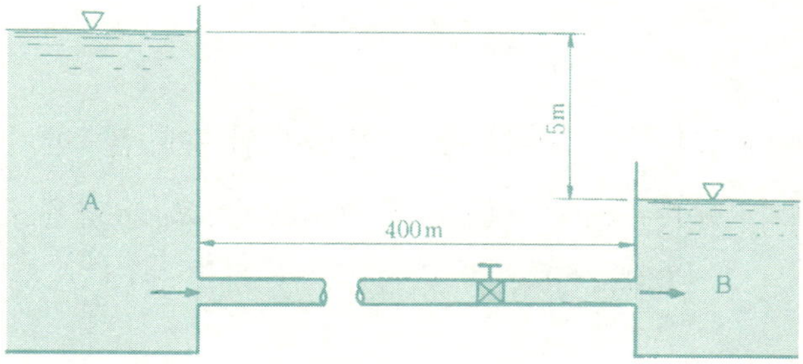

그림 10-31

19_ 안지름이 20cm인 신주철관을 통하여 1km 떨어진 A, B en 점간을 비중이 $S = 0.8$인 원유를 $0.03m^3/s$로 유동시키고 있다. 점 B는 점 A보다 20m 높이로 설치되어 있으며, 관마찰손실계수는 $\lambda = 0.028$이다. 점 B의 압력이 360kPa가 된다면 점 A에서 필요한 압력은 얼마인가?

20_ $T = 50°F$인 물이 안지름이 24in인 신주철관을 통하여 송수되고 있다. 관의 A, B 두 점 사이의 거리는 3마일이며, 점 A는 점 B보다 30ft 높게 설치되어 있다. 점 B의 압력이 점 A보다 20psi 높으며 관마찰계수는 $\lambda = 0.017$이다. 물의 유동방향과 유량을 계산하라.

21_ 안지름 10cm이고 마찰계수가 $\lambda = 0.028$인 관이 그림 10-32와 같이 설치되어 있다. $\rho = 900kg/m^3$인 유체가 유동될 때 유량을 계산하라.

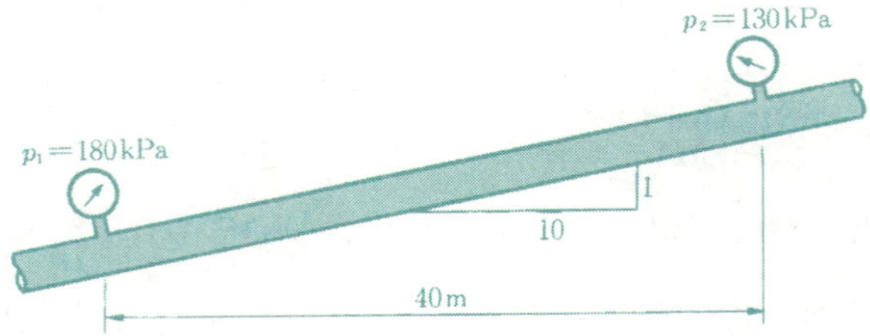

그림 10-32

22_ 그림 10-33에서와 같은 기름수송 장치에서 펌프에 필요한 동력을 구하라.(단, A, B 탱크의 높이는 $z_A=100\text{m}$, $z_b=120\text{m}$이고, 유량은 $Q=0.24\text{m}^3/\text{s}$이며 관마찰계수는 $\lambda=0.021$이다)

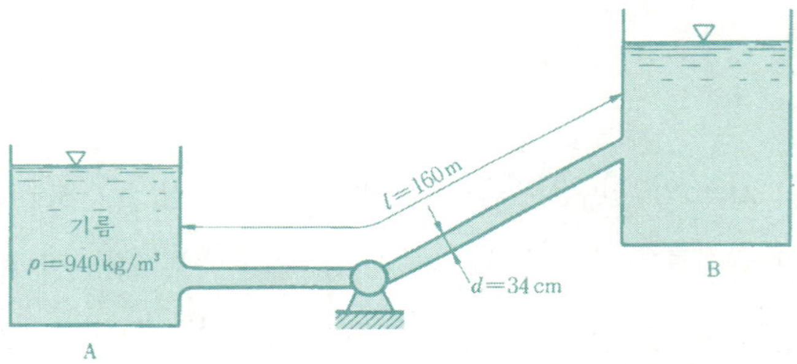

그림 10-33

23_ 급수 원관의 게이지압력이 320kPa이다. 원관으로부터 160m 떨어진 공장에 $0.026\text{m}^3/\text{s}$로 급수하기 위한 관의 크기를 구하라.(단, 관마찰계수는 $\lambda=0.024$이고, 공장에서 필요한 게이지압력은 60kPa이며, 원관으로부터 12m 높은 위치에 설치되어 있다)

24_ 두 수조는 수면의 높이 차이가 14ft이다. 이 수조 사이에는 지름이 1ft이고 길이가 45ft인 관과 지름이 6in이고 길이가 30ft인 관으로 연결되어 있는데 1ft의 관에는 $R/D=1$인 벤드가 4개 설치되어 있고, 6in관에는 $R/D=4$인 벤

드가 2개 설치되어 있다. 두 관의 연결부가 급수축부로 되어 있다며, $T=60°F$인 경우에 유량을 계산하라.(단, 관마찰계수는 두 관의 경우 동일하며, $\lambda=0.026$이다)

25_ 관로가 **그림 10-34**와 같이 설치되어 있다. 글로브 밸브 출구 지름이 50in라면 24gal의 물을 채우는데 소요되는 시간을 계산하라.(단, d_1, d_2관의 관마찰계수는 $\lambda_1=0.024$, $\lambda_2=0.026$이다)

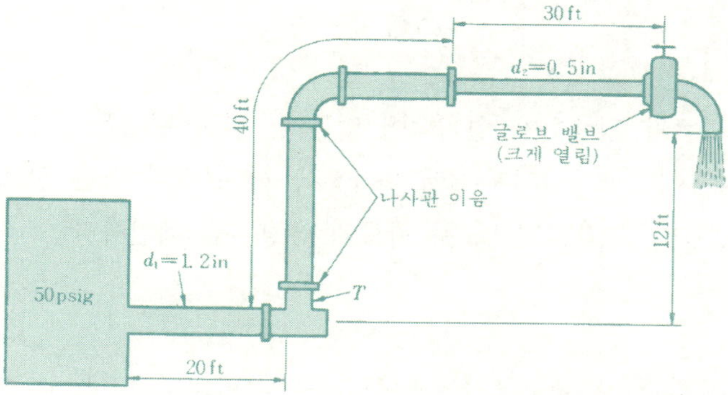

그림 10-34

26_ 물을 $16m^3/s$로서 펌프에 의하여 뿜어 올리고 있다. **그림 10-35**와 같은 장치에서 펌프에 필요한 동력을 계산하라.(단, 관마찰계수는 $\lambda=0.016$이다)

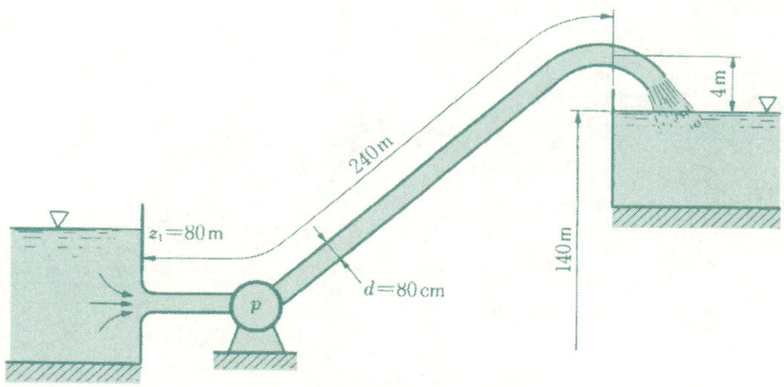

그림 10-35

27_ 그림 10-36에서 비중이 $S=0.86$인 기름의 송출량을 계산하라.(단, 관마찰계수는 $\lambda=0.020$이다)

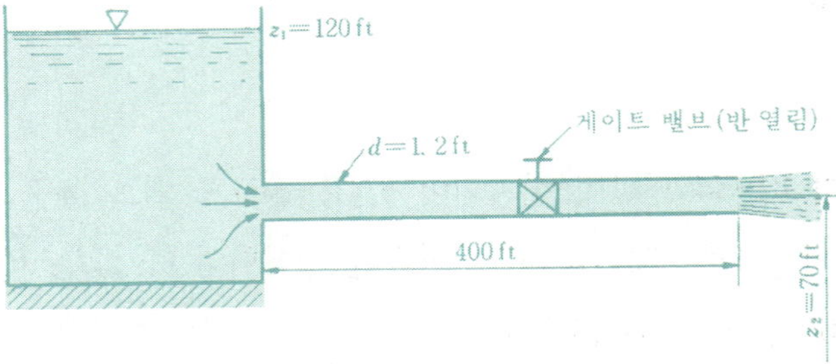

그림 10-36

28_ 두 개의 관로가 평행하게 설치되어 있는데, 한쪽 관로는 다른 한 개의 관로에 비하여 지름이 2배, 길이가 3배 더 크다. 큰 관로와 작은 관로의 관마찰 계수는 각각 0.012, 0.014일 때 두 관로의 유량비를 계산하라.

29_ 그림 10-37과 같은 급수장치에서 유량은 $0.036\,m^3/s$이다. d_1관과 d_2관의 관마찰계수가 $\lambda_1=0.026$, $\lambda_2=0.028$이고, B수조의 수면의 높이가 120m라면 A수조의 수면 높이는 얼마가 되겠는가?

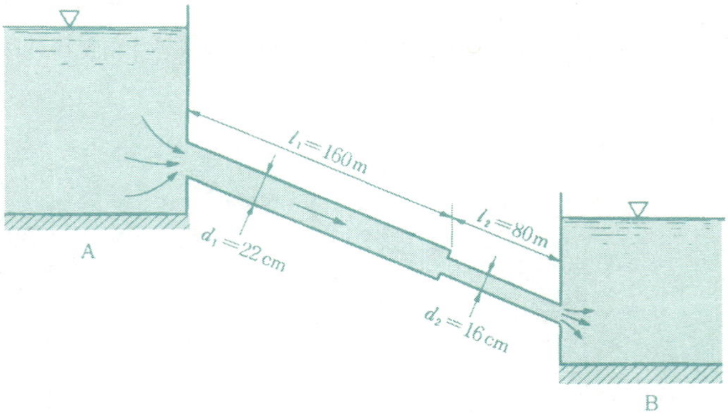

그림 10-37

30_ 두 개의 관로가 **그림 10-38**과 같이 평행하게 설치되어 있다. A관로의 지름은 50cm이고, 길이는 1200m이며, B관로의 지름은 40cm이고, 길이는 1800m이다. 점 (1)과 점 (2) 사이에는 15℃의 물이 $1.2m^3/s$로 유동되고 있다. A, B 각 관로의 유량을 계산하라.(단, A, B 두 관로의 관마찰계수는 동일하다)

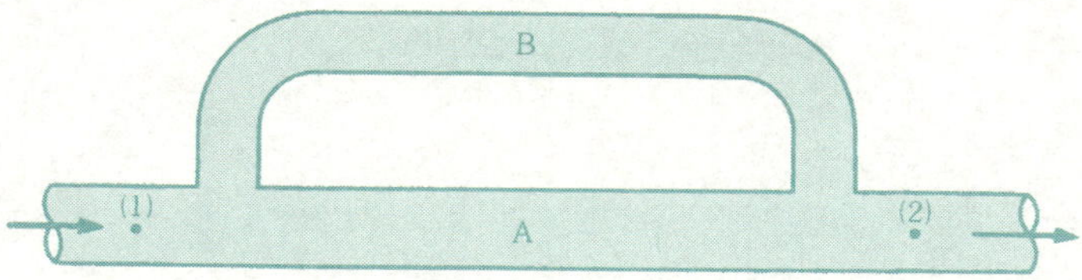

그림 10-38

FLUID MECHANICS

제 11 장

수로유동
Channel Flow

11.1 개론

수로에는 개수로(open channel)와 폐도관(closed conduit)이 있다. 전자는 하천 등과 같이 상부가 열려 있는 도관이고, 후자는 상부가 덮혀 있는 도관이다. 그러나 수력발전소의 압력도관과 같이 물이 충만되어 흐르고 있어 자유표면을 갖고 있지 않는 경우는 관로로 취급한다. 또한, 수로에 의한 유체유동은 액체의 경우에만 생각할 수 있다.

수로의 경우에는 관로의 경우와는 달리 유동단면이 **그림 11-1**과 같이 다양하게 문제 해석이 복잡하다. 그러나 수로의 설계와 제반계산에서는 관로의 이론과 방정식들을 응용하고 있다.

개수로유동은 층류이거나 난류유동이고, 정상유동이거나 비정상유동이며, 또 균일유동이거나 불균일유동으로써 비정상 개수로유동 문제는 유체역학의 기초 과정에서 다루기가 어렵다. 그러므로 실제문제에서 많이 다루게 되는 정상유동에 대하여 논하기로 한다.

그림 11-2에서 보는 바와 같이 이상유체와 실제유체(real fluid)가 일정한 높이의 저장탱크에서 경사진 수로를 따라 유동하고 있을 때 이상유체의 경우에는 저항이 존재하지 않으므로 유속은 중력가속도의 영향을 받아 계속해서 가속이 이루어지게 된다. 그리하여, 유동위치가 멀어질수록 평균속도가 증가하게 되어 연소의 이론에 의하여 유동단면이 감소하게 되고, 이로 인하여 유동의 깊이가 각 유동단면에 따라 변화하게 된다.

그림 11-1

동일한 수로에서 실제 유체유동의 경우를 살펴보면, 유체의 점성과 수로의 조도에 의한 영향으로 저항력이 발생하게 된다. 유속이 느린 수로의 상단에서 저항력은 적으나, 유동방향에 대한 중력에 의한 힘의 분력은 이상유체의 경우와 동일하다고 볼 수 있다. 그러므로 유동방향에 대한 힘의 불균형이 생겨 **그림 11-2(b)**와 같이 수로의 상부 (1) 부근에서는 점진적으로 유속이 변화하며, (2)영역에서는 급진적으로 변화하다가 (3) 영역에서는 다시 점진적인 유속의 증가를 나타낸다. 그리고 (4) 영역에서는 균일유동이 형성되며 (5)와 (7)영역에서는 다시 점진적인 증가를 하며, (6) 영역에서는 급ㅂ진적인 유속의 증가를 나타낸다.

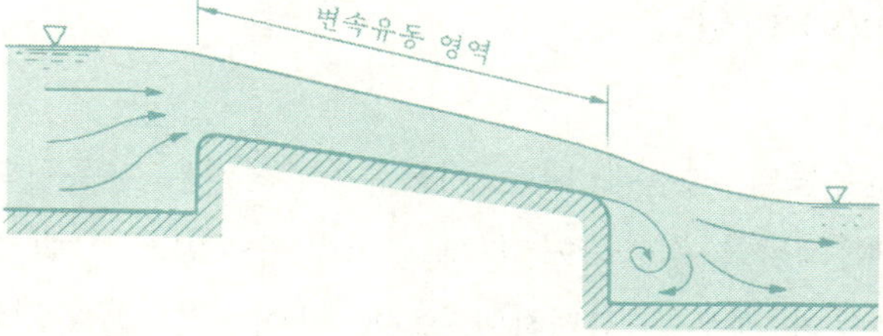

(a) 이상 유체

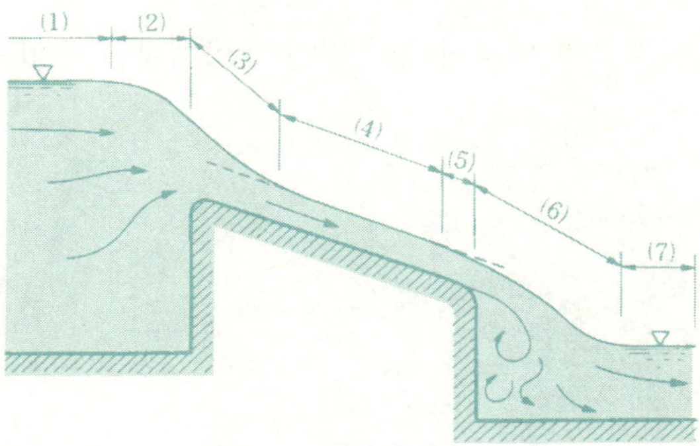

(b) 실제 유체

그림 11-2

저항력은 유속의 증가와 함께 중력의 작용으로 힘의 균형이 이루어질 때까지 증가하게 된다. 힘의 균형이 이루어지면 유동단면의 변화와 유동깊이의 변화가 없는 균일유동이 형성된다.

수로의 하부에 가까이 가면 압력과 중력이 저항력보다 크게 되어 변속유동이 다시 발행하게 된다. 그러므로 실제적으로는 균일유동보다는 변속유동이 훨씬 더 많이 일어나며, 짧은 수로유동에는 얻을 수가 없다.

11.2 Chézy의 식

개수로에서 균일유동의 경우에 대한 기본유동방정식은 운동량의 변화가 없으므로 관로유동에서의 기본개념을 적용하여 쉽게 유도할 수 있다. 그림 11-3에서 단면 (1), (2) 사이에 균일유동의 경우를 고려하여 보자, 제어체적 $ABCD$에 작용하는 힘들은 단면 (1), (2)에 작용하는 정압에 의해 발생하는 전힘 F_1, F_2와 무게 W의 유동방향 성분 $W\sin\theta$, 그리고 수로의 바닥과 양측면에서 발생하는 저항력 $R=Sl\tau_0$등이다.

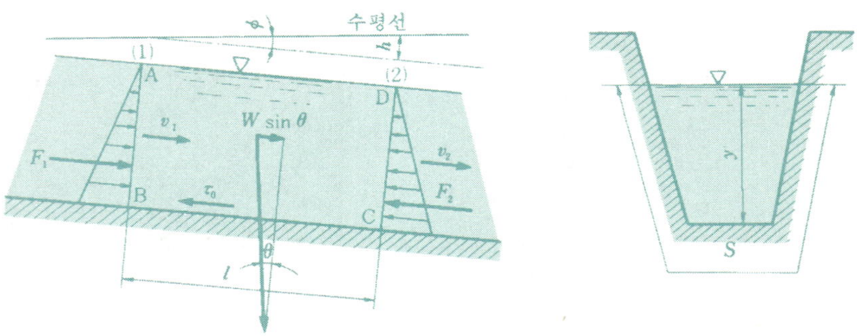

그림 11-3

이 힘들의 평형식은

$$F_1+W\sin\theta-F_2-Sl\tau_0=0 \tag{11-1}$$

유동단면 (1), (2)에서 유량의 변화는 없으므로

$$F_1=F_2$$
$$W=\gamma Al$$

이 되고, 작은 경사각의 수로에서는 $\tan\phi=\sin\phi=\dfrac{h}{l}=i$

가 된다. 또, A/S는 수력반지름 m이 되므로 식(11-1)에 대입하면

$$\tau_0=\gamma mi \tag{11-2}$$

관로유동에서 $\tau_0 = \frac{1}{8}\lambda\rho v^2$이므로 식(11-2)와 함께

$$v = \sqrt{\frac{8g}{\lambda} mi} \tag{11-3}$$

여기서 $C = \sqrt{8g/\lambda}$로 놓으면,

$$v = C\sqrt{mi} \tag{11-4}$$

가 되며, 이는 프랑스의 수학자이며 수력학자인 Antoine De Chézy(1718~1798)가 1775년에 발표한 식으로서 Chézy의 식이라 한다.

유량 Q는

$$Q = CA\sqrt{mi} \tag{11-5}$$

11.3 Chézy의 계수

11.3.1 Chézy-Manning의 공식

식(11-4)에서 정의한 C를 Chézy의 계수라 하고, 실제실험과 설계에서 사용하기 위하여 C에 대한 값을 반실험적으로 구하였다. Manning은 그의 실험식에서

$$C = \frac{\sqrt[6]{m}}{n} \text{(SI 단위)} \tag{11-6}$$

로 사용하였다. 그러므로 식 (11-5)에 대입하면,

$$Q = \left(\frac{1}{n}\right) A m^{\frac{2}{3}} i^{\frac{1}{2}} \text{(SI 단위)} \tag{11-7}$$

이 되어 이를 Chézy-Manning의 **공식**이라 한다. 여기서 단위는 미터(m) 단위로 계산하였으며, n은 수로의 조도에 따라 정해지는 상수이다.

11.3.2 Ganguillet와 Kutter의 공식

1869년에 스위스의 Ganguillet와 Kutter는 Chézy의 계수 C가 유체의 평균 깊이 m, 기울기 i, 벽면의 성질, 즉 조도에 관계되는 것으로 생각하여 다음과 같은 실험식을 발표하였다.

$$C=\frac{23+\dfrac{0.00155}{i}+\dfrac{1}{n}}{1+\left(23+\dfrac{0.00155}{i}\right)\dfrac{n}{\sqrt{m}}} \qquad (11\text{-}8)$$

여기서 n은 수로벽면의 특성에 따라 정해지는 상수로서 **표 11-1**과 같다.

표 11-1

벽면의 성질	n
(1) 미끈한 판자, 시멘트의 면	0.010~0.013
(2) 거친 판자면, 다듬은 콘크리트의 면	0.012~0.018
(3) 벽돌을 쌓아 올린 면	0.013~0.017
(4) 거친 콘크리트의 면	0.015~0.020
(5) 거친 돌벽의 면	0.017~0.030
(6) 평평한 모래바닥의 면	0.025~0.035
(7) 돌, 풀이 있는 하천의 면	0.030~0.050

11.3.3 Bazin 공식

프랑스의 Bazin은 1897년에 경사 i를 무시하고 다음과 같이 상수 β와 유체의 평균깊이 m에 관한 식을 발표하였다.

$$C = \frac{87}{1 + \frac{\beta}{\sqrt{m}}} \tag{11-9}$$

여기서 β는 벽면의 조도에 의해 결정되는 상수로서 표 11-2와 같다.

표 11-2

벽면의 성질	β
(1) 미끈한 면	0.06
(2) 벽돌을 쌓아 올린 면	0.16
(3) 거친 돌벽의 면	0.46
(4) 규칙적인 모래의 면	0.85
(5) 보통의 토사지면	1.30
(6) 작은 돌과 풀이 있는 하천의 면	1.75
(7) 굵은 자갈이 있는 하천의 면	2.00

11.3.4 지수공식

Chézy의 식 (11-4)는 지수의 식으로 쓸 수 있으며, 임의의 미정의 지수 α와 β로 나타내면,

$$v = Cm^{\alpha} i^{\beta}$$

여기서 α오 β를 적정 값을 선정함으로써 계수 C를 구할 수 있으므로, Manning은 1889년에 다음과 같은 식을 제시하였다.

$$v = Cm^{\frac{2}{3}} i^{\frac{1}{2}} \tag{11-10}$$

여기서 $C = \frac{1}{n}$을 나타내며, 표 11-1에 의하여 n의 값을 정한다.

11.3.5 Forchheimer의 공식

오스트리아의 Forchheimer는 지수공식에서 $\alpha=0.7$로 놓아 다음과 같은 Manning의 식과 유사한 식을 제시하였다.

$$v = Cm^{0.7} i^{\frac{1}{2}} \tag{11-11}$$

11.3.6 Williams – Hazen의 공식

미국인 Williams와 Hazen은 관로유동에서 지수공식의 α와 β값을 $\alpha=0.63$, $\beta=0.54$로 주어 다음과 같은 식을 사용하였다.

$$v = Cm^{0.63} i^{0.54} \tag{11-12}$$

11.3.7 Manning의 조도방정식

기본적으로 균일 관로 수로유동에서 마찰손실은 완전히 발달된 관로유동에서와 별다른 차이가 없다. 수로의 벽면이 거친 경우 마찰계수는 Moody 선도와 관련하여 반실험적으로 유도된 다음과 같은 식을 사용하고 있다.

$$\lambda^{-\frac{1}{2}} = -2.0\log\left(\frac{\varepsilon/D_h}{3.7} + \frac{2.51}{Re_{Dh}\sqrt{\lambda}}\right) \tag{11-13}$$

여기서 $\lambda = 8\tau_w/\rho v^2$이며, D_h는 수력반지름으로서 $m = D_h/4 = A/l_w$의 관계를 나타낸다. 수로에서는 $Re = 10^6$이 넘는 경우 조도와 유동에 의한 영향을 받게 되나, 대개의 경우 수로유동은 $Re < 10^6$이므로 Re수를 생략하는 경우가 많다.

그리하여 식(11-13)에서 Re를 무시하고 반실험식으로 유도된 마찰계수의 근사식은 다음과 같다.

$$\lambda^{-\frac{1}{2}} = 2.0\log\frac{3.7D_h}{\varepsilon} \tag{11-14}$$

여기서 ε은 조도이며, 이 식을 다시 직선이 되는 지수방정식으로 근 시키면

$$\lambda \approx 0.18\left(\frac{\varepsilon}{D_h}\right)^{1/3} = 0.113\left(\frac{\varepsilon}{D_h}\right)^{1/3} \tag{11-15}$$

이 식은 $0.001 < \varepsilon/D_h < 0.05$ 범위에서 아주 잘 일치하는 것으로 밝혀졌다. 또한 식(11-15)와 관련하여 구한 간단한 Chézy의 계수식은

$$C \approx (8.4g^{\frac{1}{2}}\varepsilon^{-\frac{1}{6}})m^{\frac{1}{6}} \tag{11-16}$$

이 식은 Manning이 수로유동에서 1889년에 발표한 실험식과 형태가 유사하다. 즉 Manning이 제안한 식은

$$C = \frac{1.49}{n}m^{\frac{1}{6}}\ (\text{BG 단위}) \tag{11-17}$$

$$C = \frac{1.0}{n}m^{\frac{1}{6}}\ (\text{SI 단위})$$

여기서 n을 **Manning의 조도계수**라고 하면 무차원의 식이다. 또, 여기에 나타나 있는 수치 1.49와 1.0은 단위계에 따라 크기를 환산한 값으로 1.0m(SI)로부터 $1.49(\text{BG}) = (3.2805\,\text{ft/m})^{1/3}$로 계산된 것이다. 식 (11-16)과 식 (11-17)에서 살펴보면, Manning의 계수 n은 조도높이의 1/6제곱과 동일함을 알 수 있다.

$$n \approx 0.03\varepsilon^{\frac{1}{6}}\ (\text{BG 단위})$$

$$n \approx 0.0382\varepsilon^{\frac{1}{6}}\ (\text{SI 단위}) \tag{11-18}$$

따라서, 정상유동에서 Manning의 속도식은

$$v = \frac{1.49}{n}m^{\frac{2}{3}}i^{\frac{1}{2}}\ (\text{BG 단위 : ft/s})$$

$$v = \frac{1.0}{n} m^{\frac{2}{3}} i^{\frac{1}{2}} \text{(SI 단위 : m/s)} \tag{11-19}$$

여기서 n은 실험적으로 구해야 되며, 표 11-3은 Manning이 제시한 조도계수의 실험값이다.

표 11-3 Manning의 n계수

구분	n	평균조도 높이	
		ft	mm
인공수로:			
유리	0.010±0.002	0.0011	0.3
황동	0.011±0.002	0.0019	0.6
매끈한 강	0.012±0.002	0.0032	1.0
페인트칠을 한 강	0.014±0.003	0.0080	2.4
리벳한 강	0.015±0.002	0.012	3.7
주 철	0.013±0.003	0.0051	1.6
끝손질한 시멘트	0.012±0.002	0.0032	1.0
끝손질 하지 않은 시멘트	0.014±0.002	0.0080	2.4
평목판	0.012±0.002	0.0032	1.0
진흙 타일	0.014±0.003	0.0080	2.4
벽돌	0.015±0.002	0.0012	3.7
아스팔트	0.016±0.003	0.018	5.4
주름진 금속	0.022±0.005	0.12	37
자갈 석조	0.025±0.005	0.26	80
파서 만든 수로:			
깨끗한 수로	0.022±0.004	0.12	37
자갈이 있는 수로	0.025±0.005	0.26	80
잡초가 있는 수로	0.030±0.005	0.8	240
돌, 조약돌이 있는 수로	0.035±0.010	1.5	500
자연수로:			
깨끗하고 곧은 자연수로	0.030±0.005	0.8	240
완만한 깊은 풀(pools)	0.040±0.010	3	900
큰강	0.035±0.010	1.5	500
물에 덮힌 평지:			
목초, 농지	0.035±0.010	1.5	500
얕은 숲	0.05±0.02	6	2000
큰 숲	0.075±0.025	15	5000
나무숲	0.15±0.05	?	?

11.4 수력반지름과 수로의 단면

11.4.1 직 4각형 개수로

개수로유동에서 수력반지름과 깊이는 유동특성에 중요한 역할을 하고 있다.

그림 11-4(a)의 4각개수로에서 폭이 B이고, 깊이 y가 변하는 경우, 수력반지름은 $m=By/(B+2y)$이므로 $y=0$에서 $m=0$, $y=\infty$이면 $m=B/2$가 된다. 그러므로 m과 y의 함수관계를 도시하면 (a)의 우측과 같이 된다. 또 그림 11-4(b)는 깊이가 y이고 폭 B가 변하는 경우를 나타내고 있다.

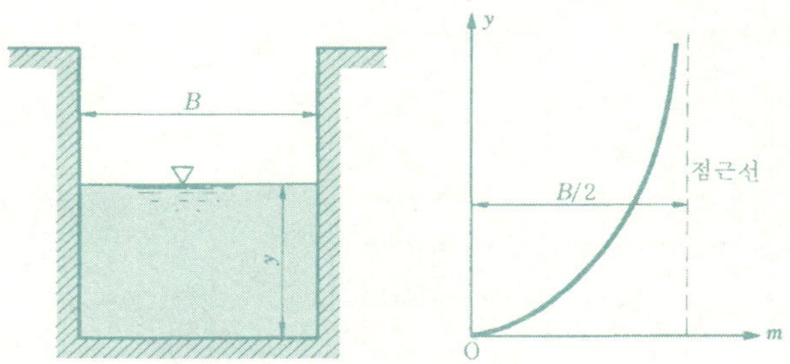

(a) 높이(y)가 변화하는 경우

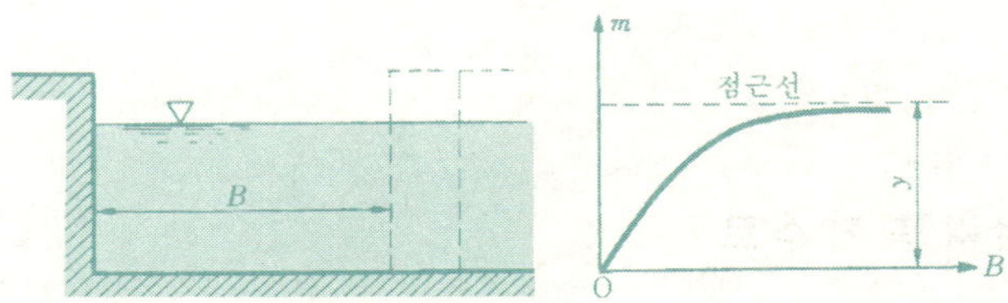

(b) 폭(B)이 변화하는 경우

그림 11-4

개수로에서 유체가 유동할 때에 마찰손실을 최소로 하기 위한 접수면을 고려하여 보면, 접수 길이는

$$l_w = B + 2y = \frac{A}{y} + 2y \tag{11-20}$$

여기서 $A=By$이다.

이 식을 미분하여 정리하면

$$\frac{dl_w}{dy}=2-\frac{A}{y^2}=2-\frac{By}{y^2}=0$$

$$B=2y \tag{11-21}$$

가 되어 정 4각형의 $\frac{1}{2}$ 단면이 가장 유리하다.

그림 11-5는 직 4각형 수로에서 유량 또는 유속과 수로의 유동단면의 변화관계를 도시한 것이다.

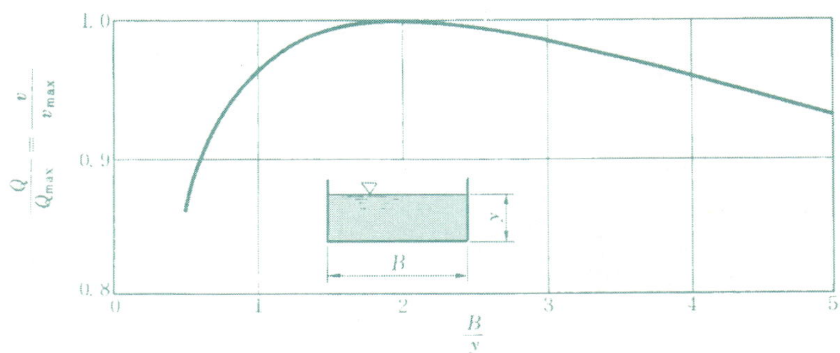

그림 11-5

11.4.2 사다리꼴 개수로

사다리꼴 개수로는 수로 중에서 가장 보편적으로 실용되고 있는 수로이다.

그림 11-6과 같은 단면을 갖는 사다리꼴 개수로에서 수로의 단면적 $A=By+ay^2$, 접수길이 $l_w=B+2y\sqrt{1+a^2}$ 이므로, 수력반지름은

$$m=\frac{A}{l_w}=\frac{(By+ay^2)}{B+2y\sqrt{1+a^2}} \tag{11-22}$$

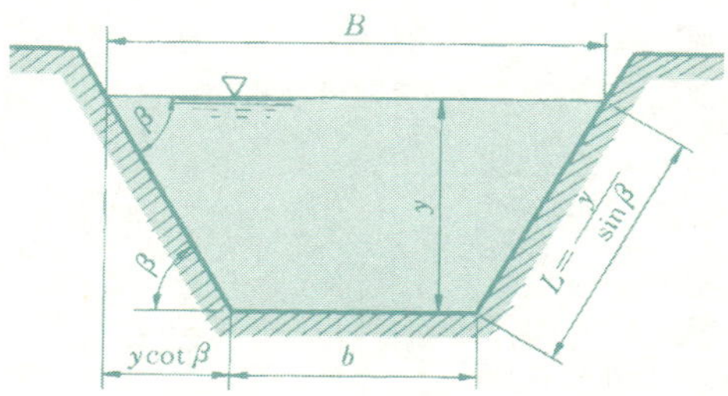

그림 11-6

이 식을 변형하면,

$$m=\frac{A}{A/y-ay+2y\sqrt{1+a^2}} \tag{11-23}$$

가 된다. 최대 수력반지름 $m_{\max}$을 구하기 위하여 $dm/dy=0$을 계산하여 정리하면

$$A=y^2(2\sqrt{1+a^2}-a)$$

가 되므로, 이를 식 (11-23)에 대입하면

$$m_{\max}=\frac{y}{2} \tag{11-24}$$

와 같이 된다.

또, 사다리꼴 수로에서 가장 경제적인 수로의 단면을 살펴보기 위하여, 그림 11-7과 같이 각 변의 크기와 경사각이 주어졌을 때를 고려하여 보자.

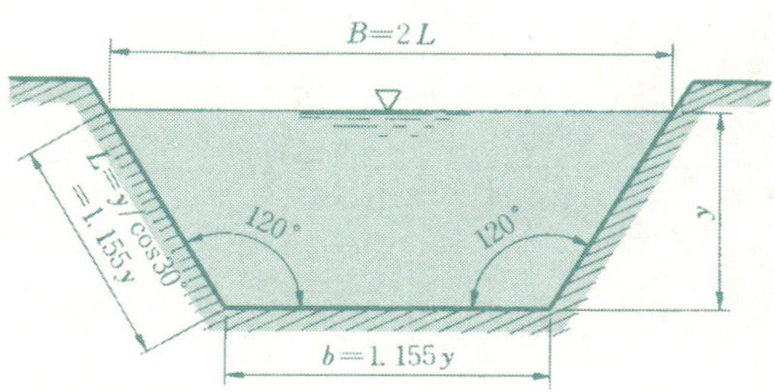

그림 11-7

접수길이와 단면적은 각각

$$l_w = b + 2L = b + \frac{2y}{\sin\beta} \tag{11-25}$$

$$A = (b + L\cos\beta)y = by + \frac{y^2}{\tan\beta} \tag{11-26}$$

이 되며, 이 두 식을 정리하면 다음과 같은 관계식이 된다.

$$l_w = \frac{A}{y} + \frac{2y}{\sin\beta} - \frac{y}{\tan\beta} \tag{11-27}$$

y에 대하여 미분하면

$$\frac{dl_w}{dy} = -\frac{A}{y^2} + \frac{2}{\sin\beta} - \frac{1}{\tan\beta}$$

따라서

$$A = \frac{2y^2}{\sin\beta} - \frac{y^2}{\tan\beta} \tag{11-28}$$

그림에서 $B = b + 2L\cos\beta$이므로, 이 식에 $L = y/\sin\beta$와 식(11-26)에서 구한 b의 값을 대입하여 정리하면

$$B = \left(\frac{A}{y} - \frac{y}{\tan\beta}\right) + \frac{2y}{\sin\beta}cos\beta = \frac{A}{y} + \frac{y}{\tan\beta} \tag{11-29}$$

가 된다. 이 식에 다시 식(11-28)을 대입하면

$$B = \frac{y^2(2 - \cos\beta)}{y\sin\beta} + \frac{y}{\tan\beta} = \frac{2y}{\sin\beta} = 2L \tag{11-30}$$

즉

$$B = 2L \tag{11-30a}$$

이 되어, 사다리꼴 수로의 폭이 경사변의 2배가 될 때 가장 경제적인 수로가 형성된다.

다시 수로경사각을 구하기 위하여 식 (11-27)을 β로 미분하여 $dl_w/d\beta=0$이 되는 β의 값을 구하면

$$\frac{dl_w}{d\beta}=0+\frac{2y(-\cos\beta)}{\sin^2\beta}-\frac{y(-\sec^2\beta)}{\tan^2\beta}$$

$$=\frac{y}{\sin^2\beta}(1-2\cos\beta)=0 \qquad (11\text{-}31)$$

따라서, $\cos\beta=\frac{1}{2}$, 즉 $\beta=60^\circ$가 되어 수로의 단면은 정 6각형의 $\frac{1}{2}$ 단면이 됨을 알 수 있다.

가장 경제적인 사다리꼴형 수로의 설계를 위한 각 부분의 크기는 **그림 11-8**에서와 같이 실용되고 있으며, 밑변 b가 점차적으로 축소되어 0이 되는 경우는 3각형 수로가 된다. 그러므로 가장 경제적인 3각형 수로의 단면은 **그림 11-9**와 같다.

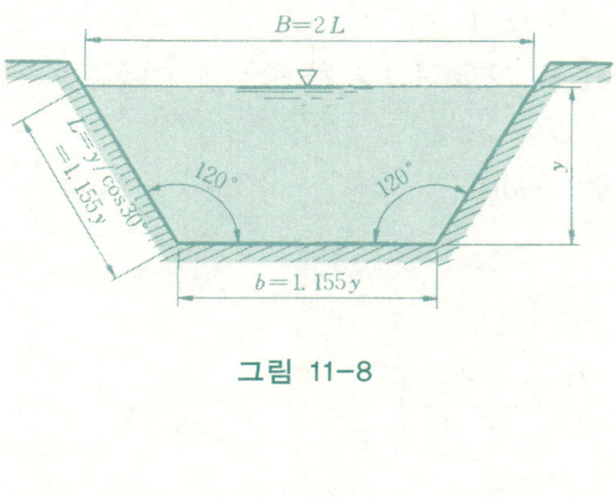

그림 11-8

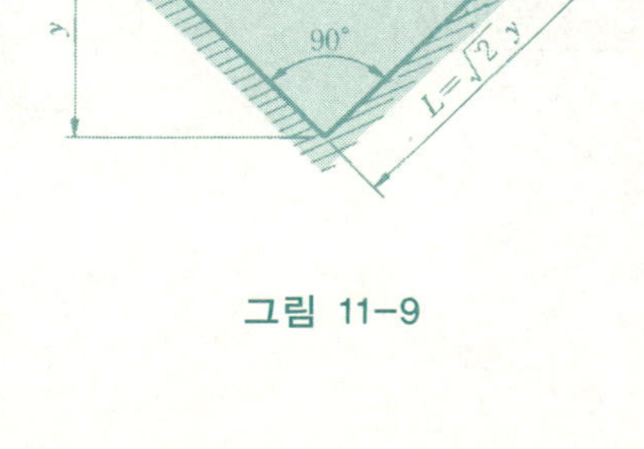

그림 11-9

또 그림 11-10은 반 6각형으로 만들어진 사다리꼴형 수로에서 유량(유속)과 유동단면의 각 변과의 함수관계를 나타내는 도표이다.

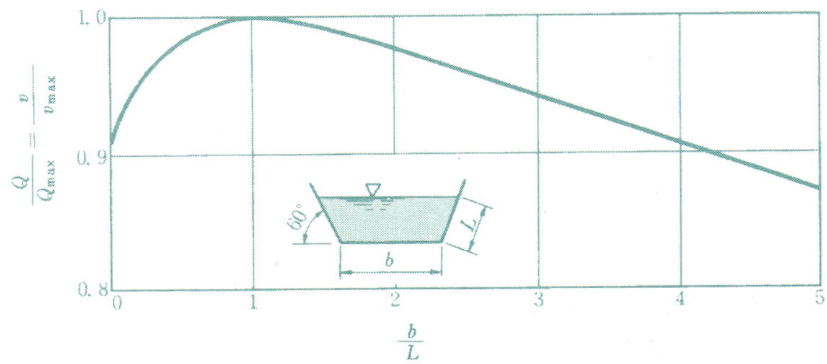

그림 11-10

11.4.3 원형도관

원형도관은 하수도 등에 많이 사용되고 있다.

그림 11-11에서 안지름을 D라 하고 l_w가 중심에서 이루는 각을 θ라고 하면

$$A = \frac{D^2}{8}(\theta - \sin\theta) \tag{11-32}$$

$$l_w = \frac{D}{2}\theta \tag{11-33}$$

$$m = \frac{A}{l_w} = \frac{D}{4}\left(1 - \frac{\sin\theta}{\theta}\right) \tag{11-34}$$

수력반지름 m이 최대가 되기 위한 θ의 값을 구하기 위하여 $dm/d\theta = 0$을 취하면

$$\frac{dm}{d\theta} = \frac{D}{4}\left(-\frac{\theta\cos\theta - \sin\theta}{\theta^2}\right) = 0$$

즉

$$\theta = \tan\theta \tag{11-35}$$

가 되어 이 식을 만족하는 θ의 값은 257.5°이다.

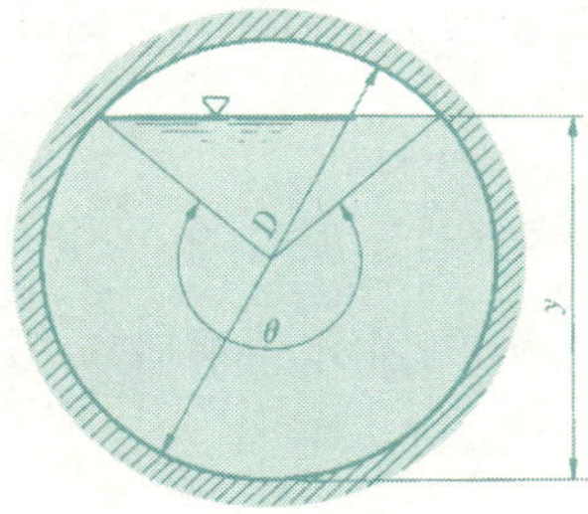

그림 11-11

연속의 식과 Chézy의 식으로부터

$$Q = Av = AC\sqrt{mi} \tag{11-36}$$

즉

$$Q = C\sqrt{\frac{A^3}{l_w}i} \tag{11-36a}$$

이므로, C와 i가 일정하다면 Q의 최대값을 얻기 위하여는 $d\left(\frac{A^3}{l_w}\right)/d\theta = 0$을 만족하도록 θ를 정하면 된다. 즉

$$\frac{d\left(\frac{A^3}{l_w}\right)}{d\theta} = \frac{3A^2}{l_w}\frac{dA}{d\theta} - \frac{A^3}{l_w^2}\frac{dl_w}{d\theta} = 0$$

그러므로

$$3l_w\frac{dA}{d\theta} - A\frac{dl_w}{d\theta} = 0 \tag{11-37}$$

여기서 A와 l_w의 값을 대입하여 정리하면

$$3\theta(1 - \cos\theta) - (\theta - \sin\theta) = 0$$

$$2\theta - 3\theta\cos\theta + \sin\theta = 0 \tag{11-38}$$

이 식을 만족하는 θ의 값을 구하면 $\theta = 308^\circ$ 가 된다.

예제 11-1 매끈하게 손질된 콘크리트 수로가 폭이 10ft이고, 경사가 0.8°로 만들어져 있는데, 물이 5ft의 깊이로 차서 유동되고 있다면 유량은 몇 ft^3/s가 되겠는가?

(a) Manning의 공식에 의하여 계산하라.

(b) 마찰계수식에 의하여 계산하라.

풀이 (a) 표 11-3에서와 같이 매끈하게 손질된 시멘트 수로의 경우 $n = 0.012$, $\varepsilon = 0.0032\,ft$이며, $i = \tan 0.8^\circ = 0.014$, $y = 5\,ft$이므로

$$A = by = 10 \times 5 = 50\,ft^2$$

$$l_w = b + 2y = 10 + 2 \times 5 = 20\,ft$$

$$m = \frac{A}{l_w} = \frac{50}{20} = 2.5\,ft$$

$$D_h = 4m = 10\,ft$$

따라서 Manning의 식으로부터

$$Q = \frac{1.49}{n} A m^{\frac{2}{3}} i^{\frac{1}{2}} = \frac{1.49}{0.012} \times 50 \times (2.5)^{\frac{2}{3}} \times (0.014)^{\frac{1}{2}}$$

$$= 1353.11\,ft^3/s$$

(b) 마찰계수식

$$\lambda^{-\frac{1}{2}} = 2.0\log\frac{3.7D_h}{\varepsilon} = 2.0\log\frac{3.7 \times 10}{0.0032}$$

$$\lambda = 0.0151$$

$$C = \sqrt{\frac{8g}{\lambda}} = \sqrt{\frac{8 \times 32.2}{0.0151}} = 130.61\,ft^{\frac{1}{2}}/s$$

$$Q = AC\sqrt{mi} = 50 \times 130.61 \times \sqrt{2.5 \times 0.014} = 1221.74\,ft^3/s$$

(a), (b) 두 경우에 계산한 유량이 동일하지 않은 것은 수로에서 유체의 평균깊이 y의 계산에 유동단면의 형태에 따라 오차가 있기 때문이며, 또 상당경사 i는 y의 함수이므로 i의 값 역시 상당한 오차를 내포하게 된다.

예제 11-2 폭이 60cm이고, 물의 깊이가 30cm인 4각수로가 상당경사 $i=1/160$로 설치되어 있으며, 유량은 $200l/s$이다. Chézy의 계수 C를 구하라.

풀이 수로의 유동단면과 접수길이는

$$A = By = 0.6 \times 0.3 = 0.18\text{m}^2$$

$$l_w = B + 2y = 0.6 + 2 \times 0.3 = 1.2\text{m}$$

유체의 평균깊이와 평균유속은

$$m = \frac{A}{l_w} = \frac{0.18}{1.2} = 0.15\text{m}$$

$$v = \frac{Q}{A} = \frac{0.20}{0.18} = 1.11\text{m/s}$$

Chézy의 계수는

$$C = \frac{v}{\sqrt{mi}} = \frac{1.11}{\sqrt{0.15 \times (1/160)}} = 36.25\text{m}^{\frac{1}{2}}/\text{s}$$

예제 11-3 지름이 1.8m인 원형도관을 통하여 물이 중심점까지 차서 흐르고 있다. 유량을 계산하라.(단, i=1/1000이다)

풀이 유체의 평균깊이는

$$m = \frac{A}{l_w} = \frac{1}{2}\left(\frac{\pi}{4}d^2\right) \bigg/ \frac{1}{2}\pi d = \frac{d}{4} = 0.45\text{m}$$

Chézy의 계수를 Ganguillet와 Kutter의 식에 의하여 계산하기 위해 표 11-1에서 $n=0.012$를 취하면

$$C=\left(23+\frac{1}{n}+\frac{0.00155}{i}\right)\bigg/\left\{1+\left(23+\frac{0.00155}{i}\right)\frac{n}{\sqrt{m}}\right\}$$

$$=\left(23+\frac{1}{0.012}+\frac{0.00155}{0.001}\right)\bigg/\left\{1+\left(23+\frac{0.00155}{0.001}\right)\frac{0.012}{\sqrt{0.45}}\right\}$$

$$=74.96\,\mathrm{m}^{\frac{1}{2}}/\mathrm{s}$$

따라서, Chézy의 식에 의한 유속과 유량은

$$v=74.96\times\sqrt{0.45\times0.001}=1.59\,\mathrm{m/s}$$

$$Q=Av=\frac{1}{2}\left(\frac{\pi}{4}d^2\right)\times1.59=2.022\,\mathrm{m^3/s}$$

다시 Bazin의 식에 의하여 유속과 유량을 구하여 보자. 표 11-2에서 $\beta=0.16$을 취하면, Chézy의 계수는

$$C=\frac{87}{1+\beta/\sqrt{m}}=\frac{87}{1+0.16/\sqrt{0.45}}=70.25\mathrm{m}^{\frac{1}{2}}/\mathrm{s}$$

그러므로

$$v=70.25\sqrt{0.45\times0.001}=1.49\mathrm{m/s}$$

$$Q=Av=\frac{1}{2}\left(\frac{\pi}{4}d^2\right)\times1.49=1.90\,\mathrm{m^3/s}$$

위의 결과에서 알 수 있는 바와 같이, 유량에서는 약간의 값 차이가 있으나 이는 계수의 계산에서 주어진 상수들의 차이가 기인되는 결과이다.

예제 11-4 그림 11-12에서와 같은 주철 원형 도관이 경사가 $i=1/500$로 설치되어 있다. 유량을 계산하라.

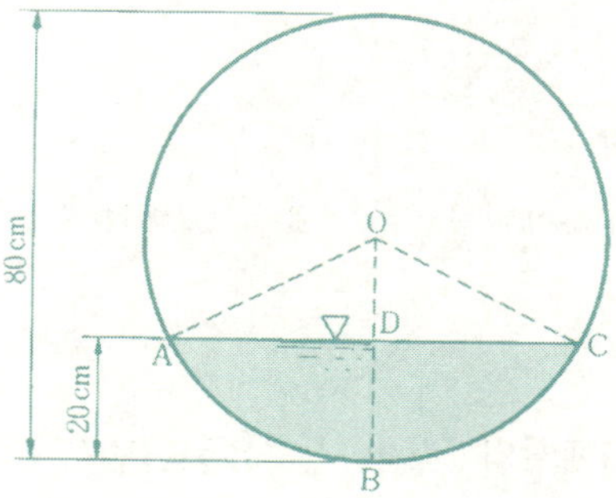

그림 11-12

풀이 표 11-3에서 $n=0.013$을 취하고, 그림 11-12에서 접수길이와 유동단면적을 계산하면,

$$\overline{\mathrm{AD}}=\sqrt{(0.4)^2-(0.4-0.2)^2}=0.346\mathrm{m}$$

$$\angle \mathrm{AOD}=\cos^{-1}\left(\frac{0.2}{0.4}\right)=60^\circ$$

면적 AOCBA는

$$S_1=\frac{\pi}{4}D^2\times\frac{120}{360}=\frac{\pi}{4}\times(0.8)^2\times\frac{1}{3}=0.167\mathrm{m}^2$$

면적 AOCA는

$$S_2=0.346\times0.2=0.069\mathrm{m}^2$$

유체의 유동단면적은

$$A=S_1-S_2=0.167-0.069=0.098\mathrm{m}^2$$

접수길이는

$$l_w=\pi D\times\frac{120}{360}=0.837\mathrm{m}$$

수력반지름은

$$m = \frac{A}{l_w} = \frac{0.098}{0.837} = 0.117\text{m}$$

따라서 유속과 유량을 계산하면

$$v = \frac{1.0}{n} m^{\frac{2}{3}} i^{\frac{1}{2}} = \frac{1.0}{0.013} \times (0.117)^{\frac{2}{3}} \times (0.002)^{\frac{1}{2}} = 0.823\text{m/s}$$

$$Q = Av = 0.098 \times 0.823 = 0.081\text{m}^3/\text{s}$$

예제 11-5 그림 11-13에서와 같이 3각유동단면을 갖는 수로가 있다. 경사가 $i = 0.0025$이고, 유동깊이는 $y = 1.4$m이다. Bazin의 공식에 의하여 유량을 구하라.(단, 수로의 면은 토사지면으로 되어 있다고 한다)

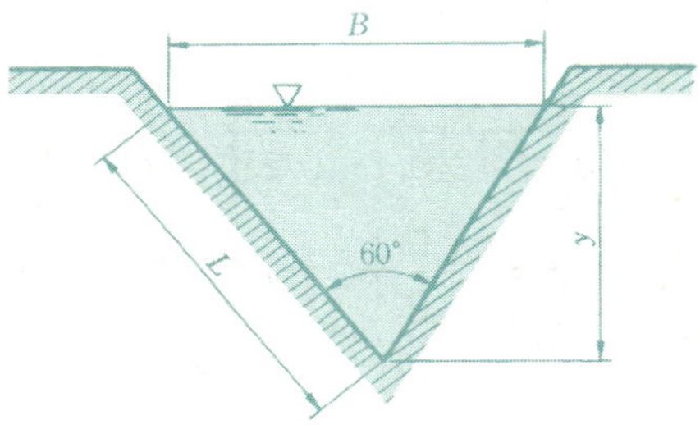

그림 11-13

풀이 유동단면적과 접수길이는

$$A = y \times y\tan 30^\circ = 1.4^2 \times \tan 30^\circ = 1.13\text{m}^2$$

$$l_w = 2 \times \frac{y}{\cos 30^\circ} = 2 \times \frac{1.4}{\cos 30^\circ} = 3.23\text{m}$$

유체의 평균깊이는

$$m = \frac{A}{l_w} = \frac{1.13}{3.23} = 0.35\text{m}$$

표 11-2에서 $\beta = 1.30$을 취하면

$$C = \frac{87}{1 + 1.3/\sqrt{0.35}} = 27.21\text{m}^{\frac{1}{2}}/\text{s}$$

$$v = 27.21 \times \sqrt{0.35 \times 0.0025} = 0.80\text{m/s}$$

$$Q = Av = 1.33 \times 0.80 = 0.904\,\text{m}^3/\text{s}$$

예제 **11-6** 그림 11-4에서와 같이 사다리꼴 유동단면을 갖는 수로가 경사 $i = 1/4000$로 설치되어 있다. 지수공식에 의하여 유량을 계산하라. (단, 수로벽면은 잘 손질된 콘크리트의 면이다)

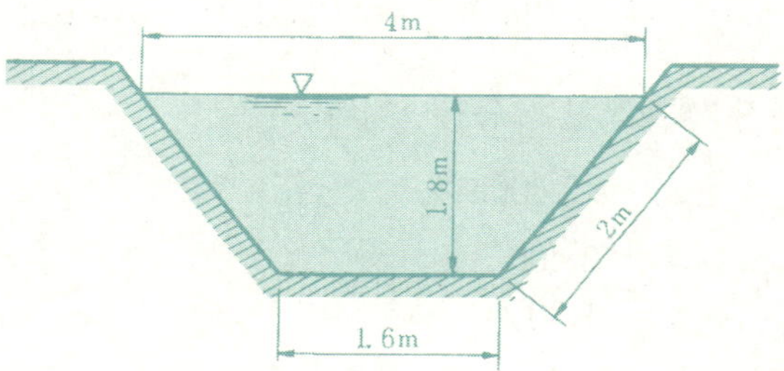

그림 11-14

풀이 수로의 유동단면과 접수길이는

$$A = \frac{1}{2}(4 + 1.6) \times 1.8 = 5.04\text{m}^2$$

$$l_w = 1.6 + 2 \times 2 = 5.6\text{m}$$

유체의 평균깊이는

$$m = \frac{A}{l_w} = \frac{5.04}{5.6} = 0.9\text{m}$$

표 11-3에 의하여 $n = 0.012$를 취해 지수공식에 의한 C를 계산하면

$$C = \frac{1}{n} = \frac{1}{0.012} = 83.33\text{m}^{\frac{1}{2}}/\text{s}$$

$$v = Cm^{\frac{2}{3}}i^{\frac{1}{2}} = 83.33 \times (0.9)^{\frac{2}{3}} \times (0.00025)^{\frac{1}{2}}$$

$$= 1.23\text{m/s}$$

$$Q = Av = 5.04 \times 0.56 = 2.822\text{m}^3/\text{s}$$

예제 11-7 유량이 $5.4\text{m}^3/\text{s}$인 벽돌로 된 4각수로가 경사 $i=0.0012$로 설치되어 있다. 이 4각 수로의 크기를 결정하라.

풀이 SI단위계에서 Manning의 공식은

$$Q=\frac{1.0}{n}Am^{\frac{2}{3}}i^{\frac{1}{2}}$$

표 11-3에서 $n=0.015$를 취하여 계산하면

$$5.4=\frac{1.0}{0.015}(2y^2)\left(\frac{1}{2}y\right)^{\frac{2}{3}}(0.001)^{\frac{1}{2}},\ \ y=1.305\text{m}$$

그러므로 가장 경제적인 유동단면적과 폭은

$$A=2y^2=3.406\text{m}^2$$

$$b=\frac{A}{y}=\frac{3.406}{1.305}=2.61\text{m}$$

제 11 장 연 습 문 제

FLUID MECHANICS

01_ Chézy 계수가 127인 6ft×2ft인 4각 단의 수로가 있다. 경사가 $i=0.0016$일 때 유량은 얼마인가?

02_ 폭이 $B=1.8$m, 경사는 $i=0.0016$인 4각형 수로에서 유동깊이 $y=0.82$m로 물이 흐를 때 유량은 얼마인가?(단, Kutter의 식에 의하여 $n=0.012$로 가정하여 계산하라)

03_ 평균유속이 2.4m/s, 유량이 $16\text{m}^3/\text{s}$인 4각형 수로가 있다. 가장 경제적인 유동단면과 경사를 구하라.(단, $C=74$이다)

04_ 그림 11-15와 같은 단면을 갖는 개수로에서 경사가 0.0009라면 유량은 얼마인가?(이 도관은 목재로 제작되었다고 한다)

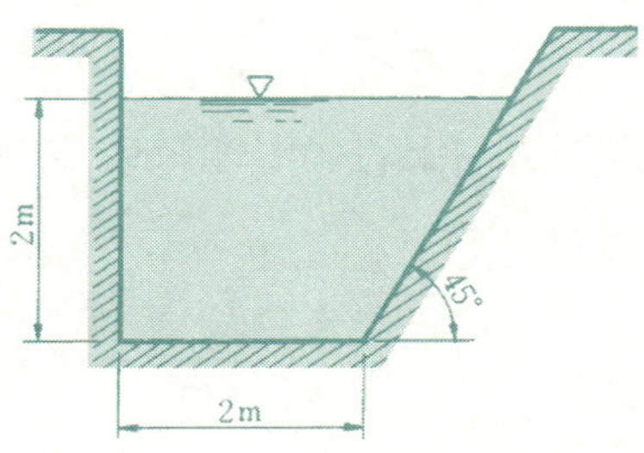

그림 11-15

05_ 콘크리트 수로가 그림 11-16과 같이 설치되어 유량이 $36\text{m}^3/\text{s}$이다. 100m당 경사 i를 계산하라.

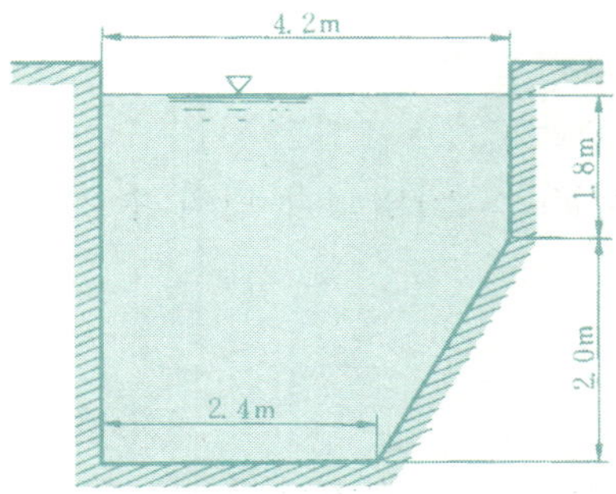

그림 11-16

06_ 밑바닥 폭이 8ft이고 측면의 경사가 $\tan\theta = 1/2$인 사다리꼴 운하가 있다. 여기에서 유량이 $280\text{ft}^3/\text{s}$가 되도록 하고, 유속을 2.8ft/s로 하려면 운하의 경사는 얼마로 하면 되겠는가?(단, n은 0.015로 가정한다)

07_ 사다리꼴 단면의 수로에서 유량이 $Q = 18\text{m}^3/\text{s}$, 경사각이 $\alpha = 45°$, 유체의 평균깊이 $m = 1.2\text{m}$, 그리고 수심이 $y = 1.6\text{m}$일 때 수로 밑바닥의 경사 i를 계산하라. (단, Chézy-Manning의 식으로 계산하고, $n = 0.012$로 가정하라)

08_ 그림 11-17과 같은 사다리꼴 수로가 아스팔트로 경사 $i = 1/1000$로 축조되어있다. 물의 유량과 유속을 계산하라.

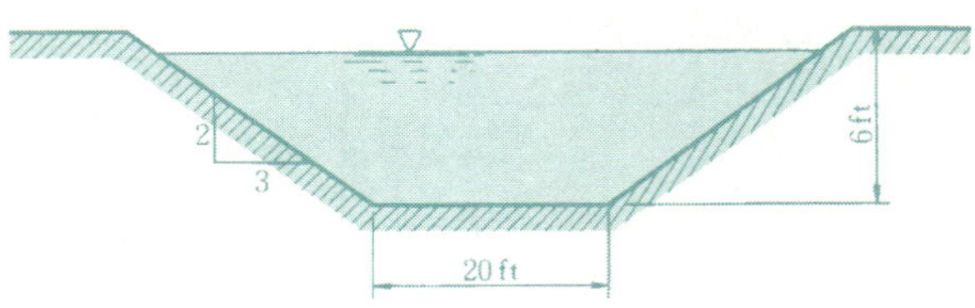

그림 11-17

09_ 그림 11-18과 같은 3각단면의 개수로에서 수평으로 놓여 있다면, 유량과 y와의 관계식을 유도하라.

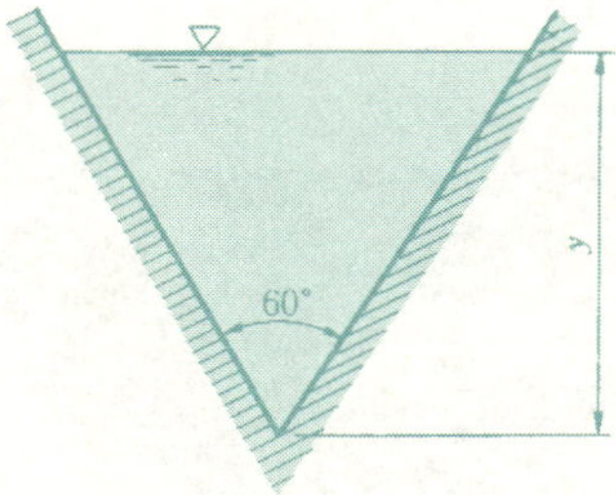

그림 11-18

10_ 지름이 $d=0.6\,\text{m}$, 관의 길이가 $l=860\text{m}$인 원형도관으로 $Q=0.6\text{m}^3/\text{s}$의 물을 수송하고 있다. 이 송수관에 의해 수송되는 동력은 얼마나 되겠는가?(단, 상수면과 수차의 중심까지의 수직거리는 $H=220\text{m}$이고 관마찰계수는 $\lambda=0.032$이다)

11_ 그림 11-19에서와 같은 단면을 갖는 원형도관에서 경사가 0.0001이고, 물이 1m 깊이로 균일유동을 한다. 접수벽에 작용하는 전단응력이 $\tau_0=\gamma mi$로 표시된다면 τ_0는 얼마인가?

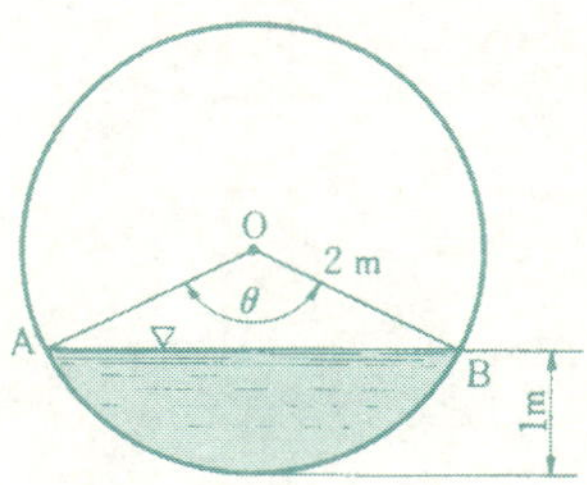

그림 11-19

12_ 반원형의 수로가 그림 11-20과 설치되어 Manning의 계수가 $n = 0.012$일 때, 임계유동 상태에서 유속, 경사, 유량을 계산하라.

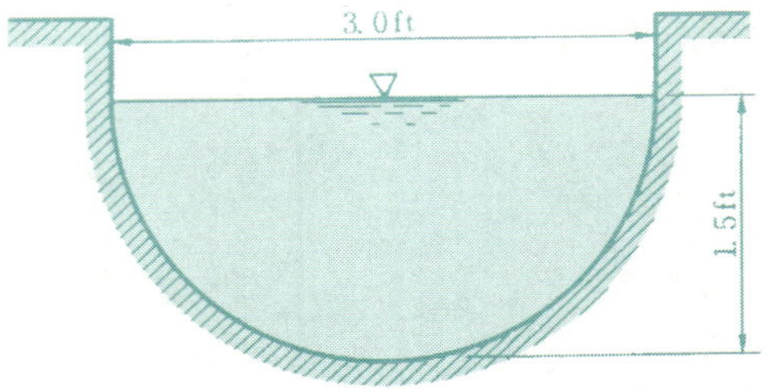

그림 11-20

제 12 장

유체계측
Fluid Measurement

이제까지 우리는 유체공학의 일부인 유체역학의 기본이론과 방정식들을 배워왔다. 모든 유체기계들의 설계는 곧 유체역학이론의 응용이며, 유체기계의 효율과 계수들의 산정은 실험을 통해서만이 가능하다.

이 장에서는 유체역학의 기본이론들을 적용하여 실제 유체계측을 수행하고, 이와 관련된 실험장치들을 다루어 보기로 한다. 이와 같이 실험을 통해 계수들의 산정과 이론식에 접근한 반실험식을 유도하는 방법은, 개략적인 도식적 방법과 최소자승법(least-square-fit)을 많이 사용한다.

12.1 최소자승법의 적용

실험에서 실험값(data)을 측정하여 두 변수간의 함수적인 관계를 검토하는 데는 **그림 12-1**과 같이 가가 실험값들에 공통점근직선을 그어 실험식을 유도하는 것이 보통이다. 그러나 이는 두 변수가 상호 선형적인 증감을 할 때에 가능하지만, 임의로 변하는 경우에는 간단한 2원 1차방정식으로 나타내기가 어렵다.

그림에서 직선의 기울기 A와 y의 절편 B를 임의의 공통점근직선을 그어서 구할 수 있으나, 이는 각 실험값과 편차를 최소로 하는 정확한 값을 기대하기가 어렵다. 그러므로 다음과 같은 **최소자승법**을 적용하여 구한다.

$$y = Ax + B \tag{12-1}$$

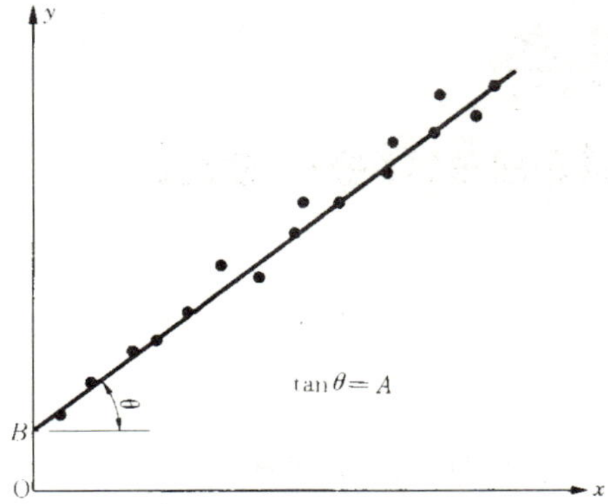

그림 12-1

$$A = \frac{1}{D}(n\sum x_i y_i - \sum x_i \sum y_i)$$

$$B = \frac{1}{D}(\sum y_i \sum x_i^2 - \sum x_i y_i \sum x_i)$$

$$D = n\sum x_i^2 - (\sum x_i)^2$$

여기서 x, y는 실험측정변수, x_i, y_i는 실험측정값($i = 1, 2 \cdots n$), n은 측정횟수이다.

12.2 압력들의 관계

압력이란 1장에서 논한대로 단위면적에 작용하는 평균력(average force)이다. 이 압력의 측정은 일반적으로 유체라는 매체를 통하여 측정되며, Pascal(Pa), psi, kg/in^2, kg/cm^2등으로 나타내고 있다. 여러 압력들, 즉 기압, 전압력, 게이지압력, 절대압력 등을 도표로써 나타내면 그림 12-2와 같다.

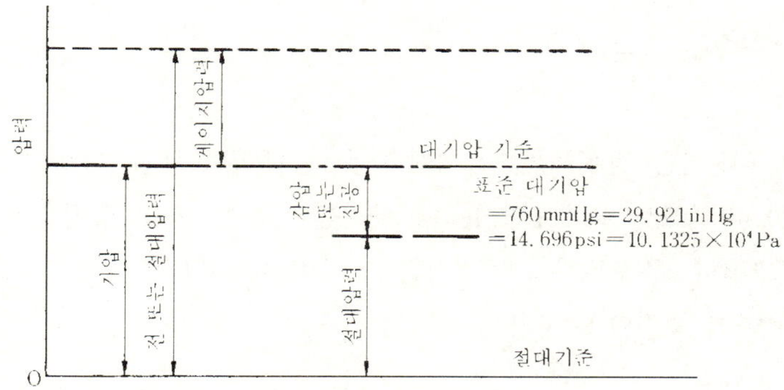

그림 12-2

일반적으로 대기압 이하의 압력을 진공(vacuum)이라고 하며, 낮은 압력을 계산하는데 다음과 같은 단위들을 편리하게 사용하고 있다.

$$1\text{millibar} = 10^2\text{Pa} = 14.5\times10^{-3}\text{psi}$$

$$1\text{micron} = 10^{-6}\text{mHg} = 19.34\times10^{-6}\text{psi} = 1.333\times10^{-1}\text{Pa}$$

$$1\text{torr} = 1\text{mmHg} = 1000\mu = 19.34\times10^{-3}\text{psi} = 1.333\times10^{2}\text{Pa}$$

그러나 일반적으로 대기압의 단위는 다음과 같이 사용된다.

$$1\text{atm} = 14.696\text{psi} = 101.325\times10^{3}\text{Pa} \approx 1\text{bar}$$

유체가 평형상태에 있다는 것은, 유체 내의 어느 한 점에서 압력은 방향에는 관계없이 일정한 상태를 말하며, 이 때의 압력을 정압이라 한다. 그러나 압력기울기가 발생하는 경우에는 유체유동 내의 고압영역에서 저압영역으로 압력이 평형을 이루려고 하는 힘이 작용하는데, 이 때 전압력은 방향에 무관하지 않다.

12.3 압력측정

유체의 정압을 측정하는 경우에는, 유체정역학의 기본방정식 $p=\rho gh=\gamma h$에 의하여 측정하고자 한 위치에서 유체표면까지의 수직높이(깊이) h를 측정하여 쉽게 계산할 수가 있다. 그러나 운동유체의 두 점간의 압력차는 **그림 12-3**과 같은 U자관(U-tube)을 사용하여 측정할 수 있다.

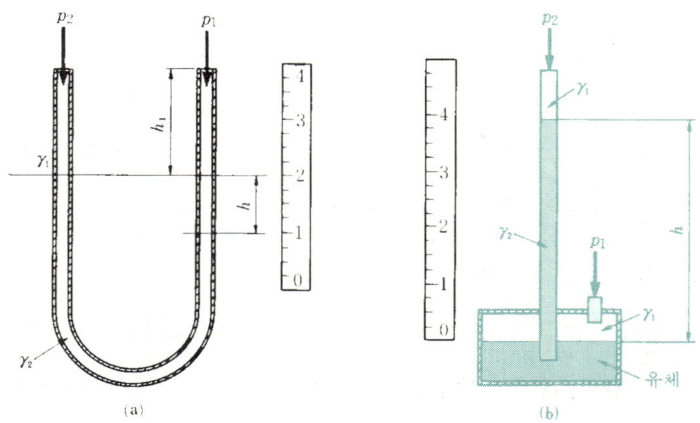

그림 12-3

평형방정식을 생각하면

$$P_2+\gamma_1 Ah_1+\gamma_2 Ah=P_1+\gamma_1 A(h_1+h)$$

$$P_1-P_2=Ah(\gamma_2-\gamma_1) \tag{12-2}$$

식 (12-2)는 양측의 전압력차를 나타내며 단위면적당의 압력차는 Δp는

$$\Delta p=h(\gamma_2-\gamma_1) \tag{12-3}$$

으로써 구할 수 있다.

그림 12-4에서는 경사마노미터의 원리를 응용하여 미압을 측정하는 방법이다. 압력차는 식 (12-3)으로부터

$$\Delta p=L\sin\theta(\gamma_2-\gamma_1) \tag{12-4}$$

으로 계산할 수 있다.

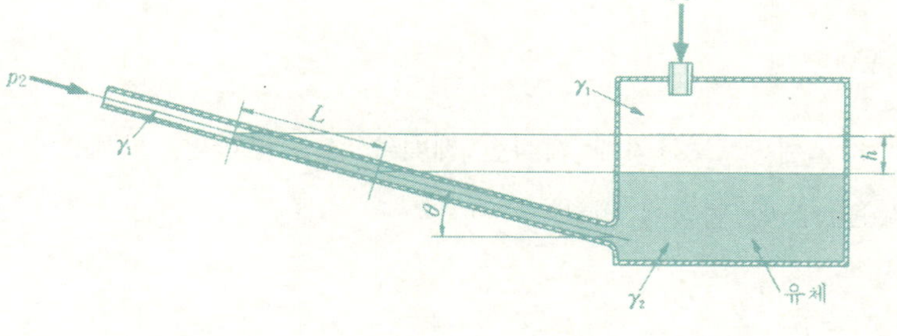

그림 12-4

또, 그림 12-5는 수은압력계를 변형하여 가스의 압력을 계측할 수 있도록 McLeod가 고안한 McLeod 게이지의 개략도이다. 이 기본원리는 Boyle의 기본 방정식을 응용하여 압력을 측정하도록 되어 있다.

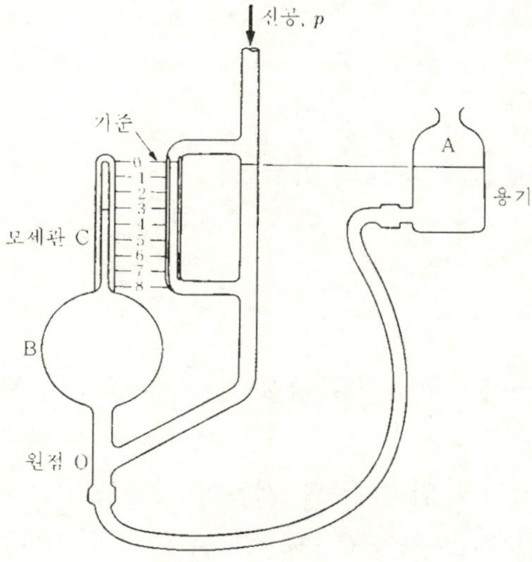

그림 12-5

작동방법을 살펴보면, 수은이 들어 있는 용기 A의 높이를 임의로 조절하여 수은이 원점인 점 O까지 내려오도록 낮춘다. 이 때 B부분과 모세관 C는 비워지면서 진공원(vacuum sourse) p와 동일하게 된다. 다음에 수은이 B와 C를 채워 올라가고 우측

기준점이 표시된 모세관의 O위치까지 채워지도록 용기 A를 서서히 높인다.

모세관의 단위길이당 체적을 a라 하고 가스로 채워진 모세관의 길이를 y라고 하면

$$V_C = ay \tag{12-5}$$

원점 O에서 모세관 C 사이에 채워진 체적을 V_B라 하면, 모세관에 들어 있는 가스의 압력은 Boyle의 법칙에 의하여

$$p_C = p\frac{V_B}{V_C} \tag{12-6}$$

가 되며, 모세관에 의해 나타난 압력을 수은주로 나타내면

$$p_c - p = y \tag{12-7}$$

가 되므로 식 (12-5), (12-6), (12-7)로부터 다음과 같은 식을 구할 수 있다.

$$p = \frac{ay^2}{V_B - ay} \tag{12-8}$$

여기서 $ay \ll V_B$이므로 결국 미지의 압력 p는

$$p = \frac{ay^2}{V_B} \tag{12-9}$$

이 McLeod 게이지는 응축된 기압 측정에는 부적당하며, 압력 범위가 $10^{-2} \sim 10^2$ μm에 적용이 가능하다.

그림 12-6은 넓은 범위의 압력계측에 사용이 가능하도록 고안된 Bourdon 관압력계이며, Hesie 게이지로서 오차가 0.1% 정도로 알려져 있다. 그림에서 Bourdon관은 타원형 단면을 갖는 관으로서 C자형으로 되어 있다. 압력이 작용하면 관이 변형을 하게 되는데, 이는 압력에 비례하도록 되어 있다. 관의 끝은 스프링에 달린 운동장치에 연결되어 있으며, 변위를 증폭시키고 바늘이 회전할 수 있도록 되어 있다.

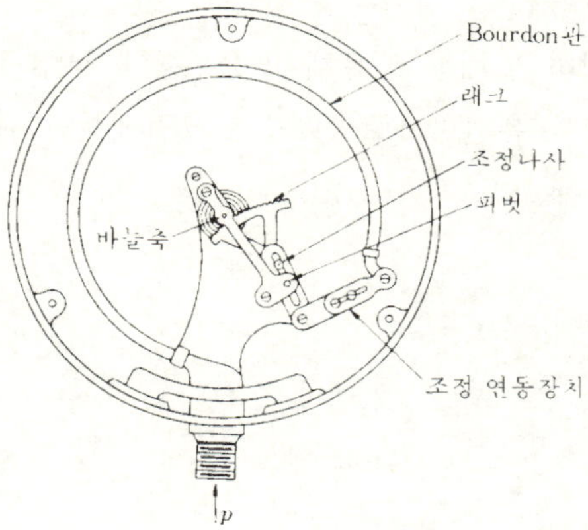

그림 12-6

관내유동유체의 정압을 측정하기 위해서는 **그림 12-7**과 같이 관을 뚫린 액주압력계의 구멍은 작아야 하고, 표면에 수직으로 구멍을 뚫어야 한다. 유체와 접하는 표면의 구멍은 원활한 모양으로 하는 것이 좋으며, 거친 가공이나 구멍이 곧바르게 뚫리지 않으면 측정오차를 가져오기가 쉽다. 관의 한 단면에서 정압을 재고자 할 때에는 동일단면의 관 둘레에 여러 개(보통 4~6개)의 구멍을 뚫어 동시에 측정하여 그 평균값을 취하는 것이 보통이다. 이와 같이 여러 개의 구멍을 뚫어서 한 단면의 주위에서 동시에 정압을 측정하기가 복잡하므로, **그림 12-8**과 같이 단면의 주위에 압력을 모아서 다시 하나의 구멍을 뚫어 거기에 액주압력계를 설치하여 압력을 측정한다.

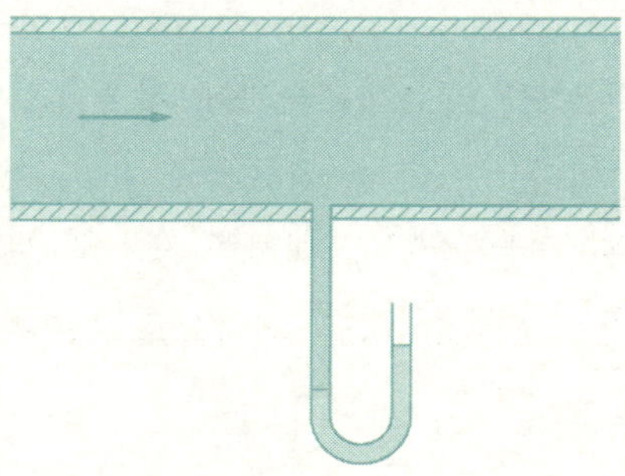

그림 12-7

그림 12-7과 **그림 12-8**에서는 관 내에 유체가 흐를 때 유체와 접하는 관 내부 표면에서 정압을 측정하였으나, **그림 12-9**와 같이 관 내부의 임의위치의 정압을 측정하

는 경우에는, 액주압력계의 끝을 유체유동 방향과 일치하도록 직각으로 구부려서 설치한다. 이 때 끝은 완전히 밀폐하고 유체가 끝부분에 부딪쳐 교란이 일어나는 것을 최소로 하기 위하여 원활한 유선형으로 만들고, 그림에서와 같이 압력관에 구멍을 뚫어서 정압을 측정하게 된다.

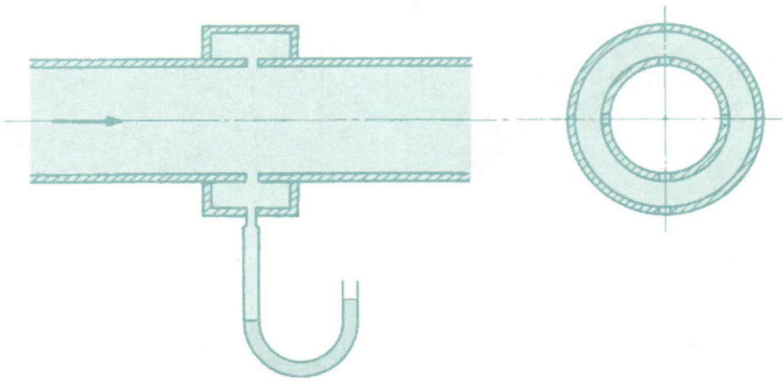

그림 12-8

물론 정압관의 끝부분과 직각으로 구부러진 부분에서 일어나는 유체의 교란으로 정확한 정압을 측정하기가 어렵다. 그러므로 정압관을 사용하기 전에 교정하여야 한다. 대개 이러한 정압관을 사용하였을 때는 그 편차 Δh는 관 내에 흐르는 유속의 제곱에 비례하는 것으로 알려져 있다.

$$\Delta h = C\frac{v^2}{2g} \tag{12-10}$$

여기서 C는 압력과 유속을 잘 알고 있는 관에 정압관을 **그림 12-9**와 같이 설치하여 실험적으로 찾아낸 상수이다.

다음에 동압과 전압을 측정하는 방법에 대하여 생각해 보자. **그림 12-10**과 같이 압력관(일반적인 경우, 안지름이 1~3mm)을 직각으로 휘어서 관내 중심부를 유동방향과 나란하게 설치한다.

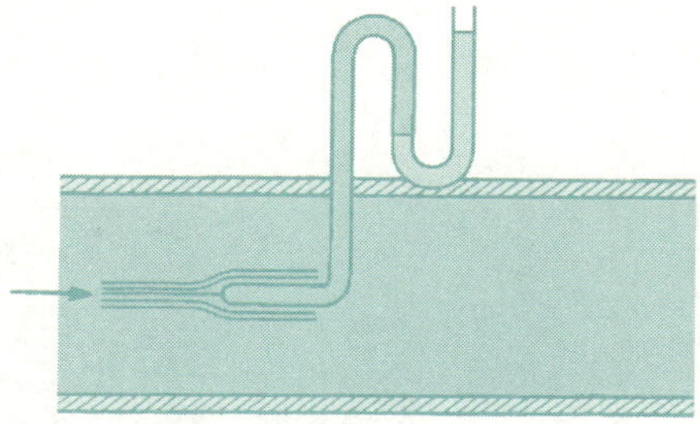

그림 12-9

여기서 P_s는 앞에서와 같이 정압을 측정하고, P_t는 앞에서 사용한 P_s를 측정하는 압력관과는 달리 점 T의 전압력을 측정하는 관이다. P_s측정점과 점 T는 동일한 단면에 위치하는 것이 보다 더 정확한 압력을 측정할 수가 있다.

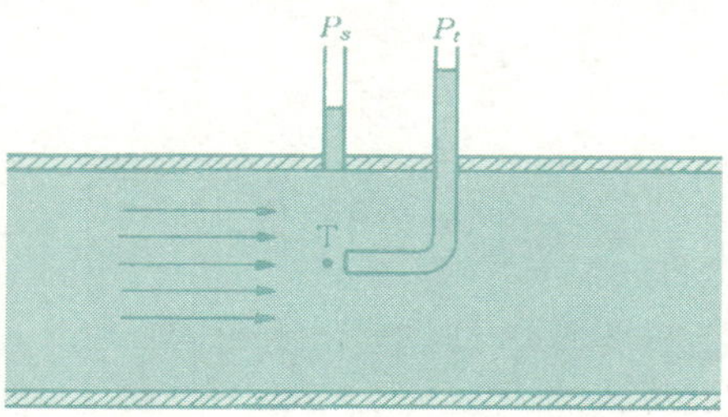

그림 12-10

실제적으로 P_s값은 관 내부의 표면에서 정압이므로 점 T의 값과는 다르다고 할 수도 있으나, 이는 관이 아주 크지 않은 경우에는 동일하다고 취급하여 Pitot관이 나오기 전에는 모두 이 방법으로 측정하여 왔다.

전압, 동압, 정압 사이에는 다음과 같은 관계가 있다.

$$P_t = P_d + P_s \tag{12-11}$$

그리하여 동압을 측정하기 위해서는 P_t와 P_s를 측정하여 P_d를 구한다. 그러나 **그림 12-10**과 같은 방법으로 압력을 측정하여 생기는 오차를 줄이기 위하여, 또 측정기기의 간편화를 위하여 정압과 전압을 1개의 압력관에 결합시켜 만든 것이 **그림 12-11**과 같다.

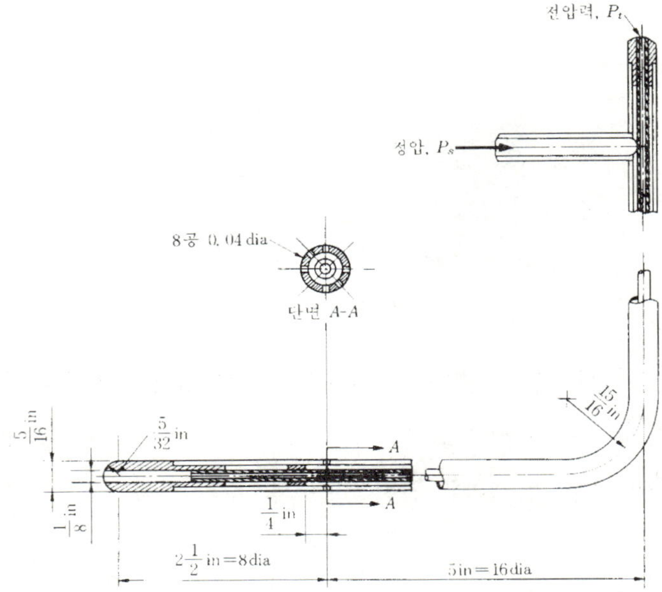

그림 12-11

Pitot관에 의하여 전압을 측정할 때 주의하여야 할 점은, Pitot 관의 중심선과 유체의 유동방향을 평행하게 위치시켜야 한다. 유동방향과 Pitot관의 중심선을 이루는 각을 **편각**(yaw angle)이라고 한다.

편각은 0이 되어야 하나 유동의 방향과 유속은 항상 일정하다고 볼 수 있으므로 편각에 대한 Pitot 관의 감도(sensitivity)는 아주 중요하다. 특히 Pitot 정압관은 **그림 12-12**에서 보는 바와 같이 편각에 대하여 아주 민감하다.

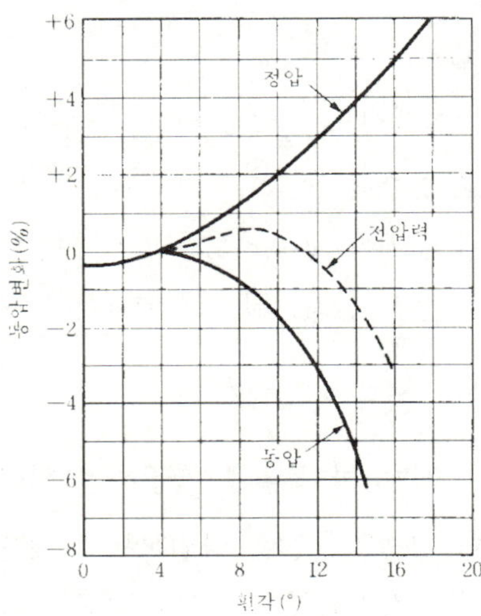

그림 12-12

그림 12-13은 전압력이나 충격압을 측정하기 위하여 사용한 Kiel 프로브의 편각에 대한 전압력오차/동압과의 관계를 나타낸 것이다.

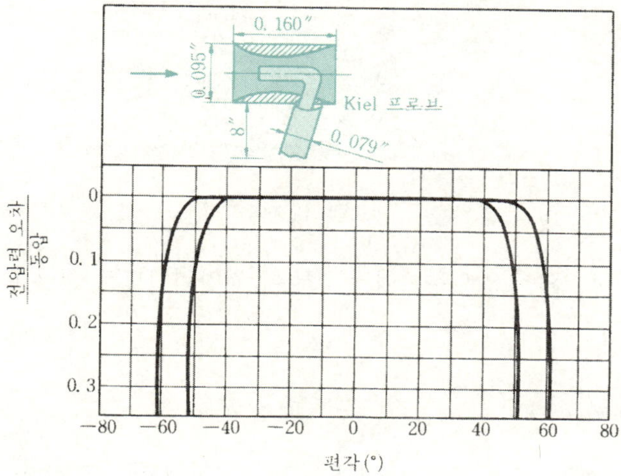

그림 12-13

12.4 유속측정

유속측정 방법은 우선 연속방정식 $AV=$ 일정, 즉 유량 $Q=AV$로부터 구할 수가 있다. 즉, 넓이를 알고 있는 어느 단면을 통과하는 유속을 재기 위해서는 그 단면에 흐르는 단위시간당의 유량을 측정하여 간단하게 유속 V를 계산할 수가 있다.

이러한 경우는 관로에서 출구에 나오는 유량을 측정하는 것이 보통이나, 기체의 경우는 유량을 측정하기가 어려워 이 방법은 역시 불가능하다. 그리하여 직접적으로 동압을 측정하여 Pitot나 Torricelli의 속도계산식으로부터 직접 계산하는 방법을 택하고 있다. **그림 12-14**는 개수로나 강에서 유속을 측정하는 H.Pitot의 유속측정 방법이다.

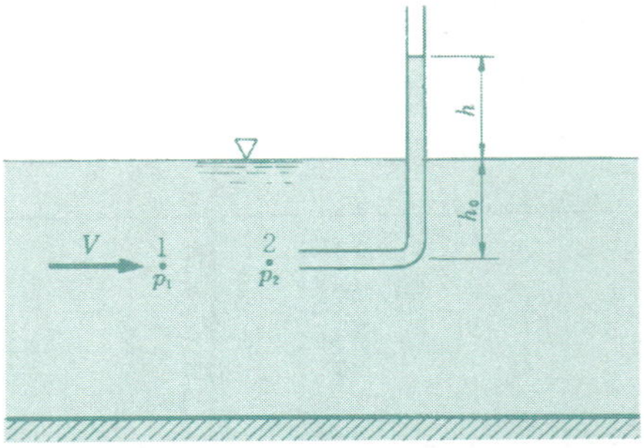

그림 12-14

그림에서 h_0는 점 2의 정압수두이며 $h+h_0$는 전압력이므로 결국 h는 동압이 된다.

그러므로 유속 V는

$$V = k\sqrt{2gh} \tag{12-12}$$

여기서 k는 Pitot관 계수 또는 속도계수로서 실험적으로 결정하여야 하며, 공기의 경우 Pitot관의 안지름이 1mm 이상인 경우는 $k \doteqdot 1$임이 많은 실험에서 증명되었다.

일반적으로 k는 유체의 종류, 특히 Pitot관의 특성에 따라 다르며 $k = 0.9 \sim 0.99$의 범위에 있다.

액체나 기체의 경우, 일반적으로 관 내의 유동에서는 **그림 12-10**과 같은 방법으로 동압을 측정하여 유속을 계산하고 있다. **그림 12-10**에서 U자관을 사용하여 측정하는 방법을 도시하면 **그림 12-15**와 같다. 정압과 정압관을 하나의 U자관에 연결하여 그 높이로써 동압을 측정할 수가 있다.

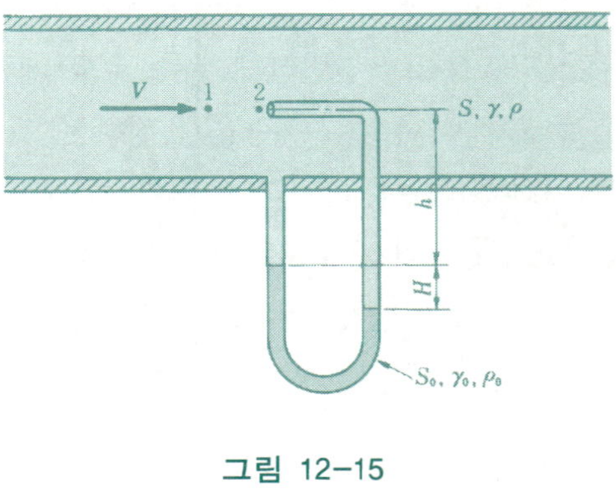

그림 12-15

U자관 내의 압력은 정역학적인 문제이므로

$$\frac{p_1}{\gamma}S + hS + HS_0 - (h+H)S = \frac{p_2}{\gamma}S$$

여기서 S_0, S는 유체의 비중들이며, 그림에서 ρ_0, ρ 및 γ_0, γ는 각각 밀도 및 비중량들이다.

윗식을 간단히 하면

$$\frac{p_2 - p_1}{\gamma} = H\left(\frac{S_0}{S} - 1\right) \tag{12-13}$$

$(p_2 - p_1)/\gamma = h$이므로, 식 (12-12)에 대입하면

$$V = k\sqrt{2gH\frac{(S_0 - S)}{S}} \tag{12-14}$$

$$V = k\sqrt{2gH\frac{(\gamma_0 - \gamma)}{\gamma}} \tag{12-14a}$$

또는

$$V = k\sqrt{2gH\frac{(\rho_0 - \rho)}{\rho}} \tag{12-14b}$$

이제까지 측정한 유속들은 모두 평균속도로써 유체 내부의 유속을 측정하였기 때문에, 측정점에 작용하는 정압을 0, 즉 대기압으로 간주할 수가 없는 경우들이었다. 그러나 유체가 대기 중에 분출되는 경우에는 분류 주위의 압력은 대기압으로 간주할 수 있다. 그리하여 **그림 12-16**과 같이 전압관으로써 측정한 값은 $P_s = 0$이므로, $P_t = P_d$가 되어 $P_s = \gamma H$를 계산하여 식 (12-14)로부터 쉽게 유속을 계산할 수가 있다.

식 (12-14)를 이용하여 속도를 계산할 때, 유체가 공기이고 U자관 내의 액체를 물로 하면 상온에서의 물과 공기의 비중과 중력가속도 $g = 9.8\,\mathrm{m/s^2}$, 그리고 H를 mm 단위로 대입하여 정리하면

$$V \fallingdotseq 4\sqrt{H}\,\mathrm{m/s} \qquad (12\text{–}15)$$

가 되어 공기의 속도계산에 많이 사용하는 식이다.

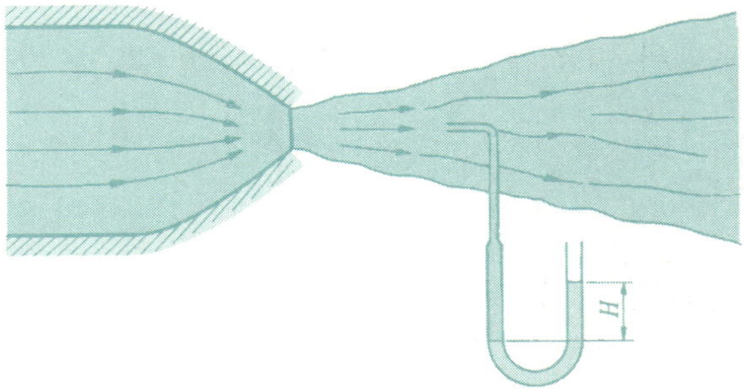

그림 12-16

대기 중에서는 **그림 12-17**과 같은 풍속계(anemometer)를 사용하고 있으나, 이는 Pitot관에 의한 속도교정을 거쳐 회전수를 풍속으로 환산하여 읽을 수 있게 되어 있다. 또 미압을 측정하기 위하여 **그림 12-18**과 같은 미압계(micro manometer)를 사용하기도 한다.

그림 12-17 **풍속계**

그림 12-18 **미압계**

예제 12-1 그림 12-16과 같은 출구지름이 5cm인 원형의 노즐분사에서 공기의 속도를 측정하였다. 중심에서부터 측방향으로 거리 R의 위치에 따라 Pitot관으로 측정한 실험값이 다음과 같다면, 각 점에서의 공기의 속도와 속도분포선도를 도시하라.(단, 압력차는 수두[H_2O]이다)

표 12-1 실험값

R(mm)	H(mm)	R(mm)	H(mm)
0	39.06	17	9.00
5	36.00	20	4.52
7	33.06	22	3.06
10	26.27	25	1.27
13	19.14	30	0.25
15	14.06	35	0.02

풀이 Pitot관으로 공기의 속도를 측정할 때에 U자관의 액주가 물인 경우는 속도를 $V=4\sqrt{H}\,\mathrm{m/s}$의 식으로써 계산할 수 있으므로, 각 점에서의 공기의 속도는 다음과 같다.

표 12-2

R(mm)	H(mm)	V(mm)	R(mm)	H(mm)	V(mm)
0	39.06	25.0	17	9.00	12.0
5	36.00	24.0	20	4.52	8.5
7	33.06	23.0	22	3.06	7.0
10	26.27	20.5	25	1.27	4.5
13	19.14	17.5	30	0.25	2.0
15	14.06	15.0	35	0.02	0.6

위의 계산결과를 V와 R에 대하여 도시하면 속도부포선도는 그림 12-19와 같다.

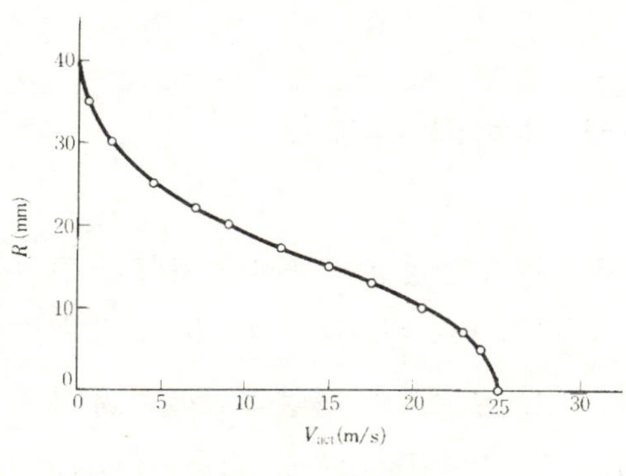

그림 12-19

예제 12-2 그림 12-10과 같이 관의 중심을 흐르는 물의 유속 V_m을 Pitot관(P_t)으로 측정하고, 또 동시에 관의 벽에 액주계(P_s)를 세워서 정압을 측정하였다. 그 결과 Pitot관 내의 수면이 액주계의 수면보다 9cm만큼 높았다. 만약, 유동단면에서의 평균유속 $\overline{V}$가 중앙을 흐르는 유속 V_m의 $\frac{2}{3}$이라면 평균유속과 유량은 얼마인가?(단, 관의 안지름 d는 25cm이고, Pitot관에서의 계수 k는 1.02로 계산하라)

풀이 관의 중심에서의 속도 V_m은

$$V_m = k\sqrt{2gH} = 1.02\sqrt{2\times 9.8\times 0.09} = 1.02\times 1.33$$
$$= 1.36\,\text{m/s}$$

이므로, 관의 단면에서의 평균유속 $\overline{V}$는

$$\overline{V} = \frac{2}{3}V_m = \frac{2}{3}\times 1.36\text{m/s} = 0.907\text{m/s}$$

로 된다. 또 유동단면적 A는

$$A = \frac{\pi}{4}d^2 = \frac{\pi}{4}\times 0.25^2 = 0.0491\text{m}^2$$

이다. 따라서 구하는 유량 Q는

$$Q = A\overline{V} = 0.0491\times 0.907 = 0.0445\text{m}^3/\text{s} = 44.5l/s$$

12.5 비압축성 유체의 유량측정

유량은 운동유체의 속도와 유동방향에 수직한 유체의 단면적을 알면 VA로서 간단히 계산할 수가 있다. 일반적으로 관 내에 흐르는 유량측정에서는 관의 단면적을 알고 있기 때문에 간단히 Pitot관으로써 동압을 측정하여 $V = k\sqrt{2gH}$에 의한 계산으로 유량을 측정하고 있다. 그러나 Pitot관을 사용하지 않고 두 점간의 압력차로써 유

량을 측정하는 유량계로서 오리피스 미터, 벤투리 미터, 위어 등이 있으므로 이들의 용법을 살펴보기로 한다.

12.5.1 오리피스와 노즐(Orifice and Nozzle)

큰 수조에 부착도니 오리피스에서 유량을 측정할 경우, 오리피스의 단면적은 알고 있으므로, 그 단면적을 A라고 하면 유량은

$$Q = C_d A \sqrt{2gH}$$

여기서 H는 액체의 표면으로부터 오리피스의 중심선까지의 깊이다. 대개 우리가 실험하여 결정하는 값은 유량계수 C_d이다. 윗식에서 $A\sqrt{2g}$는 일정하고 Q는 직접 매스 실린더(mass cylinder)에 의해서 측정할 수 있으며, H는 Q를 재는 순간의 수두차이므로, 눈금을 읽어 측정이 가능한 변수들이다. 그러므로 윗식은 다음과 같은 간단한 식으로 나타낼 수 있다.

$$Q = K\sqrt{H} \tag{12-16}$$

여기서 $K = C_d A\sqrt{2g}$ 이다. 결국 Q와 H를 측정하여 $Q = f(\sqrt{H})$를 도시하여 도표상에서 기울기 K를 구하면, $C_d = K/A\sqrt{2g}$를 취하여 유량계수 C_d를 구할 수 있다. 표 12-3은 영국의 Hamilton Smith가 실험한 결과의 일부이다.

표 12-3

H(m) \ d(cm)	0.61	1.22	2.13	3.66	6.10
0.183	0.655	0.630	0.618	0.605	0.601
0.305	0.644	0.623	0.612	0.605	0.600
0.61	0.632	0.614	0.607	0.601	0.599
1.22	0.623	0.609	0.603	0.600	0.599
2.74	0.613	0.604	0.600	0.599	0.597
6.10	0.601	0.599	0.597	0.596	0.596

오리피스는 관 내에 설치하여 유량을 측정하는 기구로서 정확한 유량계로 알려져 있으며, **그림 12-20**은 원형 칼날 오리피스의 설계값을 나타낸 것이다.

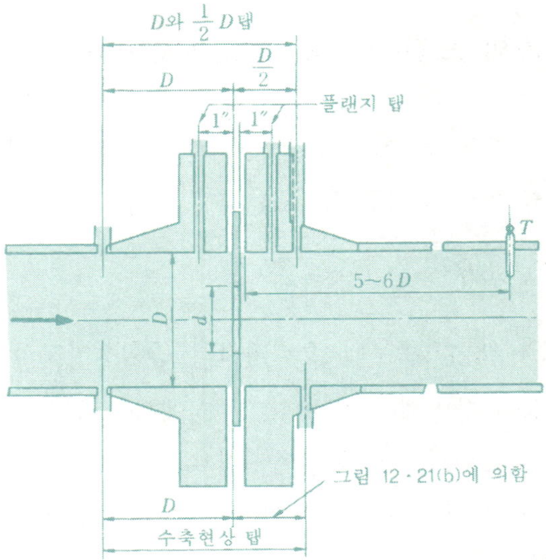

그림 12-20

관내 오리피스의 유동에서는 수축현상이 심하게 일어나고 있으며, 그림으로 나타내면 **그림 12-21**의 (a)와 같으며, (b)는 오리피스의 면으로부터 측정한 'Vena Contracta' 위치를 나타내는 그림이다.

그림에서 $\beta = \dfrac{\text{오리피스지름}}{\text{파이프지름}} = \dfrac{d}{D}$

$$R_t = \frac{\text{수축부의지름}}{\text{파이프지름}}$$

관 오리피스의 유량계산식은

$$Q = CA_0\sqrt{\frac{2gh}{1-(A_0/A_1)^2}}$$

이며, 여기서 C값은 계수이므로 각 오리피스의 특성에 따라 다르다. 그러므로 실험적으로 결정하여야 하며, h를 측정하고, 관출구에서 유량 Q를 동시에 측정하여 C값을 결정해 주어야 한다.

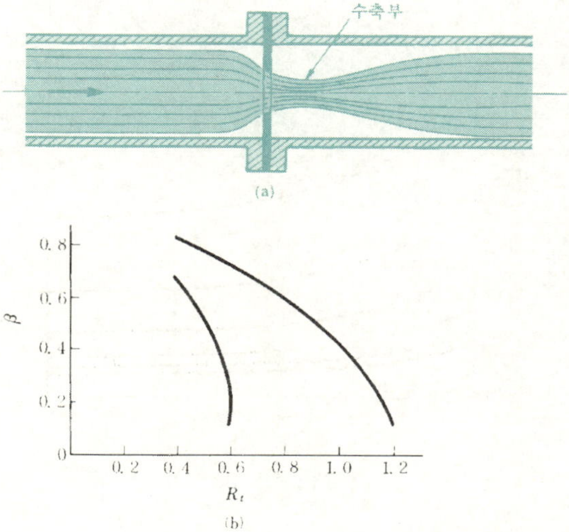

그림 12-21

이러한 실험결과를 $(d/D)^2 = f(Re)$로써 도시한 것이 그림 12-22이며, 그림 12-23에는 $C = f(Re)$로 도시한 것이다.

또, 오리피스를 변형하여 오리피스의 출구쪽에 수축부를 두어 사용하기도 한다. 그 각부분의 설계제원을 표시하면 그림 12-24와 같으며, ASME 장-반경노즐(ASME long-radius flow nozzle)이라고 한다.

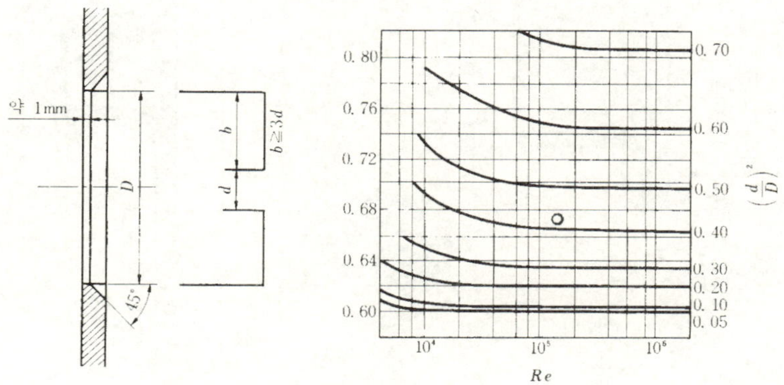

그림 12-22

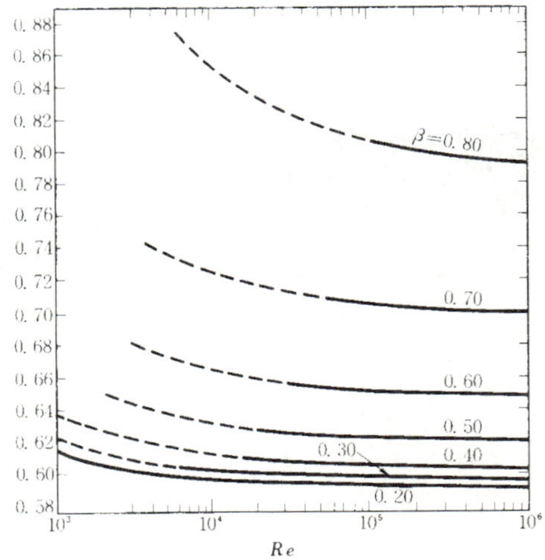

그림 12-23

그림 12-24와 같은 ASME 노즐의 유량계수를 실험적으로 측정하여 d/D의 비에 따른 $C=f(Re)$를 도시하면 그림 12-25와 같으며, 주로 많이 쓰고 있는 $\beta=d/D=0.2\sim0.5$에 대한 측정값을 도시하면 그림 12-26과 같다.

또, 그림 12-27은 그림 12-24의 ASME 장-반경노즐에서 관로의 Re와 유량계수 C_d와의 관계를 β값에 따라 도시한 것이다.

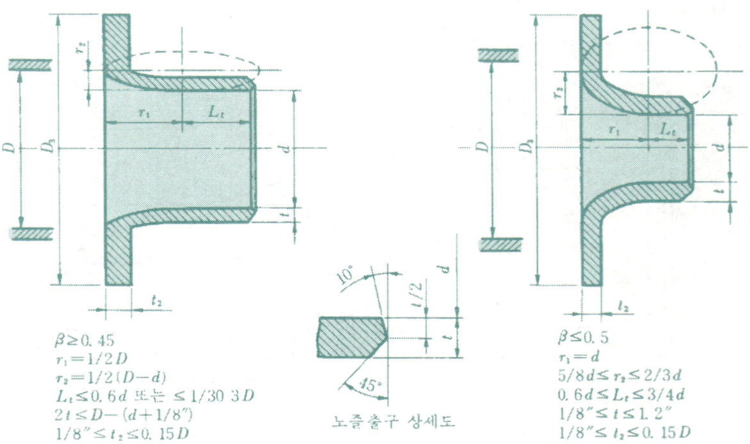

그림 12-24

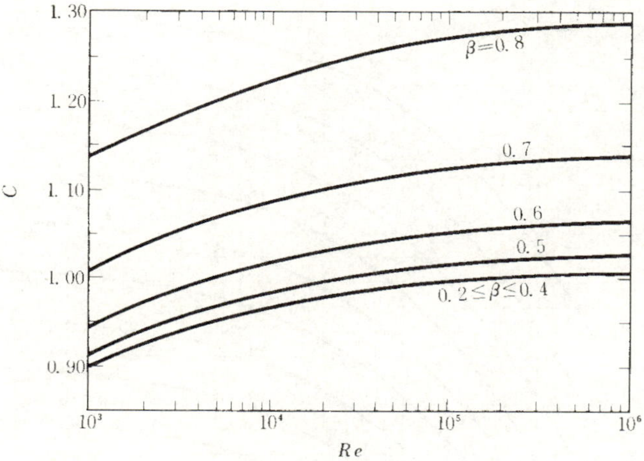

그림 12-25

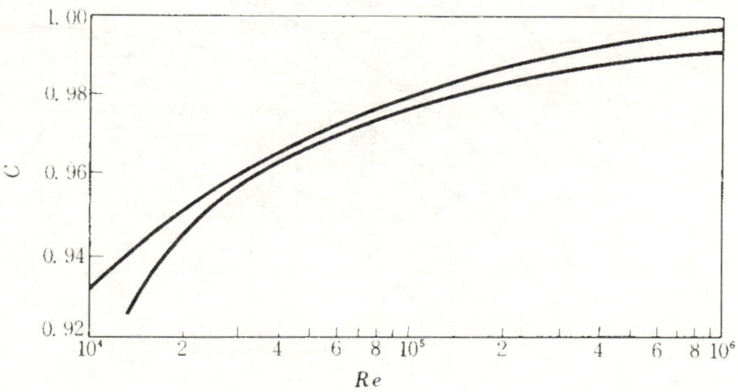

그림 12-26

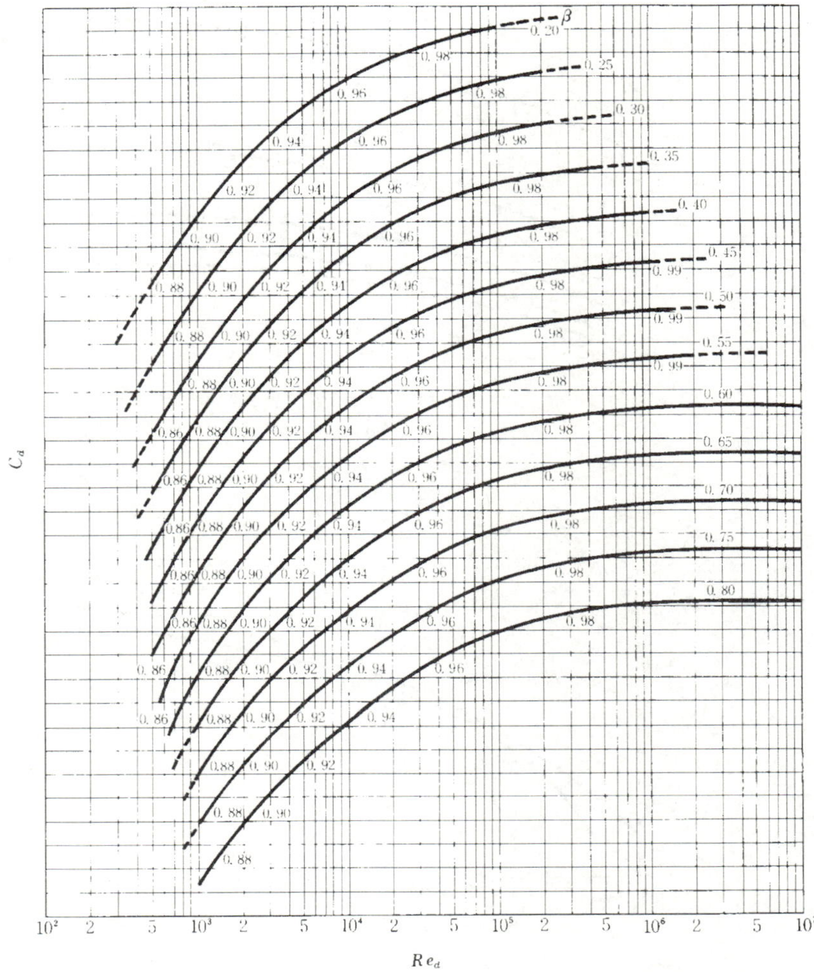

그림 12-27

12.5.2 Venturi 미터

Venturi 미터는 수축각이 20°내외, 확대각이 5~7°로 되어 유량을 측정하는 기구로써 사용하고 있으며, Herschel 형 Venturi 미터는 그림 12-28과 같다.

또 Venturi미터를 사용하여 유량을 측정할 때 압력손실의 양상을 보면, 그림

12-29(a)와 같다. 그림에서 보는 바와 같이 오리피스 유동에서의 압력손실은 30~40%를 나타내고 있으나, 오리피스 미터에 비해 오리피스 노즐 미터에서는 손실이 줄어들고, Venturi 미터에서는 세 유량계 중에서 가장 적은 손실을 나타낸다.

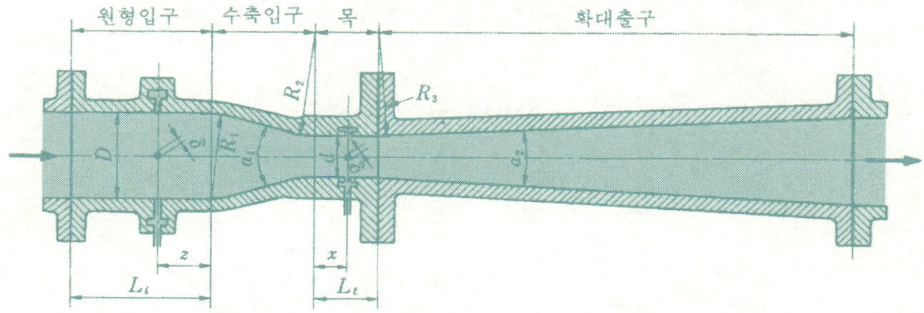

그림 12-28

Venturi미터에 의한 유량측정과 유량계수를 실험적으로 구하는 관계식을 살펴보면

$$Q_{id} = A_2 V_2 = \left\{ \frac{A_2}{\sqrt{1-(A_2/A_1)^2}} \right\} \sqrt{2g(p_1 - p_2)/\gamma} \qquad (12\text{-}17)$$

단면적 A_1, A_2는 알고 있는 값이므로, 윗식을 계산하기 편리하게 정리하면

$$E = \frac{1}{\sqrt{1-(A_2/A_1)^2}} \qquad (12\text{-}18)$$

원형단면에 대해서는 $A = \pi d^2/4$이므로

$$E = \frac{1}{\sqrt{1-\beta^4}} \qquad (12\text{-}19)$$

여기서 $\beta = d/D$이며 E를 근접속도계수(factor of approach velocity)라고 한다.

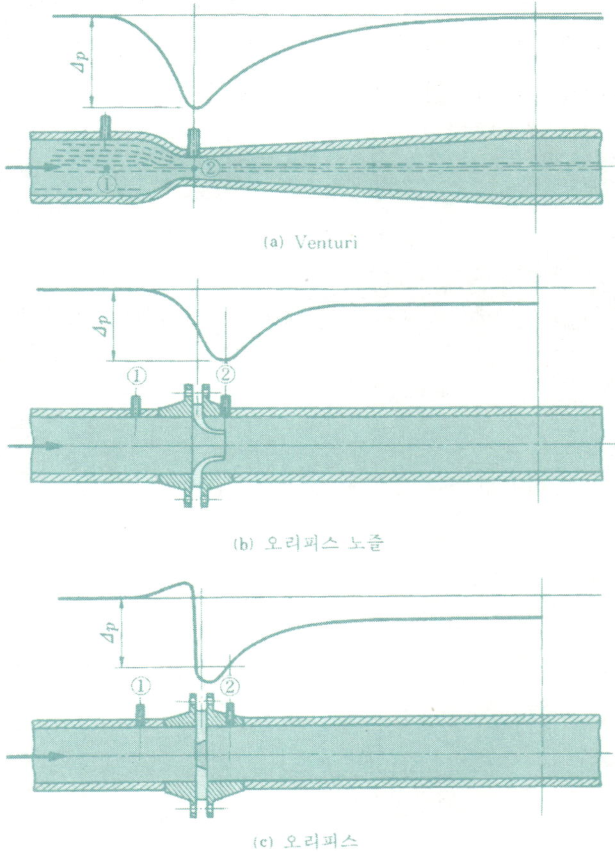

그림 12-29

$$C_d = \frac{Q_{act}}{Q_{id}}$$

이므로

$$K = C_d E = \frac{C_d}{\sqrt{1-\beta^4}} \tag{12-20}$$

여기서 K는 유동계수이다. 그러므로 유량은

$$Q_{act} = KA_2\sqrt{2g(p_1 - p_2)/\gamma} \tag{12-21}$$

가 된다. 실제 실험자료 분석에서는 $(p_1 - p_2)/\gamma = H$이므로, 식 (12-21)은

$$Q_{act} = K_1\sqrt{H} \tag{12-22}$$

여기서 $K_1 = KA_2\sqrt{2g}$ 이고, 다시 정리하면

$$K_1 = \frac{C_d A_2\sqrt{2g}}{\sqrt{1-\beta^4}} \tag{12-23}$$

이므로, 그림 12-30과 같은 방법으로 K_1을 구하여 C_d값을 쉽게 계산할 수 있다.

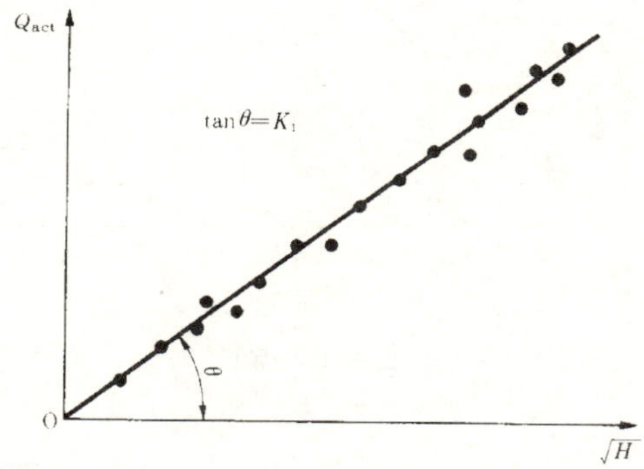

그림 12-30

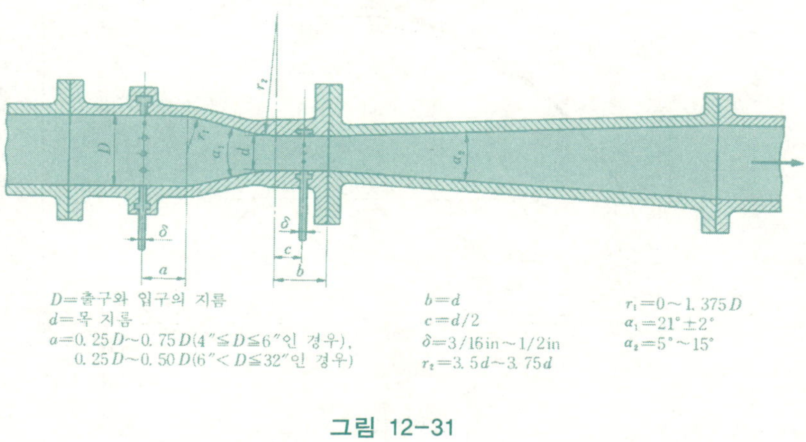

그림 12-31

그림 12-31은 미국 기계학회(ASME)에서 추천한 Venturi 미터의 설계값이다. 이 수치에 의해 설계 제작된 Venturi 미터의 유량계수 $0.25 < \beta < 0.75$와 $D > 2in$인 범위에서 측정하여 관로의 Re수 Re_d와의 관계를 도시한 것이 그림 12-32이다.

그림 12-32에서 점선으로 표시된 구간은 C_d의 가변여 를 나타낸다. 또한, 그림 12-33에는 목부분에서 계산한 Re수 Re_d와 유량계수 C_d와의 관계를 도시한 것이며, 각 곡선의 표기는 수치는 관의 안지름과 목의 안지름이다.

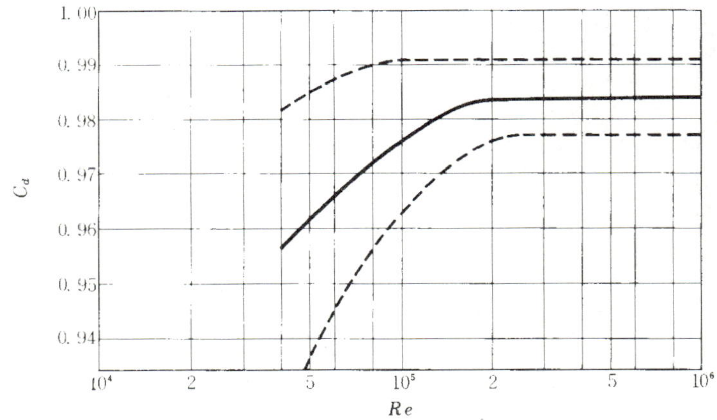

그림 12-32

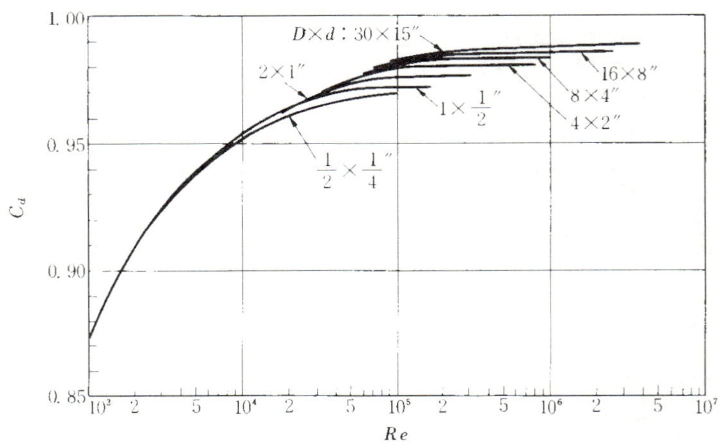

그림 12-33

12.5.3 Weir 미터

(1) 4각 위어(rectangular weir)

4각 위어에 의한 유량계산식은 앞에서 유도한 식(4-58)에 의하여

$$Q = C_d \frac{2}{3} \sqrt{2g}\, BH^{\frac{3}{2}} \tag{4-58}$$

과 같으며, 이를 간단하게 쓰면 다음과 같다.

$$Q = K\sqrt{2g}\, BH^{\frac{3}{2}} \tag{12-24}$$

여기서 $K = 2C_d/3$이며, 이를 유동계수(flow coefficient)라고 한다.

그런데 Kindsvater와 Carter는 K가 그림 12-34의 H와 P에 의하여 변화하는 상수로 간주하여, 실험에 의한 K값을 다음과 같이 제시하였다.

$$K = 0.40 + 0.05\frac{H}{P} \tag{12-25}$$

아주 잘 가공된 위어에서 사용되는 유량계수계산식은

$$C_d = 0.605 + 0.08\frac{H}{P} + \frac{1}{1000H} \tag{12-26}$$

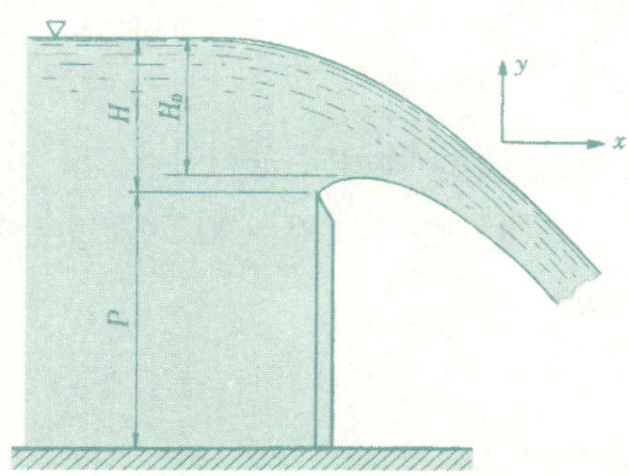

그림 12-34

(2) 3각 위어(triangular weir)

3각 위어에 의한 유량도 식 (4-63)에 의하여 쉽게 계산할 수 있다.

$$Q = C_d \frac{8}{15} tan\frac{\theta}{2} \sqrt{2g}\, H^{\frac{5}{2}} \qquad (4-63)$$

여기에서 유량계수 C_d를 먼저 구해야 되므로, Q와 H의 추정에 의하여 실험적으로 C_d값을 결정해 주면, 유량 Q의 계산은 매번 H만 측정하여 대입하면 바로 계산된다.

물론 C_d는 Q와 H에 따라 약간 변하므로, 여러 번 측정한 값의 평균값을 사용하거나 $Q = f(H)$에 대한 실험곡선에 의하여 계산하는 수밖에 없다.

3각 위어에 대하여 독일의 Frese는 C_d값을 실험적으로

$$C_d = \left(0.615 + \frac{0.0021}{H}\right)\left\{1 + 0.55\left(\frac{H}{H+P}\right)^2\right\} \qquad (12-27)$$

여기서 P는 위어의 높이이다.

스위스의 공학회에서는 C_d의 표준규격으로 다음 식을 정하였다.

$$C_d = 0.615\left(1 + \frac{1}{1000H + 1.6}\right)\left\{1 + 0.5\left(\frac{H}{H+P}\right)^2\right\} \qquad (12-28)$$

일본의 JIS에서는 3각 위어에 대하여

$$C_d = 0.565 + \frac{0.00868}{\sqrt{H}} \qquad (12-29)$$

을 택하고 있으며, 이를 영국인 Strickland의 공식이라고도 한다.

또, 영국의 Thomson은 식 (4-62)에서 $\theta = 90°$ 인 경우에 상수를 계산하여 다음과 같은 유량공식을 제시하였다.

$$Q = 1.4H^{\frac{5}{2}}\ \mathrm{m^3/s}$$

나아가서 Lenz는 점도, 표면장력, 위어의 조도 등을 고려하여 $\theta = 90°$ 인 경우에

유량계수를 다음과 같이 계산하였다.

$$C_d = 0.56 + \frac{0.70}{R^{0.165} W^{0.17}} \tag{12-31}$$

여기서 $R = \rho \sqrt{g} H^{\frac{3}{2}} / \mu$, $W = \rho g H^2 / \sigma$(σ는 표면장력)이다.

위어의 정점을 넘쳐 흐르는 액체는 **그림 12-34(a)**와 같이 포물선을 그리며, 그 포물선의 반실험식은 다음과 같이 유도된다.

$$2\left(\frac{y}{H_D}\right) = \left(\frac{x}{H_D}\right)^{1.85} \tag{12-32}$$

또한 C_d와 H/H_D의 관계는 **그림 12-35(b)**와 같다.

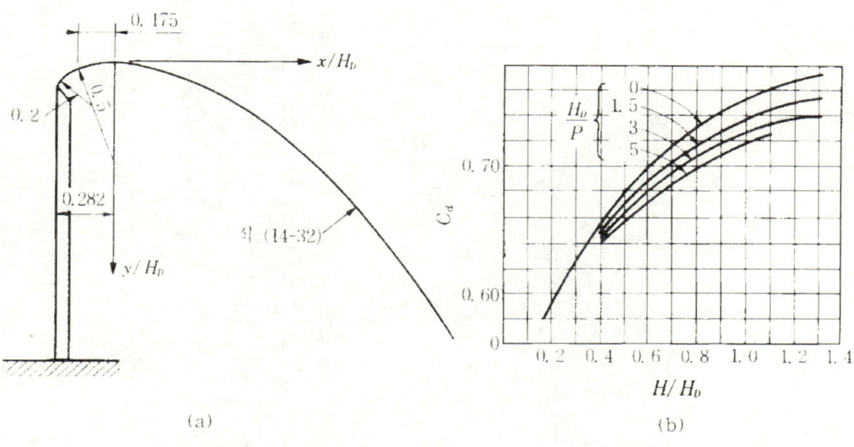

그림 12-35

12.5.4 로터미터(Rotameter)

Venturi, 오리피스, 노즐미터로 유량을 계측할 경우, 유동장이 넓어서 압력이 일정하지 않으므로 정확한 유량을 계측하기가 어렵다. 이러한 단점을 보완하기 위해 실제 계측에서는 여러 점의 압력을 측정하여 평균값을 사용하기도 한다. 그리하여 보다 정확한 유량을 측정하기 위한 방법으로 **그림 12-36**과 같은 로터미터를 고안해 내게 되었다.

유체가 밑으로부터 유입되면, 부자는 테이퍼진 관의 상부로 떠오르게 되므로, 부자와 테이퍼진 관 사이에 간격이 생겨 유체가 그 사이로 유동하게 된다. 부자는 유량에 따라 높이 뜨거나 또는 낮게 떠 관벽과의 사이를 정밀하게 유지시켜준다. 이 현상은 역학적으로 유체유동에 의해 발생하는 항력과 부자의 무게, 그리고 부력이 평형을 이루는 위치에서 부자는 정지해 있게 된다. 그러므로 평형 방정식은

$$F_D + \rho_f g \Delta_b = \rho_b g \nabla_b \tag{12-33}$$

여기에서 ρ_f, ρ_b는 유체와 부자의 밀도이고, ∇_b는 부자의 체적, g는 중력가속도, F_D는 항력이다.

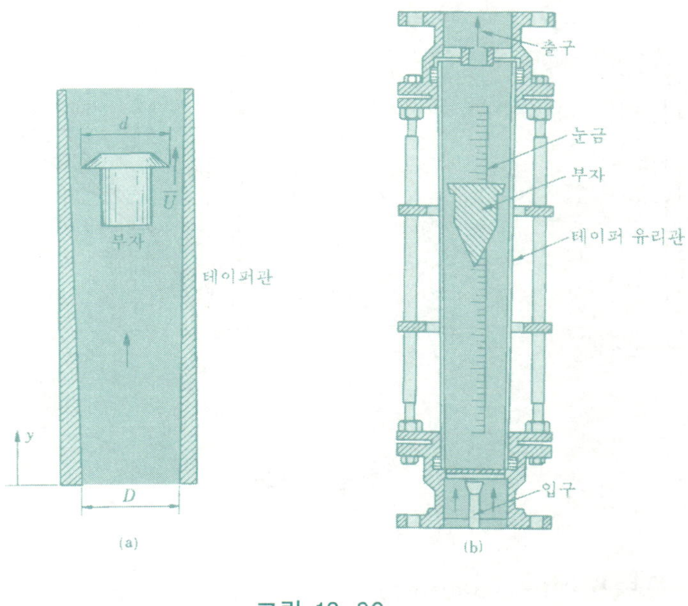

그림 12-36

항력은

$$F_D = C_D A_b \rho_f \overline{U}^2 \tag{12-34}$$

여기서 C_D는 항력계수이고, A_b는 부자의 앞면적이며, $\overline{U}^2$은 부자와 관벽 사이에 흐르는 평균유속이다. 식 (12-33), (12-34)로부터

$$\overline{U}=\left[\frac{1}{C_D}\frac{2g\boldsymbol{V}_b}{A_b}\left(\frac{\rho_b}{\rho_f}-1\right)\right]^{\frac{1}{2}} \tag{12-35}$$

즉 유량은

$$Q=A\overline{U}=A\left[\frac{1}{C_D}\frac{2g\boldsymbol{V}_b}{A_b}\left(\frac{\rho_b}{\rho_f}-1\right)\right]^{\frac{1}{2}} \tag{12-36}$$

또는, 유량계수 $C_d=\sqrt{1/C_D}$ 로 놓으면

$$Q=AC_D\left[\frac{2g\boldsymbol{V}_b}{A_b}\left(\frac{\rho_b}{\rho_f}-1\right)\right]^{\frac{1}{2}} \tag{12-36a}$$

여기서 $A=\frac{\pi}{4}[(D+ay)^2-d^2]$이고, y는 테이퍼진 관의 입구(기준점)로부터 부자의 위치까지 수직높이이며, a는 관의 테이퍼진 정도에 따라 정해지는 상수이다. 그리고 면적 A는 실제 사용하고 있는 부자와 관에서 거의 선형적인 관계를 나타내므로, 질량유량식은

$$\dot{m}=C_1y\sqrt{(\rho_b-\rho_f)\rho_f} \tag{12-37}$$

여기서 C_1은 미터의 상수이다.

로터미터의 경우는 유체의 밀도와는 무관하여

$$\frac{\partial\dot{m}}{\partial\rho_f}=0 \text{ 즉 } \rho_b=2\rho_f$$

를 얻을 수 있기 때문에 질량유량은 다음과 같이 계산된다.

$$\dot{m} = \frac{C_1 y \rho_b}{2} \tag{12-38}$$

식(12-38)에서 알 수 있는 바와 같이, 유량계측에서는 부자의 밀도가 중요하므로 유체 중에서 밀도가 변하지 않는 특수재질을 사용하여야 한다. 식(12-38)에 의한 계측오차는 0.2%정도로 알려져 있다.

예제 12-3 지름이 26cm인 관에 16cm의 원형 오리피스가 설치되어 있다. U자관에는 수은이 들어 있고, 관로에는 20℃의 물이 유동되고 있다. 수은주의 높이 차이가 20cm라면 유량은 얼마가 되겠는가?

풀이 먼저 수은주 20cm를 수주로 환산하면

$$\frac{p_1 - p_2}{\gamma_w} = \Delta h = \frac{h(\gamma_m - \gamma_w)}{\gamma_w} = h(S_m - 1)$$

그러므로

$$\Delta h = 0.2 \times (13.6 - 1) = 2.52\text{m}$$

또, 그림 12-23에서 $\beta = 16/26 = 0.62$인 경우 $C = 0.66$을 택할 수 있으므로

$$Q = CA_0 \sqrt{\frac{2gh}{1-(A_0/A_1)^2}} = 0.66 \times \frac{\pi}{4} \times (0.16)^2$$

$$\times \sqrt{\frac{2 \times 9.8 \times 2.52}{1-(0.16/0.26)^2}} = 0.1008\text{m}^3/\text{s}$$

예제 12-4 3각 위어의 실험에서 유량 Q와 정점에서 수면까지의 높이 H를 여러 번 측정하여 그들의 함수관계를 도표로 도시한 결과, 그림 12-37과 같이 되었다. 3각 위어의 각도는 80°이고, 유체는 물이었다며 이 위어의 유량계수 C_d를 결정하라.

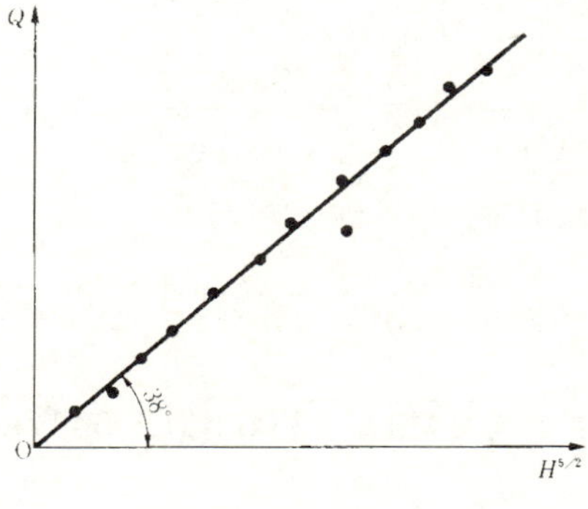

그림 12-37

풀이 그림 12-37에서 Q와 $H^{5/2}$는 직선적인 함수관계를 이루고 있으므로

$$Q = KH^{5/2}$$

여기서 $K = \tan 38^{\circ} = 0.78$이므로, 3각 위어의 유량공식은

$$Q = C_d \frac{8}{15} tan \frac{\theta}{2} \sqrt{2g}\, H^{5/2}$$

로부터

$$K = C_d \frac{8}{15} tan \frac{\theta}{2} \sqrt{2g} = 0.78$$

결국 유량계수는

$$C_d = 0.78 \times \frac{15}{8} \times \frac{1}{\sqrt{2g} \times \tan 40^{\circ}} = 0.39$$

예제 12-5 수평으로 놓여 있는 Venturi 미터에서 15℃의 물이 수송되고 있는 동안 압력 차이는 30kPa이다. 관의 지름과 Venturi 미터의 목부분의 지름이 각각 46cm, 23cm라면 유량은 얼마가 되겠는가?(단, 유량계수는 $C_d = 0.62$이다)

풀이 먼저 압력차에 의한 수두를 계산하면

$$h = \frac{\Delta p}{\gamma_w} = \frac{30{,}000\mathrm{N/m^2}}{9810\mathrm{N/m^3}} = 3.06(\mathrm{H_2O})$$

또, 식(12-20)에서 $\beta=0.5$이므로 유동계수 K는

$$K=\frac{C_d}{\sqrt{1-\beta^4}}=\frac{0.62}{\sqrt{1-(0.5)^4}}=0.64$$

그러므로 유량은 식 (12-21)에 의하여

$$Q_{act}=KA_2\sqrt{2g(p_1-p_2)/\gamma}=0.64\times\frac{\pi}{4}\times(0.23)^2$$
$$\times\sqrt{2\times9.8\times3.06}=0.206\text{m}^3/\text{s}$$

예제 12-6 Venturi미터의 입구와 목부분의 안지름이 각각 36cm, 13cm이며, 유량계수는 $C_d=0.86$이다. 유량이 $5.6\text{m}^3/\text{min}$일 때 입구와 목부분의 압력수두차를 계산하라.

풀이 입구와 목부분의 유동단면적, A_1, A_2를 계산하면

$$A_1=\frac{\pi}{4}\times(0.36)^2=0.102\text{m}^2$$

$$A_2=\frac{\pi}{4}\times(0.13)^2=0.013\text{m}^2$$

유량은

$$Q=C_d\frac{A_1A_2}{\sqrt{A_1^2-A_2^2}}\sqrt{2gH}$$

이므로 압력수두차 H는

$$H=\frac{1}{2g}\left(\frac{Q}{C_d}\right)^2\frac{A_1^2-A_2^2}{(A_1A_2)^2}$$
$$=\frac{1}{2\times9.8}\times\left(\frac{5.6}{60\times0.86}\right)^2\times\frac{(0.102)^2-(0.013)^2}{(0.102)^2\times(0.013)^2}$$
$$=3.498\text{m}$$

예제 12-7 Venturi 미터의 입구와 목부분의 안지름이 각각 66cm, 24cm이고 두 부분의 압력차 수은주가 4cm라면 유량은 얼마인가?(단, 유량계수 $C_d = 0.96$이다)

풀이 입구와 목부분의 단면적을 A_1, A_2라 하면

$$A_1 = \frac{\pi}{4} \times (0.66)^2 = 0.342\text{m}^2$$

$$A_2 = \frac{\pi}{4} \times (0.24)^2 = 0.045\text{m}^2$$

수은주를 수주로 계산하면

$$H = \frac{p_1 - p_2}{\gamma_w} = H'\left(\frac{\gamma_m}{\gamma_w} - 1\right) = H'(S_m - 1) = 4(13.6 - 1)$$

$$= 50.4\,\text{cm} = 0.504\text{m}$$

따라서 유량은

$$Q = C_d \frac{A_1 A_2}{\sqrt{A_1^2 - A_2^2}} \sqrt{2gH} = \frac{0.96 \times 0.342 \times 0.045}{\sqrt{(0.342)^2 - (0.045)^2}}$$

$$\times \sqrt{2 \times 9.8 \times 0.504} = 0.137\text{m}^3/\text{s}$$

12.6 점도측정

점도 자체는 직접 측정이 불가능하므로 측정이 가능한 유량(quantity)에 연관된 식을 이용하여 계산할 수 있으며, 측정에 사용되는 기구들을 **점도계**(viscosimeter 또는 viscometer)라고 한다.

이상적인 점도계에서 실험유체의 유동은 점성에 의하여 완전히 결정된다. 그러므로 실용점도계에서는 다른 여러 가지의 영향을 고려하여 방정식들의 교정이 필요하고 정확히 알려진 점도와 비교하여 계기를 교정할 필요가 있는 것이다. 그러므로 여기에 몇 가지의 점도측정 방법에 대하여 설명하기로 한다.

12.6.1 배출법(Transpiration Method)

대부분의 점도계는 원형관을 통한 층류유동에 의한 측정방법으로 되어 있다.

그림 12-38에서 점도를 측정하고자 하는 유체를 B까지 채우고 유체가 B에서 점 C까지 하강하는 시간을 측정하여 단위시간당 유량을 측정한다. 이 때 BC간에 채워져 있는 유체량을 V라 하고 V가 하강하는 데 t초의 시간이 걸렸다면 $Q = V/t$이므로 Poiseuille의 법칙을 이용하여 다음과 같이 점도를 계산할 수 있다.

$$\mu = \frac{\pi d^4 (p_1 - p_2)}{128 Ql} = \frac{\pi d^4 \gamma h_L t}{128 V l} \tag{12-39}$$

이 방법은 일찍이 Wilheim Ostwald(1853~1932)에 의해 고안되어 Ostwald 점도계라고 한다. 식 (12-39)에서 손실수두 h_l은 점 C와 점 A 사이의 손실이나, 실제적으로 거의 일정한 값을 가지며 V, l, d 값들 역시 일정하므로 결국 시간 t만을 측정하여 계산할 수가 있다.

그림 12-38 Ostwald 점도계

12.6.2 공업용 점도계(Industrial Viscometer)

여러 가지 많은 기구들이 공업기술용 점도측정기구로써 사용되고 있다. 대개 여기에서 사용되고 있는 모세관은 아주 짧기 때문에 오리피스와 같은 유동이 될 수도 있으며, 짧은 관의 경우 Poiseuille의 법칙을 적용하기가 어렵다. 따라서, 간단한 유량 측정만으로는 점도를 정확히 계산해 내기가 어려우므로 이미 점도가 알려진 유체와 교정을 하여야 한다.

영국에서는 Redwood **점도계**, 미국에서는 Saybolt **점도계**를 독일 등 서부국가들은 Engler **점도계**를 많이 사용하고 있다. 이러한 점도계들은 형태가 다를 뿐 동일한 원리로 되어 있다. **그림 12-39**에 있는 Boverton Redwood(1846~1919)가 발명한 Redwood 점도계에 대하여 살펴보기로 한다.

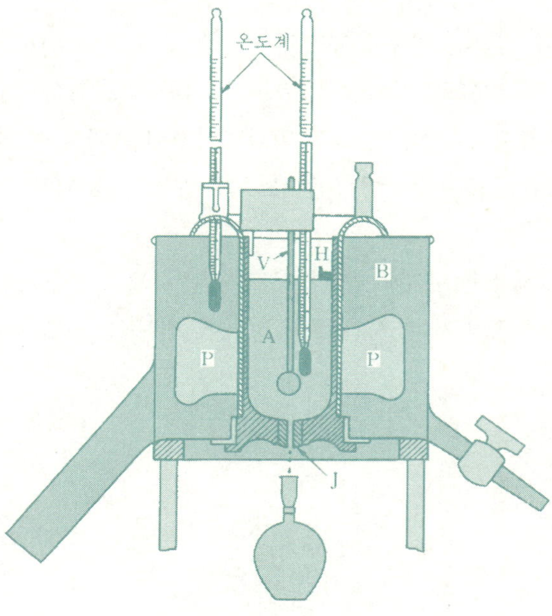

그림 12-39 Redwood No.1 점도계

밸브 V로써 모세관으로 되어 있는 J를 막은 다음 측정하고자 하는 액체를 A에 채운다. 주위의 통 B에 물을 채워 넣어 온도를 등온으로 유지하도록 하고 외부의 열이 내부에 전달되지 않도록 한다. 훅 H는 측정액체의 높이를 가리키고 밑의 플라스크에 떨어지는 액체유량을 측정한다.

만약, 여기서도 Poiseuille 법칙의 사용이 가능하다면, 어느 유량에 대하여 그 때

의 높이(head)를 알 수 있으므로 압력 ρgh를 대입하여

$$Q = \frac{\pi \rho g h d^4}{128 \mu l} = \frac{\pi g h d^4}{128 \nu l} \tag{12-40}$$

유량 Q는 동점성계수 ν에 역비례함을 알 수 있다. 액체가 흘러나오면, h, 즉 Q가 감소하나 유량 Q는 $1/\nu$에 정비례하고 있다. 그러나 실제적으로는 이 비례값 자체가 근사값이다.

관 양 끝의 압력차는 Poiseuille 공식에 나타나 있는 점성저항을 막아주고, 액체에 관을 통하여 흘러갈 때 액체에 운동에너지를 주기 위한 것이다. 따라서, 관 입구에서의 $\partial p/\partial x$값은 충분히 발달된 층류유동역이 아니므로 Poiseuille 공식에서의 값보다 크게 나타나고 있다. 그러므로 이러한 영향을 고려하여 동점성계수의 값을 시간 t에 대하여 $\nu = At - B/t$로서 교정하여 주고 있다. 여기서 A와 B는 측정기에 따라 정해지는 상수이다. 이러한 점도계는 극히 작은 모세관을 사용하기 때문에 많은 시간이 걸리는 단점이 있다.

그림 12-40은 Saybolt **점도계**의 원리를 도시한 것으로서, A에 채워진 유체가 일정한 용량의 용기 B에 채워지는 시간을 측정하여 점도와 동점성계수를 계산하는 방법이다.

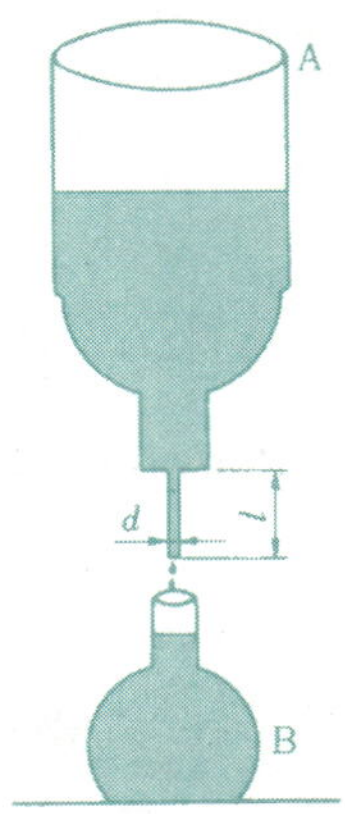

그림 12-40 Saybolt 점도계

Poiseuille 공식에서 일정한 값들의 적을 K로 놓으면

$$\mu = K\gamma t = K\rho g t \tag{12-41}$$

가 되고, 동점성계수는

$$\nu = \frac{\mu}{\rho} = Kgt \tag{12-42}$$

가 되어 μ 및 ν의 값은 측정한 시간 t만의 함수관계에 있음을 알 수 있다.

$t > 32s$의 경우에 Saybolt 점도계에 의해 측정한 실험식은

$$\nu = 10^{-4}\left(0.002197t - \frac{1.798}{t}\right) \tag{12-43}$$

로 사용되고 있으며, t의 값이 큰 경우에 윗식은 선형적인 함수관계를 나타낸다.

표 12-4 S. A. E. 점도(엔진오일)

S. A. E. 점도 No.	99℃에서 Saybolts	99℃에서 $\nu(\mathrm{mm^2/s})$
20	45~58	5.85~9.66
30	58~70	9.66~12.7
40	70~85	12.7~16.5

12.6.3 구낙하법(Falling Sphere Method)

크기와 무게가 알려진 작은 입체를 유체매체를 통하여 낙하시켜 점도를 측정하는 방법이 있다. 만약, 입체가 아주 작은 구로 되어 있고, 입체와 유체와의 밀도차가 아주 적은 경우에 구는 아주 낮은 속도 $2RV/\nu < 1$로 낙하하게 되므로 Stokes의 이론을 적용할 수가 있다.

그림 12-41에서와 같이 구가 등속도로 일정한 거리 d를 낙하해 갈 때 시간 t를 측정하여 점도를 계산한다. 등속도에서 구에 작용하는 힘은 평형을 이루게 되므로 $\sum F = 0$이 된다.

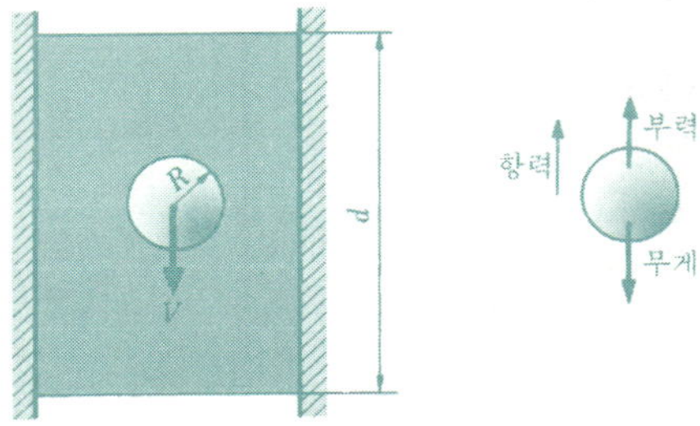

그림 12-41

즉

$$\text{무게}-\text{부력}-\text{항력} = 0$$

$$\rho_s g \frac{4}{3}\pi R^3 - \rho g \frac{4}{3}\pi R^3 - 6\pi\mu VR = 0 \tag{12-44}$$

여기서 ρ_s, ρ는 구와 액체의 밀도를 나타내며, 항력 $6\pi\mu VR$는 $D = C_D \frac{1}{2}\rho V^2 A$에 $C_D = 24\nu / V2R$의 값을 대입하여 나온 값이다.

윗식에서 μ에 대하여 풀면

$$\mu = \frac{2}{9} g(\rho_s - \rho)\frac{R^2}{V} \tag{12-45}$$

$V = d/t$이므로

$$\mu = \frac{2}{9} gR^2(\rho_s - \rho)\frac{t}{d} \tag{12-46}$$

여기서 항력 $= 6\pi\mu VR$는 시험관의 반지름이 구의 반지름보다 아주 클 때 적용이 가능하며, 실제적으로는 식 (12-46)에서 벽면의 영향을 고려해 주어야 한다.

그러므로

$$\mu = \frac{2}{9} g\frac{R^2}{K}(\rho_s - \rho)\frac{t}{d} \tag{12-47}$$

여기서 K는 실험적으로 정해지는 상수이다.

표 12-5

구의 반지름/시험관의 반지름	K
0	1.000
0.1	1.263
0.2	1.680
0.3	2.371
0.4	3.596
0.5	5.970
0.6	11.135
0.7	24.955

12.6.4 로터리점도계(Rotary Viscometer)

그림 12-42와 같이 로터리점도계는 동심축을 갖는 두 개의 실린더에서 하나는 회전하고, 다른 하나는 정지상태에 있도록 한 점도측정기계이다. 두 실린더 사이에 점도를 측정하고자 하는 하는 유체를 넣어 한 실린더를 회전시킴으로써 발생하는 토크(torque)를 측정하여 점성을 계산한다.

그림 12-42와 같이 외부 실린더가 알고 있는 rpm으로 회전하고, 내부 실린더는 정지상태에 있도록 하여 내부 실린더에서 비틀림(torsion)이나 스프링으로 휨량(deflection)을 측정한다. 점도는 내부 실린더에 발생한 토크에 비례하므로, 두 실린더간의 간격이 좁은 경우에 다음과 같은 식을 생각할 수 있다.

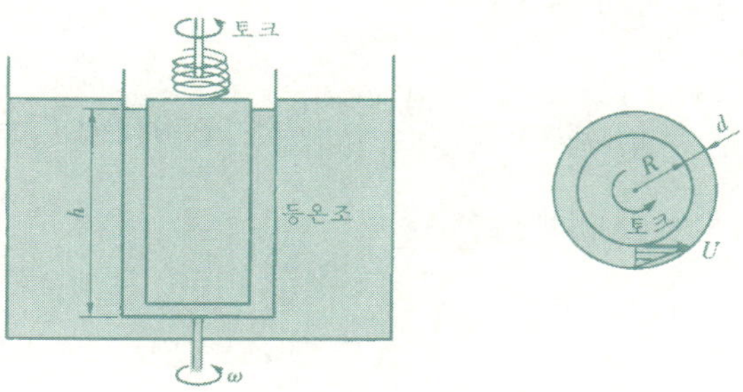

그림 12-42

$$\tau = \mu\frac{du}{dy} = \mu\frac{U}{d} = \mu\frac{\omega(R+d)}{d} \qquad (12\text{-}48)$$

내부 실린더에 발생한 토크 T는

$$T = F_s \times R = \tau 2\pi RhR \qquad (12\text{-}49)$$

여기서 F_s는 전단력이다.

윗식에서 $\tau = T/2\pi hR^2$이므로

$$\mu\frac{\omega(R+d)}{d} = \frac{T}{2\pi hR^2} \qquad (12\text{-}50)$$

d는 R보다 극히 작으므로 윗식은 간략하게 다음과 같이 사용되고 있다.

$$\mu = \frac{T \times d}{2\pi R^3 h\omega} \qquad (12\text{-}51)$$

예제 12-8 지름이 10mm인 강구가 액체로 채워진 지름 50mm의 시험관의 중심선을 따라 낙하하고 있다. 강구와 액체의 밀도는 각각 7850kg/m^3, 918kg/m^3이고, 구가 1m의 거리를 0.1s로 낙하하였다면 액체의 점도는 얼마인가?

풀이 구와 관의 반지름비는 0.2이므로 표 12-5에서 $K = 1.680$이다. 그러므로 식 (12-47)로부터

$$\begin{aligned}\mu &= \frac{2}{9}g\frac{R^2}{K}(\rho_s - \rho)\frac{t}{d} \\ &= \frac{2}{9}(9.8\,\text{m/s}^2)\frac{0.005^2\text{m}^2}{1.680}\{(7850-918)\text{kg/m}^3\}\frac{0.1\text{s}}{1\text{m}} \\ &= 0.022\text{Pa·s}\end{aligned}$$

예제 12-9 반지름 R_1인 플랜지가 부착된 회전축이 그림 12-43과 같이 점성계수가 μ인 유체를 플랜지와 고정대 사이에 두고 설치되어 있다. 유체막의 두께는 h이고 축이 각속도 ω로 회전하고 있다면 소요되는 동력은 얼마인가?

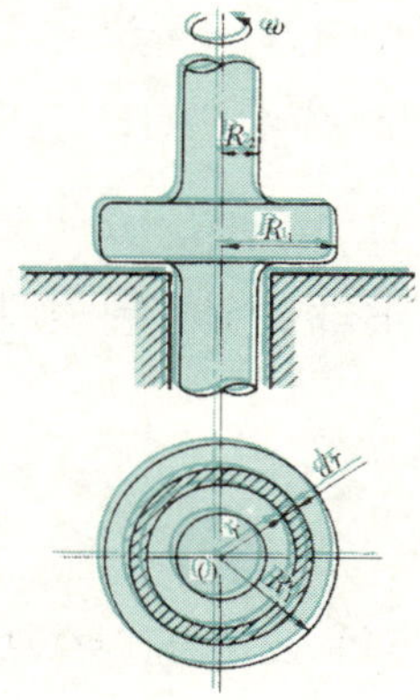

그림 12-43

풀이 그림에서 반지름이 r이고, 폭이 dr인 곳 dA엥 발생하는 마찰력 dF는 $\tau = \mu \dfrac{\omega r}{h}$ 이므로

$$dF = \tau dA = \mu \frac{\omega r}{h} 2\pi r dr = \frac{2\pi \mu \omega r^2}{h} dr$$

또, 축중심에 대한 마찰저항모멘트는

$$dM = r dF = \frac{2\pi \mu \omega r^3}{h} dr$$

따라서, 전점성 마찰모멘트는

$$M = \frac{2\pi \mu \omega}{h} \int_{R_2}^{R_1} r^3 dr = \frac{\pi \mu \omega}{2h} (R_1^4 - R_2^4)$$

그러므로 소요동력은

$$L = M\omega = \frac{\pi \mu \omega^2}{2h} (R_1^4 - R_2^4)$$

12.7 열선풍속계

열선풍속계는 유동하는 유체의 동압을 Wheatstone 브리지의 원리를 이용하여서 전압을 측정하고 그 값을 속도로 환산하여 유속을 측정하는 전기적인 방법이다.

그림 12-44는 Wheatstone 브리지의 원리를 그림으로 나타낸 것이며, 여기서 R_1, R_2, R_3, R_4는 저항으르 나타내고, i_1, i_2, i_3, i_4는 전류로써 전위차계에 전류가 흐리지 않게 되면 AC, AD, CB, DB의 전위차는 같게 되어

$$i_1 R_1 = i_3 R_3$$

$$i_2 R_2 = i_4 R_4$$

가 된다. 그리고 전위차계에 전류가 흐르지 않으므로 $i_1 = i_2$, $i_3 = i_4$가 되고, 위의 두 식으로부터

$$\frac{R_1}{R_2} = \frac{R_3}{R_4} \tag{12-52}$$

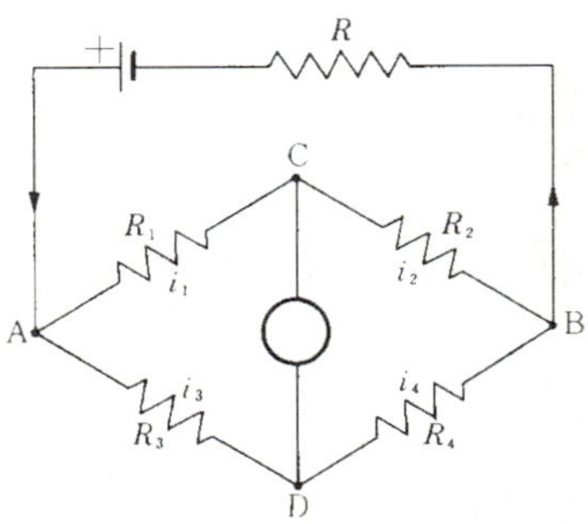

그림 12-44

그러므로 이런 상태에서는 전류가 흐르지 않기 때문에 Wheaststone 브리지는 평형상태를 이루고 있다. 그러나 이 4저항 중 어느 한 곳에 저항이 증가하게 되면 이 게이지는 다시 식(12-52)와 같은 관계, 즉 평형을 유지하기 위하여 전위차계에 전류가 흐르게 될 것이다. 이 원리를 이용하여 가는 전속선을 임의의 저항위치에 연결하

고, 여기에 압력을 가했을 때 나오는 전류를 전위차계에서 읽도록 고안한 것이 **열선풍속계**(hot-wire anemometer)이다.

Wheatstone 브리지의 회호와 열선프로브의 연결 개략선도는 **그림 12-45**와 같다. 사용하는 열선은 극히 정밀하게 제작된 열에 강한 선이며, 그 크기는 대개 길이가 2~3mm이고, 지름은 0.25 ~ 5μm가 보통이다.

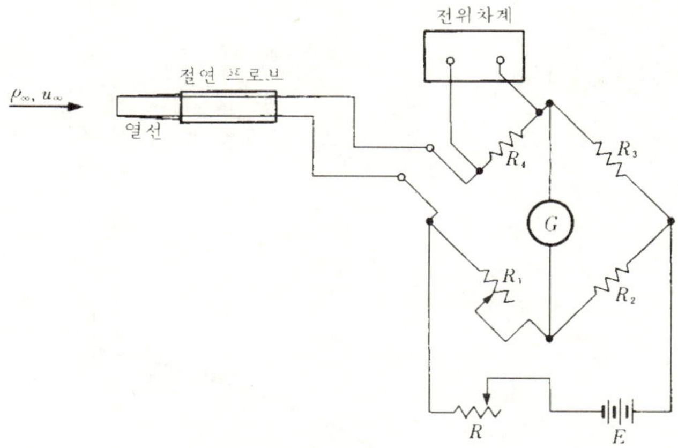

그림 12-45

열선프로브(hot -wire probe, sensor)는 **그림 12-46**과 같은 모양으로 되어 있다. 풍속계는 등온형으로 되어 있으며, 풍속계에서 나오는 출력볼트 V는 센서(sensor) 내부에 흐르는 전류 I에 비례한다. 따라서, King은 열선(hot-wire)으로부터 나오는 동력(power)을 다음과 같이 표기하였다.

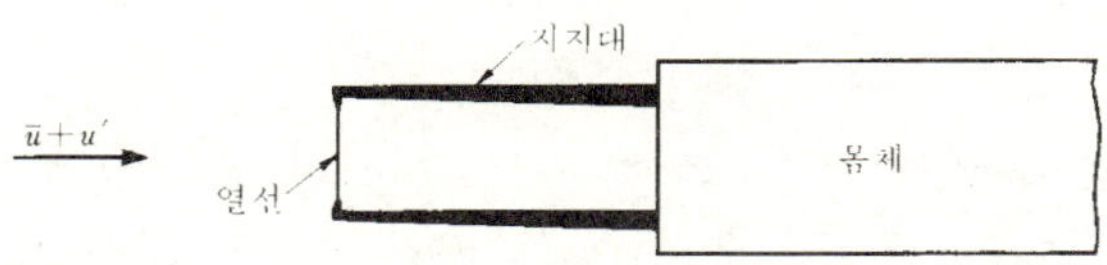

그림 12-46 프로브

$$P = I^2 R = (a + b\sqrt{\rho U})(T_s - T_f) \tag{12-53}$$

여기서 I는 전류, U는 센서에 수직한 유체의 순간속도, a, b는 열선의 특성에 따라 정해지는 상수, T_s는 센서의 온도, T_f는 유체의 온도이다.

T_s와 T_f는 상수이므로 $V^2 \propto I^2$이 되고, T_f가 일정할 때는

$$V^2 = (A + B\sqrt{\rho U}) \tag{12-54}$$

역시 A, B는 상수이다.

실제 풍속계에서 출력 V와 순간속도 U를 측정하여 V와 U와의 관계를 도시하면 그림 12-47과 같이 된다.

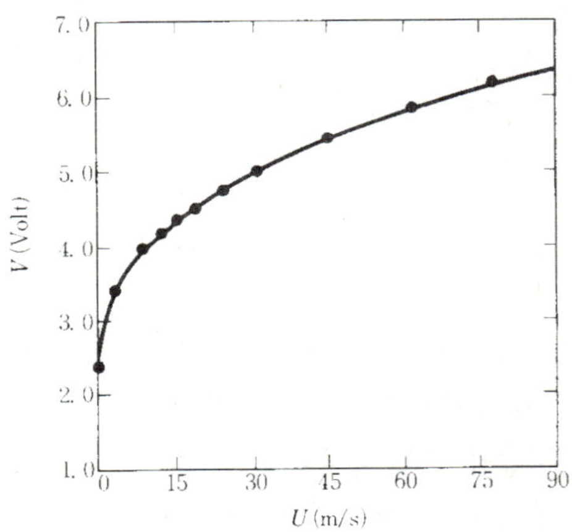

그림 12-47

그림 12-47은 출력전압 V를 유속 U로 환산할 수 있는 **교정곡선**(calibration curve)이다. 그러나 이 곡선으로써는 V와 U의 정확한 함수관계식을 구하기가 매우 어렵다.

그리하여 King은 멱법칙(power)을 사용하여 식 (12-54)를 여러 단계의 계산과정을 거쳐 우리가 사용하기에 편리한 다음과 같은 식을 유도하였으며, 이것을 King의 법칙(King's law)이라고 한다.

$$U = KV \tag{12-55}$$

여기서 K는 열선의 특성에 따라 정해지는 비례상수이며, 이 선형방정식은 열선풍량계에서 출력된 전압이 선형기(linearizer)에 입력되어 대수적인 회로를 거쳐 출력됨으로써 유속과 전압의 직선의 식을 얻게 된다. 이 과정을 **열선풍속계교정**이라고 하며 실제작동을 위하여는 많은 숙련된 기술이 요구된다. 따라서 교정된, 즉 선형화된 열선풍속계에서 출력된 전압과 동일한 조건하에서 동시에 계측된 유속과의 교정곡선은 **그림 12-48**과 같은 직선으로 나타나게 된다.

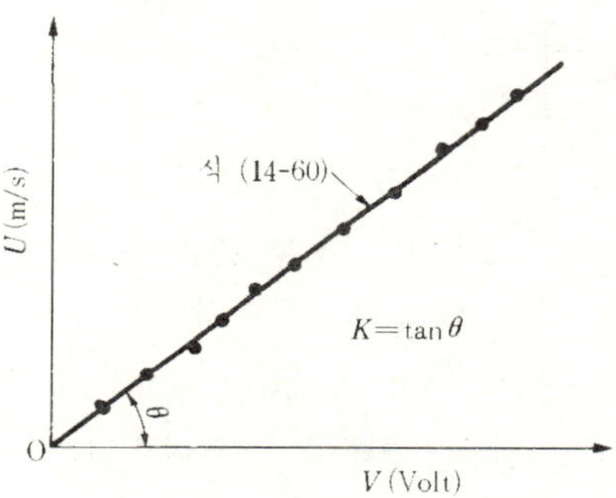

그림 12-48

12.8 레이저-도플러 유속계

레이저-도플러 유속계(LDA)는 유동장에 광선을 투과시켜 유체입자들이 유동하면서 빛을 산란시키는 효과로서 유속을 계측하는 새로운 방법이다. 이 방법은 Pitot 관처럼 비교적 넓은 측정범위를 갖고, 또 설치에 어려움이 있는 관로 또는 곡부에 유동장에서 유동이 전혀 영향을 미치지 아니하면서 계측할 수 있는 큰 이점을 지니고 있다. 또, 열선풍속계에 의한 계측은 유체입자들의 크기나 유동방향을 감지할 수 없는데 비하여 LDA는 유체의 유동방향을 계측할 수 있으며, 음속이나 복잡한 선회운동을 하는 와류를 계측할 수 있는 큰 장점을 가지고 있다. 나아가서 보다 전문적인 연구분야에서 유체입자들의 분포, 즉 농도의 계측도 가능하다.

LDA는 용도에 따라 여러 형태가 있으나 그 원리는 동일하므로, 여기서는 **그림 12-49**와 같은 두 개의 평행광선에 의해 형성되는 LDV 장치를 살펴보기로 한다.

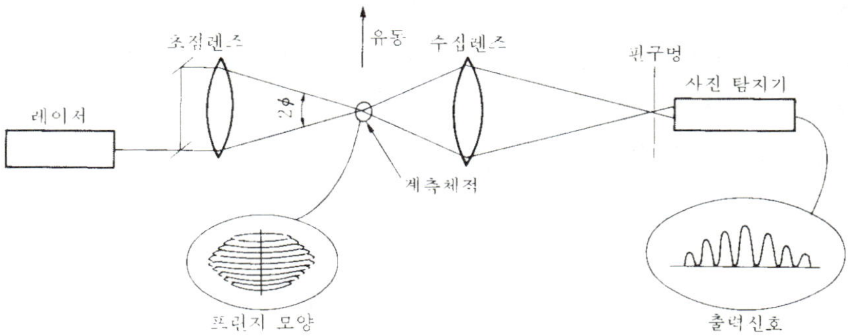

그림 12-49 두 광선 LDA

발생한 두 평행광선은 수집렌즈(converging lens)에 의해 2ϕ의 각도로 교차되어 그 교차점은 일종의 타원과 같은 형태를 이루게 된다. 대개 이 교차점의 지름은 0.3mm이고 길이는 2mm 정도이다. 결국 유체입자들은 이 점을 통과하면서 빛을 산란시키게 된다. 두광선의 간섭은 두 광선의 평면에 수직한 계측체적에서 빛이 밝았다. 어두웠다 하는 프린지(light and dark fringe)를 연속적으로 발생시키게 된다. 입자가 프린지 모양의 교차점을 통과하게 되면 빛은 산란하게 되고, 이 산란광의 일부는 제2의 수집렌즈를 통과하여 사진탐지기에 포착되며, 이를 오실로스코프(oscilloscope)와 연결하여 출력시키면 그 신호는 그림에서와 같은 형상으로 나타난다.

광학이론을 적용하면 발생하는 프린지들 사이의 거리 Δx는

$$\Delta x = \frac{\lambda}{2\sin\phi} \tag{12-56}$$

여기서 λ는 레이저 빔(laser beam)의 파장이며, ϕ는 두 교차광선들 사이의 반각이다.

이 이론에 의하여 유속계측에서 전자회로의 적절한 설계를 통하여 주파수 f를 계측할 수 있으며, 이 관계를 유속과 관련시켜 다음과 같은 식을 유도할 수 있다.

$$u = \frac{\Delta x}{\Delta t} = \frac{\lambda f}{2\sin\phi} \tag{12-57}$$

결국 LDV에 의한 계측은 유동장 내에 유체입자들을 발생시켜 빛을 산란시켜야 하고, 이 입자들이 유동되고 있는 유체와 동일한 속도로 유동되어야 하므로, 입자의 크기가 충분히 작아야 한다.

제 12 장 연습문제

FLUID MECHANICS

01_ 지름 2″의 송수관에 지름이 0.4″인 오리피스를 장치하여 유량을 측정할 때 오리피스의 U자관에 압력차가 수은주로 $h = 50\text{mm}$로 나타났다. 오리피스의 유량계수를 $C_d = 0.90$으로 할 때, 송수관 내의 유량을 단위 l/s로 계산하라.

02_ 수면으로부터 2.5m 밑에 있는 지름 10cm의 오리피스로부터 물이 유출할 때 $C_v = 0.95$, 수축계수 $C_c = 0.70$이며 실제의 유량은 얼마인가?

03_ Pitot관에 의하여 공기의 유속을 측정하기 위해서 U자관에 물을 넣어 대기에 분출되는 공기의 압력을 측정한 결과 1.2cm의 수주차가 났다. 유속을 계산하라.

04_ 관로에서 20℃의 물이 수조에 5분 동안 유입되었다. 유입중량이 12,000N라면 유량은 몇 m^3/s인가?

05_ 오리피스의 수두가 5.8m이고 물의 분출속도가 10.2m/s라면 오리피스의 속도계수는 얼마인가?

06_ 그림 12-50과 같이 물이 분사되고 있다. 속도계수 C_v, 수축계수 C_c, 유량계수 C_d를 계산하라.

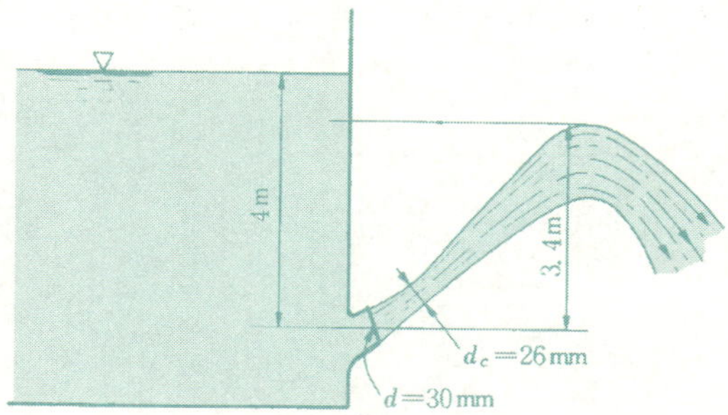

그림 12-50

07_ 지름이 24cm의 관로에 기름이 유동되고 있으며, 이의 유속을 측정한 결과 표 12-6과 같이 되었다. 유량과 평균속도를 구하라.

08_ 관로유동에서 A단면에 정압관을, B 단면에 Pitot관을 설치하여 압력수주차를 측정한 결과 48cm가 되었다. 유량을 얼마가 되겠는가?(단, 관의 지름은 12cm 이고 Pitot 관 계수는 $k=0.92$이다)

표 12-6

Rcm	0	1	2	3	4	5	6	7	8	9	10	10.5	11.5	12
Vm/s	9.6	9.5	9.4	9.2	8.8	8.4	7.6	6.8	5.4	4.8	2.8	1.8	0.8	0

09_ 비행 중인 비행기의 앞날개에 Pitot관을 설치하여 압력을 측정한 결과 수은주로 60cm이었다. 비행기의 속도는 얼마인가?(단, 공기는 정지상태로 있다고 간주한다)

10_ 그림 12-51과 같이 지름이 8in인 오리피스를 통하여 대기 중에 물이 분출되고 있다. 수면은 압력 p_0가 작용하고, 오리피스 중심선에서 수면까지의 높이는 6m

이다. 유량이 $Q=0.38\text{m}^3/\text{s}$라면 압력 p_0는 얼마가 되겠는가?(단, $C_d=0.6$이다.)

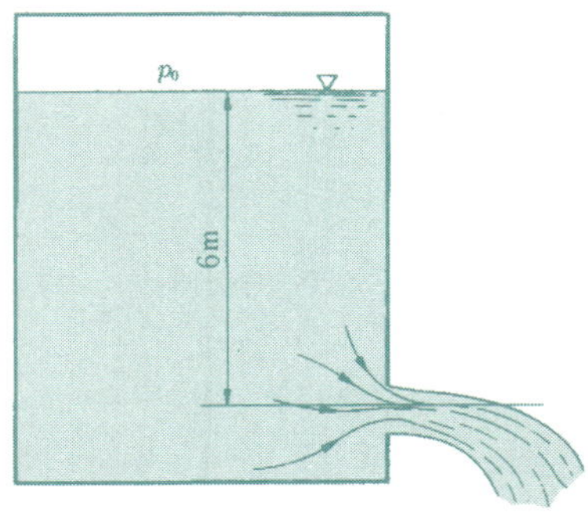

그림 12-51

11_ 16in 관로에 9.6in의 오리피스가 설치되어 있다. 오리피스 전후에 수은을 넣은 U자관을 설치하여 압력차를 측정했으며, 이 때 유량은 $Q=3.2\text{ft}^3/\text{s}$이었다. 압력수두차를 구하라.(단, 유동계수는 $K=0.6$이다)

12_ 그림 12-52와 같이 지름이 60cm인 관로에 20℃의 물이 지름이 20cm인 오리피스를 통하여 유동되고 있다면 유량은 얼마인가?(단, 유동계수는 $K=0.6$이다)

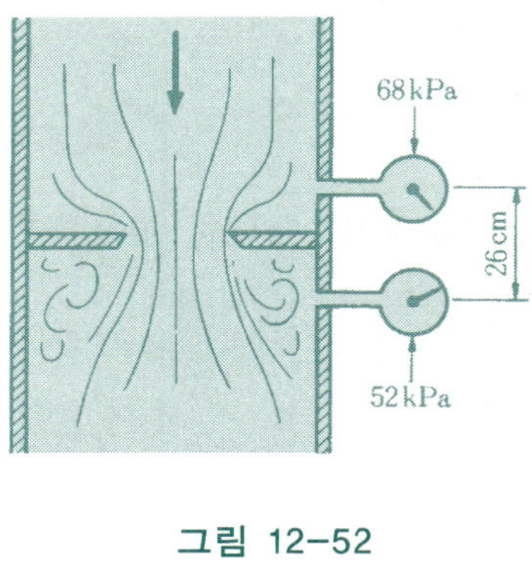

그림 12-52

13_ 지름이 1.2m인 관로에 유량이 $2.4m^3/s$이고, 관로에 설치된 원형 오리피스의 상·하류의 압력수두가 8.2m라면 오리피스의 지름은 얼마가 되겠는가?(단, 유동계수는 $K=0.68$이다)

14_ 그림 12-53과 같은 반원형 오리피스가 침전물을 유동시키면서 유량을 계측하기 위하여 설치되었다. 유량 Q를 압력차 Δp와 관의 지름 D의 함으로 나타내라.

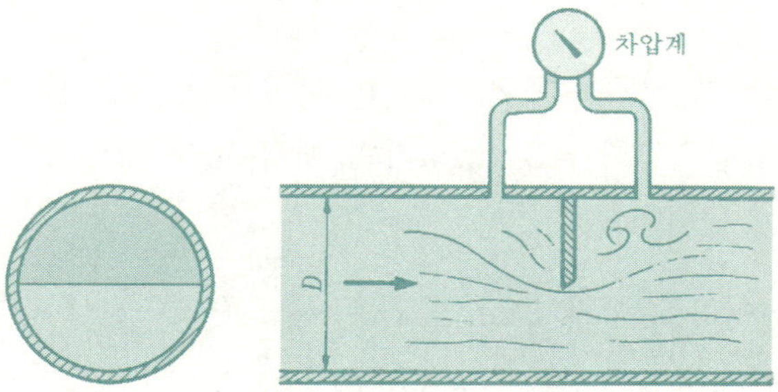

그림 12-53

15_ 지름이 60cm인 관로에 목부분의 지름이 30cm인 Venturi 미터가 설치되어 20℃의 물이 $0.60m^3/s$로 유동되고 있다. Venturi 미터의 목부분과 상류의 압력차를 U자관에 수은을 넣어 측정하였다면 수은주의 높이 차이는 얼마가 되겠는가?(단, 유동계수는 $K=0.62$이다)

16_ 지름이 22cm인 Venturi 미터가 설치되어 20℃의 물이 $12m^3/s$로 유동되고 있다. Venturi 미터의 상류와 목부분의 압력차가 180kPa라면 Venturi 미터의 목부분의 지름은 얼마인가?(단, 유도계수는 $K=0.98$이다)

17_ Venturi 미터의 입구에 목부분의 안지름이 각각 10cm와 4cm이며, 입구와 목부분의 압력차가 수은주로 11cm라면 유량은 얼마인가?(단, 유량계수는 $C_d=0.66$이다)

18_ 60°의 3각 위어에서 물이 60cm의 높이로 흘러 넘치고 있다. 유량계수가 $C_d = 0.65$라면 유량은 얼마인가?

19_ 폭이 220cm이고 높이가 36cm인 4각 위어에서 정점으로부터 수면까지의 높이가 16cm라면 유량은 얼마가 되겠는가?(단, 유량계수는 $C_d = 0.68$이다)

20_ 지름이 50mm인 관이 갑자기 25mm로 수축되는 관 내를 물이 흐르고 있다. 수축부에서의 압력강하가 3.4kPa라면 체적유량은 얼마인가?

21_ 지름이 0.3m이고 길이가 50m인 곧은 관로를 5℃에서 공기가 유동하고 있다. 유량이 $0.6\text{m}^3/\text{s}$이고 관의 양끝에서 압력이 동일할 대입구와 출구의 높이차를 구하라.

22_ 지름이 9mm인 구가 종속도 60mm/s로서 20℃의 원유 중을 낙하하고 있다. 항력계수 $C_D = 24/Re$를 이용하여 C_D를 구하고 구의 밀도를 구하라. 또, 이 구가 20℃ 물 속에서 낙하한다면 낙하속도는 얼마가 되겠는가?

23_ 관지름이 150mm, 목부분의 지름이 75mm인 Venturi 미터에 20℃의 공기가 흐르고 있다. 목 전후의 압력차가 수주로 3.5cm이고, 유량계수가 $C_d = 0.62$일 때에 유량은 얼마인가? 또 압력차를 수은주로 구하라.

24_ 저널 베어링이 동심축 실린더로 되어 있다. 내·외부의 반지름이 각각 25mm, 26,,이고 길이가 100mm이며, 2800rpm으로 회전하고 있다. 저널 베어링을 회전시키는 데 걸리는 토크가 0.2N·m라면 저널 베어링 사이에 있는 기름의 점도는 얼마인가?

25_ 지름이 3cm인 관로에 지름이 1cm인 오리피스를 설치하여 메탄의 유량질량을 계측하였다. 오리피스 상·하류의 압력은 각각 160kPa, 120kPa이고, 정온도는 300K이었다. 질량유량을 구하라.(단, 메탄의 $R = 518\,\text{J/kg}\cdot\text{K}$, $K = 1.31$, $K = 0.65$이다)

FLUID MECHANICS

부 록

부록 Ⅰ

유체의 물리적 성질

표 Ⅰ-1 물의 물리적 성질(영국단위)

온도 °F	비중량 γ lbf/ft^3	밀도 ρ slugs/ft^3	점성계수 $\mu\times10^5$ lbf·s/ft^3	동점성계수 $\nu\times10^5$ ft^2/s	표면장력 $\sigma\times100$ lbf/ft	증기압 p_v/γ ft	체적탄성계수 $K\times10^3$ lbf/in^2
32	62.42	1.940	3.746	1.931	0.518	0.20	293
40	62.43	1.940	3.229	1.664	0.514	0.28	294
50	62.41	1.940	2.735	1.410	0.509	0.41	305
60	62.37	1.938	2.359	1.217	0.504	0.59	311
70	62.30	1.936	2.050	1.059	0.500	0.84	320
80	62.22	1.934	1.799	0.930	0.492	1.17	322
90	62.11	1.931	1.595	0.826	0.486	1.61	323
100	62.00	1.927	1.424	0.739	0.480	2.19	327
110	61.86	1.923	1.284	0.667	0.473	2.95	331
120	61.71	1.918	1.168	0.609	0.465	3.91	333
130	61.55	1.913	1.069	0.558	0.460	5.13	334
140	61.38	1.908	0.981	0.514	0.454	6.67	330
150	61.20	1.902	0.905	0.476	0.447	8.58	328
160	61.00	1.896	0.838	0.442	0.441	10.95	326
170	60.80	1.890	0.780	0.413	0.433	13.83	322
180	60.58	1.883	0.726	0.385	0.426	17.33	313
190	60.36	1.876	0.678	0.362	0.419	21.55	313
200	60.12	1.868	0.637	0.341	0.412	26.59	308
212	59.83	1.860	0.593	0.319	0.404	33.90	300

표 Ⅱ-2 물의 물리적 성질(SI 단위)

온도 ℃	비중량 γ N/m^3	밀도 ρ kg/m^3	점성계수 $\mu\times10^3$ kg/m·s	동점성계수 $\nu\times10^6$ m^2/s	표면장력 $\sigma\times100$ N/m	증기압 p_v/γ m	체적탄성계수 $K\times10^7$ N/m^2
0	9805	999.9	1.792	1.792	7.62	0.06	204
5	9806	1000.0	1.519	1.519	7.54	0.09	206
10	9803	999.7	1.308	1.308	7.48	0.12	211
15	9798	999.1	1.140	1.141	7.41	0.17	214
20	9789	998.2	1.005	1.007	7.36	0.25	220
25	9779	997.1	0.894	0.897	7.26	0.33	222

30	9767	995.7	0.801	0.804	7.18	0.44	223
35	9752	994.1	0.723	0.727	7.10	0.58	224
40	9737	992.2	0.656	0.661	7.01	0.76	227
45	9720	990.2	0.599	0.605	6.92	0.98	229
50	9697	988.1	0.549	0.556	6.82	1.23	230
55	9779	985.7	0.506	0.513	6.74	1.61	231
60	9658	983.2	0.469	0.477	6.68	2.03	228
65	9635	980.6	0.436	0.444	6.58	2.56	226
70	9600	977.8	0.406	0.415	6.50	3.20	225
75	9589	974.9	0.380	0.390	6.40	3.96	223
80	9557	971.8	0.357	0.367	6.30	4.86	221
85	9529	968.6	0.336	0.347	6.20	5.93	217
90	9499	965.3	0.317	0.328	6.12	7.18	216
95	9469	961.9	0.299	0.311	6.02	8.62	211
100	9438	958.4	0.284	0.296	5.94	10.33	207

표 1-3 **표집대기압하에서의 몇 가지 액체의 물리적 성질**

[영국 단위]

액체	온도 T °F	밀도 ρ slugs/ft^3	비중 s −	체적단성계수 K psi	점성계수 $\mu\times10^5$ lb·s/ft^3	표면장력 σ lb/ft	증기압 p_v psia
벤젠	68	1.70	0.88	150,000	1.37	0.0020	1.45
4염화탄소	68	3.08	1.59	160,000	0.035	0.0018	1.90
원유	68	1.66	0.86	−	15.0	0.002	−
에틸알코올	68	1.53	0.79	175,000	2.51	0.0015	0.85
프레온 −12	60	2.61	1.35	−	3.10	−	−
	−30	2.91	−	−	3.82	−	−
가솔린	68	3.32	0.68	−	0.61	−	8.00
글리세린	68	2.44	1.26	630,000	3120	0.0043	0.000002
수소	−431	0.143	−	−	0.0435	0.0002	3.10
제트연료 (JP−4)	60	1.50	0.77	−	1.82	0.220	1.30
수은	60	26.3	13.57	3,800,000	3.26	0.0350	0.000025
	600	24.9	12.8	−	1.88	−	6.85
산소	−320	2.34	−	−	0.58	0.0010	3.10
소듐	600	1.70	−	−	0.690	−	−
	1000	1.60	−	−	0.472	−	−
물	68	1.936	1.00	300,000	2.10	0.0050	0.34

[SI 단위]

액체	온도 T ℃	밀도 ρ kg/m^3	비중 s –	체적단성 계수 K kN/m^2	점성계수 $\mu\times10^4$ $N\cdot s/m^2$	표면 장력 σ N/m	증기압 p_v kN/m^2abs
벤젠	20	876.2	0.88	1,034,250	6.56	0.029	10.0
4염화탄소	20	1587.4	1.59	1,103,200	9.74	0.026	13.1
원유	20	855.6	0.86	–	71.8	0.03	–
에틸알코올	20	788.6	0.79	1,206,625	12.0	0.022	5.86
프레온 -12	15.6	1345.2	1.35	–	14.8	–	–
	-34.4	1499.8	–	–	18.3	–	–
가솔린	20	680.3	0.68	–	2.9	–	55.2
글리세린	20	1257.6	1.26	4,343,850	14939	0.063	0.000014
수소	-257.2	73.7	–	–	0.21	0.0029	21.4
제트연료 (JP-4)	15.6	773.1	0.77	–	8.7	0.029	8.96
수은	15.6	13,555	13.57	26,201,000	15.6	0.51	0.00017
	315.6	12,833	12.8	–	9.0	–	47.2
산소	-195.6	1206.0	–	–	2.78	0.015	21.4
소듐	315.6	876.2	–	–	3.30	–	–
	537.8	824.62	–	–	2.26	–	–
물	20	998.2	1.00	2,068,500	10.1	0.073	2.34

표1-4 대기압하에서 공기의 물리적 질량(SI 단위)

온도		밀도	점성계수	동점성계수
T(℃)	T(K)	$\rho(kg/m^3)$	$\mu(Pa\cdot s)$	$\nu(m^2/s)$
-50	223	1.582	1.46×10^{-5}	0.921×10^{-5}
-40	233	1.514	1.51×10^{-5}	0.998×10^{-5}
-30	243	1.452	1.56×10^{-5}	1.08×10^{-5}
-20	253	1.394	1.61×10^{-5}	1.16×10^{-5}
-10	263	1.342	1.67×10^{-5}	1.24×10^{-5}
0	273	1.292	1.72×10^{-5}	1.33×10^{-5}
10	283	1.247	1.76×10^{-5}	1.42×10^{-5}
20	293	1.204	1.81×10^{-5}	1.51×10^{-5}
30	303	1.164	1.86×10^{-5}	1.60×10^{-5}
40	313	1.127	1.91×10^{-5}	1.69×10^{-5}
50	323	1.092	1.95×10^{-5}	1.79×10^{-5}
60	333	1.060	2.00×10^{-5}	1.89×10^{-5}
70	343	1.030	2.05×10^{-5}	1.99×10^{-5}

80	353	1.000	2.09×10^{-5}	2.09×10^{-5}
90	363	0.973	2.13×10^{-5}	2.19×10^{-5}
100	373	0.946	2.17×10^{-5}	2.30×10^{-5}
150	423	0.834	2.38×10^{-5}	2.85×10^{-5}
200	473	0.746	2.57×10^{-5}	3.45×10^{-5}
250	523	0.675	2.75×10^{-5}	4.08×10^{-5}
300	573	0.616	2.93×10^{-5}	4.75×10^{-5}

표 1-5 US 표집대기의 성질

고도 (m)	온도 (K)	p/p_0 (–)	ρ/ρ_0 (–)
-500	291.4	1.061	1.049
0	282.2	1.000*	1.000†
500	284.9	0.9421	0.9529
1000	281.7	0.8870	0.9075
1500	278.4	0.8345	0.8638
2000	275.2	0.7846	0.8217
2500	271.9	0.7372	0.7812
3000	268.7	0.6920	0.7423
3500	265.4	0.6492	0.7048
4000	262.2	0.6085	0.6689
4500	258.9	0.5700	0.6343
5000	255.7	0.5334	0.6012
6000	249.2	0.4660	0.5389
7000	242.7	0.4057	0.4817
8000	236.2	0.3519	0.4292
9000	229.7	0.3040	0.3813
10,000	223.3	0.2615	0.3376
11,000	216.8	0.2240	0.2978
12,000	216.7	0.1915	0.2546
13,000	216.7	0.1636	0.2176
14,000	216.7	0.1399	0.1860
15,000	216.7	0.1195	0.1590
16,000	216.7	0.1022	0.1359
17,000	216.7	0.08734	0.1162
18,000	216.7	0.07466	0.09930
19,000	216.7	0.06388	0.08489
20,000	216.7	0.05457	0.07258
22,000	218.6	0.03995	0.05266

24,000	220.6	0.02933	0.03832
26,000	222.5	0.02160	0.02797
28,000	224.5	0.01595	0.02047
30,000	226.5	0.01181	0.01503
40,000	250.4	0.002834	0.003262
50,000	270.7	0.007874	0.0008383
60,000	255.8	0.0002217	0.0002497
70,000	219.7	0.00005448	0.00007146
80,000	180.7	0.00001023	0.00001363
90,000	180.7	0.000001622	0.000002588

* $p_0 = 1.01325 \times 10^5 \text{N/m}^2$(absolute(=14.696 psia)

† $\rho_0 = 1.2250 \text{kg/m}^3 (= 0.002377 \text{slug/ft}^3)$

표 1-6 STP 상태에서 일반기체의 성질

기체	분자식	분자량 M_m	R^+ $(\frac{\text{J}}{\text{kg}\cdot\text{K}})$	C_p $(\frac{\text{J}}{\text{kg}\cdot\text{K}})$	C_v $(\frac{\text{J}}{\text{kg}\cdot\text{K}})$	$k=\frac{C_p}{C_v}$ (−)	R^+ $(\frac{\text{ft}\cdot\text{lbf}}{\text{lbm}\cdot\text{R}})$	C_p $(\frac{\text{Btu}}{\text{lbm}\cdot\text{R}})$	C_v $(\frac{\text{Btu}}{\text{lbm}\cdot\text{R}})$
공기	−	28.98	286.9	1004	717.4	1.40	53.33	0.2399	0.1719
이산화탄소	CO_2	44.01	188.9	840.4	651.4	1.29	35.11	0.2007	0.1556
일산화탄소	CO	28.1	296.8	1039	742.1	1.40	55.17	0.2481	0.1772
헬륨	He	4.003	2077	5225	3147	1.66	386.1	1.248	0.7517
수소	H_2	2.016	4124	14,180	10,060	1.41	766.5	3.388	2.402
메탄	CH_4	16.04	518.3	2190	1672	1.31	96.32	0.5231	0.3993
질소	N_2	28.01	296.8	1039	742.0	1.40	55.16	0.2481	0.1772
산소	O_2	32.00	259.8	909.4	649.6	1.40	48.29	0.2172	0.1551
증기	H_2O	18.02	461.4	~2000	~1540	~1.30	85.78	~0.478	~0.368

*STP = standard temperature and pressurem $T = 15℃(59°\text{F})$ and $\rho = 101.325 \text{kPa}$ absolute(14.696psia)

† $R = R_u/M_m; R_n = 8314.3 \text{J/kg mol} \cdot \text{K}(1545.3 \text{ft/lb mol} \cdot \text{R})$; $1 \text{Btu} = 778.2 \text{ft} \cdot \text{lbf}$

부록 II

단위 및 환산표

표 2-1 단위

SI 단위	양	단위	SI기호	공식
SI 기본단위	길이	meter	m	–
	질량	kilogram	kg	–
	시간	second	s	–
	온도	kelvin	K	–
SI 보조단위	각도	radian	rad	–
SI 유도단위	에너지	joule	J	N · m
	힘	newton	N	$kg \cdot m/s^2$
	동력	watt	W	J/s
	압력	pascal	Pa	N/m^2
	일	joule	J	N · m

SI 접두어	적산	접두어	SI기호
	$1{,}000{,}000{,}000{,}000 = 10^{12}$	tera	T
	$1{,}000{,}000{,}000 = 10^{9}$	giga	G
	$1{,}000{,}000 = 10^{6}$	mega	M
	$1000 = 10^{3}$	kilo	k
	$0.01 = 10^{-2}$	centi	c
	$0.001 = 10^{-3}$	milli	m
	$0.000001 = 10^{-6}$	micro	μ
	$0.000000001 = 10^{-9}$	nano	n
	$0.000000000001 = 10^{-12}$	pico	p

표 2-2 환산과 정의

기본환산단위	영국단위	SI값	근사 SI 값
길이	in	0.0254m	–
질량	lbm	0.45359237kg	0.4536kg
온도	°F	5/9K	–

(1) 정의

중력가속도 : $g = 9.8066\,m/s^2 (= 32.174\,ft/s^2)$

에너지 : Btu (British thermal unit)≡ 물 1lbm을 1°F 높이는 데 필요한 에너지의 양(1 Btu=778.2 ft·lbf), kilocalorie≡물 1kg을 1K 높이는데 필요한 에너지의 양(1kcal=4187J)

길이 : 1mile =5280ft, 1해리 =6076.1ft

동력 1HP≡550ft·lbf/s

압력 1bar=10^5Pa

온도 : 화씨 $t_F = \frac{9}{5} t_C + 32$($t_C$: degree Celsius, t_F: degree Fahrenheit)

degree Rankine $t_R = t_F + 459.67$, Kelvin $t_K = t_C + 273.15$(exact)

점도 : 1 poise≡0.1kg/m·s, 1 stokes≡0.0001m^2/s

체적 : 1ft^3 =7.48gal

(2) 유용한 단위 환산

길이 : 1m=3.281ft, 1cm = 0.3937 in, 1ft=0.3048m

면적 : $1m^2 = 10.764ft^2 = 1550in^2$, $1ft^2 = 0.0929m^2$

체적 : $1m^3 = 1000\ell = 35.315ft^3$, 1ℓ=1.057quarts, $1ft^3 = 0.02832m^3$

각도 : 1degree =0.01745rad, 1rad = 57.30degrees

질량 : 1kg=2.2046lbm, 1lb=453.59g=0.45359kgf

밀도 : $1kg/m^3 = 0.06243lbm/ft^3$, $1lbm/ft^3 = 16.02kg/m^3$

힘 : $1N = 0.2248lbf = 10^5 dynes$, 1lbf=4.448N

압력 : $1Pa = 1N/m^2 = 0.02089lbm/ft^3$, $1kPa = 0.14504lbf/in^2$

$1lbf/in^2(psi) = 6.8948kPa$, $1lbf/ft^2(psf) = 47.88Pa$,

1atm=101.3kPa =14.696psi =760mmHg(0℃에서)

온도 : K=℃+273.15=° R/1.8, ° R=1.8K

속도 : 1m/s =3.281fps=3.6km/hr, 1ft/s=0.3045m/s,

1mile/hr=0.4470m/s=1.609km/hr

1rpm=0.1047rad/s, 1rad/s=9.549km/hr

에너지 : 1J = 1N·m = 0.7376ft·lbf = 0.9478×10^{-3}Btu

1Btu−778.17 ft·lbf=1055J, 1ft·1bf=1.3558J

동력 : 1W = 1J/s = 0.7376ft·lbf/s = 1.341×10^{-3}HP

1HP=550ft·lbf/s=0.7475kW

점도 : 1Pa·s = 0.02089lbf·s/ft^2, 1m^2/s = 10.764ft^2/s

1lbf·s/ft^2 = 47.88Pa·s, 1ft^2/s = 0.09290m^2/s

부록 III

모멘트와 원심

(1) 1차모멘트(first moment)

그림 III-1에서 y축을 중심으로 한 면적모멘트는

$$\int_A x dA$$

y축과 평행한 축, 즉 $x=k$인 곳에서 모멘트는

$$\int_A (x-k)dA = \int_A x dA - kA \qquad (\text{III}-1)$$

그러므로 임의의 축을 중심으로 한 모멘트가 0인 상호 평행한 축들 $x=k=\bar{x}$를 생각할 수 있다. 이축을 **도심축**(centroidal axis)이라고 하며, 식(III-1)을 $\bar{x}$에 대하여 풀면

$$\bar{x} = \frac{1}{A}\int_A x dA \qquad (\text{III}-2)$$

마찬가지로 x축에 평행한 다른 도심축은

$$\bar{y} = \frac{1}{A}\int_A y dA \qquad (\text{III}-3)$$

이상과 같이 $x-y$평면에서 두 도심축이 교차하는 점 $(\bar{x},\ \bar{y})$를 면적의 **도심**(centroid)이라고 한다.

도심의 위치를 알면, 임의의 축에 대한 1차모멘트는 면적에 원심으로부터 축까지의 거리를 곱함으로써 구할 수 있다.

$$\int_A z dA = \bar{z} A \qquad (\text{III}-4)$$

3각 형에서 한 변에 평행한 도심축은 두 변으로부터 3분의 1의 높이에 존재하며, 반지름이 a인 반원에서의 지름으로부터 $4a/3\pi$인 곳에 있다.

yz평면에 대한 체적 $\mathcal{V}$의 1차모멘트를 취하면 원심까지의 거리는 다음과 같이 구할 수 있다.

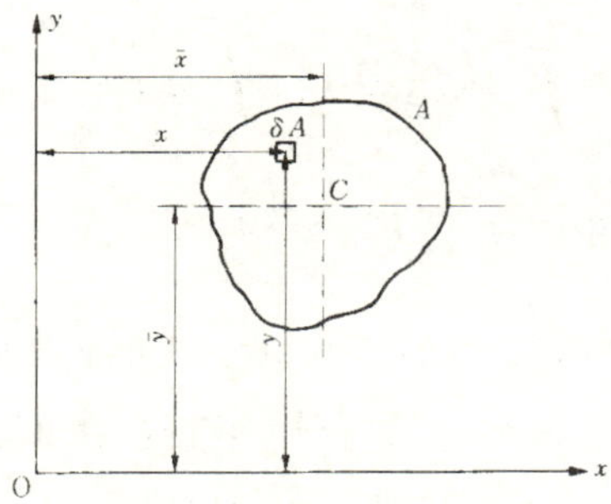

그림 Ⅲ-1

$$\bar{x} = \frac{1}{\mathcal{V}} \int_{\mathcal{V}} x d\mathcal{V} \quad (Ⅲ-5)$$

물체의 질량중심(mass center)도 동일한 방법으로 구할 수 있다.

$$x_m = \frac{1}{M} \int_M x dm \quad (Ⅲ-6)$$

여기서 dm은 미소질량이고 M은 전질량이다. 실제 공학에서는 여기서 말하는 질량중심이 그 물체의 **중심**(gravity center)이 된다.

(2) 2차 모멘트(second monents)

그림 Ⅲ-1에서 면적 2차모멘트는

$$I_y = \int_A x^2 dA \quad (Ⅲ-7)$$

이며, 이것을 면적의 **관성모멘트**(moment of inertia)라고 하며 dA가 양이므로 항상

양의 값을 갖는다. 면적의 도심 C를 지나는 축에 평행하게 변위시키면

$$I_C = \int_A (x-\bar{x})^2 dA = \int_A x^2 dA - 2\bar{x}\int_A x dA + \bar{x}^2 \int_A dA$$

그런데

$$\int_A x dA = \bar{x}A,\ \int_A x^2 dA = I_y,\ \int_A dA = A \text{이므로}$$

$$I_C = I_y - \bar{x}^2 A \text{ 또는 } I_y = I_C + \bar{x}^2 A \qquad (\text{III}-8)$$

즉, 임의의 축에 대한 면적의 관성모멘트는 원심을 지나는 평행한 축에 대한 관성모멘트와 면적과 두 축사이의 거리 제곱의 적과의 합임을 알 수 있다. 그림 Ⅲ-2는 네가지 간단한 면적들에 대한 관성모멘트를 나타낸다.

한 면적의 관성모멘트는 적 I_{xy}에서

$$I_{xy} = \int_A xy dA \qquad (\text{III}-9)$$

xy축에 평행한 원심축에 대한 관성모멘트의 적 $\bar{I}_{xy}$에서는

$$\bar{I}_{xy} = \int_A (x-\bar{x})(y-\bar{y}) dA$$
$$= \int_A xy dA - \bar{x}\int_A y dA - \bar{y}\int_A x dA + \bar{x}\bar{y}A$$

즉

$$\bar{I} = I_{xy} + \bar{x}\bar{y}A \qquad (\text{III}-10)$$

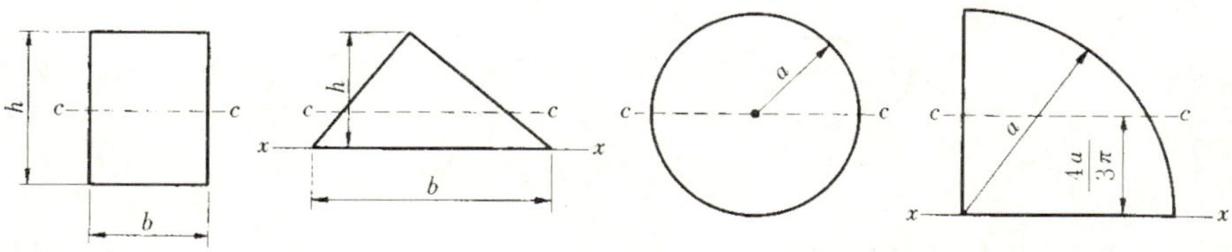

$I_c = \frac{1}{12} bh^3$ $\qquad I_c = \frac{1}{36} bh^3$, $I_{x-x} = \frac{1}{12} bh^3$ $\qquad I_c = \frac{\pi a^4}{4}$ $\qquad I_c = 0.0546\, a^4$, $I_{x-x} = \frac{\pi a^4}{16}$

그림 Ⅲ-2

축이 면적의 대칭축이 되면 관성모멘트의 적은 0이 된다. 변이 b, h인 3각형의 관성모멘트의 적 $\overline{\overline{I}}_{xy}$는 좌표축을 양으로 하였을 때 $b^2h^2/24$이 된다.

표 Ⅲ-1은 각종 도형에 대한 면적 또는 체적, 원심, 관성모멘트를 나타낸 것이다.

표 Ⅲ-1

도형명	도 형	면적 또는 체적	원심위치	I 또는 I_c
직4각형	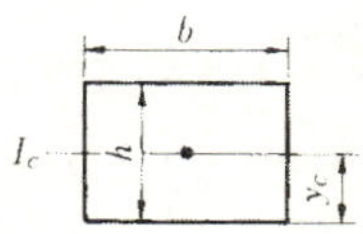	bh	$y_c = \frac{h}{2}$	$I_c = \frac{bh^3}{12}$
3각형	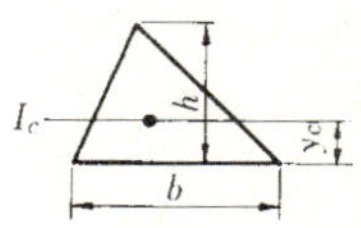	$\frac{bh}{2}$	$y_c = \frac{h}{3}$	$I_c = \frac{bh^3}{36}$
원	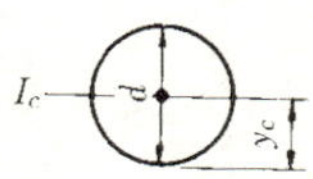	$\frac{\pi d^2}{4}$	$y_c = \frac{d}{2}$	$I_c = \frac{\pi d^4}{64}$
반원	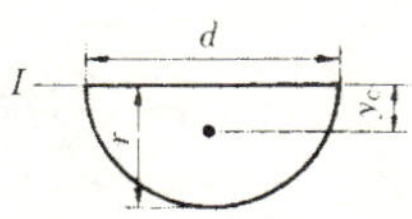	$\frac{\pi d^2}{8}$	$y_c = \frac{4r}{3\pi}$	$I = \frac{\pi d^4}{128}$
타원	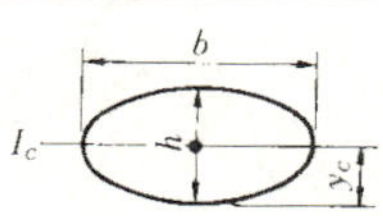	$\frac{\pi bh}{4}$	$y_c = \frac{h}{2}$	$I_c = \frac{\pi bh^3}{64}$

반타원	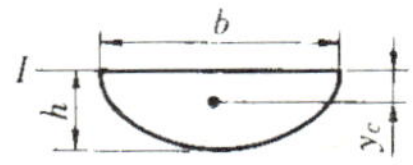	$\dfrac{\pi bh}{4}$	$y_c = \dfrac{4h}{3\pi}$	$I = \dfrac{\pi bh^3}{16}$
포물선	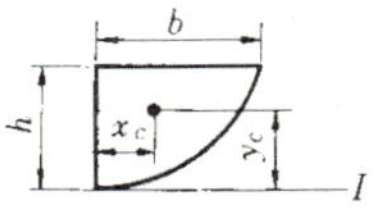	$\dfrac{2}{3}bh$	$y_c = \dfrac{3h}{5}$ $x_c = \dfrac{3b}{8}$	$I = \dfrac{2bh^3}{7}$
원통	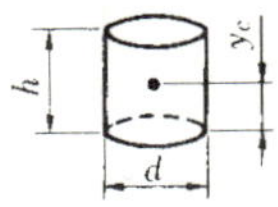	$\dfrac{\pi d^2 h}{4}$	$y_c = \dfrac{h}{2}$	
원추	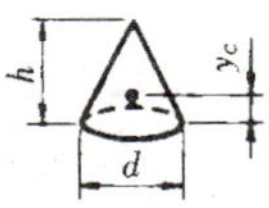	$\dfrac{1}{3}(\dfrac{\pi d^2 h}{4})$	$y_c = \dfrac{h}{4}$	
포물선회전체	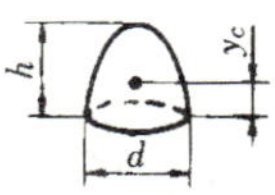	$\dfrac{1}{2}(\dfrac{\pi d^2 h}{4})$	$y_c = \dfrac{h}{3}$	
구		$\dfrac{\pi d^3}{6}$	$y_c = \dfrac{d}{2}$	
반구	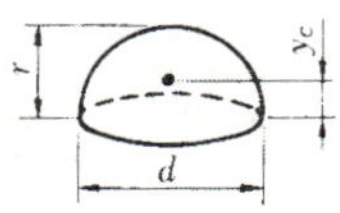	$\dfrac{\pi d^3}{12}$	$y_c = \dfrac{3r}{8}$	

부록Ⅳ

벡터의 개념과 해석

(1) 벡터부호

scalar는 a, b 등으로 나타내고 벡터량은 $\mathbf{a}$, $\mathbf{b}$등으로 나타내기로 한다. x, y, z 방향에 대한 단위벡터 $\mathbf{i}$, $\mathbf{j}$, $\mathbf{k}$로 각각 나타내면, 벡터는 다음과 같은 성분으로 표시된다.

$$\mathbf{a} = a_x\mathbf{i} + a_y\mathbf{j} + a_z\mathbf{k} \tag{Ⅳ-1}$$

원통좌표에서는 r, θ, z 방향에 대한 단위벡터를 각각 $\mathbf{i}_r$, $\mathbf{i}_\theta$, $\mathbf{i}_z$라고 하면 $\mathbf{a}$방향에 대한 단위벡터는

$$\mathbf{i}_a = \frac{\mathbf{a}}{|\mathbf{a}|}$$

여기서 $|\mathbf{a}|$는 $\mathbf{a}$의 크기이다. 그림 Ⅳ-1에서 우리는 $|\mathbf{a}|$를 a_x, a_y, a_z의 항으로 나타낼 수 있다. 3각혀의 법칙에 의하여

$$c^2 = (a_x)^2 + (a_z)^2$$

또 $$[|\mathbf{a}|]^2 = c^2 + (a_y)^2$$

또는 $$|\mathbf{a}| = \sqrt{(a_x)^2 + (a_y)^2 + (a_z)^2} \tag{Ⅳ-2}$$

벡터는 평행사변형의 법칙에 의하여 크기와 방향에 따라 합을 구할 수 있다.(그림 Ⅳ-2)

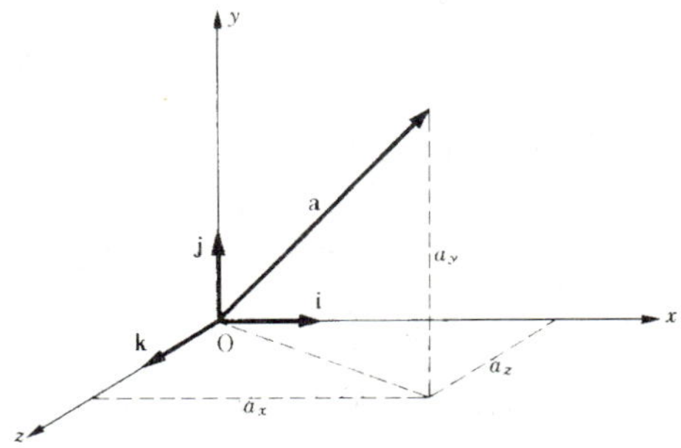

그림 IV-1

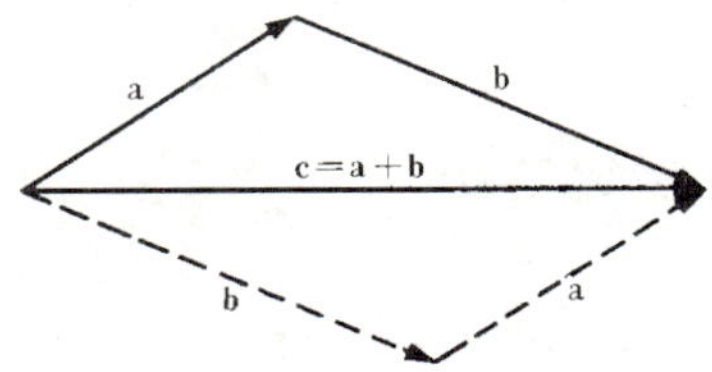

그림IV-2

$$\mathbf{c} = \mathbf{a} + \mathbf{b}$$

또 $$\mathbf{c} = c_x\mathbf{i} + c_y\mathbf{j} + c_z\mathbf{k}$$

$$= a_x\mathbf{i} + a_y\mathbf{j} + a_z\mathbf{k} + b_x\mathbf{i} + b_y\mathbf{j} + b_z\mathbf{k}$$

$$\mathbf{c} = (a_x + b_x)\mathbf{i} + (a_y + b_y)\mathbf{j} + (a_z + b_z)\mathbf{k}$$

그러므로

$$c_x = a_x + b_x$$

$$c_y = a_y + b_y$$

$$c_z = a_z + b_z$$

벡터 **d**가 0이 되면 $d_x = d_y = d_z = 0$이 된다.

(2) 벡터 적

(a) **dot**적 : scalar product

두 벡터 **a**·**b**로서 다음과 같이 정의한다.

$$\mathbf{a} \cdot \mathbf{b} = |\mathbf{a}||\mathbf{b}|\cos\theta_{ab} \qquad \text{(IV-4)}$$

여기서 θ_{ab}는 벡터들 사이의 각이다. 식(IV-4)는 물리적으로 |**a**|와 **a**방향으로의 성분 |**b**|와 적을 나타낸다. $\theta_{ab} < \pi/2$이면 크기는 양이고 $\theta_{ab} > \pi/2$이면 음이며,

$\theta_{ab}=\pi/2$이면, $\mathbf{a}\cdot\mathbf{b}=0$이 된다.

x, y, z좌표계에서 단위벡터들은 dot적은

$$\begin{array}{lll} \mathbf{i}\cdot\mathbf{i}=1 & \mathbf{j}\cdot\mathbf{i}=0 & \mathbf{k}\cdot\mathbf{i}=0 \\ \mathbf{i}\cdot\mathbf{j}=0 & \mathbf{j}\cdot\mathbf{j}=1 & \mathbf{k}\cdot\mathbf{j}=0 \\ \mathbf{i}\cdot\mathbf{k}=0 & \mathbf{j}\cdot\mathbf{k}=0 & \mathbf{k}\cdot\mathbf{k}=1 \end{array}$$

그러므로

$$\mathbf{a}\cdot\mathbf{b}=(a_x\mathbf{i}+a_y\mathbf{j}+a_z\mathbf{k})\cdot(b_x\mathbf{i}+b_y\mathbf{j}+b_z\mathbf{k})$$

$$\mathbf{a}\cdot\mathbf{b}=a_xb_x+a_yb_y+a_zb_z \qquad (\text{Ⅳ}-5)$$

식 (Ⅳ-5)로부터

(i) dot 적은 교환법칙이 성립한다. 즉 $\mathbf{a}\cdot\mathbf{b}=\mathbf{b}\cdot\mathbf{a}$이다. 식(Ⅳ-5)에서 $a_xb_x=b_xa_x$ 등.

(ii) dot 적은 분배법칙이 성립하는데, $\mathbf{a}\cdot(\mathbf{b}+\mathbf{c})=\mathbf{a}\cdot\mathbf{b}+\mathbf{a}\cdot\mathbf{c}$이다. 식(Ⅳ-3), (Ⅳ-5)에서

$$\begin{aligned} \mathbf{a}\cdot(\mathbf{b}+\mathbf{c}) &= (a_x\mathbf{i}+\cdots)\cdot[(b_x+c_x)\mathbf{i}+\cdots] \\ &= a_x(b_x+c_x)+\cdots \end{aligned}$$

$$\mathbf{a}\cdot(\mathbf{b}+\mathbf{c})=a_xb_x+a_xc_x+\cdots=\mathbf{a}\cdot\mathbf{b}+\mathbf{a}\cdot\mathbf{c}$$

(iii) dot 적은 결합법칙이 성립하지 않는다. $\mathbf{a}(\mathbf{b}\cdot\mathbf{c})\neq(\mathbf{a}\cdot\mathbf{b})\mathbf{c}$, $\mathbf{b}\cdot\mathbf{c}$는 scalar이므로 $\mathbf{a}(\mathbf{b}\cdot\mathbf{c})=\alpha\mathbf{a}$이며, 마찬가지로 $(\mathbf{a}\cdot\mathbf{b})\mathbf{c}=\beta\mathbf{c}$이다. 벡터는 크기와 방향을 가지므로 $\alpha\mathbf{a}\neq\beta\mathbf{c}$이다.

거리 $d\mathbf{s}$에서 힘 $\mathbf{F}$로서 한 일의 양은 scalar이므로

$$dW=|\mathbf{F}|\cos\theta_{FS}|d\mathbf{s}|=\mathbf{F}\cdot d\mathbf{s}$$

체적유량은 면적 dA이다. 여기서 수직한 속도 $\mathbf{V}$, 그리고 시간이 주어지기위해 dA에 수직한 벡터 $d\mathbf{A}$를 취하면

$$dQ = |\mathrm{V}|\cos\theta_{v}d_{A}|d\mathrm{A}| = \mathrm{V}\cdot d\mathrm{A}$$

(b) **cross(x)적** : vector product

두 벡터 a와 b의 cross적은 a×b로 표시되며, 다음과 같은 성질을 가지고 있다.

(i) $|\mathrm{a}\times\mathrm{b}| = |\mathrm{a}||\mathrm{b}|\sin\theta_{ab}$이다. a와 b가 평행이면 $\sin\theta_{ab} = 0$이므로 $\mathrm{a}\times\mathrm{b} = 0$이다.

(ii) a×b는 a와 b에 모두 수직한 벡터이다.

(iii) a×b의 방향은 오른손으로 법칙을 따른다. 즉 a는 b로 회전하므로 a×b는 오른손 엄지손가락의 방향을 가리킨다.(그림 Ⅳ-3참조)

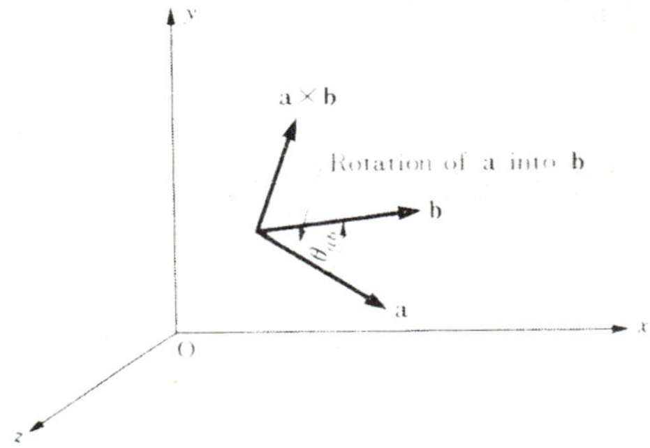

그림 Ⅳ-3

단위벡터들은 cross적은

$$\begin{array}{lll} \mathrm{i}\times\mathrm{i}=0 & \mathrm{j}\times\mathrm{i}=-\mathrm{k} & \mathrm{k}\times\mathrm{i}=\mathrm{j} \\ \mathrm{i}\times\mathrm{j}=\mathrm{k} & \mathrm{j}\times\mathrm{j}=0 & \mathrm{k}\times\mathrm{j}=-\mathrm{i} \\ \mathrm{i}\times\mathrm{k}=-\mathrm{j} & \mathrm{j}\times\mathrm{k}=\mathrm{i} & \mathrm{k}\times\mathrm{k}=0 \end{array}$$

cross적 a×b는 행열식으로 계산할 수가 있다.

$$\mathrm{a}\times\mathrm{b} = \begin{bmatrix} \mathrm{i} & \mathrm{j} & \mathrm{k} \\ a_x & a_y & a_z \\ b_x & b_y & b_z \end{bmatrix} \qquad (\text{Ⅳ}-6)$$

전개하면

$$\mathbf{a}\times\mathbf{b}=\mathbf{i}(a_y b_z - a_z b_y)+(-\mathbf{j})(a_x b_z - a_z b_x)+\mathbf{k}(a_x b_y - a_y b_x)$$

또는

$$\mathbf{a}\times\mathbf{b}=\mathbf{i}(a_y b_z - a_z b_y)+\mathbf{j}(a_x b_z - a_z b_x)+\mathbf{k}(a_x b_y - a_y b_x) \qquad (\text{Ⅳ}-6\text{a})$$

식(Ⅳ-6)을 이용하여

(i) cross적은 교환법칙이 성립하지 않는데, $\mathbf{a}\times\mathbf{b}\neq\mathbf{b}\times\mathbf{a}$이다. 두 열과 행을 바꾸면 행열식○의 부호가 바뀐다. 그러므로 $\mathbf{a}\times\mathbf{b}=-\mathbf{b}\times\mathbf{a}$이다.

(ii) cross적은 분배법칙이 성립한다. $\mathbf{a}\times(\mathbf{b}+\mathbf{c})=\mathbf{a}\times\mathbf{b}+\mathbf{a}\times\mathbf{c}$

(iii) cross적은 결합법칙이 성립하지 않는다. $\mathbf{a}\times(\mathbf{b}\times\mathbf{c})\neq(\mathbf{a}\times\mathbf{b})\times\mathbf{c}$, $\mathbf{b}=\mathbf{c}$인 경우를 생각하면, 좌측에서 $\mathbf{a}\times(\mathbf{b}\times\mathbf{c})=\mathbf{a}\times 0=0$이다. 그러나 $\mathbf{a}\times\mathbf{b}\neq 0$이며 우측에서서는 $(\mathbf{a}\times\mathbf{b})\times\mathbf{c}\neq 0$이다. 그러므로 $\mathbf{a}\times(\mathbf{b}\times\mathbf{c})\neq(\mathbf{a}\times\mathbf{b})\times\mathbf{c}$이다.

cross적은 토크의 공식에서나 물체에 작용하는 모멘트에 응용하고 있다. 물리적으로 토크는 r에 수직한 힘 F 성분의 $|\mathbf{r}|$배라고 할 수 있다. 물체에 대한 그림 Ⅳ-4로부터

$$|\mathbf{T}|=|\mathbf{r}||\mathbf{F}|\sin\theta_{rF}$$

또는 $\mathbf{T}=\mathbf{r}\times\mathbf{F}$

즉, 오른손의 법칙이다.

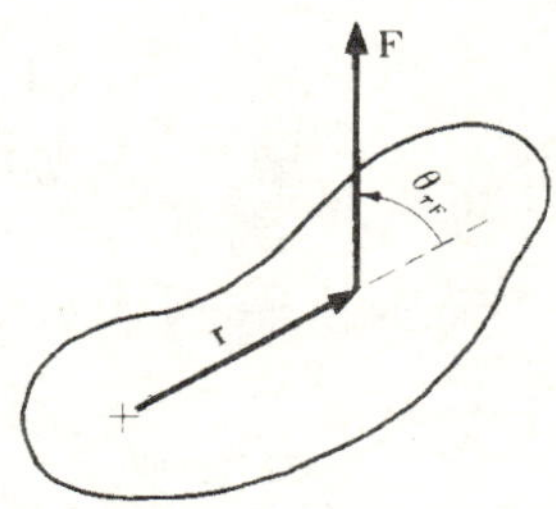

그림 Ⅳ-4

(3) 벡터의 미분

일반미분 방법을 벡터미분에 적용하여 보자. 벡터 $\mathbf{a}=\mathbf{a}(t)$를 생각하면, 직각 좌표계에서 $a_x=a_x(t)$이므로

$$\frac{d\mathbf{a}}{dt}=\lim_{\Delta t\to 0}\frac{\mathbf{a}(t+\Delta t)-\mathbf{a}(t)}{\Delta t}$$

$$\frac{d\mathbf{a}}{dt}=\lim_{\Delta t\to 0}\frac{[\alpha_x(t+\Delta t)-\alpha_x(t)\mathbf{i}+\cdots}{\Delta t}$$

각 항의 극한식을 취하면

$$\frac{d\mathbf{a}}{dt}=\lim_{\Delta t\to 0}\frac{\alpha_x(t+\Delta t)-\alpha_x(t)}{\Delta t}\mathbf{i}+\lim_{\Delta t\to 0}\frac{\alpha_y(t+\Delta t)-\alpha_y(t)}{\Delta t}\mathbf{j}+\cdots$$

또는

$$\frac{d\mathbf{a}}{dt}=\frac{da_x}{dt}\mathbf{i}+\frac{da_y}{dt}\mathbf{j}+\frac{da_z}{dt}\mathbf{k} \qquad \text{(IV-7)}$$

마찬가지로 $\mathbf{a}=\mathbf{a}(x,\ y,\ z)$, 즉 $a_x=a_x(x,\ y,\ z)$이면

$$\frac{\partial\mathbf{a}}{\partial x}=\lim_{\Delta t\to 0}\frac{\mathbf{a}(x+\Delta x,\ y,z)-\mathbf{a}(x,\ y,\ z)}{\Delta x}$$

$$\frac{\partial\mathbf{a}}{\partial x}=\frac{\partial a_x}{\partial x}\mathbf{i}+\frac{\partial a_y}{\partial x}\mathbf{j}+\frac{\partial a_x}{\partial x}\mathbf{k} \qquad \text{(IV-8)}$$

원통좌표계에서 단위벡터 $\mathbf{i}_r$과 $\mathbf{i}_\theta$는 θ의 함수이다.

$$\frac{\partial\mathbf{i}_r}{\partial\theta}=\mathbf{i}_\theta,\quad \frac{\partial\mathbf{i}_\theta}{\partial\theta}=-\mathbf{i}_r$$

결국 원통좌표에서 $\mathbf{a}=\mathbf{a}(r,\ \theta,\ z)$, 즉 $a_r=a_r(r,\ \theta,\ z)$이면

$$\frac{\partial\mathbf{a}}{\partial\theta}=\frac{\partial a_r}{\partial\theta}\mathbf{i}_r+a_r\frac{\partial\mathbf{i}_r}{\partial\theta}+\cdots=\frac{\partial a_r}{\partial\theta}\mathbf{i}_r+a_r\mathbf{i}_\theta+\cdots$$

(4) 벡터연산자(▽)

(a) **▽의 정의** : 수학적인 계산에서 때때로 간단한 부호가 필요한 연산의 경우가 있다. 벡터연산자 ▽(del)는 다음과 같이 정의되어 있다.

$$\nabla\equiv\mathbf{i}\frac{\partial}{\partial x}+\mathbf{j}\frac{\partial}{\partial y}+\mathbf{k}\frac{\partial}{\partial z}\ \text{(Cartesian 좌표)}$$

$$\nabla \equiv \mathbf{i}_r \frac{\partial}{\partial r} + \mathbf{i}_\theta \frac{1}{r} \cdot \frac{\partial}{\partial \theta} + \mathbf{i}_z \frac{\partial}{\partial z} \text{(원통좌표)} \qquad (\text{IV}-9)$$

(b) **grad(gradient)** : ∇가 미분가능한 scalar 함수(또는 장)에 운용될 때, 그 결과를 '**grad**(gradient)'라고 한다. $\phi(x,\ y,\ z)$가 scalar장이라면

$$\nabla\phi = \text{grad}\phi = \mathbf{i}\frac{\partial\phi}{\partial x} + \mathbf{j}\frac{\partial\phi}{\partial y} + \mathbf{k}\frac{\partial\phi}{\partial z} \qquad (\text{IV}-10)$$

여기서 ϕ는 scalar 장이고 gradϕ는 벡터장이다. $\nabla\phi$는 일정한 ϕ면에 수직한 벡터이다. 그것의 크기와 방향은 ϕ의 증가의 가장 큰 공간비의 크기와 방향을 나타낸다. 압력기울기(pressure gradient)∇p는 유체역학에 아주 중요하다.

(c) **divergence : div**

dot 적이 ∇과 벡터함수(또는 장)로 되어 있을 때 이를 **발산(divergence)**라고 한다. Cartesian 좌표에서 $\mathbf{V} = \mathbf{V}(x, y,\ z)$이면

$$\begin{aligned}
\nabla\cdot\mathbf{V} &= \text{divergence } \mathbf{V} = \text{div } \mathbf{V} \\
&= \left(\mathbf{i}\frac{\partial}{\partial x} + \mathbf{j}\frac{\partial}{\partial y} + \mathbf{k}\frac{\partial}{\partial z}\right)\cdot\left(V_x\mathbf{i} + V_y\mathbf{j} + V_z\mathbf{k}\right) \\
&= \mathbf{i}\cdot\frac{\partial V_x}{\partial x}\mathbf{i} + \underline{\mathbf{i}\cdot V_x\frac{\partial \mathbf{i}}{\partial x}} + \mathbf{j}\cdot\frac{\partial V_y}{\partial y}\mathbf{j} + \underline{\mathbf{j}\cdot V_y\frac{\partial \mathbf{j}}{\partial y}} \\
&\quad + \mathbf{k}\cdot\frac{\partial V_z}{\partial x}\mathbf{k} + \underline{\mathbf{k}\cdot V_z\frac{\partial \mathbf{k}}{\partial z}}
\end{aligned} \qquad (\text{IV}-11)$$

밑줄 친 항은 0이 되므로

$$\nabla\cdot\mathbf{V} = \frac{\partial V_x}{\partial x} + \frac{\partial V_y}{\partial y} + \frac{\partial V_z}{\partial z} \text{(Cartesian 좌표)} \qquad (\text{IV}-12)$$

원통좌표에서 $\mathbf{V} = \mathbf{V}(r,\ \theta,\ z)$이면

$$\nabla\cdot\mathbf{V} = \left(\mathbf{i}_r\frac{\partial}{\partial r} + \mathbf{i}_\theta\frac{1}{r}\cdot\frac{\partial}{\partial\theta} + \mathbf{i}_z\frac{\partial}{\partial z}\right)\cdot\left(\mathbf{i}_r V_r + \mathbf{i}_\theta V_\theta + \mathbf{i}_z V_z\right)$$

$$= \underline{\mathrm{i}_r \cdot \frac{\partial \mathrm{i}_r}{\partial r} V_r} + \mathrm{i}_r \cdot \mathrm{i}_r \frac{\partial V_r}{\partial r} + \mathrm{i}_\theta \cdot \frac{1 \partial \mathrm{i}_r}{r \partial \theta} V_r + \mathrm{i}_\theta \cdot \mathrm{i}_\theta \cdot \frac{1}{r} \frac{\partial V_\theta}{\partial \theta}$$

$$+ \underline{\mathrm{i}_z \cdot \frac{\partial \mathrm{i}_z}{\partial z} V_z} + \mathrm{i}_z \cdot \mathrm{i}_z \frac{\partial V_z}{\partial z} \qquad (\text{IV}-13)$$

밑줄 친 항은 0이 되므로

$$\nabla \cdot \mathrm{V} = \frac{\partial V_r}{\partial r} + \mathrm{i}_\theta \cdot \frac{1}{r} \cdot \frac{\partial \mathrm{i}_r}{\partial \theta} V_r + \frac{1 \partial V_\theta}{r \partial \theta} + \frac{\partial V_z}{\partial z} \qquad (\text{IV}-14)$$

그런데 $\frac{\partial \mathrm{i}_r}{\partial \theta} = \mathrm{i}_\theta$이므로

$$\nabla \cdot \mathrm{V} = \frac{\partial V_r}{\partial r} + \frac{V_r}{r} + \frac{1}{r} \cdot \frac{\partial V_\theta}{\partial \theta} + \frac{\partial V_z}{\partial z} \qquad (\text{IV}-15)$$

여기서

$$\frac{\partial V_r}{\partial r} + \frac{V_r}{r} = \frac{1}{r} \cdot \frac{\partial}{\partial r}(r V_r) \text{이므로}$$

$$\nabla \cdot \mathrm{V} = \frac{1}{r} \cdot \frac{\partial}{\partial r}(r V_r) + \frac{1}{r} \cdot \frac{\partial V_\theta}{\partial \theta} + \frac{\partial V_z}{\partial x} \text{(원통좌표)} \qquad (\text{IV}-16)$$

여기서 V가 벡터장이므로 $\nabla \cdot \mathrm{V}$는 단위질량당의 미소 제어체적으로부xjj 유동하는 유체의 체적유량이다. 비압축성 유동에 대하여는 $\nabla \cdot \mathrm{V} = 0$, 즉 미소제어체적으로부터의 유량은 0이 된다.

(d) curl : rot

cross적이 ∇와 속도장 사이의 관계로 되어 있을 때 이를 curl(rot)이라고 한다. $\mathrm{V} = \mathrm{V}(x,\ y,\ z)$이면 Cartesian 좌표에서

$$\nabla\times \mathrm{V}=\text{curl}\, V=\begin{bmatrix} \mathrm{i} & \mathrm{j} & \mathrm{k} \\ \dfrac{\partial}{\partial x} & \dfrac{\partial}{\partial y} & \dfrac{\partial}{\partial z} \\ V_x & V_y & V_z \end{bmatrix} \qquad (\text{Ⅳ}-17)$$

$$\nabla\times \mathrm{V}=\mathrm{i}\left(\frac{\partial V_z}{\partial y}-\frac{\partial V_y}{\partial z}\right)+\mathrm{j}\left(\frac{\partial V_x}{\partial z}-\frac{\partial V_z}{\partial x}\right)$$
$$+\mathrm{k}\left(\frac{\partial V_y}{\partial x}-\frac{\partial V_x}{\partial y}\right) \qquad (\text{Ⅳ}-18)$$

원통좌표에서는 $\mathrm{V}=\mathrm{V}(r,\ \theta,\ z)=\mathrm{i}_r V_r+\mathrm{i}_\theta V_\theta+\mathrm{i}_z V_z$이다. 단위벡터는 각 θ와 함께 변화하므로

$$\nabla\times \mathrm{V}=\left(\mathrm{i}_r\frac{\partial}{\partial r}+\mathrm{i}_\theta\frac{1}{r}\cdot\frac{\partial}{\partial\theta}+\mathrm{i}_z\frac{\partial}{\partial z}\right)\times(\mathrm{i}_r V_r+\mathrm{i}_\theta V_\theta+\mathrm{i}_z V_z)$$
$$=\mathrm{i}_r\frac{\partial}{\partial r}\times\mathrm{i}_r V_r+\mathrm{i}_r\frac{\partial}{\partial r}\times\mathrm{i}_\theta V_\theta+\mathrm{i}_r\frac{\partial}{\partial r}\times\mathrm{i}_z V_z$$
$$+\mathrm{i}_\theta\frac{1}{r}\cdot\frac{\partial}{\partial\theta}\times\mathrm{i}_r V_r+\mathrm{i}_\theta\frac{1}{r}\cdot\frac{\partial}{\partial\theta}\times\mathrm{i}_\theta V_\theta+\mathrm{i}_\theta\frac{1}{r}\cdot\frac{\partial}{\partial\theta}\times\mathrm{i}_z V_z$$
$$+\mathrm{i}_z\frac{\partial}{\partial z}\times\mathrm{i}_r V_r+\mathrm{i}_z\frac{\partial}{\partial z}\times\mathrm{i}_\theta V_\theta+\mathrm{i}_\theta\frac{\partial}{\partial z}\times\mathrm{i}_z V_z \qquad (\text{Ⅳ}-19)$$

$$\nabla\times \mathrm{V}=\underline{\mathrm{i}_r\times\mathrm{i}_r\frac{\partial V_r}{\partial r}}+\underline{\mathrm{i}_r\times V_r\frac{\partial \mathrm{i}_r}{\partial r}}+\mathrm{i}_r\times\mathrm{i}_\theta\frac{\partial V_\theta}{vr}+\underline{\mathrm{i}_r\times V_\theta\frac{\partial \mathrm{i}_\theta}{\partial r}}$$
$$+\mathrm{i}_r\times\mathrm{i}_z\frac{\partial V_z}{\partial r}+\underline{\mathrm{i}_r\times V_z\frac{\partial \mathrm{i}_z}{\partial r}}$$
$$+\mathrm{i}_\theta\times\mathrm{i}_r\frac{1}{r}\cdot\frac{\partial V_r}{\partial\theta}+\mathrm{i}_\theta\times V_r\frac{1}{r}\cdot\frac{\partial \mathrm{i}_r}{\partial\theta}+\mathrm{i}_\theta\times\underline{\mathrm{i}_\theta\frac{1}{r}\cdot\frac{\partial V_\theta}{\partial\theta}}$$
$$+\mathrm{i}_\theta\times V_\theta\frac{1}{r}\cdot\frac{\partial \mathrm{i}_\theta}{\partial\theta}+\mathrm{i}_\theta\times\mathrm{i}_z\frac{1}{r}\cdot\frac{\partial V_z}{\partial\theta}+\mathrm{i}_\theta\times\underline{V_z\frac{1}{r}\cdot\frac{\partial \mathrm{i}_x}{\partial\theta}}$$
$$+\mathrm{i}_z\times\mathrm{i}_r\frac{\partial V_r}{\partial z}+\underline{\mathrm{i}_z\times V_r\frac{\partial \mathrm{i}_r}{\partial z}}+\mathrm{i}_z\times\mathrm{i}_\theta\frac{\partial V_\theta}{\partial z}+\underline{\mathrm{i}_z\times V_\theta\frac{\partial \mathrm{i}_\theta}{\partial z}}$$

$$+\underline{\mathrm{i}_z \times \mathrm{i}_z \frac{\partial Vz}{\partial z}} + \underline{\mathrm{i}_z \times V_z \frac{\partial \mathrm{i}_z}{\partial z}} \tag{IV-20}$$

윗식의 밑줄 친 항은 0이 되며, $\dfrac{\partial \mathrm{i}_r}{\partial \theta} = \mathrm{i}_\theta$, $\dfrac{\partial \mathrm{i}_\theta}{\partial \theta} = -\mathrm{i}_r$가 성립하므로

$$\begin{aligned}\nabla \times \mathrm{V} = &\mathrm{i}_z \frac{\partial V_\theta}{\partial r} - \mathrm{i}_\theta \frac{\partial V_z}{\partial r} - \mathrm{i}_z \frac{1}{r} \cdot \frac{\partial V_r}{\partial \theta} + \mathrm{i}_z \frac{V_\theta}{r} \\ &+ \mathrm{i}_r \frac{1}{r} \cdot \frac{\partial V_z}{\partial \theta} + \mathrm{i}_\theta \frac{\partial V_r}{\partial z} - \mathrm{i}_r \frac{\partial V_\theta}{\partial z}\end{aligned} \tag{IV-21}$$

결국

$$\begin{aligned}\nabla \times \mathrm{V} = &\mathrm{i}_r \left(\frac{1}{r} \cdot \frac{\partial V_z}{\partial \theta} - \frac{\partial V_\theta}{\partial z} \right) + \mathrm{i}_\theta \left(\frac{\partial V_r}{\partial z} - \frac{\partial V_z}{\partial r} \right) \\ &+ \mathrm{i}_z \frac{1}{r} \left\{ \frac{\partial}{\partial r}(r V_\theta) - \frac{\partial V_r}{\partial \theta} \right\}\end{aligned} \tag{IV-22}$$

방정식(IV-13)은 회전운동의 식이므로

$$\nabla \times \mathrm{V} = 2\omega \tag{IV-23}$$

여기서 V는 **속도벡터**이며 ω는 유체입자에 대한 **회전벡터**이다. 그러므로 속도의 curl은 장의 회전과 관련이 있다.

(e) Laplacian; ∇^2

또 다른 연산자문제가 dot적 $\nabla \cdot \nabla$의 계산과정에서 대두되는 때가 많다. 이 연산자를 Laplacian이라 하며, ∇^2 기호로서 나타내고, Cartesian 좌표에서

$$\nabla^2 = \nabla \cdot \nabla = \frac{\partial^2}{\partial x^2} + \frac{\partial^2}{\partial y^2} + \frac{\partial^2}{\partial z^2} \tag{IV-24}$$

원통좌표에서는

$$\nabla^2 = \nabla \cdot \nabla = \left(\mathrm{i}_r \frac{\partial}{\partial r} + \mathrm{i}_\theta \frac{1}{r} \cdot \frac{\partial}{\partial \theta} + \mathrm{i}_z \frac{\partial}{\partial z} \right)$$

$$\cdot\left(\mathrm{i}_r\frac{\partial}{\partial r}+\mathrm{i}_\theta\frac{1}{r}\cdot\frac{\partial}{\partial\theta}+\mathrm{i}_z\frac{\partial}{\partial z}\right)$$

$$=\frac{\partial^2}{\partial r^2}+\mathrm{i}_\theta\cdot\frac{1}{r}\left(\frac{\partial\mathrm{i}_r}{\partial\theta}\cdot\frac{\partial}{\partial r}+\mathrm{i}_r\frac{\partial^2}{\partial\theta\partial r}\right.$$

$$\left.+\frac{\partial\mathrm{i}_\theta}{\partial\theta}\cdot\frac{1}{r}\cdot\frac{\partial}{\partial\theta}+\mathrm{i}_\theta\frac{1}{r}\cdot\frac{\partial^2}{\partial\theta^2}\right)+\frac{\partial^2}{\partial z^2} \tag{Ⅳ-25}$$

$\frac{\partial\mathrm{i}_r}{\partial\theta}=\mathrm{i}_\theta$, $\frac{\partial\mathrm{i}_\theta}{\partial\theta}=-\mathrm{i}_r$이므로

$$\nabla^2=\frac{\partial^2}{\partial r^2}+\frac{1}{r}\cdot\frac{\partial}{\partial r}+\frac{1}{r^2}\cdot\frac{\partial^2}{\partial\theta^2}+\frac{\partial^2}{\partial z^2}$$

그런데

$$\frac{\partial^2}{\partial r^2}+\frac{1}{r}\cdot\frac{\partial}{\partial r}=\frac{1}{r}\cdot\frac{\partial}{\partial r}\left(r\frac{\partial}{\partial r}\right)$$

즉

$$\nabla^2=\frac{1}{r}\cdot\frac{\partial}{\partial r}\left(r\frac{\partial}{\partial r}\right)+\frac{1}{r^2}\cdot\frac{\partial^2}{\partial\theta^2}+\frac{\partial^2}{\partial z^2} \tag{Ⅳ-26}$$

유동함수 ψ와 속도퍼텐셜 ϕ는 Laplace 방정식을 만족한다.

$$\nabla^2\psi=\nabla^2\phi=0 \tag{Ⅳ-27}$$

이는 2차원, 비회전, 비압축성 유동의 경우이다. 또 정상상태에서 열전도는 $\nabla^2 T=0$이다.

(5) 벡터항등식

(a) $\nabla\times\nabla\phi=0$: 이 항등식은 Cartesian 좌표에서 다음과 같이 전개된다.

$$\nabla\times\nabla\phi=\nabla\times\left(\mathbf{i}\frac{\partial\phi}{\partial x}+\mathbf{j}\frac{\partial\phi}{\partial y}+\mathbf{k}\frac{\partial\phi}{\partial z}\right)$$

$$=\begin{bmatrix}\mathbf{i} & \mathbf{j} & \mathbf{k}\\ \frac{\partial}{\partial x} & \frac{\partial}{\partial y} & \frac{\partial}{\partial z}\\ \frac{\partial\phi}{x} & \frac{\partial\phi}{y} & \frac{\partial\phi}{z}\end{bmatrix} \qquad (\text{IV}-28)$$

$$\nabla\times\nabla\phi=\mathbf{i}\left(\frac{\partial^2\phi}{\partial y\partial z}-\frac{\partial^2\phi}{\partial z\partial y}\right)+\mathbf{j}\left(\frac{\partial^2\phi}{\partial z\partial x}+\frac{\partial^2\phi}{\partial x\partial z}\right)$$

$$+\mathbf{k}\left(\frac{\partial^2\phi}{\partial x\partial y}-\frac{\partial^2\phi}{\partial y\partial x}\right) \qquad (\text{IV}-29)$$

$\phi=\phi(x,\ y,\ z)$가 연속이고 미분가능한 함수이면 반복되는 미분의 순서는 중요하지 않다. 즉

$$\frac{\partial^2\phi}{\partial x\partial y}=\frac{\partial^2\phi}{\partial y\partial x},\ \frac{\partial^2\phi}{\partial x\partial z}=\frac{\partial^2\phi}{\partial z\partial x},\ \frac{\partial^2\phi}{\partial y\partial z}=\frac{\partial^2\phi}{\partial z\partial y}$$

결국 $\nabla\times\nabla\phi\equiv0$이다.

(b) $(\mathrm{V}\cdot\nabla)\mathrm{V}=\frac{1}{2}\nabla(\mathrm{V}\cdot\mathrm{V})-\mathrm{V}\times(\nabla\times\mathrm{V})$: 이는 Cartesian좌표에서

$$\mathrm{V}\cdot\nabla=V_x\frac{\partial}{\partial x}+V_y\frac{\partial}{\partial y}+V_z\frac{\partial}{\partial z}$$

그러므로

$$(\mathrm{V}\cdot\nabla)\mathrm{V}=\mathbf{i}\left(V_x\frac{\partial V_x}{\partial x}+V_y\frac{\partial V_x}{\partial y}+V_z\frac{\partial V_z}{\partial z}\right)$$

$$+\mathbf{j}\left(V_x\frac{\partial V_y}{\partial x}+V_y\frac{\partial V_y}{\partial y}+V_z\frac{\partial V_y}{\partial z}\right)$$

$$+\mathbf{k}\left(V_x\frac{\partial V_z}{\partial x}+V_y\frac{\partial V_z}{\partial y}+V_z\frac{\partial V_z}{\partial z}\right) \qquad (\text{IV}-30)$$

또

$$\mathbf{V}\cdot\mathbf{V}=V_x^2+V_y^2+V_x^2$$

그러므로

$$\begin{aligned}\frac{1}{2}\nabla(\mathbf{V}\cdot\mathbf{V})=\ &\mathbf{i}\left(V_x\frac{\partial V_x}{\partial x}+V_y\frac{\partial V_y}{\partial x}+V_z\frac{\partial V_z}{\partial x}\right)\\ &+\mathbf{j}\left(V_x\frac{\partial V_x}{\partial y}+V_y\frac{\partial V_y}{\partial y}+V_z\frac{\partial V_z}{\partial y}\right)\\ &+\mathbf{k}\left(V_x\frac{\partial V_x}{\partial z}+V_y\frac{\partial V_y}{\partial z}+V_z\frac{\partial V_z}{\partial z}\right) \qquad (\text{IV}-31)\end{aligned}$$

나아가서

$$\begin{aligned}-\mathbf{V}\times(\nabla\times\mathbf{V})=&-\begin{bmatrix}\mathbf{i} & \mathbf{j} & \mathbf{k}\\ V_x & V_y & V_z\\ \left(\frac{\partial V_z}{\partial y}-\frac{\partial V_y}{\partial z}\right) & \left(\frac{\partial V_x}{\partial z}-\frac{\partial V_z}{\partial x}\right) & \left(\frac{\partial V_y}{\partial x}-\frac{\partial V_x}{\partial y}\right)\end{bmatrix}\\ =&\ \mathbf{i}\left(V_z\frac{\partial V_x}{\partial z}-V_z\frac{\partial V_z}{\partial x}-V_y\frac{\partial V_y}{\partial x}+V_y\frac{\partial V_x}{\partial y}\right)\\ &+\mathbf{j}\left(-V_z\frac{\partial V_z}{\partial y}+V_z\frac{\partial V_y}{\partial z}+V_x\frac{\partial V_y}{\partial x}-V_x\frac{\partial V_x}{\partial y}\right)\\ &+\mathbf{k}\left(-V_x\frac{\partial V_x}{\partial z}+V_x\frac{\partial V_z}{\partial x}+V_y\frac{\partial V_z}{\partial y}-V_y\frac{\partial V_y}{\partial z}\right) \qquad (\text{IV}-32)\end{aligned}$$

식 (Ⅳ-31)과 (Ⅳ-32)를 합하면

$$\frac{1}{2}\nabla(\mathbf{V}\cdot\mathbf{V})-\mathbf{V}\times(\nabla\times\mathbf{V})=\mathbf{i}\left(V_x\frac{\partial V_x}{\partial x}+V_y\frac{\partial V_y}{\partial x}+V_z\frac{\partial V_z}{\partial x}\right)$$

$$+\mathbf{j}\left(V_x\frac{\partial V_y}{\partial x}+V_y\frac{\partial V_y}{\partial y}+V_z\frac{\partial V_y}{\partial y}\right)$$

$$+\mathbf{k}\left(V_x\frac{\partial V_z}{\partial x}+V_y\frac{\partial V_z}{\partial y}+V_z\frac{\partial V_z}{\partial z}\right) \quad (\text{IV}-33)$$

식 (Ⅳ−30)과 식 (Ⅳ−33)은 결국 동일하므로

$$(\mathrm{V}\cdot\nabla)\mathrm{V}=\frac{1}{2}\nabla(\mathrm{V}\cdot\mathrm{V})-\mathrm{V}\times(\nabla\times\mathrm{V}) \quad (\text{IV}-34)$$

부록 V

공동현상

액체가 유동할 때 압력이 증기압까지 감소하여 가면 거기에서 비등이 일어나고, 액체 내에 증기포켓(vapor pocket)이 발생한다. 여기에서 발생한 액체의 거품들은 유동하여 압력이 높은 곳에 이르러 상호충돌과 함께 터져서 급작스런 부분적 고압을 형성하여 높은 굉음을 발생하게 되는데, 이러한 현상을 **공동현상**(cavitation)이라 한다. 이로 인하여 관 내의 유동이나 터보기계(turbo machine) 내의 유동에서 국부적인 부식과 파괴가 생긴다. 특히 Venturi 관의 확대부(diffuser)나 원심펌프의 날개(guid vane), 그리고 수력발전소의 압력관 내에서의 공동현상에 의한 부식현상은 아주 심각한 문제로 대두되고 있다.

액체유동에서 cavitation의 변수를 σ로 표시하여 다음과 같은 식으로 나타내며, 이를 **공동수**(cavitation number)라고 한다.

$$\sigma = \frac{p - p_v}{\rho V^2/2} \tag{V-1}$$

여기서 p, p_v는 각각 공동현상이 일어나는 위치에서의 절대압력과 증기압이다 결국 공동현상은 액체가 유동구간에서(주로 관내 또는 터보기계의 경우, 케이스 내에) 압력이 가장 낮은 곳에서의 증기포켓, 즉, 기포가 형성되고 이곳을 약간 벗어난 하류에서 일어난다.

기하학적으로 상사인 경우에 동일한 σ수에 대해서는 동률의 공동현상이 일어나며, 또 $\sigma = 0$인 경우는 증기압과 비등이 일어난다. 이와 같이 증기압이 발생하고 비등이 일어나서 공동현상이 일어나는 시간이 수천분의 1초밖에 되지 않는다. 고체표면에 수많은 작은 기포들의 충돌과 파괴로 표면에 아주 큰 응력을 발생시키며, 연속적인 발생으로 인하여 고체표면에 피로현상을 가져오게 된다.

최근 실험결과에 의하면 공동현상이 일어날 때 표면에 작용하는 응력이 200,000psi에 이르는 것으로 밝혀졌다.

그림 V-1(a)는 원심펌프의 날개(vane)에 발생하는 공동현상을, 그림 V-1(b)는 임의의 곡관에서 발생하는 공동현상을 예로 도시한 것이다. 또, 그림 V-2는 실제로 공동현상에 의하여 부식이 된 날개의 사진이다.

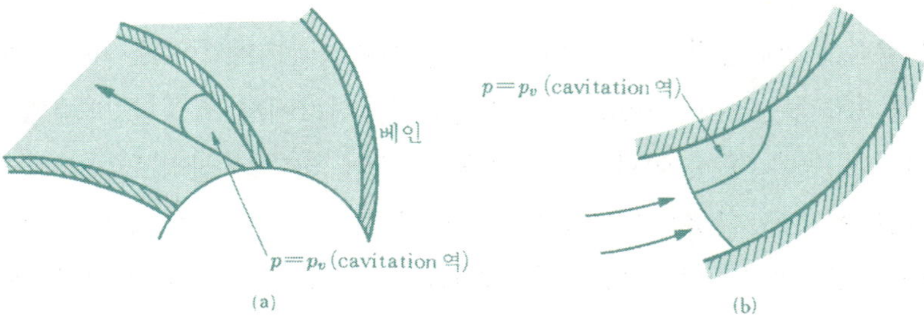

그림 V-1

그림 V-2

부록 Ⅵ

연습문제 해답

제2장

1. $p = 1.0336\text{kg/cm}^2$
2. 0.6095배
3. $R = 49.5\text{m/K}$, $M = 17.13\text{g/mol}$
4. $v_2 = 3.1335\text{m}^3/\text{kg}$
5. $v_2 = 0.3082\text{m}^3/\text{kg}$
6. $v = 0.7739\text{m}^3/\text{kg}$
   $\rho = 0.1319\text{kg}\cdot\text{s}^2/\text{m}^4$
7. $M = 46.56\text{g/mol}$
8. $\gamma_2 = 10.254\text{kN/m}^3$
9. (a) $\alpha_s = 1460\text{m/s}$
   (b) $\alpha_s = 1604\text{m/s}$
10. $\mu_a/\mu_w = 1.81 \times 10^{-2}$, $\nu_a/\nu_w = 15.1$
11. $V_2 = 998.64\text{cm}^3$
12. $h = 7.4\text{m}$
13. $h = 29.8\text{m}$
14. $\Delta p = 1.11 \times 10^{-3}\text{kg/cm}^2$
15. $\theta = 33.56°$
16. $p_i = 1.035\text{kg/cm}^2$
17. 무차원
18. $1\text{Pa} = 1.45 \times 10^{-4}\text{psi}$,
    $= 1.02 \times 10^{-5}\text{kg/cm}^2$
19. $\mu = 2.04 \times 10^{-4}\text{lbf}\cdot\text{s/ft}^2$,
    $\mu = 9.77 \times 10^{-4}\text{kg}\cdot\text{s/m}^2$
20. $\mu = 1.275\text{poise}$
21. $\nu = 1\text{stokes}(\text{cm}^2/\text{s})$
22. $T = 1.23 \times 10^6\text{dyne}\cdot\text{cm}$
23. $T = 13.8\text{kg}\cdot\text{cm}$
24. $\mu = 2.45 \times 10^{-2}\text{N}\cdot\text{s/m}^2$
25. $T = 28.16\text{N}\cdot\text{m}$
26. (a) $\tau_2/\tau_4 = 0.5$, (b) $u = 0.04\text{m/s}$,
    (c) $\tau = 0.2\text{N/m}^2$
27. $T = 1.27 \times 10^{-5}\text{N}\cdot\text{m}$

제3장

1. $P = 101{,}293\text{N/m}^2$
2. $h = 4412\text{mmHg}$
3. $p_{atm} = 0.8094\text{kg/cm}^2$
4. $p_o = 0.0425\text{kg/cm}^2$
   $p_b = 0.3425\text{kg/cm}^2$
5. $h = 307.2\text{mm}$
6. $p_g = 8.352\text{kg/cm}^2$
7. $p_1 = 1.036\text{kg/cm}^2$,
   $p_2 = 1.033\text{kg/cm}^2$
8. $p = 0.03\text{kg/cm}^2$
9. $p_{abs} = 238\text{kPa}$
10. $n = 10$

11. $p_g = 10{,}500\text{kg/m}^2$
12. $h = 6.583\text{m}$
13. $p = 129{,}884.4\text{N/m}^2$
14. $p_B = -2.8\text{kPa}$
15. $\theta = 17.4°$
16. $dp = -37.218\text{kPa}$
17. $p_A = 89.47\text{kPa}$
18. $F_2 = 466.66\text{kg}$
19. $z = 149.12\text{m}$
20. $p = 4.7326 \times 10^{-2}\text{kg/cm}^2$
    $\rho = 0.01\text{kg}\cdot\text{s}^2/\text{m}^4$
21. $d\boldsymbol{V} = 2\text{m}^3$
22. $\alpha_x = 3.567\text{m/s}^2$
23. $H = 5.39\text{m}$, $G_c = 0.76\text{m}$,
    $B_c = 1.53\text{m}$
24. $\gamma_{wood} = 5450\text{N/m}^3$
25. 불안정
26. $P_t = 516.1\text{kN}$, $Y_p = 2.058\text{m}$
27. $h = 2.675\text{m}$
28. $P_t = 28{,}000\text{kg}$, $y_p = 3.881\text{m}$
29. $P_t = 113{,}097\text{kg}$, $h_p = 3.334\text{m}$
30. $p_g = 1.185\text{psi}$
31. $p_g = 1.185\text{psi}$
32. $F_H = 41{,}184\text{lbf}$,
    $F_v = 30{,}232.81\text{lbf}$,
    $F = 51{,}089.57\text{lbf}$
33. $F = 211.2\text{kN}$
34. $T = 942\text{kN}\cdot\text{m}$
35. $F_t = 369.98\text{kN}$
36. $h = 0.264l$
37. 지탱함
38. $F = 32.33\text{kN}$
39. $F_b = -288.1\text{kN}$

제4장

1. 1/4배
2. $v = 16\text{m/s}$
3. $h = 2\text{cm}$
4. $v_2 = 17.8\text{m/s}$
5. $\dot{m} = 0.493\text{kg/s}$
6. $d = 5.31\text{cm}$
7. $Q = 5.49\text{m}^3/\text{s}$, $\overline{u} = 3.43\text{m/s}$
8. $Q = 0.872\text{ft}^3/\text{s} = 6.525\text{gals/s}$
    $= 1.692\text{slugs/s}$
9. $v = 1.59\text{m/s}$, $v_2 = 6.366\text{m/s}$
10. $Q = 0.195\text{m}^3/\text{s}$
11. $v_1 = 25.8\text{m/s}$, $v_2 = 15.48\text{m/s}$
12. $v = 2.86\text{m/s}$
13. $v_A = 5.276\text{m/s}$, $v_b = 5.738\text{m/s}$,
    $v_C = 15.48\text{m/s}$, $v_D = 5.67\text{m/s}$,
    $v_E = 5512\text{m/s}$
14. $v_1 = 0.0486\text{m/s}$
15. $Q = 0.12\text{m}^3/\text{s}$
16. $v = 9.67\text{m/s}$
17. $Q = 0.008\text{m}^3/\text{s}$
18. $Q = 3.76 \times 10^{-3}\text{m}^3/\text{s}$, $z_2 = 3\text{m}$
19. $t = 321.25$초
20. 비워짐, $v = 0.052\text{m/s}$
21. $Q = 0.019\text{m}^3/\text{s}$
22. $v = 10.63\text{m/s}$
23. $v = 24.25\text{m/s}$, $Q = 0.107\text{m}^3/\text{s}$
24. $v = 7.41\text{m/s}$

25. $v = 25.3\text{m/s}$
26. $P_1 = 1.58\text{kg/cm}^2$
27. $v = 6.447\text{m/s}$, $Q = 0.0285\text{m}^3/\text{s}$
28. $v_e = 3820.75\text{m/s}$
29. $\alpha_t = 3.556\text{m/s}^2$, $\alpha_C = 160\text{m/s}^2$
30. $A_2 = 0.02\text{m}^2$
31. $Q = 0.02\text{m}^3/\text{s}$
32. 5.66배, $\theta_1 = 2\tan^{-1}\left(\dfrac{\tan\theta}{5.66}\right)$
33. $h = 5.89\text{m}$, $Q_2 = 0.047\text{m}^3/\text{s}$

제5장

1. $Q = 0.0877\text{m}^3/\text{s}$
2. $F = 114.8\text{kg}$
3. $d = 3.2\text{m}$
4. $F = \rho Q V(\cos\alpha + \cos\beta)$
5. $Q = 0.29\text{m}^3/\text{s}$
6. $W_B = 7.4745\text{kg}$
7. 생략
8. $R = 1.2\text{kN}$
9. $L_t = \dfrac{1}{2}\rho Q(V_1^2 - V_2^2)$,

   $\eta_{th} = 1 - (V_2/V_1)^2$
10. $R_x = 15.47\text{kN}$, $R_y = 1.657\text{kN}$
11. $V_1 = 13.07\text{m/s}$
12. $F_A = 185.31\text{kg}$, $F_B = -14.45\text{kg}$
13. $F_x = 243.56\text{kg}$, $F_y = -57.55\text{kg}$
14. $F_x = -62.19\text{kg}$, $F_y = 25.76\text{kg}$
15. $P = 79.7\text{HP}$
16. $F_{x\text{wali}} = \sqrt{3}/2\rho V_1^2$
17. $\alpha = -6.56\text{m/s}^2$
18. $F_x = -1730.2\text{kg}$
19. $H = 4.08\text{m}$
20. $\text{F} = (-5785.66\text{i} + 369.6\text{j})\text{lbf}$
21. $\text{F} = (-5070.87\text{i} - 1355.44\text{j})\text{kg}$
22. $\text{F} = (-0.466\text{i} - 0.085\text{j})\text{kg}$
23. $\text{F} = (-30{,}921.54\text{i} - 3769.92\text{j})\text{kN}$
24. $F_x = -1599.57\text{lbf}$
25. $F_x = -1977.47\text{lbf}$
26. $F_x = -690\text{lbf}$
27. $F_y = -3763.48\text{kg}$
28. $T = 702\text{N}$

제6장

1. $\tau = 333.3\text{N/m}^2$
2. $\mu = 1.743 \times 10^{-3}\text{N}\cdot\text{s/m}^2$
3. $F = 33.964\text{lbf/ft}$, (1)에서 (2)로 작용
4. $Q = 2.5 \times 10^{-5}\text{ft}^3/\text{s}$
5. $H/L = 0.462$, $Q = 1.4 \times 10^{-5}\text{m}^3/\text{s}$
6. $H = 199.68\text{m}$
7. $Re = 1.49 \times 10^6$
8. (2)에서 (1)로 유동,

   $Q = 2.56 \times 10^{-5}\text{m}^3/\text{s}$, $Re = 66.53$
9. $\mu = \dfrac{\pi D^4 \gamma H}{128 L Q}$
10. $u = 1.94\text{m/s}$, $\tau = -0.64\text{N/m}^2$
11. $\tau = -1.8\text{N/m}^2$,

    $Q = 5.4 \times 10^{-6}\text{m}^3/\text{s}$
12. (a) $\tau = \dfrac{\partial p}{\partial x} y$

    (b) $\tau_{max} = -8.3 \times 10^{-3}\text{lbf/ft}^2$
13. $dp/dx = 93.8\text{Pa/m}$
14. $r = 0.707R$

15. $Q = 6.1 \times 10^{-4}\text{m}^3/\text{s}$, $\bar{u} = 0.078\text{m/s}$
    $\bar{u}_{max} = 0.156\text{m/s}$
16. $Q = 4340.7\text{ton/day}$
17. $P_t = 5.6\text{kg}$ 또는 54.88N 이상
18. 단면 (1)에서 (2)로 유동,
    $Q = 0.0003\text{m}^3/\text{s}$, $Re = 960$
19. $\bar{u} = 0.24\text{m/s}$, $Re = 960$
20. $Q = 0.0013\text{m}^3/\text{s}$

제7장

1. $d = 0.3072\text{m}$
2. $h = 72.8\text{m}$
3. $l = d/\lambda$, $l = 9.667\text{m}$
4. 층류유동
5. (a) $v = 2.694\text{m/s}$
   (b) $\tau_0 = 2.5\text{kg/m}^2$
   (c) $W = 1.57\text{kg}\cdot\text{m}$
6. $Q_2/Q_1 = 0.882$
7. $v = 1.73\text{m/s}$, $Q = 0.054\text{m}^3/\text{s}$,
   9.82s^{-1}
8. $d = 5.72\text{mm}$
9. $x = 15.3\text{mm}$
10. $Q = 2.45 \times 10^{-3}\text{m}^3/\text{s}$
    $\lambda = 5.84 \times 10^{-4}$
11. $\lambda = 0.043$
12. $dp = 16.04\text{N/m}^2$
13. 단면적 $a \times b = 57.34\text{cm} \times 28.67\text{cm}$
14. $Q_2/Q_1 = 0.971$
15. $\lambda_D = 0.0225$, $\lambda_M = 0.0746$
16. $\Delta p = 0.047\text{lbf/ft}^2$
17. $\bar{u}_{y=5} = 32.81\text{m/s}$,
    $\bar{u}_{y=2} = 28.79\text{m/s}$
18. $\tau_0 = 142.6\text{kg/m}^2$
19. $h = 34.64\text{ft}$
20. (a) $h = 78.01\text{m}$
    (b) $dp = 74{,}294.8\text{Pa}$

제8장

1. $\alpha = 7°$ $L = 41.54\text{hp}$
2. $Q = hu_{max}\left(\frac{Ah^2}{12} + \frac{Bh}{4} + C\right)$
3. $x = 0.2385\text{m}$
4. $A = U_0$, $B = \frac{\pi}{2\delta}$, $C = 0$
5. 생략
6. $\frac{\delta_1}{x} = \frac{4.64}{\sqrt{Re_x}}$
7. $dp = 48.0168\text{kPa}$
8. $\frac{\delta_1}{\delta} = 0.363$, $\frac{\delta_2}{\delta} = 0.137$
9. (a) $L = 358.39\text{N}$
   (b) $D = 115.2\text{N}$
10. HP>1.72HP
11. (a) $L = 13{,}824\text{N}$
    (b) $D = 115.2\text{N}$
12. 이륙불가
13. $\delta_1 = 1.8\text{mm}$
14. $\delta_2 = 1\text{mm}$
15. $\delta = 0.0759\text{m}$
16. $p_1 - p_2 = \frac{\rho u_0^2}{2}\left\{\left(\frac{u_2}{U_0}\right)^2 - 1\right\}$
17. $\delta_1 = \frac{\delta}{8}$

제9장

1. $d = 1.28\,\text{ft}$
2. $v_m = 23.24\text{m/s}$
3. $l_m / l_r = 1/9$
4. $\alpha = 1.247$
5. $V_a = 31.9 \sim 79.79\text{m/s}$
6. I) $\frac{\rho V^2}{\Delta p}$, ii) $\frac{Fg^2}{\rho V^2}$, iii) $\frac{t \Delta p}{\mu}$
7. rad =[−], $\omega = [T^{-1}]$,
   $L = [ML^2 T^{-3}]$, $W = [ML^2 T^{-2}]$,
   $T = [ML^2 T^{-2}]$, $M_m = [ML^2 T^{-1}]$
8. rad=[−], $\omega = [T^{-1}]$,
   $L = [FLT^{-1}]$,
   $W = [FL]$, $T = [FL]$,
   $M_m = [FLT]$
9. $F_D = f(\mu Vd)$또는 $\frac{F_D}{\mu Vd} = C$
10. $\alpha = 0.94$
11. $V_r = 3.162\text{m/s}$
12. $Q_m = 7.98\text{m}^3/\text{s}$
13. $(F_D)_r / (F_D 0_m = 8 \times 10^{-3}$
14. $\Delta p_{\text{gas}} = 0.465\text{kg/cm}^2$
15. $l \times b = 3.623\text{m} \times 0.725\text{m}$,
    $(F_D)_r = 3.61\text{N}$
16. $V_w = 214.3\text{m/s}$
17. $V_r = 1.79\text{m/s}$
18. $V_m = 918\text{m/s}$, $V_r = 1020\text{m/s}$
19. $(F_D)_r = 5.038\text{N}$
20. $\rho_{m\,=} 7.48\text{kg/m}^3$
21. $V_a = 221.7\,\text{ft/s}$
22. $V_r = 2.4\text{m/s}$, $\Delta p_r = 11.03\text{kPa}$
23. $V_a = 15.5\text{m/s}$, $\Delta p_w = 7.48\text{kPa}$
24. $Q_m / Q_r = 1/10$, $\Delta p_r = 2.0\text{kPa}$
25. $F_L = 26\text{kN}$
26. $D = 1.01\text{mm}$
27. $Q_r = 933.12\,\text{m}^3/\text{s}$, $t_r = 6$분
28. $V_m = 0.23\,\text{m/s}$, $t_m = 36.4$분

제10장

1. $d = 0.524\text{m}$
2. $\Delta p = 2.51\text{kg/cm}^2$
3. $Q = 0.047\text{m}^3/\text{s}$, $H = 16.2\text{m}$
4. $h_L = 0.5\text{m}$
   $Q = 8.14 \times^{-5} \text{m}^3/\text{s}$
5. $Q = 0.0134\text{m}^3/\text{s}$, $\overline{u} = 1.7\text{m/s}$,
   그림 생략
6. $Q = 0.087\text{m}^3/\text{s}$, $u_{\max} = 88.54\text{m/s}$
7. $\tau_{y = \frac{r_0}{2}} = 0.0625\text{kg/m}^2$
8. $\lambda = 0.0203$
9. $\Delta p / l = 5.2\text{kg/m}^2$
10. $Q = 6.5 \times 10^{-3}\,\text{ft}^3/\text{s}$
11. $d = 0.166\text{m}$
12. $\Delta p = 15.9\text{kPa}$
13. $h = 44.6\text{m}$
14. $l = 46.4\text{m}$
15. $Q = 350\text{gals/min}$
16. $h = 15.233\text{m}$, $L_p = 5.97kW$
17. $p_2 = 975.3\text{kPa}$
18. $d = 49.1\text{cm}$
19. $p_A = 568.05\text{kPa}$

20. B에서 A로 유동, $Q = 8.73\,\text{ft}^3/\text{s}$
21. $Q = 0.0134\text{m}^3/\text{s}$
22. $L_p = 56.619\text{kW}$
23. $d = 0.108\text{m}$
24. $Q = 3.236\,\text{ft}^3/\text{s}$
25. $T = 1.85$분
26. $L_p = 62{,}174.12\text{kW}$
27. $Q = 9.54\,\text{ft}^3/\text{s}$
28. $Q_1/Q_2 = 1.76$
29. $z_A = 122.34\text{m}$
30. $Q_A = 0.82\text{m}^3/\text{s}$, $Q_B = 0.38\text{m}^3/\text{s}$

제11장

1. $Q = 66.78\,\text{ft}^3/\text{s}$
2. $Q = 2.44\text{m}^3/\text{s}$
3. $B \times H = 3.65\text{m} \times 1.825\text{m}$, $i = 0.001166$
4. $Q = 13.83\text{m}^3/\text{s}$
5. $i = 2.49$
6. $i = 3.86 \times 10^{-4}$
7. $i = 11.85 \times 10^{-4}$
8. $Q = 807.54\,\text{ft}^3/\text{s}$, $v = 6.26\,\text{ft/s}$
9. $Q = 1.363y^{5/2}$
10. $L_t = 1232\text{kW}$
11. $\tau_0 = 0.0587\text{kg/m}^2$
12. $v_c = 6.158\,\text{ft/s}$, $i_c = 0.00361$, $Q_c = 21.753\,\text{ft}^3/\text{s}$

제12장

1. $Q = 0.2566 l/s$
2. $Q = 0.0366\text{m}^3/\text{s}$
3. $v = 13.86\text{m/s}$
4. $Q = 4.086 \times 10^{-3}\text{m}^3/\text{s}$
5. $C_v = 0.957$, $h_L = 0.488\text{m}$
6. $C_v = 0.922$, $C_c = 0.751$, $C_D = 0.692$
7. $\overline{V} = 6.06\text{m/s}$, $Q = 0.274\text{m}^3/\text{s}$
8. $Q = 0.032\text{m}^3/\text{s}$
9. $v = 10.998\text{m/s}$
10. $p_0 = 1348\text{kg/cm}^2$
11. $h = 0.0167\,\text{in(Hg)}$
12. $Q = 0.115\text{m}^3/\text{s}$
13. $d = 54.4\text{cm}$
14. $Q = kD^2\sqrt{\Delta p/\rho}$
15. $h = 0.76\text{m(Hg)}$
16. $d = 0.906\text{m}$
17. $Q = 0.0044\text{m}^3/\text{s}$
18. $Q = 0.247\text{m}^3/\text{s}$
19. $Q = 0.283\text{m}^3/\text{s}$
20. $Q = 1.322 \times 10^{-3}\text{m}^3/\text{s}$
21. $h = 9.5\text{m}$
22. $C_D = 0.373$, $\rho_s = 865.4\text{kg/m}^3$, $v_w = 2.379\text{m/s}$
23. $Q = 1.27\text{m}^3/\text{s}$, $h_m = 0.26\text{cm}$
24. $\mu = 0.0695\text{N}\cdot\text{s/m}^2$
25. $m = 0.0218\text{kg/s}$

찾아보기

최신 유체역학

1995년 2월 10일 초 판 발 행
2010년 2월 25일 제2판발행

• 공저자 노병준·조원일
김 장 권
• 발행인 최 국 주
• 발행처 동 명 사

경기도 파주시 교하읍 문발리 535-10 파주출판단지 30블록 4롯트
전 화 : 031) 955-7200(代), 955-7201~4, 7203(편집부)
팩시밀리 : 031) 955-7205
출판등록 : 1950년 11월 1일(제1-76호)
E-mail : dms723@chol.com
홈페이지 : www.dmsbook.com

정가 25,000원

ISBN 978-89-411-0236-6 93550